植物病虫学基础及实验

朴美花　刘岳燕　主编

ZHEJIANG UNIVERSITY PRESS
浙江大学出版社

图书在版编目(CIP)数据

植物病虫学基础及实验 / 朴美花,刘岳燕主编.
—杭州:浙江大学出版社,2021.7
ISBN 978-7-308-20968-7

Ⅰ.①植… Ⅱ.①朴… ②刘… Ⅲ.①植物—病虫害
—高等学校—教材 Ⅳ.①S43

中国版本图书馆 CIP 数据核字(2020)第 264885 号

植物病虫学基础及实验

朴美花　刘岳燕　主编

责任编辑	秦　瑕
责任校对	王元新
封面设计	周　灵
出版发行	浙江大学出版社
	(杭州市天目山路 148 号　邮政编码 310007)
	(网址:http://www.zjupress.com)
排　版	杭州朝曦图文设计有限公司
印　刷	杭州杭新印务有限公司
开　本	787mm×1092mm　1/16
印　张	17.25
字　数	420 千
版印次	2021 年 7 月第 1 版　2021 年 7 月第 1 次印刷
书　号	ISBN 978-7-308-20968-7
定　价	52.00 元

浙江大学出版社市场运营中心联系方式:0571—88925591;http://zjdxcbs.tmall.com

前 言

植物病虫学是农林类高等院校植物保护专业、植物生产类专业、草业科学类专业和综合性院校生物科学类专业的一门主干课程,也是学科基础课。开设本课程的目的是使学生系统掌握有关植物病虫学的基础知识,包括植物病理学基础、昆虫学基础及植物病虫学基础实验三个部分。植物病理学基础分为植物病原菌物、原核生物、病毒、线虫,寄生性种子植物,以及植物病害的发生发展和诊断。昆虫学基础介绍了昆虫形态学、生理学、生物学、分类学、生态学方面的知识。基础实验部分共有九个实验,使学生通过理论知识复习和实验操作学会初步鉴别植物病害和昆虫。该课程内容可作为认识植物病害、昆虫、进出口植物及其植物产品中病害和害虫检验检测的基础,也可培养学生对植物病害和昆虫的兴趣,了解防治植物病害和害虫在植物保护中的重要性。

本书在编写过程中受到了所在学校各级领导和老师的关怀和支持,浙江大学出版社也给予了大力支持,编写中参考了许多作者的教材、专著和论文资料及插图,谨此,一并致以衷心感谢。

由于时间仓促,加之编者水平有限,本教材难免有不足之处,恳切希望广大读者提出宝贵的意见,以利本书能逐步完善。

编 者

2020 年 8 月

目　录

第一篇 植物病理学基础

第一章 植物病害

第一节 植物病害的概念

植物在生长发育过程中受到病原生物的侵染或不良环境条件的持续干扰,且干扰强度超过了植物能够忍耐的程度,使植物正常的生理功能受到严重影响,在生理上和外观上偏离了正常发育的状态甚至死亡,造成严重的经济损失,这种现象称为植物病害(plant disease)。这个定义包含三层意思:一是植物病害发生的原因;二是植物病害发生的病理程序;三是植物病害发生的结果。植物病害对植物生理功能的影响最初表现在水分和矿物质的吸收与输导、光合作用、养分的转移和运输、生长与发育速度,最终表现在影响产量和品质等方面。

植物病害发生的原因包括生物因子、非生物因子和植物自身遗传物质异常。其中导致植物发病的生物因子,称为生物病原物(plant pathogen)。病害的形成是植物与病原物相互作用的结果,但是它们之间的相互作用自始至终无不在一定的外界环境条件下进行。因此,在自然条件下植物病害的形成涉及植物、病原物和环境三方面,它们之间呈三角关系,即病害三角(disease triangle)(图 1-1)。病害三角在植物病理学中占有十分重要的位置,在了解病因、侵染过程、植物抗感性、病害流行以及制定植物病害防治对策时,都离不开对病害三角的分析。

图 1-1 病害与三要素的三角关系(病害三角)

植物病害发生的病理程序,即由生理病变到组织病变、形态病变的过程。病原物侵入寄主植物后,随即在寄主植物上生长和繁殖,寄主对它们的反应大多是类似的。发病初期,寄主的生理生化特性出现一定的变化,如呼吸作用加强、光合作用下降、蒸腾作用加强等,这是寄主在合成一些拮抗病原生物的酶类和化学物质,抵御病原物的入侵。植物在病原物侵染后,新陈代谢受到扰乱,偏离了正常的新陈代谢轨道,所以植物出现了生理病变。随着病原物与寄主植物相互作用的加深,病原物获得了在寄主体内生长和发育的营养和空间,并适度生长。尽管植物在外观上还没表现出显著的变化,但是寄主组织内的细胞已经开始变形或

1

死亡,寄主组织也发生特定的变化,即为组织病变。

植物病害发生的结果,即出现形态病变。组织病变加剧,最终发展成为形态病变。形态病变是植物与病原物相互作用的最终表现形式,但并不是所有的植物在感染了病原物后都会发展到形态病变。植物受病原物的影响,经生理病变到组织病变,再到形态病变,是植物与病原物及环境因素相互作用的结果。一般来讲,植物病害都要发生病理过程。植物体受到伤害而不发生病理过程,就不称为病害,如雹伤、风伤、机械损伤和虫伤等。但伤口与植物病害有着密切的关系。伤口是病原物侵入的门户,会导致植物病害的严重发生。

植物发生病害,对植物无疑是有害的,因为病害干扰了植物正常的生长发育,直接影响到产量和产品的品质。例如,在我国水稻因各种病害年减产约 2.0×10^{10} kg,小麦仅锈病就可年减产 $3.5 \times 10^9 \sim 6.0 \times 10^9$ kg,棉花因枯萎病年减产 2.0×10^8 kg。历史上因病害流行造成严重缺粮而出现饥荒的现象并不罕见。最著名的是1845—1946年马铃薯晚疫病暴发,引起爱尔兰大饥荒。1942—1943年孟加拉饥荒亦非常严重,在1942年大面积的水稻遭受干旱和胡麻斑病的侵害而失收,到1943年有大约200万人被饿死。植物病害也能降低农产品的品质。如糖用甜菜因褐斑病的危害可使糖量降低1～4度;棉花萎蔫病及棉铃病会使纤维变劣;番茄等植物因病毒使得果实畸形瘦小,品质和口感低劣,不堪食用。有些病害侵染的农产品食用后还可引起人畜中毒。如食用感染小麦赤霉病麦粒加工的面粉后出现恶心、呕吐、抽风甚至死亡;牲畜食用甘薯黑斑病的病薯后发生气喘病,严重时也会死亡。

植物病害,也有极少数病变能提高植物的经济价值,反而对人类有利。例如,茭草受黑粉菌侵染后嫩茎膨大而鲜嫩,称为茭白;韭菜和大蒜在遮光培养以后形成韭黄和蒜黄,也提高了食用价值;郁金香在感染碎锦病毒以后,花冠色彩斑斓,增加了观赏价值;月季花因病变而变得稀有名贵。人们通常并不将此类"病态"作为病害来对待。

第二节　植物病害的症状

植物受病原物或不良环境因素的侵扰后,在组织内部或外表显露出来的异常状态称为症状(symptom)。首先在受害部位发生一些外部观察不到的生理变化,细胞和组织再发生相应的变化,最后发展成从外部可以观察到的病变。植物病害症状相对稳定,因此常作为诊断病害的重要依据。根据症状显示的部位可分内部症状和外部症状。

内部症状是指受病原物侵染后植物体内细胞形态或组织结构发生变化。这些变化一般在光学或电子显微镜下才能辨识,例如,受病毒侵染时,植物细胞内常有内含体(inclusion)出现;当植物维管束受到真菌侵染时,组织内常有侵填体(tylose,tylosis)和胼胝质(callose)增加的现象。外部症状是肉眼或放大镜下可见的植物外部病态特征,通常可分为病状和病症(sign)。病状是指植物得病后其本身所表现的不正常状态,如变色、畸形、腐烂和枯萎等。病症是指引起植物发病的病原物在病部的表现,如霉状物、颗粒状物、粉状物等。植物发生病害迟早都会表现出病状,但不一定表现病症。

一般来讲,真菌、细菌、寄生性种子植物和藻类等引起的病害,病部多表现明显的病症,如不同颜色的霉状物、不同大小的颗粒状物等。由病毒、菌原体和类病毒等因素引起的病害,病部不会出现病症。非侵染性病害,是由不适宜的环境因素引起的,所以也无病症。凡有病症的病害是病状先出现,病症后出现。

一、病状类型

植物病害病状变化很多,但归纳起来有 5 种类型,即变色、坏死、腐烂、萎蔫、畸形。

(一)变色(discolour)

植物被侵染后,细胞色素发生变化而引起表观颜色变化,但细胞并没死亡。植物生病后局部或全株失去正常的颜色称为变色。变色是由叶绿素或叶绿体受到抑制或破坏,色素比例失调造成的。变色大多出现在病害症状的初期,在病毒病中最为常见。

变色有两种主要表现形式。一种是整个植株、整个叶片或其一部分均匀地变色,主要表现为褪绿(chlorosis)和黄化(yellowing)。褪绿是叶绿素的减少而使叶片表现为浅绿色,如缺氮,盐碱危害;当叶绿素的量减少到一定程度就表现为黄化,如小麦黄矮病呈橘黄色,缺碘引起的苹果黄叶病。属于这种类型的变色,也可能整个或部分叶片变为紫色或红色。另外一种是不均匀地变色,如常见的花叶(mosaic),由形状不规则的深绿、浅绿、黄绿或黄色部位相间而形成不规则的杂色,不同颜色部位的轮廓是清楚的,如马铃薯花叶病、苹果花叶病。典型的花叶症状,叶上杂色的分布是不规则的;有的可以局限在一定部位,如主脉间褪色的称作脉间花叶;沿着叶脉变色的称作脉带或沿脉变色;主脉和次脉变为半透明状的称作明脉(vein cleaning)。如果变色部位的轮廓不很清楚,就称作斑驳(mottle)。斑驳症状在叶片、果实上是常见的。此外,田间还偶尔发现叶片不形成叶绿素的白化苗,这多是遗传性的。

(二)坏死(necrosis)

坏死指寄主植物细胞、组织受到破坏而死亡,但仍保持原有形状。植物患病后最常见的坏死是病斑(spot)。病斑可以发生在植物的根、茎、叶、果等各个部位,形状、大小、颜色不同,但轮廓一般都比较清晰。有的病斑受叶脉限制形成角斑;有的病斑上有轮纹,称为轮斑或环斑;有的病斑成长条状坏死,称为条斑;有的病斑上坏死组织脱落后形成穿孔。病斑可以不断扩大或多个联合,造成叶枯、枝枯、茎枯、穗枯等。另外,有的病组织木栓化,病部表面隆起、粗糙,形成疮痂(scab);有的树木茎干皮层坏死,病部凹陷,边缘木栓化,形成溃疡(canker)。如果在黑褐色病斑的中央还散生红色小点(子实体),称为炭疽病(anthracnose)。幼苗近土面茎组织的坏死,有时引起突然倒伏形成所谓的猝倒(damping off);有时虽然坏死但不倒伏,称为立枯(seedling blight)。

(三)腐烂(rot)

腐烂是坏死的特殊形式,指植物细胞和组织发生较大面积的消解和破坏。腐烂和坏死有时是很难区别的,腐烂是植物组织较大面积的腐解,坏死是组织和细胞死亡,但基本上还保持原有组织和细胞的轮廓。腐烂可以分为干腐、湿腐、软腐。组织腐烂时,随着细胞的消解而流出水分和其他物质,如果组织腐烂较慢,腐烂组织中的水分很快蒸发而消失,病部表皮干缩或干瘪则形成干腐,如玉米干腐病。相反,如果病部组织的解体很快,组织迅速腐烂则形成湿腐,如苹果腐烂病、棉花烂铃病。软腐主要先是中胶层受到破坏,腐烂组织的细胞离析,以后再发生细胞的消解,如大白菜软腐病。有的病部表皮并不破裂,用手触摸有柔软感或有弹性。植物的根、茎、叶、花、果均可发生腐烂,尤其是幼嫩多汁的组织更易发生,根据腐烂发生的部位,又可分为根腐、茎腐、果腐、花腐、种腐等。

（四）萎蔫（wilt）

植物由于失水而出现枝叶萎垂的现象称为萎蔫。萎蔫有生理性和病理性之分。生理性萎蔫是由于土壤中含水量过少，或高温时过强的蒸腾作用而使植物暂时缺水，若及时供水，则植物可以恢复正常。病理性萎蔫是指植物根或茎的维管束组织受到破坏，而皮层组织完好，由于水分供应不足所出现的凋萎现象，这种凋萎大多不能恢复，并最终导致植物死亡。因病原物的不同，植物萎蔫发生的速度也有差别，一般说细菌性萎蔫发展快，植物死亡也快，常表现为青枯，如茄子青枯病、马铃薯青枯病。而真菌性萎蔫发展相对缓慢，从发病到表现症状需要一定的时间，一些不能获得水分的部位表现出缺水萎蔫、枯死状态，如棉花黄萎病、棉花枯萎病。

（五）畸形（malformation）

畸形是指植物受害部位的细胞、组织受到抑制或促进，局部或全株出现形态异常。畸形可分为增大、增生、减生和变态四种。①增大（hypertrophy）是指病组织的局部细胞体积增大，但数量并不增多，如根结线虫在取食时分泌毒素刺激根部增大而形成巨型细胞，外表略呈瘤状凸起。②增生（hyperplasia）是病组织的薄壁细胞分裂加快，数量迅速增多，使局部出现肿瘤或癌肿，如马铃薯的癌肿，苹果、桃根癌病等。植物的根、茎、叶上均可形成癌肿；细小的不定芽或不定根的大量萌发形成扫帚状或发状的称为丛枝或发根。③减生是指（hypoplasia）使细胞或组织的细胞分裂受阻，生长发育减慢造成的矮缩、矮化、小叶、小果等症状。矮缩是由于茎秆或叶柄的发育受阻，叶片卷缩，如水稻矮缩病。④变态或变形是指病株的器官发生变态，如花变叶、叶变花、扁枝、蕨叶等。例如，枣疯病表现的一种症状是花变叶。

二、病症类型

病症是生长在植物病部的病原体特征。由于病原物不同，病症或大或小，显著或不显著，具有各种形状、颜色和特征。并不是所有的植物病害都能形成病症，只有在侵染性病害中才有出现，所有非侵染性病害都没有病症出现。习惯上也用一些病症来命名病害，如白锈病、白粉病、黑粉病、霜霉病、灰霉病、菌核病等。为了描述的方便，人为地将病原物在病部形成的病征主要有六种类型。

（一）粉状物或锈状物

病症呈粉状，直接产生于植物发病组织表面、表皮下或组织中，破裂后而散出，包括白粉、黑粉、锈粉等，如小麦锈病。粉状物由病原真菌产生，这些真菌往往具有很强的无性繁殖能力。

（二）霉状物

霉状物是病原真菌的菌丝、各种孢子梗和孢子在植物表面构成的肉眼可见的特征。其着生部位、颜色、质地、结构因真菌种类不同而异。根据霉层的质地和特征，还可以称为毛霉、霜霉、绵霉、腐霉、青霉等。

（三）点状物

点状物指在病斑上产生的形状、大小、色泽和排列方式各不相同的小颗粒状物。它们大多暗褐色，针尖至米粒大小，多数为病原真菌的繁殖机构，如子囊壳、闭囊壳、分生孢子器、分生孢子盘等，如苹果腐烂病、炭疽病。很多病原真菌在早期于病斑上产生霉状物或粉状物，后期形成点状物。在特定的病斑上,点状物的排列可以是有规则的,也可以是随机的。

（四）颗粒状物（菌核）

菌核是由菌丝紧密连接交织而成的休眠体,内层是疏松组织,外层是拟薄壁组织,表皮细胞壁厚、色深、较坚硬。菌核的形状大小差别很大,小的如鼠粪,大的似人头,均很坚硬,可耐高温、低温及干燥保存。菌核的功能主要是抵御不良环境。当环境适宜时,菌核能萌发产生新的营养菌丝或从上面形成新的繁殖体。

（五）索状物

一些高等真菌的菌组织纠结在一起形成的绳索状结构,形似高等植物的根,所以也称根状菌索。它既可以吸收营养,也可以抵抗不良的环境,如甘薯紫纹羽病。

（六）脓状物

细菌性病害在病部溢出的含有细菌菌体的脓状黏液,一般呈露珠状,或散布为菌液层,呈白色或黄色。空气干燥时,脓状物风干后呈胶状,常常带有难闻的气味,如黄瓜细菌性萎蔫病、大白菜软腐病、水稻白叶枯病。

植物受病原体感染后,表现出的各种症状与细胞、组织或器官受到某种破坏而变质有关。许多真菌、细菌以及线虫能分泌多种酶,可使植物的细胞或组织分解或受到破坏,造成坏死或腐烂。病毒自身的核酸（RNA 或 DNA）在增殖过程中扰乱了寄主细胞中的生长素或激素的平衡,可引起植物器官的变形,有些症状同施用激素不当时引致的症状或缺素症的症状相似。植物的代谢作用因病害而发生了改变,就可使生长素或激素的分泌失去平衡,从而发生细胞过度膨大或过度分裂,外表形成突起、肿瘤或耳突,也可导致卷叶、皱缩甚至矮化等畸形。除病毒以外的病原物还能在植物体内产生有毒物质,如镰刀菌（*Fusarium*）产生番茄萎凋素和镰刀菌酸,一些真菌和细菌产生不饱和的酮类毒物;有的还能产生某些激素,如玉米黑粉菌（*Ustilago maydis*）和根瘤细菌（*Agrobacterium tumefaciens*）产生吲哚乙酸,赤霉菌（*Gibberella fujikuroi*）产生赤霉素等。

第三节　病原生物的寄生性和致病性

植物病原生物的寄生性（parasitism）和致病性（pathogenicity）是两种不同的性状。寄生性是指寄生物能够从寄主体内获得养分和水分等生活物质以维持生存和繁殖的特性。致病性是病原物所具有的严重影响或破坏寄主并引起病害的特性。寄生物消耗寄主植物的养分和水分,当然会对寄主植物的生长和发育产生不利影响,但是单从营养和水分关系,还不能说明病害发生过程中的各类病变和不同病害所表现的特定症状。寄生物获得了寄生性还不足以成为一种病原物,还必须诱使植物发生病变。寄生性和致病性是病原物具有的共同特征。

一、寄生性

寄生物从寄主植物获得养分,有两种不同的方式。一种是寄生物先杀死寄主植物的细胞和组织,然后从中吸取养分,这种营养方式称为死体营养（necrotroph）;另一种是从活的寄主中获得养分,并不立即杀伤寄主植物的细胞和组织,称为活体营养（biotroph）或活体寄生物。寄生物的两种营养方式,事实上也反映了病原物的不同致病作用。属于死体营养的病原物,从寄主植物的伤口或自然孔口侵入后,通过它们所产生的机械压力、酶或毒素等物质的作用,杀死寄主的细胞和组织,再以死亡的植物组织作为生活基质,进一步伤害周围的细胞和组织。死体营养的病原物腐生能力一般都较强,它们能在死亡的植物残体上生存,营腐生生活,有的还可以利用土壤或其他场所的有机物与无机物长期存活。这类病原物对植物的细胞和组织的直接破坏强烈而迅速,在适宜条件下只要几天甚至几小时,就能杀伤植物的组织,对幼嫩多汁的植物组织破坏更大。这些病原物的寄主范围一般较宽。

活体营养的病原物是更高级的寄生物。它们可以从寄主的自然孔口侵入或直接穿透寄主的表皮侵入,侵入后在植物细胞间隙蔓延,常常形成特殊的吸取营养的机构(如吸器)。由其吸取寄主细胞内的营养物质(如霜霉菌、白粉菌和锈菌),甚至有的病原物生活史的一部分或大部分是在寄主细胞内完成的(如芸薹根肿菌)。这些病原物的寄主范围一般较窄,有较高的寄生专化性。它们的寄生能力很强,但是它们对寄主细胞的直接杀伤作用较小,这对它们在活细胞中的生长繁殖是有利的。一旦寄主细胞和组织死亡,它们就随之停止生育,迅速死亡。活体营养的病原物不能脱离寄主营腐生生活。

有时,人们将只能营活体寄生的寄生物称为专性寄生物(obligate parasite),而将兼具寄生与腐生能力的,称为兼性寄生物(facultative parasite)或兼性腐生物(facultative saprophyte)。前者以寄生为主,后者以腐生为主。病毒、线虫、寄生性种子植物都是专性寄生物,有些真菌,如双霉菌、白粉菌、锈菌也属于这一类型。

二、致病性

病原物对寄主植物的致病和破坏作用,一方面表现为对寄主体内水分和养分的大量消耗;另一方面表现为它们分泌大量的酶、毒素、生长调节物质,直接或间接地破坏植物组织和细胞,使寄主植物发生病变。病原物接触寄主后,对寄主植物的致病作用主要表现在以下几个方面:①夺取寄主的营养物质和水分,供自己生长和繁殖。②许多植物真菌和细菌都能产生一些水解酶,可以分解植物细胞壁,使组织腐烂,如果胶酶、脂肪酶、纤维素酶、蛋白酶、木质素酶等。③有些病原物可以产生毒素。毒素是一种非常高效的致病毒物,很低的浓度即可使植物生病。④许多病原物可产生生长调节物质,主要有吲哚乙酸、赤霉素、细胞激素和乙烯等,使植物的正常生长受到干扰,如肿瘤和发根,都与植物体内的生长调节物质失调有关。

寄生性和致病性是病原物统一的特性,但两者的发展方向不一致。通常来讲,病原物都具有寄生性,但并不是所有寄生物都是病原物。例如,植物的菌根真菌是寄生物,但是它的代谢物也是植物生长所需要的营养物质,因此不是病原物。另外,寄生物虽然也有寄生性,但没有或只有微弱的致病性,使植物不表现或轻微表现症状。从上述可知,寄生物和病原物不是一个概念,寄生性也不等于致病性。寄生性的强弱和致病性的强弱没有相关性。

第四节　非侵染性病害

引起植物病害发生的因素,除了病原生物(如菌物、原核生物、病毒、线虫、寄生性种子植物等)外,还有非生物病原物。由不适宜的非生物因素,如物理因素和化学因素,直接或间接引起的病害称非侵染性病害。不适宜的物理因素主要包括温度、湿度和光照等气象因素的异常;不适宜的化学因素主要包括土壤中的养分失调,空气污染和农药等化学质物的毒害等。这些因素有的是单独起作用,但常常是配合起来引发病害。植物自身遗传因子或先天性缺陷引起的遗传性病害,虽然不属于环境因子,但由于没有侵染性,也属于非侵染性病害。非侵染性病害与侵染性病害的区别在于有没有病原生物的侵染,在植物的个体间能否互相传染。

非侵染性病害不是由病原物感染引起的,因此这类病害表现出的症状只有病状,没有病症。在区分非侵染性病害和侵染性病害时,应明确非侵染性病害在田间的表现特点。第一,非侵染性病害是非生物因素引起的;第二,没有传染性,田间没有发病中心;第三,病害的出现常常给人以突然发生的感觉,通常是大面积发生,成片成块的分布;第四,发病的植株只有病状而没有病症;第五,病害的产生与环境条件、气候变化、农事操作等相关。在研究非侵染性病害时,明确非侵染性病害引起的因素,以及各种因素的特点与功能,在非侵染性病害的诊断和防治中具有重要的意义。

一、营养失调

植物的生长发育需要多种营养物质,除了本身可以通过光合作用合成碳水化合物外,还需要由外源提供其他的基本营养物质。这些营养物质是植物细胞的构成成分,它们参与植物的新陈代谢,在代谢过程中发挥各自的生理功能,使得植物能够完成其遗传特性固有的生长发育周期。

当植物缺乏某种必要营养元素时,外观上表现出特有的症状,被称为缺素症。植物某种营养元素过量或各种营养元素间的比例失调,也会影响植物的正常生长和发育,导致植物表现出各种病态,如植株的矮小、失绿、坏死、畸形、叶片肥大等。植物营养失调往往导致植物的品质变劣,产量下降。缺素症往往因植物品种的不同而异,难于一概而论。如缺钾引起的颜色变化,在棉花上是紫红褐色,在马铃薯上为青黑色,而在苜蓿叶缘则是白色斑点。甚至在同一种植物上,缺素的程度不同,植物的生育期也存在差异。栀子花缺铁引起的黄化病是极为普遍的,首先由幼叶开始黄化,然后向下发展到叶缘,逐渐枯死,植株生长受到抑制。

某些矿质元素过量会对植物造成毒害。一般来说,大量元素较少对植物有毒害,而微量元素过多则容易造成毒害,特别是硼和锌过量更容易造成毒害。过量的硼对很多蔬菜和果树是有毒的,如在东方百合上引起叶尖褪绿等症状。不同种类的植物对微量元素的敏感度不同,如极微量的镍就会毒害植物,而植物对铝的耐受能力相当高。

另外,元素间的比例失调也是造成植物病害的一个重要因素,会影响植物对其他元素的吸收。在精细栽培的一些作物中会出现"富贵病",如保护地栽培的药用植物、蔬菜等。如菊花施钾肥过多,导致缺镁症状,叶脉间失绿,叶缘变红紫色,在这种情况下,即使增施镁也不能缓和症状,因为钾离子太多影响了镁离子的吸收。一般而言,钠过量往往导致植物缺钙,铜、锰或锌过量导致植物缺铁。

二、温度与光照

温度是植物生理生化活动赖以顺利进行的基础。植物的生长发育有它们各自最适合的温度,超出了它们的适应范围,就可能造成不同程度的损害。不适宜的温度包括高温、低温、变温,从病原物所处的具体环境来分,又有气温、土温和水温三个方面的变化。

高温引起的植物的茎、叶、果伤害,通称为灼伤。如常见的番茄、辣椒和苹果果实的灼伤。在自然条件下,高温往往与强光照相结合,所以高温灼伤一般都表现在植物器官的向阳面。在苗圃,夏季的高温常使土壤表面温度过高,而引起幼苗茎基部灼伤。如银杏苗木茎基部被灼伤后,茎腐病菌便趁机而入,因而夏季高温造成银杏苗木茎基腐病严重。高温也可以引起一些植物开花和结实的异常。例如,某些观赏植物的花朵畸形;杂交水稻花粉不能正常萌发,结实率降低。高温为害植物的机制主要是促进某些酶的活性,钝化另外一些酶的活性,从而导致植物异常的生化反应和细胞的死亡。高温还能引起蛋白质聚合和变性,引起细胞质膜的破坏和某些毒性物质的释放。

低温的影响主要是冷害和冻害。冷害也称寒害,是指 0℃ 以上的低温所致的病害。喜温作物如黄瓜、水稻,以及热带、亚热带的果树木及药用植物,气温低于 10℃ 时,就会出现冷害,最常见的症状是变色、坏死、表面斑点等。木本植物则出现芽枯、顶枯。冻害是 0℃ 以下的低温所致的病害。冻害的症状主要是幼茎或幼叶出现水渍状暗褐色的病斑,之后组织逐渐死亡,严重时整株植物变黑、干枯、死亡。低温危害作物的机制主要是,细胞内或间隙形成的冰晶破坏细胞质膜,造成细胞的受伤或死亡。细胞间隙的水比细胞内含有的溶质少,更容易形成冰晶。细胞内的结冰点与细胞含水量相关,溶质越多,冰点越高,一般为 $-10 \sim -5℃$。

剧烈的变温对植物的影响往往比单纯的高温、低温的影响更大。如昼夜温差过大,可以使木本植物的枝干被灼伤或冻裂,这种症状多见于树木的向阳面。如龟背竹插条上盆后不久,从 16℃ 条件下转到 35℃ 的温度 48h,就会导致新生出的叶片变黑、腐烂。这是快速升温造成的。对这种快速升温敏感的植物还有喜林芋、橡皮树和香龙血树等。

光照主要通过光照强度和光照周期对作物产生影响。植物生长发育需要一定的光照条件,光照不足或光照过强都可以使植物正常生长受到影响。光照不足通常发生在温室和保护地,往往导致植物徒长,影响叶绿素的形成和光合作用,使植株黄化,组织结构脆弱,容易发生倒伏或受病原物的侵染。光照过强可引起喜欢弱光的植物叶片出现坏死斑点(如千日红)。光照过强很少单独引起病害,一般都与高温、干旱相结合,引起植物的日灼病和叶烧病。光周期对植物的生长和发育影响更大。研究表明,光周期可以控制植物的某些基因表达,影响植物的形态发生等。现已知有 60 多种酶受到光照的调控。光照长短不适宜,可延迟或提早作物的开花和结实,给生产造成很大的损失。

三、水分和湿度

水分是植物生长不可缺乏的条件。水直接参加植株体内各种物质的合成和转化,也在维持细胞渗透压、溶解土壤中矿质养料、平衡体温方面起着重要的作用。各种植物生长都有其适宜的水分范围,当环境水分超过了它们的适宜范围,就称为水分失调。水分失调包括水分供应不足、水分过多和水分的骤然变化。

在长期供水不足的情况下,植物形成过多的机械组织,使一些肥嫩的器官,如水果、根菜等品质下降,同时其生长也受到限制,各种器官的体积和重量减少,导致植株矮小细化。在严重干旱的情况下,植物常常发生叶片变色、萎蔫、叶缘焦枯,甚至出现早期落叶、落花、落果等症状。

土壤中水分过多,会造成氧气供应不足,使植物的根部处于窒息状态。随之植物根部变色或腐烂,地上部叶片出现变黄、落叶、落花等症状,发生涝害。

水分的骤然变化也会引起病害。先旱后涝容易引起浆果、根菜和甘蓝的组织开裂。这是由于干旱情况下,植物的器官形成了伸缩性很小的外皮,水分骤然增加以后组织大量吸水,使膨压加大,导致器官破裂。如前期水分充足后期干旱,会使番茄果实发生蒂腐病。这是由于叶片的渗透压高于果实,在水分不足时,叶片会从果实吸收水分,果实蒂部突然大量失水而发生蒂腐病。

空气湿度过低的现象通常是暂时的,很少直接引起病害。但如果与大风、高温结合起来(如干热风),就会导致植株大量失水,造成植物迅速干燥、死亡,产量降低。

四、环境污染

环境对植物的污染主要来源于土壤、大气和水源。随着我国工业化的发展,工矿企业的废弃物排放对周围环境的影响越来越大。环境污染以大气的污染物对植物造成的毒害最为常见。大气的污染包括臭氧(O_3)、二氧化硫(SO_2)、氢氟酸(HF)、过氧硝酸盐(PAN)、氮化物(NO_2,NO)、氯化物(Cl_2,HCl)、乙烯(CH_2CH_2)等。这些污染物对不同植物的危害程度不同,引起的症状也各异。来源于空气中的光化学反应、风暴中心等的臭氧,可由植物气孔进入植物体内,是最具毁灭性的污染物之一。对臭氧敏感的植物有烟草、菜豆、菊花、丁香、柑橘、矮牵牛等,表现症状是叶面斑驳或褪绿斑,有的植物则表现为植株矮化,提前落叶。来源于空气中的光化学反应、内燃机废气等的过氧硝酸盐,导致菠菜、番茄、大丽花等"银叶"病状,即叶色漂白,叶背面出现铜褐色。来源于汽车废气、煤油的燃烧、后熟的果实等的乙烯,东方百合、月季、金盏菊花等特别敏感,致病量为 $0.05×10^{-6}$ mol/L,症状是偏上性生长,叶片早衰,植株矮化,花、果减少等。空气中的二氧化硫能使植物产生褪绿或黄化,高浓度使脉间漂白。

工矿企业排放的废水、废液,因含有较多有害物质,直接灌溉农田容易引起毒害作用。如废水中存在大量的有机物、氯化物、碱性物质或酸性物质、重金属物质直接或间接在土壤中积累,使得植物中毒,造成黑根、烂根。有些泄漏的油类物质,飘浮在灌溉水表面,容易烫伤水生植物的幼苗,溅落在叶片上,阻塞气孔,影响植物的呼吸作用。

五、农药药害

目前生产上使用的各种农药,如杀菌剂、杀虫剂、除草剂,以及化学肥料的过量使用,或者使用时期不当,都会对植物造成化学伤害。药害是指用药后使作物生长不正常或出现生理障碍的现象。药害有急性和慢性两种。急性药害是指在喷药后几小时至三四天出现明显症状,如烧伤、凋萎、落叶、落花、落果;慢性药害是指在喷药后经过较长时间才发生明显反应,如生长不良、叶片畸形、晚熟等。常见的药害症状是叶面或叶柄基部出现坏死的斑点、条纹、黄化、畸形、落叶、穿孔等,严重时凋萎脱落。根际施用农药不当,有的可抑制根的生长,导致地上部的矮化;而在植物上部喷洒农药量不当则会引起药害,即叶片上出现大区枯斑或变黄。

不同植物对农药的敏感性存在差异,如桃、李、梅、大豆、小麦、瓜类对波尔多液特别敏感,而茄子、马铃薯、丝瓜、甘蓝、柑橘对其不敏感,不易发生药害。植物药害的发生与环境条件(温度、湿度、光照)也有关系,如除草剂在高温的旱田容易发生药害。另外,植物不同生育期对农药的敏感性也存在差异。一般幼苗和开花期的植物较敏感。如使用有机砷制剂防治水稻纹枯病,在孕穗期以前比较安全,孕穗期以后使用会严重影响水稻灌浆,从而增加瘪粒率,降低产量。

除草剂或植物生长调节剂使用不当也会引起药害。如 2,4-D 喷在棉花、葡萄枝上时会导致叶片的畸形和花叶症。1991 年,宁夏永宁县望红林场果园发生除草剂药害,导致大量落花、落叶、落果,损失惨重。目前除草剂的使用越来越普遍,有些用于土壤处理,有些用于田间喷洒。处理过的土壤或邻近喷药的地块,使敏感植物受害。

药害产生的机制是,农药喷洒到叶上后,多数从气孔、水孔、伤口进入植体,有的还从枝、叶、花果及根表皮进入。当用药不当时,药剂的微粒直接阻塞叶表气孔、水孔或进入组织后堵塞了细胞间隙,使作物的正常呼吸、蒸腾和同化作用受到抑制。药剂进入植物组织或细胞后,还可与一些内含物发生化学反应,破坏正常的生理功能,出现病变。

六、非侵染性病害的诊断

非侵染性病害株看不到任何病症,也分离不到病原物;往往大面积同时发生同一症状的病害;没有逐步传染扩散的现象。出现此种危害症状,大体上可以考虑是非侵染性病害。除了植物遗传疾病之外,主要是不良的环境因素所致。不良的环境因素种类繁多,但大体上可以从发病范围、病害特点和病史几个方面来分析。下面几点可以帮助诊断其病因:

1.病害突然大面积同时发生,发病时间短,只有几天,大多是大气污染、"三废"污染或气候因素,如冻害、干热风、日灼所致。

2.病害只限于某一品种发生,多为生长不良或发病症状一致,一般为遗传性障碍所致。

3.有明显的枯斑、灼伤,且多集中在某一部位的叶或芽上,无既往病史,大多是使用农药或化肥不当所致。剧烈的气象因素也可导致这类症状出现,如日灼、雹灾和冻害等。

4.植株生长发育不良,具有明显的缺素症状,多见于老叶或顶部新叶,尤以缺钾、锌、镁、锰、硼为常见。

非侵染性病害约占植物病害总数的 1/3,植病工作者应该充分掌握对生理病害和非侵染性病害的诊断技术。只有分清病因以后,才能准确地提出防治对策,提高防治效果。

非侵染性病害与侵染性病害之间的关系非常密切,非侵染性病害使植物抗病性降低,从而利于侵染性病害的入侵和发病。例如,冻害不仅可以使植物组织细胞死亡,还可以导致其生长趋势减弱,致使许多病原生物乘虚而入。同样,侵染性病害也会削弱植物对非侵染性病害的抵抗能力,如某些叶斑病害不仅引起落叶,还使植物更容易受到冻害或霜害。

第二章　植物病原菌物

第一节　菌物的一般性状和分类

菌物(fungi)是指具有真正细胞核的异养生物,典型的营养体为丝状体,不含光合色素,细胞壁的主要成分是几丁质或纤维素,主要以吸收的方式获取养分,通过产生孢子的方式进行繁殖。菌物是生物中的一个庞大类群,包括黏菌、真菌、地衣等,种类、数量繁多,据估计全世界的菌物多达150万种。菌物的分布非常广泛,从热带到寒带,从空气到水域,从沙漠到冰川地带的土壤,凡是人们能想到的地方,几乎都能找到菌物的踪迹。

植物上常见的四大病害,黑粉病、白粉病、霜霉病、锈病等都是由菌物引起的。历史上大流行的植物病害多数是由真菌引起的。菌物的毒素可以引起人、畜中毒,有的还会致癌,如黄曲霉素。菌物常引起食物和其他农产品腐败变质,导致木材腐烂,布匹、皮革和器材霉烂。但是,很多菌物对人类也是有益的,如菌根真菌、毛霉菌、香菇、木耳、冬虫夏草等。

一、菌物的营养体

菌物的生长发育过程分为营养生长阶段和繁殖阶段。从孢子萌发形成菌丝,菌丝生长发育到生殖器官形成前的阶段,称作营养生长阶段。这个阶段的菌丝体称作营养体。营养体的主要功能是吸收、输送和贮存营养,为繁殖生长做准备。

(一)营养体的类型

各种菌物营养体的形状不同(图 2-1),大多数菌物的营养体是丝状体。典型的营养体由细线状或管状的菌丝(hypha)组成,组成菌物的一团菌丝称作菌丝体(mycelium)。菌丝是一分枝的管状物,由孢子萌发后延伸而来,或由一段菌丝细胞增长出来。菌丝呈管状,有固定的细胞壁,大多无色透明,有分枝,粗细均匀,直径一般为 $5\sim6\mu m$。菌物可以分为有隔菌丝和无隔菌丝两种。大多数菌丝以横隔膜把菌丝分成很多细胞,隔膜上有小孔,细胞间以胞间连丝相沟通,细胞核及原生质可以通过小孔进入相邻细胞。这种有隔膜的菌丝称作有隔菌丝,如高等真菌的菌丝。有些真菌的菌丝无横隔膜,称作无隔菌丝,如低等真菌的菌丝,整个菌丝体为一个无隔的多核大细胞。

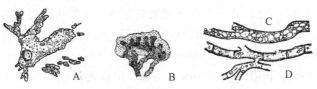

图 2-1　营养体的类型(仿许志刚)
A、B. 不同形状的原质团;C. 无隔菌丝;D. 有隔菌丝

菌丝体以菌丝的顶端部分生长和延伸,且不断产生分枝。菌丝生长的长度是无限的。菌丝体的每一部分都有潜在的生长能力,在合适基质上,单根菌丝片段可以生长发育成一个完整的菌体(colony)。菌丝体是从一点向四周呈辐射状延伸,所以菌物在培养基上通常成圆形的菌落。许多为害植物叶片的菌物,多数形成圆形的病斑。

菌物的营养体除典型的菌丝外,还有以下类型:

1. 原质团(plasmodium) 没有细胞壁,多核的原生质,形状不固定,有时可移动,如根肿菌(*Plasmodiophora*)。

2. 单细胞(uniocell) 通常椭圆形或近圆形,如酵母菌(*Saccharomyces*)和壶菌(*Chytridium*)。

3. 假菌丝(pseudomycelium) 有些酵母菌芽殖产生的芽孢子相互连接成链状,如毕赤酵母(*Pichia*)和假丝酵母(*Candida*)。

4. 菌丝体(mycelium) 许多菌丝团聚在一起,称为菌丝体。绝大多数菌物的营养体为菌丝体,如梨孢属(*Pyricularia*)和根霉属(*Rhizopus*)。

(二)菌丝的变态

为适应不同的环境条件或更有效地摄取营养满足生长发育的需要,许多菌丝形成了一些具有特殊功能的营养结构和组织,这种特化的形态称为菌丝的变态。菌丝的变态类型很多。

1. 吸器(haustorium) 植物专性寄生菌的菌丝在寄主间隙延伸穿过细胞壁,在植物细胞内形成的膨大或分枝状的结构称为吸器。其功能是增加菌物对营养的吸收面积。吸器形状多样,有球状、丝状、指状、掌状等(图2-2)。

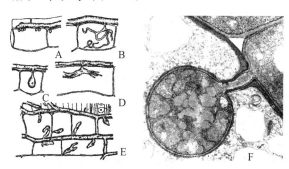

图 2-2 菌物的吸器类型(A～E.仿许志刚;F.仿康振生)

A.小球状(白锈菌);B.丝状(霜霉菌);C.球状(白粉菌);D.掌状(白粉菌);E.指状(锈菌);F.形成于寄主细胞内的吸器

2. 假根(rhizoid) 菌丝产生的类似植物根的结构,深入基质吸收营养,并固定、支撑上部的菌体。

3. 附着胞(appressorium) 植物病原菌物孢子萌发形成的芽管或菌丝顶端的庞大部分,可以牢固地附着在寄主体表面,其下方产生侵染钉穿透寄主的角质层和表皮细胞壁。

4. 附着枝(hyphopodium) 一些菌物(小煤炭目)菌丝两旁生出的具有1～2个细胞的耳状分枝,起附着吸收养分的功能。

5. 菌环(constricting)和菌网(networks) 菌丝组成的环状物及多个菌环形成的网,均用于捕食(套住或粘住)小动物(线虫)。

（三）菌丝的组织体

菌物的菌丝体一般是分散的，但有时可以紧密交织在一起形成菌组织，尤其是高等菌物的有隔菌丝体可以密集地纠结在一起，形成具有一定功能结构的菌组织。菌组织的作用是形成产孢机构和特殊结构，以抵抗外界的不良环境。菌物的菌组织有两种（图2-3）。

1. 疏丝组织（prosenchyma） 菌丝排列较疏松，在显微镜下可以看出菌丝的长形细胞，用机械方法可以分开。

2. 拟薄壁组织（pseudoparenchyma） 菌丝排列很紧密，在显微镜下菌丝细胞接近圆形，类似高等植物的拟薄壁组织。用机械方法不能分开，只能用碱液煮开。

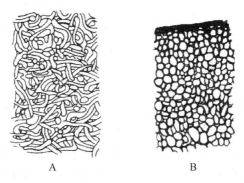

图2-3 真菌菌核内的菌组织（仿许志刚）

A.疏丝组织；B.拟薄壁组织

疏丝组织和拟薄壁组织可以进一步形成不同类型的菌丝组织体，常见的有菌核、菌索和子座。

1. 菌核（sclerotium） 由菌丝紧密交接形成的一种坚硬结构，外为拟薄壁组织，内为疏丝组织，形状不一，颜色较深。菌核内贮有较多的养分，而且耐高温、低温和干燥。当条件适宜时，菌核可以萌发产生菌丝体，或者从上面形成产生孢子的休眠机构。有的菌核由菌组织和寄主组织结合在一起形成，称为假菌核。

2. 菌索（rhizomorph） 菌丝组织形成的绳状物，类似高等植物的根，又称根状菌索。菌索能抵抗不良环境并保持休眠状态，当环境转佳时又从尖端继续生长延伸，到一定阶段便从菌索上产生子实体。

3. 子座（stroma） 由菌组织形成的、产生子实体的垫状结构，叫子座。子座有不同的形状，如柱状、棒状、头状等。子座也有抵抗不良环境的作用，但更主要的是形成产生孢子的结构。有的子座由菌丝组织和寄主组织共同形成，称为假子座（pseudostroma）。

二、菌物的繁殖

菌物经过营养阶段后，即转入生殖阶段，先进行无性生殖产生无性孢子，有的菌物在后期进行有性生殖，产生有性孢子。菌物产生孢子的结构称子实体，在子实体上聚生无性孢子或有性孢子。菌物的繁殖体是由营养体转变而来的，营养体生长一定时期产生的繁殖器官称为繁殖体。菌物进行繁殖时，其产果方式有两种：当菌物发育到某一阶段时，整个营养体均转化为繁殖体，称为整体产果式（holocarpic）。整体产果式的菌物在同一个体上不能同时存在营养阶段和繁殖阶段。而在大部分菌物中，只有部分营养体转化为繁殖体，其余部分仍继续行使营养体的功能，称为分体产果式（eucarpic）。菌物在繁殖过程中，孢子产生在具有一定分化的产孢机构上。菌物的产孢结构,无论是无性繁殖还是有性生殖,无论是结构简单的还是结构复杂的,通称作子实体(fruitbody)。

(一)无性繁殖(asexual reproduction)

菌物不经过核配和减数分裂,营养体直接以断裂、裂殖、芽殖和割裂的方式产生新个体的方式称为无性繁殖。无性繁殖产生的各种孢子称为无性孢子,所有的无性孢子均为有丝分裂孢子,而不是减数分裂孢子或结合子。无性孢子的形态、色泽、细胞数目、产生和排列方式是菌物分类和鉴定的重要依据。无性繁殖过程短,通常产生的无性孢子数量巨大,在植物生长季节进行,对植物病害的发生、蔓延和病原物传播起着重要的作用。

不同类型的菌物,其无性繁殖的方式和产生的无性孢子明显不同。产生孢子的方式有四种:①断裂:菌丝断裂成短片段或菌丝细胞相互脱离产生孢子,如节孢子和厚垣孢子。②裂殖:单细胞的真菌的营养体一分为二,变成两个菌体。类似细菌的裂殖,主要发生在单细胞菌物中,如裂殖酵母菌。③芽殖:单细胞的菌物营养体、孢子或丝状菌物的产孢细胞以芽生的方式产生无性孢子,如酵母菌。④原生质割裂:成熟孢子囊内的原生质被分割成许多小块,每小块的原生质连同其中的细胞核共同形成一个孢子,如芸薹根肿菌产生的游动孢子。

菌物无性繁殖产生的无性孢子主要类型有游动孢子、孢囊孢子、分生孢子和厚垣孢子(图 2-4)。菌物产生内生无性孢子的器官,称为孢子囊,游动孢子和孢囊孢子产生在孢子囊中。孢子囊通常着生在特化的菌丝上,这种特化的菌丝称作孢囊梗。菌物的孢子囊形状各异,主要有圆筒形、椭圆形、球形或柠檬形。营养体是无隔菌丝或原质团的菌物。

1. 游动孢子(zoospore) 游动孢子(图 2-4A)是根肿菌、卵菌和壶菌的无性孢子。游动孢子一般具有一根或两根鞭毛,能在水里游动。游动孢子囊(zoosporangium)萌发时,原生质割裂成许多小块,形成带着 1～2 根鞭毛、能游动的孢子。

2. 孢囊孢子(sporangiospore) 孢囊孢子(图 2-4B)是接合菌的无性孢子,以原生质的方式割裂形成于孢子囊内,有细胞壁而无鞭毛,不能游动。成熟后孢子囊壁破裂,孢囊孢子散出。孢子囊遇水即消解,孢子就自然释放出来。

3. 分生孢子(conidium) 分生孢子(图 2-4C)是子囊菌、半知菌和担子菌的无性孢子。外生在特化的菌丝上的无性孢子称作分生孢子。分生孢子梗可以单生、簇生和束生。有的分生孢子梗自垫状菌丝长出,使产孢总体结构呈盘状,即为分生孢子盘;有的产生于覆碗状或球形的结构,即为分生孢子器。分生孢子主要通过芽殖或断裂的方式产生,形状大小各异。

4. 厚垣孢子(chlamydospore) 各类菌物均可以形成厚垣孢子(图 2-4D),由断裂方式产生。厚垣孢子由菌丝体个别细胞膨大,原生质浓缩,细胞壁加厚而成为有休眠功能的孢子,其作用为抵抗不良环境,度过高温、低温、干燥和营养匮乏环境。

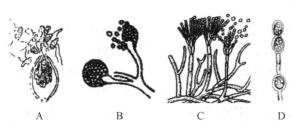

图 2-4　菌物的无性孢子(仿许志刚)
A. 游动孢子;B. 孢囊孢子;C. 分生孢子;D. 厚垣孢子

（二）有性生殖（sexual reproduction）

菌物经过营养阶段和无性生殖后，多数转入有性生殖。有性生殖经性器官和性细胞的细胞核结合和减数分裂产生有性孢子。多数真菌是在菌丝体上分化出性器官，其称为配子囊，配子囊中的性细胞叫配子。有性孢子是由两个可交配的性细胞结合后产生的，形成过程可分为质配、核配和减数分裂三个阶段。

菌物有性生殖产生的有性孢子归纳为休眠孢子、卵孢子、接合孢子、子囊孢子和担孢子等五种类型（图2-5）。

1. 休眠孢子（resting sporangium） 由两个游动配子配合形成的合子发育而成，壁厚，萌发时发生减数分裂释放出游动孢子，如壶菌、根肿菌。根肿菌纲菌物产生的休眠孢子囊萌发时通常只释放一个游动孢子，所以它的休眠孢子囊也叫休眠孢子。

2. 卵孢子（oospore） 由异型配子囊交配形成，是鞭毛菌中卵菌纲的有性孢子。雄器与藏卵器交配，在藏卵器中产生一个或几个卵孢子。卵孢子为二倍体，多数球形，厚壁，包裹在藏卵器内，经过一定时间的休眠才能萌发。卵孢子萌发产生的芽管直接形成菌丝或在芽管顶端形成游动孢子囊。

3. 接合孢子（zygospore） 由两个同形的配子囊结合，接触处细胞壁溶解，两个细胞的内含物融合在一起，经质配和核配形成二倍体的细胞核的厚壁接合孢子。接合孢子是接合菌的有性孢子，壁厚。接合孢子萌发时经减数分裂，长出芽管，通常在顶端产生孢子囊。

4. 子囊孢子（ascospore） 由异型配子囊结合，是子囊菌的有性孢子。子囊孢子产生在子囊内，每个子囊内一般是8个子囊孢子。子囊裸生或聚生在子囊果中，子囊果是由菌丝形成的具有一定形状的子实体。子囊内的两性细胞核结合后，经过一次减数分裂和一次有丝分裂，子囊内形成8个细胞核为单倍体的子囊孢子。子囊孢子形态各异，子囊圆筒形、棍棒状或球状。

5. 担孢子（basidiospore） 担子菌的有性孢子。在担子菌中，两性器官退化，以菌丝结合的方式产生双核菌丝。在每个担子上着生4个担孢子，担孢子圆形或香蕉形，担子大多为棍棒形。

很多菌物根本不产生有区别的性器官，为区分"性别"，将其称为交配型。根据性亲和表现，可将菌物分为两种：①同宗配合，即有些菌物单个菌株就能完成的有性生殖；②异宗配合，即多数菌物需要两个性亲和的菌株生长在一起才能完成的有性生殖。多数菌物，如鞭毛菌、接合菌、子囊菌和少数担子菌的异宗配合特性是由一对等位基因控制的。

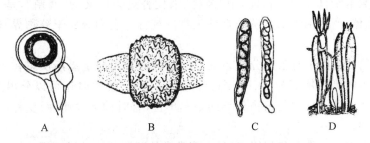

图2-5 菌物有性生殖产生的有性孢子（仿许志刚）
A. 卵孢子；B. 接合孢子；C. 子囊孢子；D. 担孢子

三、菌物的生活史

菌物的生活史是指一种菌物从孢子萌发开始,经过一定的营养生长和繁殖阶段,最后又产生同一种孢子的整个生活过程。典型的生活史包括无性繁殖和有性生殖两个阶段。但在有些菌物的生活史中,并不都具有无性和有性两个阶段,如半知菌只有无性阶段;而一些高等担子菌经一定时期的营养生长后就进行有性生殖,只有有性阶段而缺乏无性阶段。

无性繁殖产生的孢子叫无性孢子。无性繁殖阶段在菌物的生活史中往往可以独立地多次重复循环,而且完成一次无性循环的时间较短,一般7~10d,产生的无性孢子的数量极大,对植物病害的传播和发展作用很大,易对农作物产生巨大的危害。菌物在营养生长后期、寄主植物休闲期或环境不适情况下,转入有性生殖,产生有性孢子,这就是它的有性阶段,在整个生活史中往往仅出现一次。植物病原菌物的有性孢子多半是在侵染后期或经过休眠后才产生的,有助于成为翌年病害的初侵染来源,易发生变异。有性孢子的作用有两点,一是繁衍后代;二是具抵抗不良环境的能力,以度过高温、低温、干燥和营养匮乏的环境。有性孢子遇到环境适宜时,又转入营养阶段,进行无性繁殖,再进行危害。

四、菌物的分类及类群

早期的生物分类,主要是基于生物形态的相似性而不是依靠亲缘关系,所以在亲缘关系上不能全面反映生物的系统发育。在林奈的两界系统中,将生物分为动物界(Animalia)和植物界(Plantae),菌物因其固着生活,并且具有细胞壁,将其归为植物界。赫克尔在两界基础上,增加了原生生物界(Protista),菌物仍属植物界。后来科普兰提出四界系统,即动物界、植物界、原生生物界和菌界,将菌物归为菌界。1969年,魏泰克提出了不同的分界方法,把生物界分为五界,即动物界、植物界、原核生物界、原生界和菌界,目前此系统在世界各国被广泛采纳和使用。

1979年,陈世骧等提出了六界系统,加上病毒界。进入20世纪80年代,随着电子显微镜、分子生物学技术的飞速发展和在生物学研究中的应用,生物八界分类系统的出现,即真细菌界、古细菌界、原始动物界、原生动物界、植物界、动物界、真菌界和藻物界。其中,卵菌和丝壶菌被归入藻物界,并提升为门;黏菌、根肿菌被放在原生动物界,也提升为门;其他菌物均归为真菌界,分为壶菌门、接合菌门、子囊菌门和担子菌门,而原来的半知菌则不成为门,而是将已发现有性态的半知菌归到相应的子囊菌和担子菌中,对未发现有性态的半知菌则归到有丝分裂孢子真菌中。目前,用"菌物"来代替过去广义的"真菌",是一群没有叶绿素、有丝状营养体、产生孢子来繁殖的真核生物的统称。它们分属于藻物界、原生动物界和真菌界。

目前在菌物的分类上有很多分类系统。但是最常采用的是恩斯沃思在1973年提出的分类系统。分类的等级依次为界、门、纲、目、科、属、种。必要时还可以分出亚门、亚纲、亚目、亚科、亚属及亚种等。种是菌物分类的基本单位,有时种下设亚种、变种,有些还分为专化型和生理小种。

为了认识生物以便掌握和利用它们,人们常常给不同的物种以不同的名称,并借助名称来区别。目前,通常采用林奈1753年创立的双名制命名法。一个学名包括两段,第一段为属名,首字母要大写;第二段为种的性质形容词或种加词,用来区别同属中的不同种,一律小写。拉丁学名要求斜体印刷,命名人的姓写在种名之后。如有改写,把最初命名人的姓放在学名后的括号内,在括号后再注明更名人的姓,如人参疫病菌(*Phytophthora cactorum* (Lebetcit) Schroet)。

国际命名法规定中还规定了一种菌物只能有一个属名和种名。由于半知菌类的有性阶段较少见或不重要,难以根据有性阶段的特征进行分类和鉴定,同时人们已习惯使用它的无性阶段的学名,并很容易根据无性阶段(无性态)的特征进行分类和鉴定,所以无性阶段的学名仍然被广泛使用,而有性阶段(有性态)的学名反而很少使用。例如稻瘟病菌,长期来已习惯使用它的无性阶段学名稻梨孢(*Pyricularia oryzae*),如使用有性阶段的正式学名 *Magnaporthe grisea*,反而令人感到生疏。在叙述一种子囊菌或担子菌时,有时同时注明两个阶段的学名。如叙述引起小麦赤霉病的病原菌时,同时注明它的有性阶段的学名是玉蜀黍赤霉(*Gibberella zeae*)和分生孢子阶段的学名是禾本科镰孢(*Fusarium graminearum*)。

第二节　根肿菌门菌物

根肿菌门(Plasmodiophoromycota)植物病原病菌物均为专性寄生菌,有的寄生于高等植物根或茎的细胞内,有的寄生于藻类和其他水生菌物上。寄生于高等植物的往往引起细胞膨大和组织增生,受害根部肿大,因此称为根肿菌。根肿菌的营养体是多核且没有细胞壁的原质团(变形体),以割裂方式形成大量散生或堆积在一起的孢子囊。孢子囊有两种:一种是薄壁游动孢子囊,由无性生殖产生;另外一种是休眠孢子囊,通常被认为是有性生殖产生。形成游动孢子囊的原质团和形成休眠孢子囊的原质团在性质上有所不同,前者是单倍体,由游动孢子发育而来;后者是二倍体,一般认为由两个游动孢子配合形成的合子发育而来。休眠孢子囊萌发产生具有两根长在顶部的鞭毛的游动孢子,鞭毛长短不一,但均为尾鞭毛。休眠孢子分散或聚集成堆,休眠孢子堆的形态是根肿菌门植物病原菌物分类的重要依据。

根肿菌门菌物数量不多,只含有 1 纲 1 目 1 科,即根肿菌纲(Plasmodiophoromycetes)、根肿菌目(Plasmodiophororales)和根肿菌科(Plasmodiophoraceae),已知的有 15 属,46 种。其中最主要植物病原菌是云薹根肿菌(*Plasmodiophora brassicae*)。

一、根肿菌属(*Plasmodiophora*)

根肿菌属的特征是休眠孢子游离分散在寄主细胞内,不联合形成休眠孢子堆,外观呈鱼卵状。该属菌物均为细胞内专性寄生菌,为害植物根部引起手指状或块状膨大,故称根肿病。芸薹根肿菌是根肿菌属用最常见的种,引起十字花科芸薹属多种蔬菜的根肿病(图2-6)。休眠孢子囊对环境的抵抗力强,可在酸性土壤中存活 7~8 年,是病原菌的初侵染源。

二、粉茄菌属(*Spongosora*)

粉茄菌属的休眠孢子聚集成多孔的海绵状圆球,休眠孢子球形或多角形,黄色至黄绿色,壁光滑。此属最常见的种是马铃薯粉茄菌,为害马铃薯块茎的皮层,形成疮痂状小瘤。病菌以休眠孢子囊随病残体在土壤中越冬,能存活 5 年。

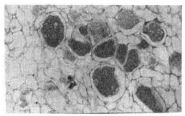

A.休眠孢子堆　　　　　　　　　　B.为害症状

图 2-6　芸薹根肿菌(仿许志刚)

第三节　卵菌门菌物

　　卵菌门(Oomycota)菌物的共同特征是有性生殖产生卵孢子,因此称为卵菌。卵菌的营养体是非常发达的无隔菌丝,少数是多核的有细胞壁的单细胞。无性繁殖形成具有一根尾鞭和一根茸鞭的游动孢子。进行有性生殖时,部分菌丝细胞分化为雄器(antheridium)和藏卵器(oogonium)两种配子囊,在藏卵器内可形成1个或多个卵球。

　　卵菌门仅有1个卵菌纲,12个目,其中寄生高等植物并引起病害的是水霉目和霜霉目菌物,如腐霉菌、疫霉菌、霜霉菌、白锈菌等。

一、水霉目(Saprolegniales)

　　水霉目的营养体多为发达的无隔菌丝体,少数营养体简单,为单细胞。无性繁殖产生的游动孢子囊,一般呈丝状、圆筒状或梨形。新孢子囊从释放过游动孢子的空孢子囊里面长出(内层出)或从成熟孢子囊基部的孢子梗(或菌丝)侧面长出(外层出)的现象称为层出现象。游动孢子具有两游(diplanetism)现象,即从孢子囊中释放出来的游动孢子经休止、再萌发释放游动孢子继续游动的现象。游动孢子囊先形成顶端双鞭毛的梨形游动孢子,经过一定的时期,孢体变圆,鞭毛收缩进入静止状态而形成休止孢(cystospore)。休止孢萌发时形成一个肾脏形的游动孢子,鞭毛生在侧面凹处,经过一定活动时期,鞭毛又收缩而进入静止状态,然后萌发产生芽管。

　　水霉目菌物的主要特征是游动孢子具有两游现象,藏卵器内只形成一个至多个卵孢子。水霉目大多数是海水或淡水中的腐生菌,有的生活在土壤中,少数寄生于藻类、鱼类和其他水生生物。其中引起植物病害的不多,较重要的是引起水稻烂秧的稻绵霉(图 2-7)和为害豆科植物根部的根腐丝囊菌。

　　1.绵霉属(Achlya)　绵霉属的特征是游动孢囊有层出现象,游动孢子有两游现象。营养体是发达的无隔有分枝的菌丝体。孢子囊圆形或棍棒形,新孢子囊从老的孢子囊基部的孢囊梗侧面长出。游动孢子在孢子囊内呈多行排列,具有两游现象。游动孢子囊形成圆形的游动孢子,成熟后在游动孢子囊内蠕动,自顶端成团挤出,聚集在孔口处形成休止孢,以后变为肾形双鞭毛的游动孢子。雄器侧生,棍棒状。绵霉属大都腐生,少数弱寄生,生活于水中或土壤中。代表种为水稻烂秧绵霉菌(Achlya oryzae),在稻秧根芽间产生放射形棉絮状菌丝体,秧苗衰黄腐烂。秧苗管理不好,灌水过深或受到冻害就可能诱发稻苗绵腐病。

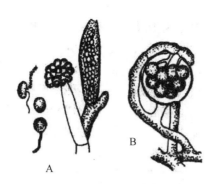

图 2-7 稻绵霉(仿路家云)

A.孢子囊和游动孢子;B.藏卵器

2.**丝囊霉属**(*Aphanomyces*) 游动孢子在孢子囊内单行排列,释放时聚集在子囊孔口处形成休止孢,以后变为肾形的游动孢子,呈现两游现象。藏卵器内形成 1 个卵孢子,寄生于藻类和植物根部。*A. raphani* 能引起萝卜根腐病。

二、霜霉目(Peronosporates)

霜霉目菌物的营养体为发达的无隔菌丝体。寄生种类的菌丝一般在寄主细胞间,由菌丝产生吸器,伸入寄主细胞内吸取养料,有的菌丝能直接穿入寄主细胞吸收养分。孢子囊成熟时大都与孢囊梗脱离。孢子囊单生于孢囊梗分枝的顶端,或成串生在不分枝的孢囊梗顶端。低等属的孢子囊萌发时,一般为游动孢子;高等属侧生芽管,且可随环境的不同而变动。游动孢子肾形,侧生双鞭毛,无两游现象,一些低等的种类有层出现象。有性生殖产生卵孢子,藏卵器多为球形,内仅含 1 个卵孢子,萌发产生芽管或游动孢子。

1.**腐霉属**(*Pythium*) 腐霉属的特征是丝状、球状、卵状或裂瓣状的孢子囊着生在菌丝上,孢子囊顶生或间生,无特殊分化的孢囊梗。孢子囊成熟后一般不脱落,萌发时形成孢囊,游动孢子在孢囊内形成,雄器侧生。腐霉属菌物在霜霉目中是较低等的,以腐生的方式在土壤中长期存活。有些种类可以寄生于高等植物,为害根部和茎基部,引起腐烂。幼苗受害后主要表现猝倒、根腐和茎腐,种子和幼苗在出土前就可霉烂和死亡。此外,还能引起果蔬的软腐,如瓜果腐霉(*P. aphanidermatum*)。

2.**霜霉属**(*Peronospora*) 霜霉属菌物均是维管束植物的专性寄生菌。菌丝体发达,蔓延于寄主细胞间,以球形或线形吸器伸入寄主细胞吸取养料。孢囊梗由内生菌丝发生,从寄主气孔伸出,与菌丝的区别很明显,孢囊梗有限生长,呈树枝状分枝。孢子囊单生于孢囊梗分枝的顶端,孢子囊卵圆形,顶端乳头状突起。孢子囊成熟后脱落,借风传播,萌发产生侧生双鞭毛的游动孢子,或直接长出芽管。有性器官生于寄主细胞间,藏卵器仅含 1 个卵孢子。寄生霜霉(*P. parasitica*)是最常见的种(图 2-8),可为害许多十字花科植物。

霜霉菌以卵孢子在土壤中、病残体或种子上越冬(如谷子白发病),或以菌丝体潜伏在茎、芽(如葡萄霜霉病)或种子内越冬(如白菜霜霉病),成为次年病害的初侵染源,生长季由孢子囊进行再侵染。在中国南方温湿条件适宜的地区可全年进行侵染。霜霉菌主要靠气流或雨水传播,有的也可靠媒介昆虫或人为传播。

3.**疫霉属**(*Phytophthora*) 疫霉属菌物是重要的植物病原菌。大多为两栖类,少数为

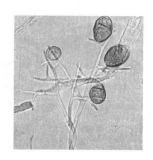

图 2-8　寄生霜霉的孢囊梗、孢子囊(仿崔铁军等)

水生的;疫霉菌几乎都是植物病原菌,大多是兼性寄生的,寄生性从较弱到接近专性寄生,少数种类至今仍不能在人工培养基上培养。疫霉菌的寄主范围很广,可以侵染植物地上和地下部分。疫霉菌以厚垣孢子或卵孢子在土壤中存活,在土壤中的腐生能力不强。疫霉菌为害植物,在病斑表面形成类似于腐霉菌的白色棉絮状物或近似于霜霉菌的霜状霉层。致病疫霉(*Phytophthora infestans*)是疫霉属的模式种,危害马铃薯、番茄等作物,引起晚疫病。如 19 世纪中叶在欧洲特别是爱尔兰的大饥荒,便是致病疫霉(*P. infestans*(Montagne)de Bary)为害马铃薯造成的。

疫霉属的特征是产生的孢子囊呈近球形、卵形或梨形。营养体是发达、无色的无隔菌丝体。菌丝体主要在寄主细胞间隙扩展,形成吸器进入寄主细胞内。无性繁殖是从菌丝体上形成孢囊梗,2~3 根成丛,从寄主茎、叶的气孔或块茎的皮孔伸出。孢囊梗细长,单轴分枝,分枝顶端产生游动孢子囊后,孢囊梗可以继续伸长形成新的孢子囊,因此分枝略成节状。孢子囊柠檬形,顶部有 1 个乳头状突起(乳突),成熟后孢子囊脱落随气流传播。

游动孢子在孢子囊内分化形成,不形成孢囊;许多种类的孢子囊有层出现象。孢子囊成熟后在乳突的位置形成排孢孔,释放出多个(几个至几十个)游动孢子。游动孢子经一定时期游动后就形成圆形的休止孢。致病疫霉是异宗配合的,两个不同交配型的菌株交配才能进行有性生殖,在自然条件下很难看到它的卵孢子,至今也只在局部地区发现它的有性阶段。它的有性生殖的过程是产生藏卵器的菌丝穿过雄器,在雄器上面形成藏卵器,雄器包在藏卵器的柄上,交配后藏卵器中形成一个卵孢子(图 2-9)。

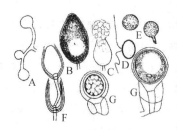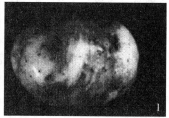

图 2-9　疫霉属(仿余永年)

A.膨大菌丝;B.孢子囊;C.正在释放孢子的孢子囊;D.游动孢子;E.休止孢子及其萌发;F.孢囊层出;
G.雄器、藏卵器及卵孢子;H.茎部发病症状;I.薯块发病症状

4.白锈属(*Albugo*)　本属菌物全部是高等植物专性寄生菌,在寄主上产生白色疱状或粉状孢子堆,很像锈菌的孢子堆,故名白锈菌,引起的病害称为白锈病。菌丝在寄主细胞间

生长发育,产生小圆形吸器伸入细胞内吸收养分。孢囊梗粗短,棍棒形,不分枝,成排生于寄主表皮下。孢子囊在孢囊梗顶端串生,形状为链状、圆形或椭圆形,两个孢子囊间有"间细胞(intercalary cell)"相连接(图2-10)。孢子囊萌发时产生游动孢子或芽管。有性阶段的性器官在寄主细胞间形成,藏卵器球形,内部分化成卵球和卵周质。雄器棒形,侧生。卵孢子球形,壁厚,表面有网状、疣状或脊状突起等纹饰。如十字花科白锈菌(*A. candida*),引起油菜、白菜、萝卜等植物白锈病。

白锈菌在0～25℃均可萌发,潜育期7～10d。故此病多在纬度或海拔高的地区和低温年份发病严重。在寒冷地区病菌以菌丝体在留种株或病残组织中或以卵孢子随同病残体在土壤中越冬。翌年,卵孢子萌发,产生孢子囊和游动孢子,游动孢子借雨水溅射到寄主植物下部叶片上,从气孔侵入,完成初侵染,然后病部不断产生孢子囊和游动孢子,进行再侵染,病害蔓延扩大,后期病菌在病组织里产生卵孢子越冬。

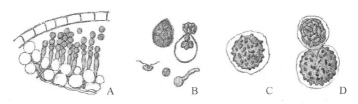

图2-10　白锈属(仿谢联辉)

A.孢子囊堆;B.孢子囊及其萌发游动孢子,休止孢子及其萌发;C.卵孢子;D.卵孢子的萌发

第四节　壶菌门菌物

壶菌门(Chytridiomycota)菌物通常称为壶菌,壶菌门菌物的营养体形态变化很大,有球形或近球形的单细胞,也有无隔菌丝体。壶菌门菌物无性繁殖时产生游动孢子囊,游动孢子囊有的有囊盖,成熟时囊盖打开释放游动孢子;有的没有囊盖,通过孢子囊孔或形成出芽释放出游动孢子。每个游动孢子囊可释放多个游动孢子。有性生殖大多产生休眠孢子囊,萌发时释放1至多个游动孢子。壶菌门菌物有性生殖有多种方式,绝大多数是通过两个游动孢子配合形成的接合子发育形成休眠孢子囊;少数通过不动的雌配子囊(藏卵器)与游动配子(精子)的结合形成卵孢子。

壶菌门只有一个壶菌纲(Chytridiomycetes),分为5目,112属,已记载的有793种,其中只有少数壶菌目(Chytridiales)真菌是高等植物上的寄生物。在我国,较常见的是引起玉米褐斑病的玉蜀黍节壶菌(*Physoderma maydis*)。

节壶菌属(*Physoderma*)的特征是休眠孢子囊扁球形,黄褐色,具有囊盖,萌发时释放出多个游动孢子。它们都是高等植物的专性寄生菌,侵染寄主常引起病斑稍隆起,但不引起寄主组织过度生长。玉米褐斑病(图2-11)是玉蜀黍节壶菌引起的,主要为害果穗以下的叶片、叶鞘,可造成叶片局部或全叶干枯。病部呈褐色隆起的斑点,内有大量黄褐色粉状物,是病菌的休眠孢子囊。休眠孢子囊为扁球形,萌发时打开囊盖,游动孢子从盖的孔口处释放。休眠孢子囊在干燥的土壤或寄主组织中可以存活3年。玉米褐斑病在中国各玉米产区都有发生,通常在南方高温高湿地区为害较为严重,因为休眠孢子囊萌发的适温为 20～30℃。

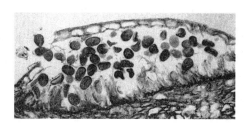

图 2-11　玉米褐斑病病菌(寄主体内的休眠孢子囊)

第五节　接合菌门菌物

接合菌门(Zygomycota)菌物的营养体为发达的无隔菌丝,少数在幼嫩时产生隔膜,细胞壁由几丁质和壳聚质构成。有的接合菌物的菌丝可以分化出假根和匍匐枝(图 2-12)。无性繁殖主要在孢子囊内产生孢囊孢子,孢囊孢子无鞭毛,不能游动。孢子囊成熟后破裂,孢子随风散布,在适宜条件下再萌发长成菌丝。有性生殖由相同的或不同的菌丝所产生的两个同形等大或同形不等大的配子囊接合后,形成球形或双锥形的接合孢子(图 2-12)。

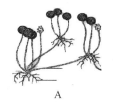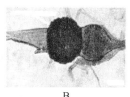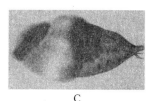

A　　　　　　　　B　　　　　　　　C

图 2-12　匍枝根霉及其为害状(仿许志刚)
A.假根和匍匐枝;B.接合孢子;C.甘薯软腐病

在环境不利时期,有性生殖"＋"、"－"菌丝靠近,前端膨大形成配子囊,配子囊接触,前端破裂,原生质体融合,形成接合孢子(图 2-12B),此为异宗配合。接合孢子黑色,为二倍体,外有原壁及突起。有的种类可在同一菌丝的不同部位产生配子囊,形成接合孢子,为同宗配合。本门菌物的孢子和配子是没有具鞭毛的,已明显由水生发展到陆生。大多为腐生菌,少数为寄生菌或共生菌。

该门下分接合菌纲和毛菌纲 2 纲,约 110 属 610 种。其中许多菌是食品、发酵、医药等工业的生产菌,有的是造林方面的重要菌根菌,有的是人、畜及其他动物的寄生菌和高等植物的弱寄生菌。条件适宜时常可引起食品、果蔬等霉烂变质。主要代表有根霉属。

根霉属(Rhizopus)菌丝为无隔、多核、分枝状,可分化出匍匐菌丝和假根,这是根霉菌的重要特征。在假根的上方长出一至数根孢囊梗,顶端长出球形孢子囊。囊的基部有囊托,中间有球形或近球形囊轴。囊内有大量孢囊孢子,成熟后孢囊壁消解或破裂,释放球形、卵形等孢囊孢子。有时在匍匐菌丝上产生横隔,随即形成厚垣孢子。有性生殖时由不同性别的菌丝或匍匐菌丝上生出配子囊,配子囊通过异宗配合形成接合孢子。根霉菌可用于制曲酿酒。有些根霉会引起甘薯、瓜果或蔬菜霉烂,如引起甘薯软腐病的匍枝根霉(R. stolonifer)。

该菌存在于空气中或附着在被害薯块上或在贮藏窖越冬,由伤口侵入。薯块有伤口或受冻,储藏场所湿度偏高,均有利于甘薯软腐病的发生。

第六节　子囊菌门菌物

子囊菌门菌物有性阶段形成子囊和子囊孢子,故称为子囊菌。它与担子菌一起被称为高等真菌。子囊菌大多数陆生,营养方式有腐生、寄生和共生,有许多是植物病原菌。为害植物的子囊菌大多引起根腐、茎腐、果(穗)腐、枝枯和叶斑等症状。子囊菌也可与绿藻或蓝藻共生形成地衣,称为地衣型子囊菌。腐生的子囊菌可以引起木材、食品、布匹和皮革的霉烂以及动植物残体的分解。但是有的子囊菌可用于抗生素、有机酸、激素、维生素的生产和酿造工业,还有的是名贵药用、食用菌,如冬虫夏草、羊肚菌、块菌等。

子囊菌的营养体大多是发达的有隔菌丝体,少数(如酵母菌)为单细胞。营养体为单倍体,丝状子囊菌的细胞壁主要成分是几丁质。许多子囊菌的菌丝体可以集结形成菌组织,即疏丝组织和拟薄壁组织,进一步形成子座和菌核等复杂结构,其与子囊菌的生殖和休眠有关。

子囊菌的无性繁殖方式有裂殖、断裂,形成分生孢子。不少子囊菌的无性繁殖能力很强,在自然界经常看到的是它们的分生孢子阶段。分生孢子在物种繁衍和病害传播方面占很重要的位置,通常在一个生长季节可连续繁殖多代。有许多子囊菌缺乏分生孢子阶段或尚未发现分生孢子阶段。

子囊菌有性生殖产生子囊,其内产生子囊孢子。有性生殖的质配方式为配子囊的接触交配、受精作用和体细胞结合。最简单的子囊菌通过两个营养细胞结合,经核配形成二倍体核,再减数分裂形成子囊孢子,原有的结合细胞成为子囊。不同子囊菌的有性生殖质配方式有所不同,但子囊和子囊孢子形成的过程大致相同。

子囊孢子(ascospore)的形状多种多样,有椭圆形、近球形、腊肠形或线形等。子囊孢子有单细胞、双细胞或多细胞,颜色无色至黑色,细胞壁也是各异,有表面光滑、瘤状突起、小刺、条纹等。子囊孢子排列方式多样,为单行、双行、平行,或者不规则地聚集在子囊内。

子囊结构呈囊状,大多呈圆筒形或棍棒形,少数为卵形或近球形,有的子囊具柄(图 2-13)。一个典型的子囊内有 8 个子囊孢子。子囊主要有 3 种类型,分别为原始子囊壁、单层子囊壁和双层子囊壁。

大多由菌丝形成的包被内产生子囊,形成具有一定形状的子实体,称作子囊果(ascocarp)。除半子囊菌的子囊是裸生外,大多数子囊菌的子囊是包裹在子囊果内的。子囊果主要有以下 4 种类型(图 2-14)。

(1)闭囊壳(cleistothecium):子囊果包被是完全封闭的,没有固定的孔口。

(2)子囊壳(perithecium):子囊果的包被有固定的孔口,呈容器状,子囊为单层壁。

(3)子囊盘(apothecium):子囊果呈开口的盘状或杯状,顶部平行排列由子囊和侧丝形成子实层,有柄或无柄。

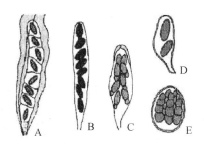

图2-13　子囊的类型(仿邢来君和李明春)

A.分隔形;B.圆筒形;C.棍棒形;D.具柄宽卵形;E.球形

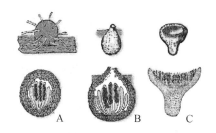

图2-14　子囊果的类型(仿邢来君和李明春)

A.闭囊壳;B.子囊壳;C.子囊盘

(4)子囊座(ascostroma):在子座内溶出有孔口的空腔,腔内发育成具有双层壁的子囊,含有子囊的子座称为子囊座。

在子囊果内除了子囊外,许多子囊菌的子囊果内还包含有一至几种不孕丝状体。这些丝状体有的在子囊形成后消解,有的仍然保存,主要有侧丝(paraphysis)、顶侧丝(apical paraphysis)、拟侧丝(paraphysoid)和缘丝(periphysis)4种类型。

除半知菌外,子囊菌有1950属,约15000种。按照Ainsworth(1973)的分类系统,子囊菌亚门分为6个纲,主要依据是有性阶段的特征,即子囊果的有无、子囊果的类型、子囊壁的特点、子囊的排列方式等。除了虫囊菌纲,其余各纲均与植物病害关系密切。各纲及主要特征如下:

1.半子囊菌纲(Hemiascomycetes)　无子囊果,子囊裸生。

2.不整囊菌纲(Plectomycetes)　子囊果是闭囊壳,子囊无规律地散生在闭囊壳内,子囊孢子成熟后,子囊壁消解。

3.核菌纲(Pyrenomycetes)　子囊果为子囊壳或闭囊壳,子囊是单层壁的,有规律地排列在子囊果内形成子实层。

4.腔菌纲(Loculoascomycetes)　子囊座上产生子囊腔,子囊壁双层。

5.盘菌纲(Discomycetes)　子囊果为子囊盘,子囊是单层壁的。

6.虫囊菌纲(Laboulbeniomycetes)　子囊果是子囊壳,营养体简单,大多无菌丝体,不产生无性孢子,均为节肢动物的寄生菌,与植物病害无关。

一、半子囊菌纲

半子囊菌纲(Hemiascomycetes)包括许多低等的子囊菌,其特点是没有子囊果,而且子囊裸生。营养体是单细胞或不很发达的菌丝体。无性繁殖的方式主要是裂殖或芽殖。有性生殖比较简单,不产生特殊的配子囊,子囊也不是由产囊丝形成,而是由结合子或营养菌丝直接形成子囊。根据营养体和子囊来源,半子囊菌纲分为 3 目,6 科,60 属,400 多种。三个目分别为:原囊菌目(Protomycetales)、内孢菌目(Endomycetales)和外囊菌目(Taphrinales)。外囊菌目与植物病害相关,仅 1 科 1 属,即外囊菌属,都是蕨类或高等植物的外寄生菌,引起叶片、枝梢和果实的畸形。

外囊菌属(*Taphrina*)的子囊裸生,长圆筒形,平行排列在寄主表面,不形成子囊果(图 2-15)。子囊孢子芽殖产生分生孢子。外囊菌均为植物专性寄生菌,不能在人工培养基上培养。代表种为畸形外囊菌(*T. deformans*),主要为害桃树,引起桃缩叶病。桃缩叶病是常见病害,中国各地均有发生,主要发生在春季,南方地区发病严重。除为害桃树以外,该菌还可为害李树、杏树及梅树。畸形外囊菌只能侵染幼嫩的枝叶,由于一年只侵染一次,很少引起再次侵染,所以在桃芽萌发前喷药,消灭桃枝和芽上的病菌,可达到良好的效果。

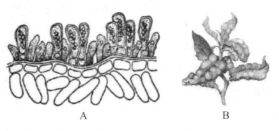

A　　　　　　　　　　　　　　　　B

图 2-15　外囊菌属(仿杨军玉)

A. 桃缩叶病病菌模式;B. 桃缩叶病

二、不整囊菌纲

不整囊菌纲(Hemiascomycetes)的营养体是发达的菌丝体。子囊多数为椭圆形,子囊孢子多半为 8 个,呈圆形。子囊果为无孔口的闭囊壳。无性繁殖产生大量的分生孢子。有性生殖比较简单,子囊由产囊丝形成,不规则地散生于子囊果中,子囊间无侧丝,子囊壁早期消解,子囊孢子分散于子囊果中。在自然界中经常看到的是它们的无性阶段,无性态很发达,产生大量的分生孢子。常见的有曲霉属(*Aspergillus*)和青霉属(*Penicillium*)真菌。

不整囊菌纲包括一个目,即散囊菌目(Eurotiales),有 100 多个种。散囊菌目(又称曲霉目)的真菌除了少数种寄生在动植物和人体上,引起果实及根部腐烂以及人、畜的皮肤病外,大多数是腐生菌,生长在土壤、粪便及动植物残体上。这个目还包括许多有重要经济价值的真菌,如紫红曲霉用来制红豆腐乳,青霉菌可用来制造青霉素等。此目与人类的生产和生活密切相关,但与植物的病害关系不大。

三、核菌纲

核菌纲是子囊菌门的最大的纲,包含的种类很多,其主要特征是子囊果具有固定孔口的子囊壳或闭囊壳,子囊平行或成束生于子囊壳内,营养体是发达的有隔菌丝体。无性繁殖十分旺盛,产生大量的分生孢子。有腐生、寄生和共生,且分布广泛,能引起重要植物病害。有的是寄生昆虫,如虫草属(*Cordyceps*)。

根据 Ainsworth 等（1973）的分类系统，核菌纲一般分为 4 个目：白粉菌目（Erysiphales）、球壳目（Sphaeriales）、小煤炱目（Meliolales）和冠囊菌目（Coronophorales）。其中与植物病害有关的主要是白粉菌目和球壳目。

（一）白粉菌目

白粉菌目真菌的通称为白粉菌，是高等植物上的专性寄生菌，其菌丝体及分生孢子在寄主表面形成白粉状病症，这类病称为"白粉病"。营养体是无色透明的菌丝体，大都在寄主表面，产生蟹状吸器进入寄主表皮细胞。少数从气孔进入，并产生吸器伸入到叶肉细胞间。无性生殖产生大量的分生孢子梗和分生孢子。分生孢子为单细胞，呈椭圆形或桶状。有性生殖产生球形、褐色、无孔口的闭囊壳。闭囊壳外壁上产生一种厚壁的菌丝，称为附属丝。附属丝分枝或不分枝，有不同形状，是白粉菌分属的重要依据。闭囊壳内含 1 至数个子囊，子囊成束或平行排列，子囊壁不消解。子囊形状各异，有卵圆形、椭圆形、圆筒形或棍棒形，内含 2～8 个子囊孢子。根据有性阶段的特征，白粉菌目只包括一个白粉菌科。属的划分主要根据是闭壳壳外附属丝的形状及壳内子囊数目。白粉菌科分属检索表如下：

1. 闭囊壳内含有一个子囊 ··· 2
   闭囊壳内含有多个子囊 ··· 3
2. 附属丝菌丝状常不分枝 ·············· 单丝壳属（*Sphaerotheca*）
   附属丝刚直，顶端叉状分枝 ·········· 叉丝单囊壳属（*Podosphaera*）
3. 菌丝体大部分内生 ·· 4
   菌丝体外生（表生） ·· 5
4. 附属丝菌丝状，分生孢子单生 ·········· 内丝白粉菌属（*Leveillula*）
   附属丝基部膨大呈球形，上部针状 ·········· 球针壳属（*Phyllactinia*）
5. 附属丝不发达 ························· 布氏白粉菌属（*Blumeria*）
   附属丝发达 ··· 6
6. 附属丝刚直，顶端丝状 ··············· 白粉菌属（*Erysiphe*）
   附属丝刚直，顶端卷曲 ·· 7
7. 附属丝顶端叉状分枝 ················· 叉丝壳属（*Microsphaera*）
   附属丝顶端卷曲呈钩状 ············· 钩丝壳属（*Uncinula*）

白粉菌的分生孢子可以被风吹散，飘落在另一些叶片上，在条件适宜时菌丝发芽引起新的侵染。这种侵染在夏季可以重复多次。在亚热带和热带气候下，往往周年停留在无性阶段不断繁殖。在温带地区，一般到夏末或秋初，白粉菌开始有性繁殖阶段，经雄器与产囊器的配合而产生子囊，子囊在闭囊壳内。闭囊壳球形，闭囊壳的外层细胞变成暗色，其表层的一些细胞发展成附属丝。附属丝有的在闭囊壳中腰环生一圈，也有的生在顶部，它们具有不同的形状。子囊果随病叶在地面越冬，春季吸水破裂，放出子囊孢子，成为初侵染来源。我国白粉菌共发现 30 多个属，其中 7 个属是常见的，它们为害多种植物。

1. 布氏白粉菌属　闭囊壳上的附属丝不发达，短菌丝状，闭囊壳内含多个子囊。分生孢子梗基部膨大。该属只有一个禾布氏白粉菌，引起禾本科植物白粉病（*B. graminis*）。

2. 白粉属　该属的特征是附属丝呈菌丝状，闭囊壳内含多个子囊。分生孢子串生或单生。二孢白粉菌（*E. cichoracearum*）引起烟草、芝麻、向日葵及瓜类等白粉病。

3. 单丝壳属　闭囊壳上的附属丝为菌丝状，闭囊壳内生一个子囊。单丝壳菌（*S. fuligenea*）

引起瓜类、豆类等多数植物白粉病。

4.叉丝单囊壳属 闭囊壳附属丝刚直,顶端多轮二叉状分枝,闭囊壳内仅有一个子囊。白叉丝单囊壳(*P. leucotricha*)引起苹果白粉病。

5.叉丝壳属 闭囊壳附属丝顶端多轮二叉状分枝,闭囊壳内多个子囊。山田叉丝壳(*M. yamadai*)引起核桃白粉病。

6.钩丝壳属 闭囊壳附属丝顶端卷曲呈钩状,闭囊壳内子囊多个。葡萄钩丝壳(*U. necator*)危害葡萄。

7.球针壳属 闭囊壳附属丝球针状,基部半球形。闭囊壳内子囊多个。榛球针壳(*P. corylea*)引起桑、梨、柿、核桃等80多种植物白粉病。

(二)球壳目

球壳目是核菌纲的最大一个目,所有子囊果是子囊壳的核菌纲真菌全部归入球壳目。子囊常为棍棒形或圆筒形、纺锤形、圆形,有一层很薄或较厚的囊壁。大多数子囊平行排列在子囊壳内壁上,成束生在子囊壳基部,少数不规则地散生在子囊内的不同高度。子囊之间大都有侧丝,但也有很早就消解或没有侧丝的。子囊孢子为单细胞或多细胞,无色或有色,大小差别很大。子囊壳有球形、半球形或瓶状的。壳壁有鲜色肉质、暗色膜质或炭质的。孔口为乳头状或长圆柱状,有缘丝或口须。子囊壳有散生和聚生的,着生在基质的表面,或者部分或整个埋在子座内。

球壳目的无性世代发达,产生各种类型的分生孢子。在生长季节多以分生孢子进行繁殖和传播,到生长后期,或在落叶中产生子囊壳。球壳目真菌大多腐生,也有不少是寄生,有些引起重要的植物病害,如玉蜀黍赤霉(*Gibberella zeae*)、苹果黑腐皮壳(*Valsa mali*)、麦角菌(*Clavices purpurea*)等。本目真菌为害植物茎、叶和果实,大多引起坏死性症状,也有少数能引起根部腐烂,或丛枝、肿瘤等畸形症状。下面是几个能引起植物病害的代表性属。

1.长喙壳属(*Ceratocystis*) 特征是子囊果是具长颈的子囊壳(图2-16)。子囊散生,在子囊壳内不形成子实层,子囊之间没有侧丝,子囊壁早期溶解。甘薯长喙壳(*C. fimbriata*)引起甘薯黑斑病,病薯病苗是传播的主要途径,带菌土壤、肥料、流水、农具及鼠类、昆虫等都可传病。此外,奇异长喙壳(*C. paradoxa*)可引起甘蔗凤梨病,榆长喙壳(*C. hui*)可引起有名的荷兰榆病。

图2-16 甘薯长喙壳(仿杨军玉)

A.子囊壳;B.甘薯黑斑病

2.赤霉属(*Gibberella*) 赤霉属的特征是子囊壳散生或聚生(图2-17),子囊壳壁色彩鲜艳,呈蓝色或紫色。子囊孢子3~4个细胞,梭形,无色。此属中有些种是分布很广的重要病原物。玉蜀黍赤霉(*G. zeae*)可引起玉米和小麦的赤霉病。赤霉菌分泌的赤霉素是一类广泛存在的植物激素。赤霉属真菌大多是农业生产上具有破坏性的植物病原真菌。

图 2-17　玉蜀黍赤霉的子囊壳和子囊(仿许志刚)

3.黑腐皮壳属(*Valsa*)　黑腐皮壳属的特征是子囊壳埋在子座内,有长颈伸出子座。子囊孢子单细胞,无色,香蕉形。此属真菌大多是腐生或弱寄生。苹果黑腐皮壳可作为该属的典型代表(图 2-18)。

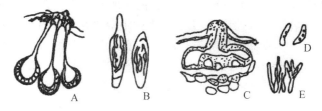

图 2-18　苹果黑腐皮壳(仿许志刚)
A.子囊壳;B.子囊;C.分生孢子器;D.分生孢子梗;E.分生孢子

四、腔菌纲

腔菌纲真菌的主要特征是子囊果是子囊座。许多单个子囊散生在子座组织中,或者许多子囊成束或成排着生在子座的子囊腔内(图 2-19)。这种形式的子囊果称作子囊座。子囊果内含有围绕在子囊周围的子座组织和其他不孕菌丝。子囊果中没有子囊壳壁包裹着的中心体,只在子座中有一个或多个子囊腔。如为单腔时,常被称为假囊壳。假囊壳常溶生一座孔口或伴有缘丝的裂生孔口,这种孔口称为假孔口。

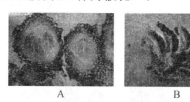

图 2-19　腔菌纲子囊
A.子座组织溶解形成的子囊腔电镜扫描图;B.双层子囊电镜扫描图

根据子囊座的类型,子座内腔穴的数目,子囊的形态、数目和排列方式,假侧丝的有无,假囊壳的形态等,将腔菌纲分为 5 个目,其中与植物病害关系较大的是多腔菌目(Myriangiales)、座囊菌目(Dothideales)和格孢腔目(Pleosporales)。代表性病菌有痂囊腔菌属(*Elsinoe*)和黑星菌属(*Venturia*)。

1.痂囊腔菌属(*Elsinoe*)　痂囊腔菌属属于多腔菌目,其特征为子囊不规则地散生在子座内,每个子囊腔内只有一个球形的子囊。子囊孢子大多长圆筒形,有 3 个横隔,无色。此属真菌大多侵染寄主的表皮组织,引起细胞增生和形成木栓化组织,使病斑表面粗糙或突起,一般称为疮痂病。如藤蔓痂囊腔菌($E.\ ampelina$)引起葡萄黑痘病,柑橘痂囊腔菌($E.\ fawcettii$)引起柑橘疮痂病。有性态不常见,为害植物的主要是它的分生孢子。

2.黑星菌属(Venturia)　黑星菌属属于格孢腔菌目,其特征是假囊壳大多在病植物残体组织的表皮下形成,上部有黑色、多隔的刚毛。子囊孢子椭圆形,双细胞大小不等。无性态为黑星孢属、环黑星孢属。常见的有梨黑星菌引起梨黑星病,苹果黑星菌引起苹果黑星病。

五、盘菌纲

盘菌纲真菌的主要特征是子囊果为子囊盘。它们的形状、大小、颜色和质地的差别很大,典型特征是盘状或杯状,无柄或有柄。子实层是外露的,由排列很整齐的子囊和侧丝组成(图 2-20),有的没有侧丝。有的子囊有囊盖,有的无囊盖。子囊孢子从囊盖释放,或以唇形开裂代替囊盖,裂口张开,释放子囊孢子;没有囊盖的子囊,子囊孢子从子囊的孔口或裂口释放。子囊有无囊盖是区别盘菌目的依据之一。无性繁殖可产生分生孢子,但远不如其他子囊菌那样发达。多数不产生分生孢子。盘菌纲真菌大多是腐生的,少数寄生植物,有些大型盘菌为食用菌。

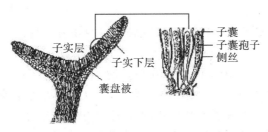

图 2-20　典型的子囊盘切面(仿邢来君等)

盘菌纲分为五个目,与植物病害有一定关系的是星裂菌目(Phacidiales)和柔膜菌目(Helotiales)。其中核盘菌($S.\ sclerotiorum$)能引起许多植物的核菌病。

核盘菌属(Sclerotinia)的主要特征是菌丝体可形成菌核,长柄褐色子囊盘产生在菌核上,子囊盘杯状或盘状,子囊孢子均无色、单胞、椭圆形。分生孢子在子实层表面。菌核有两种,一种是全部由菌丝体形成的,称真菌核;另一种是由菌丝体和寄主组织结合形成的,称假菌核。核盘菌是核盘菌属的重要种。除油菜外,还可为害多种十字花科蔬菜,引起多种植物的核菌病,但不侵染禾本科植物。

第七节　担子菌门菌物

担子菌门菌物一般称为担子菌,是真菌中最高等的类型,分布极为广泛,数量大、种类多,达 2 万余种。有可以食用的(各种蘑菇),有可以药用的(灵芝),也有可以引起植物病害的(黑粉菌和锈菌),与人类的生活关系较密切。担子菌门真菌的共同特征是有性生殖产生担孢子。担孢子产生于担子上,每个担子一般形成 4 个担孢子。高等担子菌的担子着生在具有高度组织化的结构上,形成子实层,这种担子菌的产孢结构叫担子果(basidiocarp)。

绝大多数担子菌的营养体是非常发达的有隔菌丝体,多细胞,细胞壁为几丁质,有隔膜,在适宜的条件下,菌丝迅速生长。当环境条件不良,或进入休眠状态时,有些菌丝可纠结成团,形成菌核,或平行排列、相互联合形成菌索。担子菌可以形成三种类型的菌丝体,即初生菌丝体、次生菌丝体和三生菌丝体。

由担孢子萌发产生的单核菌丝体,称为初生菌丝体(primary mycelium)。在黑粉菌和锈菌中表现明显。初生菌丝体阶段较短,很快通过体细胞融合的方式进行质配而形成双核菌丝体。

两根初生菌丝发生细胞融合形成的双核菌丝体称为次生菌丝(secondary mycelium),是担子菌的主要营养菌丝。

次生菌丝体在发育一定阶段形成繁殖体称为三生菌丝体(thirdly mycelium),它可以形成发达的担子果。一般把构成担子果的菌丝体叫三生菌丝。三生菌丝的作用是形成高等担子菌的担子果。

多数担子菌没有无性繁殖阶段。少数担子菌的担子可以芽殖或以菌丝体断裂方式产生无性孢子。担子菌的有性生殖过程比较简单。除锈菌外,一般没有特殊分化的性器官,由双核菌丝体直接产生担子和担孢子。典型的担子为棍棒状,是从双核菌丝体的顶端细胞形成的。

担子(basidium)是担子菌进行核配和减数分裂的场所。当顶端细胞开始膨大时,其中的双核进行核配形成一个二倍体的细胞核,接着进行减数分裂形成 4 个单倍体的细胞核。每个细胞核形成一个单核的担孢子,着生在担子的小梗上(图 2-21)。担孢子萌发形成单倍体的初生菌丝体。一般认为担子菌起源于子囊菌,可从以下两点证明:①担子菌的双核菌丝(次生菌丝)与子囊菌的产囊菌丝来源相同,都是经过有性结合后产生的双核体;②担子菌的锁状联合和子囊菌产囊丝的子囊钩形成相似,说明子囊与担子的早期发育过程相似。子囊菌的子囊钩形成之后,顶端细胞形成子囊与子囊孢子(内生孢子),而担子菌经锁状联合之后的顶端细胞形成担子与担孢子(外生孢子)。因此,子囊菌门与担子菌门在系统发育上有着密切的关系。

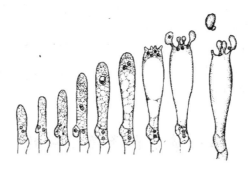

图 2-21　典型的担子和担孢子形成过程(仿许志刚)

典型的担孢子是单核、单倍体的外生孢子,一般为 4 个。担孢子分为掷孢子和定孢子,前者能够弹射,后者不能够弹射。

少数担子菌不产生担子果,如锈菌、黑粉菌,但多数担子菌产生担子果,按其发育类型分为裸果型、被果型和半被果型三种。

裸果型的子实层着生在担子果的一定部位,裸露于外,如非褶菌目真菌。

被果型的子实层包裹在子实体内,担子成熟时也不开裂,只有在担子果分解或遭受外力损伤时担孢子才释放出来,为被果型,如马勃。

半被果型的子实层最初有一定的包被,在担子成熟前开裂露出子实层,如伞菌。

Ainsworth(1973)分类系统根据担子果的有无及发育类型,将担子门分为3个纲。

1. 冬孢菌纲(Teliomycetes) 无担子果,在寄主上形成分散或成堆的冬孢子,分锈菌目和黑粉菌目,与植物病害相关。

2. 层菌纲(Hymenomycetes) 有担子果,裸果型或半被果型。担子形成子实层,担子是有隔担子或无隔担子。大都是腐生物,极少数是寄生物。

3. 腹菌纲(Gasteromycetes) 有担子果,裸果型,担子形成子实层,担子是无隔担子。

一、锈菌目

锈菌目属于冬孢菌纲,一般称作锈菌,所引起的病害称为锈病,常引起农作物的严重损失。本目真菌菌丝有隔膜,初生菌丝单核,随后双核化,生长在寄主的细胞间隙,以吸器侵入细胞。锈菌的特征是无担子果,冬孢子萌发产生的初生菌丝内会产生横隔,特化为担子;担子有4个细胞,每个细胞上产生1个小梗,小梗上着生单胞、无色的担孢子;担孢子释放时可以强力弹射。通常认为锈菌是专性寄生的,很难在培养基上培养。最典型的锈菌有5类孢子,即性孢子、锈孢子、夏孢子、冬孢子和担孢子。除担孢子外,其他4类都有孢子器。各种锈菌产生孢子的种类多少是不同的,构成了锈菌生活史的多样性。锈菌的最典型生活史是5类孢子按顺序发生,这叫长生活史型。缺少1种、2种甚至3种孢子的,叫短生活史型。长生活史型的锈菌有单主寄生和转主寄生两种;短生活史型的则都是单主寄生。锈菌在寄生过程中,在一种寄主植物上生活就可以完成生活史,不需转换寄主的叫单主寄生(autoecism);需从一类寄主转换到另一类寄主才能完成生活史的叫转主寄生(heteroecism)。如小麦秆锈菌的锈孢寄主为小檗,而冬孢寄主为小麦及其他禾本科植物。

1. 柄锈菌属(*Puccinia*) 冬孢子双胞,有柄,光滑或有瘤,每个细胞都有发芽孔(图2-22)。夏孢子单胞。引起小麦条锈(*P. striiformis*)、叶锈(*P. recondite* f. *sp tritici*)、秆锈病(*P. graminis* f. sp *tritici*)等。

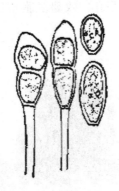

图2-22 柄锈菌属(仿许志刚)

2.单胞锈菌属(*Uromyces*) 冬孢子单胞,有柄,顶壁较厚,顶端有一个发芽孔,光滑或有乳头状突起(图 2-23)。夏孢子单细胞,有刺或瘤状突起。瘤顶单胞锈菌(*U. appendiculatus*),引起菜豆锈病。

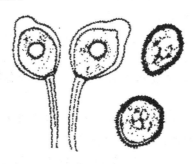

图 2-23 单胞锈菌属(仿许志刚)

3.胶锈菌属(*Gymnosporangium*) 冬孢子双胞,光滑,每个细胞有两个发芽孔,有可以胶化的长柄,遇水膨大(图 2-24)。没有夏孢子阶段。梨胶锈菌(*G. haraeanum*)引起梨锈病。转主寄主为桧柏。性孢子和锈孢子在梨树上引起梨锈病。

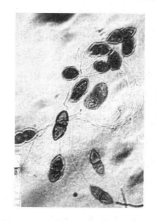

图 2-24 胶锈菌属(仿杨军玉)

4.多胞锈菌属(*Phragmidium*) 冬孢子 3 至多细胞,壁厚,光滑或有瘤,柄的基部膨大(图 2-25)。每个细胞有 2～3 个发芽孔。玫瑰多胞锈菌(*P. rosaemultiflorae*),引起玫瑰锈病。

图 2-25 多胞锈菌属(仿杨军玉)

5.栅锈菌属(*Melampsora*)　冬孢子单胞,无柄,紧密排列成一层。夏孢子表面有疣或刺(图 2-26)。亚麻栅锈菌(*M. lini*)引起亚麻锈病。

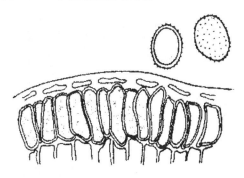

图 2-26　栅锈菌属(仿许志刚)

6.层锈属(*Phakopsora*)　冬孢子单胞,无柄,不整齐地排列成数层;夏孢子表面有刺(图 2-27)。枣层锈菌(*P. ziziphivulgaris*)引起枣树锈病。

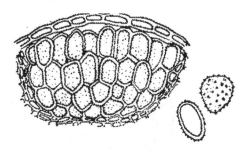

图 2-27　层锈属(仿许志刚)

二、黑粉菌目

黑粉菌目(Ustilaginales)真菌一般称作黑粉菌,特征是形成成堆黑色粉状的冬孢子。冬孢子为二倍体,多球形,有各种颜色,孢壁有刺、疣、网纹或光滑,单生或结合成双。孢子球易分离,或永久结合不分离。有的孢子球被一层不育细胞包围。黑粉菌的有性生殖过程很简单,没有特殊分化的性器官,任何两个具有亲和性的细胞或菌丝都可以结合。无性繁殖不发达,往往以担孢子进行芽殖产生分生孢子。

黑粉菌与锈菌的主要区别是,它的冬孢子是从双核菌丝体的中间细胞形成的,担孢子直接着生在先菌丝的侧面或顶部,成熟后也不能弹出。此外,锈菌为专性寄生。黑粉菌大多为兼性寄生的。

黑粉菌主要根据冬孢子的性状分类,如孢子的大小、形状、纹饰、是否有不孕细胞、萌发的方式以及孢子堆的形态等。黑粉菌危害农作物重要的属有黑粉菌属(*Ustilago*)、轴黑粉菌属(*Sphacelotheca*)和腥黑粉菌属(*Tilletia*)等,尤其是以黑粉菌属最为重要。

1.黑粉菌属(*Ustilago*)　孢子堆外面没有膜包围,冬孢子散生,不结合成孢子球;表面光滑或有纹饰。冬孢子萌发时产生有横隔的担子,担子侧生担孢子。如小麦散黑粉菌(*U. tritici*)引起小麦散黑粉病(图 2-28),裸黑粉菌(*U. nuda*)引起大麦散黑粉病。茭白是由黑粉菌侵染形成的。

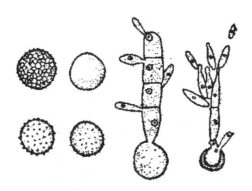

图 2-28　小麦散黑粉菌冬孢子和冬孢子的萌发(仿许志刚)

2. 轴黑粉菌属(*Sphacelotheca*)　厚垣孢子分散,不结合成团,由菌丝体组成的包被包围在孢子堆外面,孢子堆中间有寄主维管束残余组织形成的中轴。高粱轴黑粉菌(*S. crueuta*)引起高粱散粒黑穗病(图 2-29),丝黑粉病菌(*S. reiliana*)为害玉米、高粱;高粱坚粒黑粉病菌(*S. sorghi*)为害高粱。

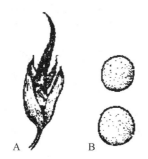

图 2-29　高粱轴黑粉菌(仿许志刚)

A. 子房受害后形成冬孢子堆;B. 冬孢子

3. 腥黑粉菌属(*Tilletia*)　粉状或带胶合状的孢子堆大都产生在植物的子房内,常有腥味;冬孢子萌发时产生无隔膜的初生菌丝,顶端产生成束的担孢子,担孢子结合成"H"形(图2-30)。小麦网腥黑粉菌(*T. caries*)及小麦光腥黑粉菌(*T. foetida*)分别引起小麦的两种腥黑粉病。

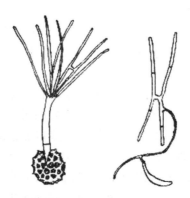

图 2-30　腥黑粉菌属(仿杨军玉)

4.叶黑粉菌属(*Entyloma*) 孢子堆成熟后埋生在叶片、叶柄和茎组织内,不呈粉状;孢子多成角形,结合紧密(图2-31)。担孢子顶生于担子上,纺锤形。稻叶黑粉菌(*E. oryzae*)引起水稻叶黑粉病。

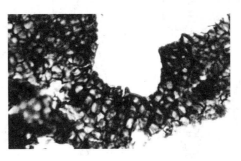

图2-31 叶黑粉菌属(仿杨军玉)

5.条黑粉菌属(*Urocystis*) 冬孢子结合成外有不孕细胞的孢子球,萌发形成短的或长的初生菌丝,顶端束生担孢子。冬孢子褐色,不孕细胞无色。小麦秆黑粉病菌(*U. tritici*)引起小麦秆黑粉病。

第八节 半知菌门菌物

半知菌门菌物是一群只有无性阶段或有性阶段未发现的真菌。由于未观察到它们的有性阶段,无法确定分类地位,所以将其归于半知菌。一些无性阶段很发达,有性阶段已发现但不常见的子囊菌和担子菌,习惯上也归在半知菌中,故这些菌物有两个学名。半知菌在自然界中的分布很广,种类繁多,约占全部已知真菌的30%左右。半知菌中有许多是植物病原菌,有的是重要的工业真菌和医用真菌,有的是植物病虫害的重要生物防治菌。

半知菌的营养体为发达的有隔菌丝体,少数是单细胞的,菌丝体可以形成菌核、子座等结构,也可以形成分化程度不同的分生孢子梗,梗上产生分生孢子。

半知菌的无性繁殖大多十分发达,主要以芽殖和断裂的方式产生分生孢子。分生孢子的个体发育有菌丝型和芽殖型两大类型。菌丝型的分生孢子又称为节孢子,是由营养菌丝细胞以断裂的方式形成的;芽殖型的分生孢子是产孢细胞的一部分经膨大生长形成的。分生孢子的形态变化很大,可分为单胞、双胞、多胞,砖隔状、线状、螺旋状和星状等7种类型(图2-32)。

分生孢子梗着生的方式也多种多样,有散生的,有聚生而形成特殊结构的。人们把这种由菌丝特化而成的,用于承载分生孢子的结构称为载孢体(conidiomata)。半知菌的载孢体类型有分生孢子梗、分生孢子梗束、分生孢子座、分生孢子盘、分生孢子器等(图2-33)。

分生孢子梗(conidiophore)是由菌丝特化而成的,其上着生分生孢子的一种丝状结构。分生孢子梗束(synnema)是一束基部排列较紧密、顶部分散的分生孢子梗,顶端或侧面产生分生孢子。分生孢子座(sporodochium)是由许多聚集成垫状的、很短的分生孢子梗形成,顶端产生分生孢子。分生孢子盘(acervulus)是由菌组织构成的垫状或浅盘状、上面着生分生孢子梗和分生孢子的产孢机构。分生孢子器(pycnidium)是由菌组织构成的、一般有固定孔口和拟薄壁组织的器壁,可生在基质的表面、部分或整个埋生在基质或子座内。

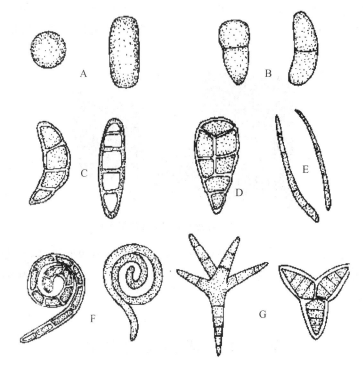

图 2-32　分生孢子形态类型(仿邢来君等)

A. 单孢孢子；B. 双孢孢子；C. 多孢孢子；D. 砖隔孢子；E. 线形孢子；F. 螺旋孢子；G. 星状孢子

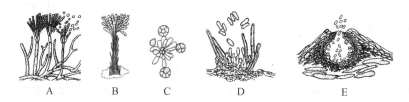

图 2-33　半知菌的载孢体类型(仿许志刚)

A. 分生孢子梗；B. 分生孢子梗束；C. 分生孢子座；D. 分生孢子盘；E. 分生孢子器

半知菌分类的主要依据为：①载孢体的类型，即分生孢子产生在分生孢子盘、分生孢子器内，或着生在散生、束生的分生孢梗束或分生孢子座上；②分生孢子的形态、颜色和分隔情况；③分生孢子形成方式和产孢细胞（产孢梗）的特征等。根据 Ainsworth（1973），半知菌门分为 3 纲、8 目、1880 属、26000 种。下面是半知菌门的 3 个纲：

1.**芽孢纲**　营养体是单细胞或发育程度不同的菌丝体或假菌丝，无性繁殖产生芽孢子。

2.**丝孢纲**　营养体是发达的菌丝体，分生孢子着生在散生或束生的分子孢子梗上，分生孢子不产生在分生孢盘或分生孢子器内。

3.**腔孢纲**　分生孢子产生在分生孢子盘或分生孢子器内。

芽孢纲菌物大多是腐生菌，有些寄生在人和动物上，与植物病害无关。许多丝孢纲和腔孢纲菌物可以寄生植物，其中有些是重要的植物病原菌。

一、丝孢纲

孢子发育类型有分生孢子、节孢子、芽孢子等,分生孢子产生于菌丝或菌丝的短枝上,或产生于分生孢子梗上,或产生于贮菌器中。分生孢子梗可单生、并生或组合成孢梗束、分生孢子梗座。丝孢纲真菌大多数是高等植物重要寄生菌,有些是人体的寄生菌或工业上的重要真菌。孢子形态类、发育类型和产孢组织是该纲分类上的重要依据。根据 Ainsworth (1973)丝孢纲分为 4 个目。

1. 无孢目(Agonomycetales)　除厚垣孢子外,不产生其他分生孢子。

2. 丝孢目(Moniliales)　分生孢子梗散生。

3. 束梗孢目(Stilbellales)　分生孢子梗聚生形成孢梗束。

4. 瘤座菌目(Tuberculariales)　分生孢子梗着生在分生孢子座上。

与植物病害关系较大的主要是无孢目、丝孢目和瘤座菌目菌物。

该纲集中了与人类关系密切的经济真菌和病原真菌,诸如青霉属(*Penicillium*)、曲霉属(*Aspergillus*)、梨孢属(*Pyricularia*)、丝核菌属(*Rhizoctonia*)、白僵菌属(*Beauvceria*)、木霉属(*Trichoderma*)等,它们的代谢产物可制取有机酸、抗生素或真菌毒素;许多种能引起植物和人、畜致病,有的种可用于生物防治。

1. 丝核菌属(*Rhizoctonia*)　该属属于无孢目。菌丝在分枝处缢缩,褐色;菌核表面粗糙,褐色至黑色,表里颜色相同,菌核之间有丝状体相连,菌丝组织疏松;不产生无性孢子。立枯丝核菌(*R. solani*)主要引起植物苗期的立枯和猝倒病。

2. 梨孢属(*Piricaulalia*)　该属属于丝孢目。分生孢子梗细长,淡褐色,分枝少,曲梗状,有孢子脱落留下的疤痕。孢子梨形,无色至淡橄榄色,2～3 个细胞。主要危害禾谷类作物,如谷子、水稻等造成谷瘟、稻瘟等。灰梨孢(稻瘟病菌 *P. grisea*)引起稻瘟病。

3. 镰孢属(*Fusarium*)　该属属于瘤座菌目。该属真菌一般称作镰刀菌,多为土壤习居菌,有腐生,也有寄生的。分生孢子梗单生或集成分生孢子座,细长或粗短,单枝或分枝。许多菌种在菌丝顶端或中间形成单生、对生、成串或成团的厚垣孢子。菌丝体繁茂,絮状,在人工培养基上常产生红、紫、黄等色素。有性阶段为赤霉属(*Gibberella*)或赤壳属(*Calonectria*)或丛赤壳属(*Nectria*)或菌寄生属(*Hypornyces*)等子囊菌,引起瓜类枯萎病。

4. 青霉属(*Penicillium*)　该属属于丝孢目。分生孢子梗自菌丝单个的发生或不常成束。在顶部附近分枝,形成扫把状,末端生瓶状小梗。分生孢子梗无色或成团时带色。分生孢子单胞,大都球形或卵圆形。意大利青霉(*P. italicum*)引起柑橘青霉病。

5. 曲霉属(*Aspergillus*)　该属属于丝孢目。分生孢子梗由一根直立的菌丝形成,菌丝的末端形成球状膨胀(顶囊),上面着生 1～2 层放射状分布的瓶状小梗,内壁有芽生式分生孢子聚集在分生孢子梗顶端呈头状。大多腐生,有些种用于发酵,是重要的工业微生物。

6. 平脐蠕孢属(*Bipolaris*)　该属属于丝孢目。分生孢子梗粗壮,单生或丛生,具分隔,一般少枝,上部呈屈膝状歪曲。分生孢子蠕虫型或长椭圆形,正直或歪曲,多孢,脐点稍微突出,平截状。如玉蜀黍平脐蠕孢引起玉米小斑病(*B. maydis*)。

7. 突脐蠕孢属(*Exserohilum*)　该属属于丝孢目。分生孢子梗粗壮,具分隔,一般少枝,上部呈屈膝状。分生孢子呈梭形,正直或歪曲,多孢,深褐色,脐点明显突出。如大斑突脐蠕孢引起玉米小斑病(*E. turcicum*)。

二、腔孢纲

腔孢纲的特征是分生孢子产生在分生孢子盘上或分生孢子器内。本纲的分生孢子梗短小。分生孢子形状各异。该纲多为子囊菌的无性时期,有的是腐生菌,有的是寄生菌,其中有不少是重要的植物病原菌。本纲分为 2 目,黑盘孢目真菌形成分生孢子盘;球壳孢目真菌形成分生孢子器,约 8000 种。

1. 炭疽菌属(*Colletotrichum*)　该属属于黑盘孢目。分生孢子盘生在寄主表皮,有时有褐色、具分隔的刚毛;分生孢子梗无色至褐色,产生内壁芽生式的分生孢子;分生孢子无色,单胞,长椭圆形或新月形(图 2-34)。胶孢炭疽菌(*C. gloeosporioides*)引起苹果、梨、棉花、葡萄、冬瓜、黄瓜、辣椒、茄子等的炭疽病。

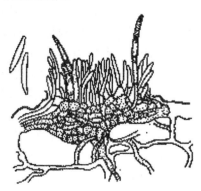

图 2-34　炭疽菌属(仿许志刚)

2. 壳囊孢属(*Cytospora*)　该属为于球壳孢目。分生孢子器为瘤状或球状子座,不规则地分为数室,有一个共同的出口。分生孢子梗排列紧密,栅栏状,分生孢子无色、单胞,香蕉形或腊肠形。该属菌物大多寄生在树皮上,造成腐烂。梨壳囊孢(*C. carphosperma*)引起梨树腐烂病。

第三章　植物病原原核生物

第一节　植物病原原核生物的概述

原核生物(prokaryotes)是指一类细胞核无核膜包裹,只有称作核区的裸露 DNA 的原始单细胞生物。原核生物的基因载体是由不具核膜而分散在染色体中的双链 DNA 组成的,缺乏由单元膜隔开的细胞器(如内质网、线粒体等),核蛋白体为 70S 型,而不是真核生物的80S 型。原核生物包括细菌、放线菌、立克次氏体、衣原体、支原体、蓝细菌和古细菌等。通常以细菌作为原核生物中有细胞壁类群的代表。菌原体(螺原体和植原体)没有细胞壁。大多数原核生物的形态为球状或杆状,少数为丝状或分枝状至不定形状。它们都是单细胞原核生物,结构简单,没有细胞器,个体微小,一般为 $1 \sim 10\mu m$。

多数细菌属于腐生类型,但不少寄生性细菌能为害人类、动物以及高等植物。已经记载的植物细菌病害有 500 种以上,植物病原细菌已经确认的约有 250 个种、亚种和致病变种。植物病原细菌中有的种类寄生专化性强,只能侵染一种植物;有的种类寄生范围较宽,可侵染多种植物,最多的可达 200 余种,如青枯病菌。

细菌病害对植物的危害是多方面的,如影响植物正常生长发育、营养代谢或光合作用等,从而造成农作物的重大经济损失。1976 年,美国 31 个州因细菌病害的危害植物,造成的经济损失达 2 亿多美元;曾有报道棉花因角斑病危害减产达 30%。细菌病害的数量和危害仅次于真菌和病毒,属第三大病原物。

世界性重要细菌病害有四大类:①水稻白叶枯病,主要发生在中国、日本和东南亚各国。②植物青枯病,各大洲都有发生,但主要在热带、亚热带及部分温带地区温暖、酷热、潮湿、多雨的条件下为害严重。中国的黄河流域及其以南各地均有发生,但以长江流域以南危害最重。③植物软腐病,由几种欧文氏菌(*Erwinia*)引起,主要危害十字花科作物,也危害禾本科及其他栽培植物,世界各国及中国南北方都有发生。④梨火疫病,主要发生在西欧和北美,为害梨、苹果等,有"细菌火病"之称,是毁灭性的细菌病害,中国尚未发现此病。

一、形态和结构

细菌的形态有球状、杆状和螺旋状,个体大小差别很大。细菌大都单生,也有双生、串生和聚生的。植物病原细菌大多是杆状菌,少数为球状。绝大多数病原细菌都具有鞭毛,以便在水中游动和传播。鞭毛呈细长的丝状,长度可超过菌体或是菌体的数倍长。着生在菌体一端或两端的称"极生鞭毛",着生在菌体四周的称"周生鞭毛"。鞭毛的有无、着生位置和数目多少是分类的重要依据。

绝大多数病原细菌都具有鞭毛(图 3-1),以便在水中游动和传播。鞭毛呈细长的丝状,长度可超过菌体或是菌体的数倍。着生在菌体一端或两端的称极生鞭毛,着生在菌体四周的称周生鞭毛。鞭毛的有无、着生位置和数目多少是分类的重要依据。

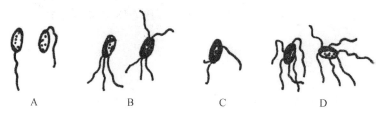

图 3-1　细菌的鞭毛形态(仿许志刚)
A~B. 极生鞭毛;C~D. 周生鞭毛

细菌个体很小,形态简单,微观观察和鉴别必须经过染色。在细菌染色的方法中,以革兰氏染色法最为重要。具体方法是在一个干涂片上用结晶紫染色,染色后用稀碘液处理,再用酒精脱色,最后用碱性品红复染。如果能保留紫色的,称为革兰氏阳性反应(G⁺);紫色被酒精洗脱,复染后呈红色,则称为革兰氏阴性反应(G⁻)。在重要的植物病原细菌中,除棒形杆菌属(*Clavibacter*)外,其余均为革兰氏染色阴性细菌。

细菌没有被核膜包围的细胞核,核物质(DNA、RNA)集中在细胞质的中央,形成一个椭圆形或近圆形的核区。在细胞分裂时,核质直接分裂成两份,不形成真核生物分裂时的纺锤丝之类的结构。核体是控制细菌生长繁殖和遗传变异的小器官。环状 DNA 为染色体外的遗传成分,可复制遗传,编码细菌的许多性状,如对抗生素的抗性等。在细菌中,遗传物质除了染色体外,还有质粒。质粒已被证明与植物病原细菌的致病性有关,如根癌农杆菌中存在一种诱癌质粒,即 Ti 质粒,能使多种植物形成冠瘿瘤。

一些芽孢杆菌在菌体内可以形成芽孢。芽孢是细菌的休眠机构,不是繁殖器官,因为一个菌体只形成一个芽孢,芽孢萌发也只形成一个细菌。芽孢的抵抗力很强。芽孢都具有种的特性,在细菌鉴定上很有意义。植物病原细菌通常没有芽孢。

二、繁殖、遗传和变异

细菌没有营养体和繁殖体的分化,而以裂殖方式进行繁殖。当植物病原细菌的菌体长到一定大小之后,原生质膜(细胞膜)自菌体中部两侧向内缢缩,同时开始形成新的细胞壁,使母细胞从中间分裂而产生两个子细胞,因而后代仍具有亲代的各种性状。螺原体繁殖时先芽生长出分枝,然后断裂形成子细胞。链丝菌等放线菌的繁殖方式是产生分生孢子。细菌的繁殖速度与外界条件有密切的关系,如养分充足,条件适宜,每 20min 即可分裂一次。植物病原原核生物的生长适温为 26~30℃,少数在高温或低温下生长较好,如茄青枯菌的生长适温为 35℃,马铃薯环腐病菌的生长适温为 20~23℃。

原核生物的遗传物质是细胞质内的 DNA,主要在核区内。在细胞中还有单独的遗传物质,如质粒。染色体和质粒共同构成了原核生物的遗传信息库——基因组。

原核生物的繁殖速度很快,常常发生变异,但原因不十分清楚,一般有两种性质的变异,一为基因突变,二为基因转移和重组。突变是指基因内部变异或基因间变异,即遗传物质DNA上碱基发生的变化。基因突变分自然突变和人工诱导突变。基因转移和重组是细菌发生变异的重要原因。两个性状不同的细菌通过结合，一个细菌的遗传物质进入另一个细菌体内，使 DNA 发生部分改变，后者在分裂繁殖时形成性状不同的后代。这种变异可能有三种不同的形式，即两个有亲和力的菌体的结合、转化和转导。

两个有亲和力的菌体的结合被认为是细菌的有性生殖（电镜下可看到两个细菌的成对结合），一个细菌的遗传物质可以部分进入另一个细菌体内，接受遗传物质的细菌在分裂繁殖时，体内的两种遗传物质重新组合。转化是由于分泌作用或菌体破裂，一个细菌的遗传物质释放出来，进入另一个有亲和力的同种或近似种的菌体内，并作为后者的遗传物质的一部分。转导是噬菌体侵染和消解一种细菌时，噬菌体内的 DNA 可以携带部分寄主细菌的遗传物质，又在侵染另一个细菌时，就可以将遗传物质带到第二个细菌体内作为它的遗传物质的一部分。因此，它们的各种性状经常发生变异，如病原细菌对寄主致病能力的增强和减弱等。了解植物病原细菌致病力的变化，对防治病害是非常重要的。

三、侵染途径

病菌可以在多种植物体内寄生存活，但并不一定都能引起病害。习惯上把自然条件能侵染的寄主称为自然寄主，接种后显示症状的寄主种类称为实验寄主。植物病原菌都有一定的寄主范围。有的只能为害同一属或同一种的植物，有的可为害多种植物，如菜豆疫病黄单胞菌可以为害豆科的许多种植物。正确判断植物病原原核生物的寄主范围，对病害的防治和病原菌的鉴定是很重要的。

植物病原细菌一般只能从自然孔口和伤口侵入。气孔、水孔、皮孔、蜜腺等自然孔口都是细菌侵入的重要场所。各种自然因素（风雨、雹、冻害、昆虫等）和人为因素（耕作、施肥、嫁接、收获、运输等）造成的伤口也是细菌侵入的场所。从自然孔口侵入的细菌一般都能从伤口侵入，能从伤口侵入的细菌就不一定能从自然孔口侵入。寄生性弱的细菌一般都是从伤口侵入，寄生性强的细菌就不一定要从伤口侵入。植物菌原体则一定要由介体昆虫传染或嫁接，才能侵染成功。

无论是从自然孔口还是伤口侵入，细菌都是先在寄主组织的细胞间繁殖，然后在组织中进一步蔓延。但病害的性质不同蔓延的方式也会有不同。病原体直接进入寄主细胞内繁殖，然后通过胞间连丝而进入其他细胞，进入筛管组织后在组织内扩散。

植物病原细菌在植物组织内繁殖和蔓延，引起植物细胞和组织的内部病变，进而表现出各种症状。植物细菌病害最常见的有坏死、腐烂和萎蔫，少数为肿瘤和发根。菌原体为害后以丛枝、皱缩的畸形症状较多。植物细菌病害基本无变色类型。植物病害症状与病原体种类、侵入途径有关，其关系归纳在表 3-1。

表 3-1　侵入途径与症状的关系（仿许志刚）

症状	侵入途径	引起这种病状的主要病源细菌
坏死	自然孔口、伤口	*Acidovorax*, *Arthrobacter*, *Burkholderia*, *Xanthomonas*, *Pseudomonas*, *Spiroplasma*, *Streptomyces*
腐烂	伤口、水口	*Erwinia*, *Bacillus*, *Clavibacter*, *Pantoea*

续　表

症状	侵入途径	引起这种病状的主要病源细菌
萎蔫	伤口、自然孔口	*Clavibacter*, *Curtobacterium*, *Erwinia*, *Ralstonia*, *Xylella*, *Erwinia*, *Xylophilus*, *Xanthomonas*
肿瘤、畸形	伤口	*Agrobacterium*, *Phytoplasma*, *Rhodococcus*, *Psedomonas*, *Rhizobium*

四、病原原核生物的传播

植物病原原核生物要传染到植物上才能从自然孔口和伤口侵入,它们的传染途径一般为:

1.雨水是植物病原细菌最主要的传播途径。当下雨时,雨水就会把细菌在发病植株上产生的菌脓溅飞并传到周围健康的植株上。有些病原细菌,特别是土壤病害病原细菌,很容易被水带走,有时会被带到很远的地方。

2.介体也可以传播植物病原原核生物,特别是菌原体的传播,必须要有介体才能成功。蜜蜂传播螺原体,本身也是螺原体的寄主之一。如小麦蜜穗病菌(*Clavibacter tritici*)是由小麦粒线虫传播的,玉米细菌性萎蔫病(*Pantoea stewaritii*)是由几种昆虫传染的。菜青虫传播大白菜软腐病,蜜蜂、蝇类和蚂蚁等昆虫也可以传播梨火疫病。

3.在农事操作过程中,一些农具也会传播细菌病原。如马铃薯环腐病菌,切刀切到有病的薯块没有及时处理,那么用此刀再切健康的薯块时,就会把环腐病菌传到健康薯块上,使种薯带菌。

4.人类的迁移和商业活动也会把植物病原细菌传播得更远更广,如美洲的梨火疫病就是欧洲移民带到美洲的。

木本植物和果树等原核生物病害的一部分病菌可以在树干、枝条和芽鳞内越冬,引起下一年的侵染。病原原核生物病害的侵染来源主要有:

1.许多植物病原细菌可以在种子和无性繁殖器官(包括块根、块茎和鳞茎等)内外越冬或越夏,是重要的初侵染来源。

2.植物病原细菌可以在土壤中单独存活一段时间,一旦接触寄主植物根部,就可能成为侵染来源。如青枯病和冠瘿病的病原细菌在土壤中可以长期存活并作为侵染源。

3.植物病原细菌可以在病株残余组织中长期存活,是许多细菌病害的重要侵染来源。细菌在低温干燥环境下存活时间较长。

4.杂草和其他作物上的病原菌也可作为侵染来源,有着不可忽略的作用。螺原体和植原体也可侵染杂草,并在杂草上越冬和越夏,如桑萎缩病菌原体就可以侵染苲草并引起病害。

5.昆虫介体可以传播多种病害,是果树等木本植物上非常重要的媒介。如柑橘木虱是柑橘黄龙病的传播介体,而菱纹叶蝉等则是桑萎缩病菌原体的主要媒介昆虫。

总的来说,不少植物病原原核生物病害的传染途径和侵染来源比较复杂,有的还要通过不同的研究途径来进一步证实,因此病原原核生物生态学研究,近年来越来越被重视。

第二节　植物病原原核生物的主要类群

长期以来,植物病原细菌仅限于 5 个属,即棒状杆菌属、假单胞杆菌属、黄单杆菌属、土壤杆菌属和欧氏杆菌属。现在把细菌和菌原体统归于原核生物界,分 4 个门,即薄壁菌门、厚壁菌门、无壁菌门、疵壁菌门。

1.薄壁菌门　有壁较薄,10~13nm。革兰氏染色反应阴性,包括大多数植物病原细菌。

2.厚壁菌门　有壁较厚,10~50nm。革兰氏染色反应阳性,包括棒形杆菌属、芽孢菌属和链霉菌属。

3.无壁菌门　菌体无壁,只有原生质膜,约 7~8nm,无肽聚糖,包括植原体、螺原体。

4.疵壁菌门　没有进化的原细菌或古细菌,包括产甲烷细菌和高盐细菌。

近十年来,又陆续新建了一些植物病原细菌属。现在植物病原细菌的主要类群有 28 个属。

一、革兰氏阴性植物病原细菌的主要属和代表种

植物病原原核生物中的大多数成员属革兰氏反应阴性的薄壁菌门。这类细菌细胞壁中肽聚糖含量较少,结构较疏松,表面不光滑。大多数成员对营养要求不十分严格。下面介绍几个重要的属和种。

1.土壤杆菌属(*Agrobacterium*)　土壤杆菌属是薄壁菌门根瘤菌科的一个成员,土壤习居菌,菌体短杆状,单生或双生,鞭毛 1~6 根,周生或侧生,好气性,无芽孢。营养琼脂上菌落为圆形、隆起、光滑、灰白色至白色,质地黏稠,不产生色素。大多数细菌都带有除染色体之外的另一种遗传物质——质粒,控制着细菌的致病性和抗药性等。

该属包含有 5 个种,除腐生性放射土壤杆菌(*A. radiobacter*)是非致病菌外,其余 4 个种都是植物病原菌,属兼性寄生菌,如根癌土壤杆菌(*A. tumefaciens*)。根癌土壤杆菌又称冠瘿病菌,寄主范围很广,引起许多双子叶植物和裸子植物根癌病,如葡萄根癌、苹果根癌、月季根癌等。

根癌土壤杆菌通过伤口侵入,所以嫁接的伤口、机械的伤口以及虫咬的伤口都是病菌侵入的主要途径。一旦发病植株根部发生癌变,水分和养分的输送严重受阻,会使地上部细瘦、叶薄、色黄,严重时干枯死亡。土壤杆菌属的许多菌株能产生细菌素,如土壤杆菌素 K84 是从澳大利亚土壤中分离的放射土壤杆菌 K84 菌株产生的,在世界上许多国家被成功地用于果树冠瘿病的生物防治。

2.欧文氏菌属(*Erwinia*)　欧文氏菌属属薄壁菌门。菌体短杆状,周生多根鞭毛。菌落隆起灰白色(图 3-2);革兰氏染色反应阴性。无芽孢,兼性好气性,代谢为呼吸或发酵型。该属大多数种是植物病原菌,引起植物坏死、溃疡、萎蔫、流胶、叶斑及软腐。症状主要是腐烂,如大白菜软腐病。

胡萝卜欧文氏菌俗称大白菜软腐病菌,可寄生在十字花科、禾本科、茄科等数百种果蔬和大田作物,引起植物腐烂。病菌大多由伤口侵染,或由介体动物传带传染,引起肉汁或多汁的组织软腐,尤其是在厌氧条件下最易受害,多在仓库中贮藏期间表现症状。因此,在贮

藏过程中要控制温度和湿度,尽量减少伤口,防止感染。

解淀粉欧文菌引起梨火疫病,是我国的对外检疫对象,其侵染花器、幼果、嫩叶和枝梢,分别引起花腐、坏死、叶枯和溃疡等症状。

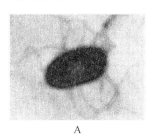 

图 3-2 欧文氏菌属

A.周生鞭毛;B.菌落形态

3.假单胞菌属(*Pseudomonas*)　假单胞菌属为薄壁菌门,占植物病原细菌的一半。菌体短杆状或略弯,单生,鞭毛极生 1~4 根或更多;革兰氏反应为阴性,无芽孢;严格好气性;菌落圆形,有荧光反应;广泛分布于江湖河水、土壤中。

模式菌种是丁香假单胞菌(*P. syringae*),其寄主范围广,可为害多种木本、草本植物的枝、叶、花、果实,引起叶斑、坏死斑、茎秆溃疡等症状。典型的致病变种有:桑疫病菌(*P. syringae* pv. *mori*)为害桑树,黄瓜角斑病菌(*P. syringae* pv. *lachrymans*)引起黄瓜角斑病。

4.布克氏菌属(*Burkholderia*)　布克氏菌属是由假单胞菌属中的 rRNA 第二组独立出来的,模式菌种是引起洋葱腐烂病的洋葱布克氏菌(*B. cepacia*)。另外,茄青枯布克氏菌(*B. solanacearum*)能为害多种作物,特别是茄科植物的青枯病。某些菌株在培养基上生长时可分泌一种水溶性褐色素而使培养基变褐色。在灭菌的马铃薯块上生长,则能使其变为深褐色至黑色。

5.劳尔氏菌属(*Ralstonia*)　劳尔氏菌属为薄壁菌门,革兰氏反应为阴性。模式菌种是茄科植物的青枯病菌,又称茄科劳尔氏菌(*R. solanacearum*),是劳尔氏菌属的重要病原菌。它能引起许多作物的青枯病,特别是茄科植物。典型的症状是全株出现急性凋萎,病茎维管束变褐色,横切后用手挤压可见白色的菌浓溢出。病菌在土壤中可长期存活,是土壤习居菌。病菌可随土壤、灌溉水、种苗传染和传播。侵染的主要途径是伤口,高温多湿利于发病。

6.黄单胞杆菌属(*Xanthomonas*)　黄单胞杆菌属为薄壁菌门,菌体直杆状,单生鞭毛;绝对好氧;革兰氏阴性菌;菌落一般为黄色、光滑或黏稠;产生水溶性黄单孢菌色素。绝大多数成员为植物病原细菌。模式种为油菜黄单胞菌(*X. campestris*),俗称甘蓝黑腐病菌,侵染十字花科植物,尤以甘蓝受害最重,引起黑腐病症状。病菌大多从叶缘的水孔和伤口侵入,进入维管束系统,使叶缘叶脉变黑,相邻的叶肉组织枯死。病斑可扩展至全株致死。病菌可随雨水溅落、灌溉水、农事操作和田间昆虫传染扩散。

油菜黄单胞菌禾草致病变种(*X. c. pv. graminis*)引起禾谷类黑颖病。油菜黄单胞菌柑橘致病变种(*X. c. pv. citri*)柑橘溃疡病。稻黄单胞菌水稻致病变种(*X. oryzae* pv. *oryzae*)引起水稻白叶枯病。病菌从水孔或任何部位的伤口侵入,导致秧苗萎蔫及成株期叶斑。病部常溢出大量菌脓,剖检叶鞘或茎基部,用手挤压,有黄色菌脓涌出;切片镜检,更可见维管束内充满细菌。水稻白叶枯黄单胞菌的寄主除了侵染水稻,还能侵染菰(茭白)和假稻等少数几种禾本科植物。带病的种子、田边杂草和稻桩上的病菌是病害的侵染源。病菌借灌溉水、风雨传播距离较远,低洼积水、雨涝以及漫灌可引起连片发病。晨露未干时进行农田操作造成带菌扩散。高温高湿、多露、台风、暴雨是病害流行条件,稻区长期积水、氮肥过多、生长过旺、土壤酸性都有利于病害发生。一般中稻发病重于晚稻,籼稻重于粳稻。矮杆阔叶品种重于高秆窄叶品种,不耐肥品种重于耐肥品种。水稻在幼穗分化期和孕期易感病。选用抗病品种为基础,在减少菌源的前提下,狠抓肥水管理,辅以药剂防治,重点抓好秧田期的水浆管理和药剂防治。

二、革兰氏阳性植物病原细菌的主要属和代表种

这类细菌具有革兰氏阳性典型细菌的细胞壁,没有外膜层,肽聚糖层相对致密。多数细胞壁含有磷壁酸或中性的多糖,少数的细胞壁含有霉菌酸。下面介绍几个重要的属和种。主要有 6 个革兰氏阳性细菌属可引起植物病害,分别是棒形杆菌属、短小杆菌属、节杆菌属、红色球菌属、芽孢杆菌属和放线菌属,这里主要介绍棒形杆菌属和放线菌中的链霉菌属。

1. 棒形杆菌属(*Clavibacter*)　棒形杆菌属的菌体多为棒状,或不规则棒杆状,常弯曲成 L 形或 V 形;无鞭毛;好气性;无芽孢;菌落不透明,灰白色(图 3-3)。棒形杆菌属包含 5 个种和 7 个亚种,都是植物病原菌,引起系统性病害,表现出萎蔫、蜜穗、花叶等症状。模式种是密歇根棒形杆菌,包括马铃薯环腐菌亚种、花叶亚种、密歇根亚种等。

图 3-3　棒形杆菌属(仿徐志刚)

A. 无鞭毛菌;B. 马铃薯环腐病

马铃薯环腐菌亚种引起马铃薯环腐病,地上部染病分枯斑和萎蔫两种类型。枯斑型多在植株基部复叶的顶上先发病,叶尖和叶缘及叶脉呈绿色,叶肉为黄绿或灰绿色,具明显斑驳,且叶尖干枯或向内纵卷,病情向上扩展,致全株枯死;萎蔫型初期则从顶端复叶开始萎蔫,叶缘稍内卷,似缺水状,病情向下扩展,全株叶片开始褪绿,内卷下垂,终致植株倒伏枯死。块茎发病切开可见维管束变为乳黄色至黑褐色,皮层内现环形或弧形坏死,故称环腐。经贮藏,块茎、芽眼变黑,干枯或外表爆裂,播种后不出芽,或出芽后枯死,或形成病株。病株的根、茎部维管束常变褐,稍加挤压,溢出白色菌脓。病菌喜低温(18～24℃)环境,与青枯病相反,不耐高温,因此在北方冷凉地区的病害较为严重。

环腐棒杆菌在种薯中越冬,成为翌年初侵染源。病薯播下后,一部分芽眼腐烂不发芽,一部分是出土的病芽,病菌沿维管束上升至茎中部或沿茎进入新结薯块而致病。因此在防治上选用小薯整块播种,少用刀切块,发现有病种薯要销毁,切刀要立即消毒,防止传染。

2. 链霉(丝)菌属(*Streptomyces*)　链霉(丝)菌属属于厚壁菌门放线菌,是放线菌中唯一能引起植物病害的属。少数种能引起植物病害,如疮痂链霉菌为马铃薯疮痂病的病原菌。

马铃薯疮痂病主要为害马铃薯块茎,病菌从薯块皮孔及伤口侵入,最初在块茎表面产生浅褐色小点,逐渐扩大成褐色近圆形至不定形大斑,以后病部细胞组织木栓化,使病部表皮粗糙,开裂后病斑边缘隆起,中央凹陷,呈疮痂状,病斑仅限于皮部,不深入薯内;匍匐茎也可受害,多呈近圆形或圆形的病斑。马铃薯疮痂病仅发生在薯块上,受害薯块品质低劣,芽眼减少,不能作为种薯。病菌在病薯和土壤中越冬,因此可选用无病薯块留种和轮作来防治病害。

三、无细胞壁的植物病原细菌

无细胞壁的植物病原细菌俗称菌原体,不会合成肽聚糖,对β-内酰胺类抗生素或抑制细胞壁合成的抗生素不敏感。菌原体有腐生、寄生种类,有的还具有致病性,引起植物病害,已知与病害有关的有螺原体属和植原体属。

1.螺原体属(*Sprioplasma*) 螺原体属属于无壁菌门。菌体的基本形态为螺旋形,繁殖时可产生分枝,分枝亦呈螺旋形(图3-4)。螺原体在固体培养基上的菌落很小,煎蛋状,直径1mm左右,常在主菌落周围形成更小的卫星菌落。菌体无鞭毛,但在培养液中可以做旋转运动。螺原体为兼性厌氧菌。

叶蝉、飞虱是传染螺原体的媒介昆虫。螺原体可以在多年生寄主假高粱的体内越冬存活,也可在介体叶蝉体内越冬。柑橘螺原体(*S. citri*)引起柑橘僵化病,受害后表现为枝条直立,节间缩短,叶变小,丛生枝或丛芽,树皮增厚,植株矮化,全年可开花,但结果小而少,多畸形,易脱落。

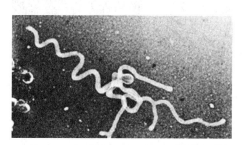

图3-4 螺原体的形状(仿 R. E. Davis)

2.植原体属(*Mycoplasma*) 植原体属即类菌原体菌体,基本形态为圆球形或椭圆形,可以成为变形体状,如丝状,杆状或哑铃状等。目前尚不能人工培养。常见症状为黄化、矮缩,丛生,叶、芽变小。依赖叶蝉类等刺吸式口器昆虫传播。在国内,除桑萎缩病外,还有枣疯病、泡桐丛枝病、水稻黄萎病、水稻橙叶病和甘薯丛枝病,都是植原体侵染所致。

第四章 植物病原病毒

第一节 植物病原病毒的概述

病毒(virus)是由一个核酸分子(DNA 或 RNA)与蛋白质构成的非细胞形态的、寄生生活的、介于生命体及非生命体之间的有机物种。它是没有细胞结构的特殊生物体。所以,病毒也是一种病原生物。病毒区别于其他生物的主要特征是:①病毒非常微小,度量尺度为 nm;②病毒是非细胞结构的分子寄生物,主要由核酸及保护性衣壳组成;③病毒是专性寄生物,其核酸复制和蛋白质合成需要寄主提供原料和场所。按其寄主的不同,病毒可以分为植物病毒、动物病毒、细菌病毒(噬菌体)和真菌病毒等。

作为研究植物病毒的一门科学,植物病毒学仅有 100 多年的历史。1883 年,德国人麦尔(Mayer),证明烟草花叶病是可以传染的;1892 年,俄罗斯的伊万诺夫斯基(Ivanovski)重复了麦尔的试验,而且进一步发现,患病烟草植株的叶片汁液通过细菌过滤器后,还能使健康的烟草植株发生花叶病。1898 年,荷兰细菌学家贝杰林克(Beijerinck)同样证实了麦尔的观察结果,并指出引起烟草花叶病的致病因子有三个特点:①能通过细菌过滤器;②仅能在感染的细胞内繁殖;③在体外非生命物质中不能生长。根据这几个特点他提出这种致病因子是一种新的物质,并取名为病毒,拉丁名叫"Virus"。1935 年美国科学家斯坦利(Stanley)获得了烟草花叶病毒的蛋白结晶,认为病毒是可在活细胞内增殖的蛋白。1936 年及稍后,英国科学家鲍登(Bawden)和斯坦利(Stanley)分别证明提纯的烟草花叶病毒(TMV)中含有核酸。1939 年,通过物理学方法和电子显微镜观察证明了几种植物病毒是由核蛋白组成的,其形态为杆状。人们对植物病毒的认识,从传染性、滤过性的证明,逐步过渡到形态特征和理化特性的测试,现在已进入分子生物学水平。

植物病毒作为植物的一类病原,引起了不少严重的病害,对植物的生长发育,对人类的生存发展造成了很大的威胁。植物病毒是仅次于菌物的重要病原,在危害程度上和数量上,其重要性都超过细菌性病害,防治上比其他病害困难。茄科和十字花科植物上,有 50% 的病害为病毒病,病毒病在烟草、马铃薯上是重要的病害。大麦黄矮病毒,使美国小麦损失 6000 万美元,加拿大损失 1700 万美元。病毒病害使花卉品质和产量降低,甚至影响进出口。但是,植物病毒也有可利用的价值,尤其在开发基因工程的载体、植物基因的功能研究方面,发挥了很大的作用。

一、病毒的一般性状

发生病毒病害植物常常表现如下外部症状:①变色。由于营养物质被病毒利用,或病毒造成维管束坏死,阻碍了营养物质的运输,叶片的叶绿素形成受阻或积聚,从而产生花叶、斑点、环斑、脉带和黄化等;花朵的花青素也可因此改变,花色变成绿色或杂色等,常见的症状为深绿与浅绿相间的花叶症,如烟草花叶病。②坏死。植物对病毒的过敏性反应等可导致细胞或组织死亡,变成枯黄至褐色,有时出现凹陷。在叶片上常呈现坏死斑、坏死环和脉坏死,在茎、果实和根的表面常出现坏死条等。③畸形。由于植物正常的新陈代谢受干扰,体内生长素和其他激素的生成和植株正常的生长发育发生变化,可导致器官变形,如茎间缩短,植株矮化,生长点异常分化形成丛枝或丛簇,叶片的局部细胞变形出现疱斑、卷曲、蕨叶及黄化等。

有些病毒侵染寄主以后不产生可见症状称为无症带毒。此外,有些病毒形成症状后在特定的环境条件下,如高温、低温等,可暂时隐去症状,特称为隐症。

病毒侵染植物后,有时在侵染寄主植物的组织细胞发生病理变化,包括细胞增生、增大、细胞器变化(主要指线粒体和叶绿体)和病毒特征性聚集,即形成内含体。

植物病毒的基本形态为粒体(virion, virus particle),有球状(等轴粒体)、杆状和线状,少数为弹状、螺旋状、杆状和双联体状等(图4-1)。由于病毒度量尺为纳米(nm),观察需要电子显微镜。球状病毒的直径大多在 $20\sim35nm$,少数可以达到 $70\sim80nm$ (呼肠孤病毒科),最小的为 $17nm$ (烟草坏死卫星病毒)。线状病毒的两端平齐,粒体有不同程度的弯曲,多为 $(11\sim13)nm\times750nm$,个别可以达到 $2000nm$ 以上。杆状病毒粒体刚直,两端平齐,不易弯曲,大小在 $(114\sim300)nm\times(18\sim23)nm$ 。此外,有的病毒由两个球状病毒粒体联合在一起,称为双联病毒;有的像弹头,称为弹头病毒;还有的呈螺旋状、分枝状或环状细丝,柔软不定形。大多数植物病毒只有一种大小的粒体,有的则有多种,如烟草脆裂病毒有2种杆状粒体,苜蓿花叶病毒有4种不同球状粒体。

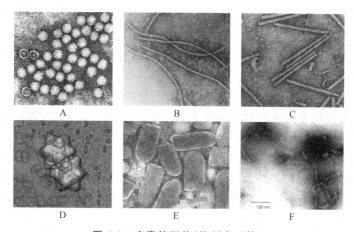

图4-1 病毒的形状(仿刘大群等)
A. 球状;B. 线状;C. 杆状;D. 双联体状;E. 弹状;F. 螺旋状

绝大多数病毒粒体都只由核酸和蛋白衣壳组成,但植物弹状病毒粒体外还有包膜或称囊膜包被。杆状或线状植物病毒粒体的内部包含螺旋状的核酸链,外面是许多蛋白亚基组成的衣壳(图 4-2)。蛋白质亚基也排列成螺旋状,核酸链镶嵌在亚基的凹痕处,因此,杆状或线状植物病毒粒体的中心是空的。球状病毒的结构复杂,是由 20 个正三角形拼接形成的二十面体粒体,外观近球形(图 4-3)。有些病毒的一个正三角形又分成更多更小的三角形,如六十面体。

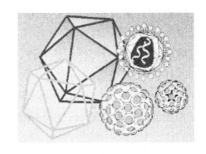

图 4-2　杆状或线状植物病毒结构(仿自洪健等)　　图 4-3　球状植物病毒结构(仿自洪健等)

植物病毒主要成分是核酸和蛋白质,核酸在内部,外部由蛋白质包被,称为外壳。核酸和外壳合称核蛋白或核衣壳。每一种植物病毒只含有一种核酸(DNA 或 RNA),因此将病毒分为 DNA 病毒和 RNA 病毒两大类,并有单链和双链之分,绝大多数植物病毒的核酸是单链 RNA(ssRNA)、极少数为双链 RNA(dsRNA)、单链 DNA(ssDNA)、双链 DNA(dsDNA)。仅有 RNA 的分子,没有蛋白质外壳的病毒称为类病毒。不同形态粒体的病毒中核酸的比例不同,一般球形粒体病毒的核酸含量高,占粒体重量的 15%～45%;长条形粒体病毒中核酸含量占 5%～6%;而在弹状病毒中只占 1% 左右。核酸是病毒的核心,组成了病毒的遗传信息,决定病毒的增殖、遗传、变异和致病性。除了核酸和蛋白质外,植物病毒含量最多的是水,并含有少量的糖蛋白或脂类、多胺、金属离子等。在西红柿束矮病毒和芜菁黄花叶病毒的结晶体中,水分的含量分别为 47% 和 58%。多胺分精胺和亚精胺,它们与核酸上的磷酸基团相互作用,以稳定折叠的核酸分子。金属离子与衣壳蛋白亚基上的离子结合位点作用,稳定衣壳蛋白与核酸的结合。

病毒的基因组分布在不同的核酸链上,分别包装在不同的病毒粒体里的现象称为多分体现象。多分体现象为植物病毒所特有,并仅存在于正单链 RNA(＋ssRNA)病毒中。含多组分基因组的病毒被称为多分体病毒。由于遗传信息分开了,单独一个粒体不能侵染,必须几个粒体同时侵染才能全部表达遗传特性。根据基因组分离和侵染必需的状况可将＋ssRNA 病毒分为单分体病毒、双分体病毒和三分体病毒。

二、植物病毒的复制、增殖和表达

病毒的生命活动很特殊,对细胞有绝对的依赖性。当病毒存在于细胞外环境时,没有新陈代谢,不表现生命活性,没有复制活性,但保持感染活性。进入细胞内则解体释放出核酸分子,借细胞内环境的条件繁殖产生子代粒体,进入生命状态。植物病毒无法直接侵入植物,而是以被动的方式通过微伤口进入活体细胞并释放核酸。

病毒侵染植物以后,在活细胞内增殖主要需要三个步骤:一是病毒核酸的复制,即从亲代向子代病毒传送核酸性状的过程。二是病毒核酸信息的表达,即按照信息 RNA 的序列合成专化性蛋白。三是病毒核酸与衣壳蛋白进行装配,成为完整的子代病毒粒体。这 3 个步骤遵循遗传信息传递的一般规律，但也因病毒核酸类型的变化而存在具体细节上的不同。

病毒核酸的复制需要寄主提供复制的场所（通常是在细胞质或细胞核内）、复制所需的原材料和能量。病毒自身提供的主要是模板核酸和专化的聚合酶，也称复制酶（或其亚基）。植物病毒与一般细胞生物遗传信息传递的主要不同点是反转录的出现，即有的病毒的 RNA 可以在病毒编码的反转录酶的作用下，变成互补的 DNA 链。大部分植物病毒的核酸复制仍然是由 RNA 复制 RNA。

植物病毒作为一种分子寄生物，没有细胞结构，没有像菌物那样复杂的繁殖器官，也不像细菌那样进行裂殖生长，而是分别合成核酸和蛋白组分，再组装成子代粒体。这种特殊的繁殖方式称为复制增殖（multiplication）。植物病毒复制增殖的主要步骤为（图 4-4）：①侵入活细胞并脱壳；②核酸复制；③基因表达；④病毒粒体的装配；⑤扩散转移。

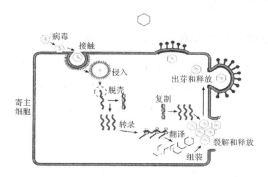

图 4-4　植物病毒增殖复制周期（仿 Murray PR 等）

病毒基因组信息的表达主要有两个方面：一是病毒基因组转录出信息核酸（mRNA）的过程；二是 mRNA 的翻译。病毒核酸的转录和翻译同样由寄主提供场所和原材料（转录酶、核苷酸和能量等），植物 RNA 病毒的核酸转录在细胞质内进行，DNA 转录在细胞核内。植物病毒基因组的翻译产物较少，一般 RNA 病毒的翻译产物有 4～5 种，多的可以达到 9 种。这些产物包括病毒编码的复制酶、病毒的外壳蛋白、运动蛋白、传播辅助蛋白、蛋白酶等；有些产物会与病毒的核酸、寄主的蛋白等物质聚集起来，形成一定的大小和形状的内含体。

三、植物病毒的传播

植物病毒从一个植株转移或扩散到其他植物的过程称为传播，即传播是病毒在植物群体中的转移。根据自然传播方式的不同，可以分为介体和非介体传播两类。介体传播（vector transmission）是指病毒依附在其他生物体上，借助其他生物的活动而进行的传播。传播介体包括动物介体和植物介体。在介体传播中，病毒、介体和植物三者之间关系复杂。在病毒传递中没有其他有机体介入的传播方式称为非介体传播，包括汁液接触传播、嫁接传播等。

植物病毒不会主动传播，在田间的传播主要由昆虫、螨类、线虫、真菌、菟丝子等各种介体完成。在传毒介体中，昆虫是最主要的介体，其中 70% 为同翅目的蚜虫、叶蝉和飞虱，而又以蚜虫为最主要的介体。目前已知的昆虫介体约有 400 多种，其中约 200 种属于蚜虫类，130 多种属于叶蝉类。土壤本身并不传毒，主要是土壤中的线虫或真菌传播病毒。传毒真菌主要是壶菌门和根肿菌门的真菌，其中油壶菌属、粉痂菌属中的 5 个种能传播 20 多种病毒。此外锈菌、白粉菌和腐霉菌也能传毒。现已知 5 属 38 种线虫可传毒,且均为外寄生类型线虫,游离生活于土壤中。线虫传播的病毒集中在蠕传病毒属和烟草脆裂病毒属中。通常认为病毒与线虫之间的生物学关系类似于蚜传病毒的非持久性关系,即获毒期短,体内不增殖,蜕皮后丧失传毒能力,但持毒期较蚜虫长。

介体传毒过程可分为几个时期:①获毒期是指介体获得病毒所需的取食时间。②潜伏期是指介体从获得病毒到能传播病毒的时间,在循回型相互关系中也称循回期。③传毒期是指介体传毒所需的取食时间。④持毒期是指介体能保持传毒能力的时间。

根据介体持毒时间的长短可分为非持久性、半持久性和持久性传播 3 类。

非持久性传毒是指获毒时所需的饲毒时间很短,获毒后即能传毒,不需要经过潜育期,但不能持久(一般为 4h 以内)。这类病毒一般均能以汁液传播,并引起花叶型症状,如黄瓜花叶病毒等。

半持久性传毒是指传毒时需要较长的饲毒时间方能获毒,随着饲毒时间的延长其传毒能力可提高。获毒后不需要经过潜育期,但能保持较长时间(10～100h)的传毒能力。大多存在于植物维管束中,引起黄化和卷叶,如甜菜黄化病毒等。

持久性传毒是指某些性状与半持久性相似,但获毒和传毒的时间更长,并需要经过一定时间的潜育期,其保持传毒的时间在 100h 以上。通常可终身传毒,有的甚至还可经卵传播,一般不能经由汁液传播,如大麦黄矮病毒等。

根据病毒在蚜虫与其他刺吸式口器昆虫所存在的部位及其传播机制,又可分为口针型、循回型及增殖型 3 类。口针型相当于非持久性传毒;循回型包括半持久性传毒和部分持久性传毒;而增殖型则指在昆虫介体内增殖病毒的持久性传毒类型。

植物病毒经口针、前消化道、后消化道,进入血液循环后到达唾液腺,再经口针传播的过程称为循回,这种病毒与介体的关系称为循回型关系,其中的病毒叫作循回型病毒,介体叫作循回型介体。循回关系又根据病毒是否在介体内增殖而分为增殖型(propagative)和非增殖型(non-propagative)。循回型病毒通常存在于寄主的韧皮部细胞内,引起的症状以黄化和卷叶为主,一般不能通过汁液传播。病毒不在介体体内循环的相互关系称为非循回型病毒。非循回型病毒全是非持久性或半持久性传播。

除了介体传播,植物病毒的另一种传播方式为非介体传播,包括机械传播、营养体繁殖材料传播、花粉和种子传播等。

机械传播也称为汁液摩擦传播或接触传播,如植株间接触、农事操作、农机具及修剪工具污染、人和动物活动等。烟草花叶病毒 TMV、马铃薯 X 病毒 PVX 的病毒只能由机械传播。它们多存在表皮细胞,浓度大,稳定性好。引起花叶症状的病毒或由蚜虫、线虫传播的病毒较易由机械传播,而引起黄化型症状的病毒和存在韧皮部的病毒难以或不能机械传播。

营养体繁殖材料也可进行病毒传播。由于病毒系统侵染的特点,在植物体内除生长点外各部位均可带毒。这种传播途径在以球茎、块根、接穗芽为繁殖材料的作物中特别重要,如马铃薯、大蒜、苹果树、郁金香等。嫁接是园艺上非常普通的农事措施之一,也是证明疑难病原物侵染性的重要方法之一。嫁接可以传播任何种类的病毒、植原体和类病毒病害。

花粉和种子可远距离传播病毒。种子带毒的危害主要表现在早期侵染和远距离传播,为早期侵染提供初侵染来源,在田间形成发病中心。种传病毒的寄主以豆科、葫芦科、菊科植物为多,而茄科植物却很少。由花粉直接传播的病毒数量并不多,多数是木本寄主,如为害樱桃的桃环斑病毒、樱桃卷叶病毒等。这些花粉也可以由蜜蜂携带传播。

四、病毒在植物体内的移动

植物病毒自身不具有主动转移的能力,无论在病田植株间,还是在病组织内病毒的移动都是被动的。病毒通过维管束输导组织系统的转移称作长距离转移,转移速度较快。病毒在植物叶肉细胞间的移动称作细胞间转移,转移的速度很慢。

长距离移动通过植物的韧皮部,当一种病毒进入韧皮部后,移动是很快的。而甲虫传播的病毒可以在木质部移动。例如,甜菜曲顶病毒(BCTV)运输速度达到 2.5cm/min。长距离移动不完全是一种被动的转移,研究表明有病毒编码的蛋白参与此过程。烟草花叶病毒(TMV)的长距离转移必须有衣壳蛋白参与才能进行。在植物输导组织中,病毒移动的主流方向是与营养主流方向一致的,也可以随营养进行上、下双向转移。

病毒在细胞间的移动很慢。胞间连丝(plasmodesmata)是植物细胞间物质运输的通道,是以质膜为界限的 20~30nm 直径的通道,内含有一个轴向的链管,两个膜之间的空间大约 5nm 厚,且含有微管,可溶性物质的移动在这个微管内进行。研究表明植物病毒靠产生运动蛋白去修饰胞间连丝,进而使其孔径扩大几倍甚至几十倍,以便侵染性病毒结构的通过,如外壳蛋白或粒体。植物病毒通过胞间连丝并不全是以完整的病毒粒体的形式,大多数是脱去外壳蛋白,只有核酸通过。

病毒在植物体内的分布是不均匀的。即使系统侵染的病毒,在叶片组织中的分布也是不均匀的。通常来说,分生组织如茎尖、根尖中很少含有病毒,这也是通过分生组织培养获得无毒植株的依据。另外,也有些病毒局限于植物的特定组织或器官,如大麦黄矮病毒(BYDV)仅存在于韧皮部。

五、病毒对外界条件的稳定性

不同的病毒对外界条件的稳定性不同,这种特性可作为鉴定病毒的依据之一。对外界条件的稳定性试验主要包括稀释限点、钝化温度和体外存活期的测定。

稀释限点(dilution end point,DEP)指病汁液保持侵染力的最大稀释度。例如,烟草花叶病毒的稀释限点为 100 万倍左右,而黄瓜花叶病毒为 1000~10000 倍。

钝化温度(thermal inactivation point,TIP)指病汁液加热处理 10min,使病毒失去传染力的最低处理温度。例如,烟草花叶病毒的热钝化温度为 90~93℃,而黄瓜花叶病毒为 55~65℃。

体外存活期(longevity in vitro,LIV)指病汁液在室温(20~22℃)下能保存其侵染力的最长时间。例如,烟草花叶病毒的体外存活期为 1 年以上,而黄瓜花叶病毒仅为 1 周左右。

六、植物病毒的分类及命名

植物病毒的分类工作由国际病毒分类委员会(International Committee on Taxonomy of Viruses,ICTV)植物病毒分会负责。

植物病毒分类依据是病毒最基本、最重要的性质。其依据为:①构成病毒基因组的核酸类型(DNA 或 RNA);②核酸是单链还是双链;③病毒粒体是否存在脂蛋白包膜;④病毒形态;⑤核酸分段状况(即多分体现象)等。根据核酸的类型和链数,可将植物病毒分为 5 大类：第一类为正单链 RNA 病毒，第二类为负单链 RNA 病毒，第三类为双链 RNA 病毒，第四类为单链 DNA 病毒，第五类为双链 DNA 病毒。根据上述主要特性，植物 DNA 病毒分 3 个科，12 个属；RNA 病毒分为 16 科，69 个属。

植物病毒的名称目前不采用拉丁文双名法，仍以寄主英文俗名＋症状来命名，如烟草花叶病毒为 Tobacco mosaic virus，缩写为 TMV。种名不斜体。属名为专用国际名称，常由典型成员寄主名称（英文或拉丁文）缩写＋主要特点描述（英文或拉丁文）缩写＋virus 拼组而成，以斜体书写。如：黄瓜花叶病毒属的学名为 *Cucu-mo-virus*；烟草花叶病毒属为 *Toba-mo-virus*。类病毒（viroid）在命名时遵循相似于病毒的规则，因缩写名易与病毒混淆，新命名规则规定类病毒的缩写为 Vd，如马铃薯纺锤块茎类病毒（Potato spindle tuber viroid）缩写为 PSTVd。

第二节 植物病原病毒的主要类群

一、烟草花叶病毒属及 TMV

烟草花叶病毒属（*Tobamovirus*）的病毒形态为直杆状（图 4-1C），直径 18nm，长 300nm，典型种为烟草花叶病毒。烟草植株感染花叶病毒后，幼嫩叶片侧脉及支脉组织呈半透明状，即明脉。叶脉两侧叶肉组织渐呈淡绿色。病毒在叶片组织内大量增殖，使部分叶肉细胞增大或增多，出现叶片薄厚不匀，颜色黄绿相间，呈花叶状。然后花叶斑驳程度加大，并出现大面积深褐色坏死斑，中下部老叶尤甚，发病重的叶片呈皱缩、畸形、扭曲。早期发病的植株节间缩短，严重矮化，生长缓慢，不能正常开花结实，并易脱落，能发育的果实小而皱缩，种子量少且小，多不能发芽。

TMV 是研究相当深入的植物病毒典型代表，其钝化温度为 90～93℃，经 10min，稀释限点 10^{-7}～10^{-4}，体外保毒期 72～96h。在无菌条件下致病力达数年，在干燥病组织内存活 30 年以上。TMV 能在多种植物上越冬。初侵染源为带病残体和其他寄主植物，另外未充分腐熟的带毒肥料也可引致初侵染。TMV 主要靠汁液传播。病叶与健康叶片轻微摩擦造成微伤口，病毒即可侵入，而不从大伤口和自然孔口侵入。侵入后在薄壁细胞内繁殖，后进入维管束组织传染整株。田间通过病苗与健康苗摩擦或农事操作进行再侵染。另外烟田中的蝗虫、烟青虫等咀嚼式口器的昆虫也可传播 TMV 病毒。TMV 发生的适宜温度为 25～27℃。

二、马铃薯 Y 病毒属及 PVY

马铃薯 Y 病毒属（*Potyvirus*）的病毒形态为线状（图 4-1B），通常长 750nm，直径为 11～15nm，是植物病毒中最大的一个属，隶属于马铃薯 Y 病毒科。病毒主要以蚜虫进行非持久性传播，绝大多数可以通过机械传播，个别可以种传。病毒主要在带毒薯块内越冬，为播种后形成病害的主要初始毒源。所有种均可在寄主细胞内产生典型的风轮状内含体，也有的产生核内含体或不定形内含体。

马铃薯 Y 病毒（Potato virus Y，PVY）是一种分布广泛的病毒，钝化温度 50～65℃，稀释限点 10^{-6}～10^{-2}，体外存活期 2～4d。该病毒寄主范围较广，可侵染多种茄科、藜科和豆科植物，由于病毒株系不同而表现出不同症状。PVY 主要有脉带花叶型、脉斑型和褪绿斑点型。如脉带花叶型在烟株上部叶片呈黄绿花叶斑驳,脉间色浅,叶脉两侧深绿,形成明显的脉带,严重时出现卷叶或灼斑,叶片成熟不正常,色泽不均,品质下降,烟株矮化。

三、黄瓜花叶病毒属和 CMV

黄瓜花叶病毒属(*Cucumovirus*)为粒状球体(图 4-1A),直径 28nm,是三分体病毒。在 CMV 中,已发现有卫星 RNA 存在。CMV 在自然界主要传毒媒介为蚜虫,以非持久性方式传播,也可经汁液接触而机械传播,少数报道可由土壤带毒而传播。

黄瓜花叶病毒侵染植株后,发病初期表现"明脉"症状,逐渐在新叶上表现花叶,病叶变窄,伸直呈拉紧状,叶表面茸毛稀少多。全株发病,苗期发病子叶变黄枯萎,幼叶呈现浓绿与淡绿相间花叶状。成株发病,新叶呈黄绿相嵌状花叶,病叶小,略皱缩,严重的叶反卷,病株下部叶片逐渐黄枯。瓜条发病表现为深绿与浅绿相间疣状斑块,果面凹凸不平或畸形,发病重的节间短缩,簇生小叶,不结瓜,以致萎缩枯死。病组织汁液中的病毒粒体的热钝化温度为 $55 \sim 70℃$,稀释限点为 $10^{-5} \sim 10^{-6}$,体外存活期 $1 \sim 10d$。

四、黄症病毒属及 BYDV

黄症病毒属(*Luteovirus*)的病毒粒体为球状(图 4-1A),典型种为大麦黄矮病毒(barley yellow dwarf virus,BYDV),仅侵染寄主的韧皮部组织,且由 1 或数种蚜虫以持久非增殖型方式进行有效传播。由于韧皮部坏死导致生长延缓、叶绿素减少导致黄化。轴对称二十面体(T=3),直径 $25 \sim 30nm$,呈六边形,无包膜及表面特征,有 180 个蛋白亚基。

病毒可以侵染约 100 种以上的单子叶植物,包括燕麦、大麦、小麦和许多杂草。典型的症状是叶片变为金黄色,植株明显矮化,故名黄矮病。大麦的病症要轻于燕麦,小麦病症更轻,一些杂草感病后是无症的。约有 14 种蚜虫以持久性方式传播,最重要的是麦无网长管蚜(*Acyrthosiphon dirhodum*)、麦长管蚜(*Macrosiphum avenae*)、玉米蚜(*Rhopalosiphum maidis*)、禾谷缢管蚜(*R. padi*)等。病毒在介体内不能增殖,介体专化性强,不能通过汁液机械接种传毒。

五、真菌传杆状病毒属及 WSbMV

真菌传杆状病毒属(*Furovirus*)的粒体形态为杆状(图 4-1C),现有 1 个种和 4 个可能种。直径大约 20nm;病毒含有 2 条正单链 RNA。该属自然寄主范围窄,病毒靠真菌介体进行自然传播,主要有多黏菌属(*Polymyxa*),粉痂菌属(*Spongospara*)。介体真菌是小麦根部弱寄生菌,对小麦生长直接影响不大,但其休眠孢子带毒,在其萌发形成游动孢子时将病毒传至健康植株。

小麦土传花叶病毒体外抗性强,在干叶中可存活 11 年以上,钝化温度 $60 \sim 65℃$,稀释限点 $10^{-3} \sim 10^{-2}$。病毒主要为害冬小麦,多发生在生长前期。冬前小麦土传花叶病毒侵染麦苗,表现斑驳不明显。翌春,新生小麦叶片症状逐渐明显,现长短和宽窄不一的深绿和浅绿相间的条状斑块或条状斑纹,表现为黄色花叶,有的条纹延伸到叶鞘或颖壳上。病株穗小粒少,但多不矮化。小麦土传花叶病毒主要由习居在土壤中的禾谷多黏菌传播,可在其休眠孢子中越冬。小麦土传花叶病毒不能经种子及媒介昆虫传播,在田间主要靠病土、病根茬及病田的流水传播蔓延。

第五章　植物病原线虫

第一节　植物病原线虫的概述

线虫(nematode)，又称蠕虫，是一种低等的无脊椎动物，在数量和种类上仅次于昆虫，居动物界第二位。线虫分布很广，多数腐生于水和土壤中，少数寄生于人、动物和植物。为害植物的线虫称为植物病原线虫或植物寄生线虫，或简称植物线虫。植物受线虫为害后所表现的症状，与一般的病害症状相似，因此常称线虫病。习惯上都把寄生线虫作为病原物来研究，所以它是植物病理学内容的一部分。

寄生植物的线虫可以引起许多重要的植物线虫病害，历史上甜菜胞囊线虫、马铃薯茎线虫、根结线虫等都引起严重的植物线虫病害。在我国温暖地区的根结线虫，东北和黄淮地区的大豆胞囊线虫、甘薯茎线虫、粟线虫和水稻子尖线虫，给生产造成严重损失。近年来，松材线虫已传入我国并在江苏、安徽等地蔓延，给一些松树树种带来毁灭性危害。

一、植物病原线虫的形态和结构

植物线虫一般较小，长0.2～12mm，宽0.01～0.05mm，肉眼不易看见，需要用显微镜观察。虫体细长，多呈纺锤形和梭形，从中部向两端渐细。雌、雄成虫多数同形，少数异形，即雄虫为蠕虫形，雌虫为梨形、柠檬形、珍珠形或其他不规则囊状。

线虫的虫体结构较简单，虫体有体壁和体腔，体腔内有消化系统、生殖系统、神经系统和排泄系统，其中消化系统和生殖系统比较发达。体壁具有保持体形、保护体腔、调节呼吸、收缩运动的作用。体腔内充满用以湿润各种器官的体液。这种液体如同原始血液一样，供给虫体所需的营养物质和氧气。

线虫的消化系统非常发达，从口孔开始，经食管、肠和直肠，一直连到肛门的直通管道(图5-1)。口孔的后面是口腔。口腔下面是很细的食道，食道的中部可以膨大形成一个中食道球，有的线虫还有一个后食道球。食道的后端是食道腺，一般由3个腺细胞融合而成，作用为分泌唾液或消化液，所以食道腺也称唾液腺。植物寄生线虫的口腔内有一个针刺状的器官称为口针，口针能刺穿植物的细胞和组织，并且向植物组织内分泌消化酶，消化寄主植物中的物质，并将寄主细胞内的营养物质吸入食道，因此口针是植物寄生线虫最主要的标志。植物寄生线虫类群不一样，口针的形态和大小等存在明显的差异(图5-2)。

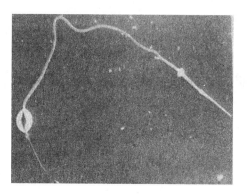

图 5-1　线虫的消化系统

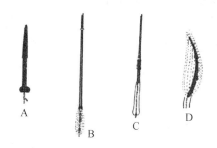

图 5-2　口针类型(仿 Whitehead)

A. 吻针(垫刃型);B~D. 齿针(B. 长针型,C. 剑型,D. 毛刺型)

植物寄生线虫的主要食道类型有 3 种(图 5-3),是线虫高阶元分类鉴定的重要依据。

1. 垫刃型食道　整个食道可分为四部分,靠近口孔是细狭的前体部,往后是膨大的中食道球,之后是狭部,再后是膨大的食道腺。背食道腺开口位于口针基球附近,而腹食道腺则开口于中食管球腔内。

2. 滑刃型食道　整个食道构造与垫刃型食管相似,但其背、腹食道腺均开口于中食道腔内。

3. 矛线型食道　口针强大,食道分两部分,食道的前部较细长,后部膨大呈瓶状。

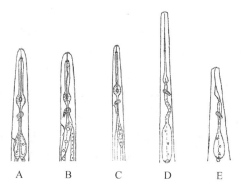

图 5-3　食道的类型(仿张绍升)

A~B. 垫刃型;C. 滑刃型;D~E. 矛线型

线虫的生殖系统非常发达,有的占据腔体很大一部分。线虫性分化十分明显。雌虫有一个或两个卵巢,连接输卵管、受精囊、子宫。雌虫的阴道和阴门是分开的。雄虫有一个或两个精巢,连接输精管和泄殖孔。泄殖孔内有一对交合刺,有的还有引带和交合伞等。雄虫的生殖孔和肛门是共同开口,称为泄殖孔。

线虫的神经系统不发达,在显微镜下通常只能看到位于中食道球后面的神经环。神经环是线虫的中枢神经节。寄生植物线虫的排泄系统是单细胞,在神经环附近可以看到它的排泄管和位于虫体腹面的排泄孔。

二、植物病原线虫的生活史

线虫的生活史很简单,卵孵出的幼虫形态和成虫相似,所不同的是生殖系统尚未发育或未充分发育。大多数线虫的一生经卵、幼虫和成虫 3 个时期。幼虫发育到一定阶段就蜕皮一次,蜕去原来的角质膜而形成新的角质膜,蜕皮后的幼虫大于原来的幼虫。每蜕皮一次,线虫就增加一个龄期。幼虫一般有 4 个龄期。第一龄幼虫是在卵内发育的,所以从卵内孵化出来的幼虫已经是第二龄。一些定居性的植物内寄生线虫(如胞囊线虫)均是通过二龄幼虫侵染寄主植物,这类二龄幼虫被称为侵染性幼虫。许多植物线虫的二龄幼虫对不良环境具有较强的抗性,因而常是越冬和侵入寄主的虫态。

在适宜的环境条件下,线虫一般 3～4 个星期一代,一个生长季节可发生几代,发生的代数因线虫种类、环境条件和为害方式而不同,不同线虫种类的生活史长短差异很大。小麦粒线虫则一年仅发生一代。但有的线虫一代短则几天,长则一年。许多线虫以休眠状态在植物体外长期存活,如土壤中未孵化的卵,特别是在卵囊和胞囊中的卵,存活期更长。

植物病原线虫在土壤中有许多自然天敌,有寄生线虫的原生动物,有吞食线虫的捕食类线虫,还有些土壤中的真菌可以套住或附着在线虫上,以菌丝体在线虫体内寄生。

三、植物病原线虫的寄生性

植物病原线虫都是活体寄生物,少数寄生在高等植物上的线虫也能寄生真菌,可以在真菌上培养。但到目前为止,植物病原线虫尚不能在人工培养基上很好地生长和发育。植物病原线虫都具有口针,这是穿刺寄主细胞和组织的结构,同时也是线虫向植物体内分泌唾液及酶类,再从寄主细胞内吸收液态养分的主要器官。

线虫的寄生方式有外寄生、半内寄生和内寄生。外寄生线虫的虫体大部分留在植物体外,仅以头部穿刺到寄主的细胞和组织内吸食,类似蚜虫的吸食方式,如长针线虫。半内寄生线虫在正常情况下虫体前部钻入根内取食,包括迁居型和定居型,如胞囊线虫。内寄生线虫全部进入植物体内吸食,在根组织内完成生活史,包括迁居型(如穿孔线虫)和定居型(如根结线虫)。多数在寄生过程中是移动的。

大多数植物病原线虫则寄生于植物根部,有些线虫主要侵染和危害植物茎、叶和种子,如粒线虫属(*Anguina*)、茎线虫属(*Ditylenchus*)和滑刃线虫属(*Aphelenchoides*)中的某些种。

植物病原线虫具有一定的寄生专化性,都有一定的寄主范围。有的寄主范围很广,如根结线虫的一个种可以寄生许多分类上很不相近的植物。南方根结线虫(*Meloidogyne incognita*)能在几百种植物上取食和繁殖;而另一些根结线虫则只能在少数几种植物上取食和生殖。如小麦粒线虫主要寄生小麦,偶尔寄生黑麦,很少发现寄生大麦。

四、植物病原线虫的致病性

植物寄生线虫通过头部的化感器(侧器),接受植物根分泌的刺激,并且朝着根的方向运动。线虫一旦与寄主组织接触,即以唇部吸附于组织表面,以口针穿刺植物组织并侵入。大多数线虫侵染植物的地下部根、块根、块茎、鳞茎、球茎。有些线虫与寄主接触后从根部或其他地下部器官和组织向上转移,侵染植物地上部茎、叶、花、果实和种子。线虫容易从伤口侵入植物组织内,但是,更重要的是从植物的表面自然孔口(气孔和皮孔)侵入和在根尖的幼嫩部分直接穿刺侵入。

线虫的穿刺吸食和在组织内造成的创伤,对植物有一定的影响,但线虫对植物破坏作用最大的是食道腺的分泌物。食道腺的分泌物,除去有助于口针穿刺细胞壁和消化细胞内含物便于吸取外,大致还可能有以下影响:①刺激寄主细胞的增大,以致形成巨型细胞或合胞体(syncytium);②刺激细胞分裂形成肿瘤和根部的过度分枝等;③抑制根茎顶端分生组织细胞的分裂;④溶解中胶层使细胞离析;⑤溶解细胞壁和破坏细胞。植物受害后就表现各种病害症状。

植物病原线虫侵染地上部后的症状有顶芽和花芽的坏死,茎叶的卷曲或组织的坏死,形成叶瘿或种瘿等。根部受害的症状,有生长点被破坏而停止生长或卷曲,根上形成肿瘤或过度分枝,根部组织的坏死和腐烂等。根部受害后,地上部的生长受到影响,表现为植株矮小,色泽失常和早衰等症状,严重时整株枯死。

植物病原线虫的致病机制主要有四点。①机械损伤。线虫取食造成寄主的轻微性损伤。②营养掠夺和营养缺乏。由于线虫取食夺取寄主的营养,或者由于线虫对根的破坏阻碍植物对营养物质的吸收。③化学致病。线虫的食道腺能分泌各种酶或其他生物化学物质,影响寄主植物细胞和组织的生长代谢。④复合侵染。线虫侵染造成的伤口引起真菌、细菌等微生物的次生侵染,或者作为菌物、细菌和病毒的介体导致复合病害发生。

线虫除去本身引起病害外,与其他病原物的侵染和为害也有一定的关系。土壤中存在着许多其他病原物,根部受到线虫侵染后,容易遭受其他病原物的侵染,从而加重病害的发生。例如,棉花根部受到线虫侵染后,更容易发生枯萎病,常形成并发症。因此,消灭土壤中的线虫,有时可以减轻棉花枯萎病的危害。有些寄生性的线虫,可以传染植物病原细菌,或者引起并发症。更为重要的是有些土壤中的寄生性线虫是传染许多植物病毒的介体。传播病毒和为其他病原物造成侵染的伤口,而引起其他病害的严重发生,常常超过这些线虫本身对植物所造成的损害。

五、植物病原线虫的分类

线虫分类的主要依据是形态学的差异。线虫的种类和数量很多,据 Hyman(1951)的估计,全世界有 50 多万种,在动物中是仅次于昆虫的一庞大类群。Chitwood 夫妇(1950)提出将线虫单独建立一个门,即线虫门(nematoda),再根据侧尾腺口(phasmid)的有无,分为 2 个纲:侧尾腺口纲(Secernentea)和无侧尾腺口纲(Adenophorea)。植物病原线虫主要分布在垫刃目和矛线目两个目内,垫刃目属于侧尾腺口纲,矛线目属于无侧尾腺口纲。

第二节　植物病原线虫的主要类群

植物病原线虫的种类很多,现主要以 6 个属的线虫为代表,说明它们的寄生方式和主要的危害类型。

一、粒线虫属(*Anguina*)

粒线虫属为垫刃目,大多数寄生在禾本科植物的地上部,在茎、叶上形成虫瘿,或者破坏子房形成虫瘿。虫瘿是指植物组织受到线虫刺激而增生形成、内部包含许多线虫的瘤状结构。粒线虫属至少包括 17 个种。模式种为小麦粒线虫(*A. tritici*)(图 5-4),也是该属最主要的植物病原线虫,引起小麦粒线虫病,有时也为害黑麦。受粒线虫属侵害的小麦植株接近地面的茎基部增粗,分蘖增多,或轻或重地发生矮化;叶片卷曲,皱缩,生长呈畸形。

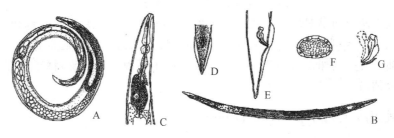

图 5-4　小麦粒线虫(仿许志刚)

A. 雌虫;B. 雄虫;C. 头部;D. 雄虫尾部腹面观;E. 雄虫尾部侧面观;F. 卵巢横面观;G. 交合刺及引带

粒线虫的雄虫和雌虫均为蠕虫型,口针较小,虫体较长,雌雄同形,雌虫稍粗长。两性均为垫刃型食道,口针较小。1 龄幼虫盘曲在卵壳内,2 龄幼虫针状,头部钝圆,尾部细尖,前期在绿瘿内活动,后期则在褐色虫瘿内休眠。

粒线虫以虫瘿混杂在麦种中传播。虫瘿随麦种播入土中,休眠后 2 龄幼虫复苏出瘿。麦种刚发芽,幼虫即沿芽鞘缝侵入生长点附近,营外寄生,为害刺激茎叶原始体,造成茎叶以后的卷曲畸形,到幼穗分化时,侵入花器,营内寄生,抽穗开花期为害刺激子房畸变,成为雏瘿。灌浆期绿色虫瘿内幼虫迅速发育再蜕 3 次皮;经 3~4 龄成为成虫,每个虫瘿内有成虫7~25 条。雌雄交配后即产卵,孵化出幼虫在绿虫瘿内为害,后虫瘿变为褐色近圆形。2 龄幼虫爬出活动,从芽鞘侵入麦苗。一个虫瘿内有幼虫 8000~25000 条。干燥气候下,幼虫能存活 1~2 年。该线虫是小麦蜜穗病病原细菌(*Corynebacterium tritici*)侵入小麦的媒介体。发病轻重与麦种材料中混杂的虫瘿量和播后的土壤温度有关。土温 12~16℃,适于线虫活动。沙土干旱条件发病重,黏土发病轻。

二、茎线虫属(*Ditylenchus*)

茎线虫属为垫刃目,可为害植物地上部的茎叶和地下部的根、鳞茎和块根等。为害的症状主要是组织坏死,有的可在根上形成肿瘤。已报道的有 80 个种以上,其模式种是起绒草茎线虫(鳞球茎茎线虫,*D. dipsaci*)。我国发生较重的是甘薯茎线虫病,是由腐烂茎线虫引起的。

此外水稻茎线虫在孟加拉国和印度引起水稻茎秆病,造成严重的损失,但在我国尚未发现。

起绒草茎线虫的雌、雄虫都是细长的,典型的垫刃型食道(图5-5)。其高龄幼虫(4龄)对低温、干燥环境的抵抗能力很强,在植物的组织内和土壤中可以长期存活,遇到适当的寄主植物即可侵入为害。一般选用无线虫的无性繁殖材料,必要时进行轮作和土壤消毒等措施加以综合防治。

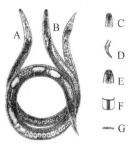

图5-5 茎线虫属(仿许志刚)
A. 雌虫;B. 雄虫;C. 雄虫头部;D. 交合刺;E. 雌虫头部;F,G. 侧带

水稻茎线虫病田间早期症状表现为病株幼叶基部捻卷、出现白色或浅绿色斑点,叶片和叶鞘产生褐色斑,叶缘卷缩,叶尖弯曲,叶鞘扭曲。病株抽穗后基部通常卷曲,不能结实;穗子和剑叶扭曲。有些病株在下部节位可能肿大并产生不规则的分支,穗子包在叶鞘内不能抽出或仅部分抽出。

三、拟滑刃线虫属(*Aphelenchoides*)

拟滑刃线虫属为垫刃目,主要为害叶片和幼芽,可寄生在植物和昆虫中。目前已记载有180种以上,其模式种为 *A. kuehnii*。其中重要的是菊花叶线虫(*A. ritzemabosi*)、贝西拟滑刃(水稻干尖)线虫(*A. besseyi*),最有名的是菊花叶线虫。菊花受害后叶片组织变色和坏死,是一种常见的病害。水稻干尖线虫在我国稻区较为常见。

水稻干尖线虫为雌、雄虫同形,细长形状;口针较长。雄虫尾端弯曲呈镰刀型,尾尖有4个突起,交合刺强大,呈玫瑰刺状,无交合伞;雌虫的尾端不弯曲,从阴门后逐渐变细,单尾巢(图5-6)。水稻干尖线虫除为害水稻外,尚能为害粟、狗尾草等35个属的高等植物。

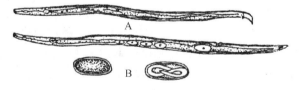

图5-6 水稻干尖线虫
A. 雌虫和雄虫;B. 卵

水稻干尖线虫幼虫和成虫在干燥条件下的存活力很强,可在稻种内越冬。水稻感病种子是初侵染源。侵染幼苗长至4~5片叶时,叶尖部分卷曲2~6cm,变为灰白色,枯死,以后病部脱落,常称为干尖。成株主要在剑叶或其下1到2片叶的尖端1~8cm处呈黄褐半透明干枯状,后扭曲而成灰白色干尖,病穗较小,秕谷增多。水稻干尖线虫是一种半外寄生物。水稻收获后,线虫主要在谷壳内越冬,引起下一年发病。水稻干尖线虫幼虫和成虫在干燥条件下的存活力很强,可在稻种内越冬。防治方法一般有选留无病稻种、温烫浸种或药剂处理稻种。

四、异皮线虫属(*Heterodera*)

异皮线虫属又称胞囊线虫属。异皮线虫属为垫刃目,雌、雄虫异形(图 5-7),即雄虫细长,线形,尾短,无交合伞;雌虫柠檬形、梨形、双卵巢。阴门和肛门位于尾端,有突出的阴门锥,阴门裂两侧双模孔。雌虫成熟后角质层变厚,变深褐色,体内充满卵,这种含有大量的雌虫尸体称为胞囊。

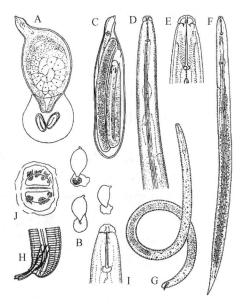

图 5-7　甜菜胞囊线虫(仿许志刚)

A.带有卵囊的成熟雌虫;B.带有卵囊的胞囊;C.正在蜕皮的 4 龄虫;D.雄虫体前部;E.雌虫头部;F.雄成虫;
G.2 龄幼虫;H.雄虫尾部;I.2 龄幼虫头部;J.阴门区

胞囊线虫属主要为害植物根部,有时也称作根线虫,主要特征是可以形成胞囊。胞囊类线虫是异皮总科中很大的一个类群,在异皮总科中可以形成胞囊的线虫有 6 个属,模式种为甜菜胞囊线虫(*H. schachtii*)。本属中较重要的有甜菜胞囊线虫、燕麦胞囊线虫(*H. avenae*)和大豆胞囊线虫(*H. glycines*)等。在我国,大豆胞囊线虫普遍发生严重,燕麦胞囊线虫又称禾谷胞囊线虫,主要分布在湖北和华北小麦产区。各种胞囊线虫的性状和为害方式相似,大豆胞囊线虫为其代表。

大豆胞囊线虫主要寄主为大豆、菜豆、饭豆、红小豆、野生大豆、豌豆、地黄等,还可以侵染杂草。幼虫一龄在卵内发育,脱皮成二龄幼虫。二龄幼虫卵针形,头钝尾细长。三龄幼虫腊肠状,生殖器开始发育,雌雄可辨。四龄幼虫在三龄幼虫旧皮中发育,不卸掉蜕皮的外壳。大豆胞囊线虫以卵、胚胎卵和少量幼虫在胞囊内于土壤中越冬,有的黏附于种子或农具上越冬,成为翌年初侵染源,胞囊角质层厚,在土壤中可存活 10 年以上。虫卵越冬后,以二龄幼虫破壳进入土中,遇大豆幼苗根系侵入,寄生于根的皮层中,以口针吸食,虫体露于其外。雌雄交配后,雄虫死亡。雌虫体内形成卵粒,膨大变为胞囊。胞囊落入土中,卵孵化可再侵染。二龄线虫只能侵害幼根。秋季温度下降,卵不再孵化,以卵在胞囊内越冬。防治方法为合理轮作,配合选用抗线虫品种和无线虫的种薯育苗。

五、根结线虫属（*Meloidogyne*）

根结线虫属为垫刃目，可为害单子叶和双子叶植物，广泛分布于世界各地，是热带、亚热带和温带地区最重要的植物病原线虫。根结线虫属的线虫均为雌雄异体。幼虫呈细长蠕虫状。雄成虫线状，尾端稍圆，无色透明。雌成虫梨形，多埋藏在寄主组织内。该属线虫的性状与胞囊线虫相似，主要区别是植物受根结线虫为害后的根部肿大，形成瘤状根结的典型症状；根结线虫成熟雌虫的虫体角质层不变厚，不变为褐色，以及雌虫的卵全部排至体外的角质卵囊中。由于根结线虫口针的穿透力不强，多半从根尖侵入。寄生在植物组织内的雌虫，其分泌物可以刺激寄主组织形成巨型细胞，使细胞过度分裂膨大形成肿瘤。雌虫寄生时间越长影响越大。已报道的有效种有 62 个，其模式种为 *M. exigua*。其中最重要的有四个种：南方根结线虫（*M. incognita*）、北方根结线虫（*M. hapla*）、花生根结线虫（*M. arenaria*）和爪哇根结线虫（*M. Mjiavanica*）。现以我国南部广泛发生的南方根结线虫为代表说明根结线虫的一般性状和为害情况。

南方根结线虫的幼虫为移动性内寄生，雌虫固定内寄生。二龄幼虫穿刺侵入寄主植物根部，在维管束附近形成取食位点，其头区周围细胞融合形成巨型细胞。经过 3 次蜕皮发育为雌虫，固定于根内取食。通常雌虫进行孤雌生殖。根结线虫完整生活史需经卵—幼虫—成虫三个阶段。田间以卵或其他虫态在土壤中越冬，在土壤内无寄主植物存在的条件下，可存活 3 年之久。气温达 10℃以上时，卵可孵化，幼虫多在土层 5～30cm 处活动。据试验报道，南方根结线虫在 28℃条件下，在烟草上完成一个生活史需 30d；20℃条件下在番茄上需 57～59d。另据报道，该线虫可与多种镰刀菌相互作用，形成棉花、烟草、番茄、苜蓿的复合病害，还与寄生疫霉菌（*Phytophthora parasitia var. nicotinae*）、立枯丝核菌（*Rhizoctonia solani*）、瓜果腐霉（*Pythium aphanidermatum*）等作用，形成复合病害，加重作物损失。南方根结线虫的防治主要采取土壤消毒、抗病品种的选育、长期淹水及烈日下连续曝晒等方法。

六、伞滑刃线虫属（*Bursaphelenchus*）

伞滑刃线虫属为垫刃目，线虫大多是以昆虫（主要是天牛）为媒介而进行远距离传播的，常常可在一些多年生的林木树干中发现。大多数此类线虫的生活史中，均有一个特殊的三龄幼虫阶段，又称休眠幼虫，其具有极强的抗干燥能力，因此线虫可以在干燥的木材中存活。另外，大多数伞滑刃线虫属线虫具有食真菌的特性，因此该属的许多种可以在人工培养的真菌上繁殖。目前已记载的种近 50 种，具有经济重要性的线虫是松材线虫（*B. xylophilus*），在安徽、山东、浙江、广东等地形成几个疾病中心，并向四周扩散，使这些省的局部地区发生病害并流行成灾。松材线虫感染后的松树，针叶黄褐色或红褐色，萎蔫下垂，树脂分泌停止，树干可观察到天牛侵入孔或产卵痕迹，病树整株干枯死亡，最终腐烂。

松材线虫的雌雄虫都呈蠕虫形，虫体细长，长 1mm 左右。唇区高，缢缩显著。口针细长，其基部微增厚。中食道球卵圆形，占体宽的 2/3 以上，瓣膜清晰。食道腺细长叶状，覆盖于肠背面。雌虫尾亚圆锥形，末端宽圆，少数有微小的尾尖突。雄虫交合刺大，弓状，成对，喙突显著，交合刺远端膨大如盘。雄虫尾似鸟爪，向腹面弯曲，尾端为小的卵状交合伞包裹，交合伞（尾翼）是尾的角质膜的延伸，由于边缘向内卷曲，从背面观呈卵形，从侧面观呈尖圆形。病材中的幼虫虫体前部和成虫相似。

　　松材线虫的生活史包括繁殖型和扩散型两个阶段,在寄主植物体内,当环境条件不适宜时,由繁殖型二龄幼虫(JⅡ)转变为扩散型三龄幼虫(JⅢ),并向天牛蛹室周围聚集,在天牛成虫羽化前,松材线虫扩散型三龄幼虫蜕皮变为扩散型四龄幼虫(JⅣ),通过气孔进入刚羽化的、体壁尚未完全骨化的天牛成虫呼吸系统。随后,天牛成虫进行补充营养取食或者产卵时,线虫从天牛气管逸出,并从天牛取食或产卵造成的伤口进入新的寄主植物体内。因此JⅣ型幼虫是松材线虫生活史中重要的一个虫态,是种群形成和扩散的关键。天牛携带的松材线虫越多,侵染健康松树的松材线虫病原就越多。

　　松材线虫在林区内借助介体天牛或线虫本身的移动进行自然传播途径,还可以借助人为运输并在介体天牛的携带下实现远距离蔓延的人为传播。因此,加强检疫制度,清除和烧毁病株,以及防治介体昆虫等是控制松材线虫蔓延的主要对策。

第六章　　寄生性种子植物

第一节　寄生性种子植物的概述

一、寄生性种子植物的一般性状

由于根系或叶片退化,或者缺乏足够的叶绿素,不能自养,必须从其他的植物上获取营养物质而营寄生生活的植物称为寄生性植物。营寄生生活的植物大多是高等植物中的双子叶植物,能够开花结籽,因此又称寄生性高等植物或寄生性种子植物。

按照对寄主的依赖程度或获取寄主营养成分的不同可分为全寄生和半寄生两类。全寄生是指从寄主植物上获取自身生活需要的全部营养物质的寄生方式,如菟丝子、列当、无根藤等,其特点为叶片退化,叶绿素消失,根系蜕变为吸根,吸根中的导管和筛管与寄主的导管和筛管相连,并从中不断吸取各种营养物质。半寄生是指寄生性植物的茎叶具有叶绿素,能正常进行光合作用,但根系缺乏,以吸根的导管与寄主维管束的导管相连,吸取寄主植物的水分和无机盐,如槲寄生、樟寄生、桑寄生等。由于寄生物对寄主的寄生关系主要是水分的依赖,因此也称为水寄生。

寄生性植物按寄生部位不同可分为根寄生与茎寄生。根寄生寄生在寄主植物的根部,在地上部与寄主彼此分离,如列当、独脚金等。而茎寄生则寄生在寄主的茎秆上,如菟丝子、桑寄生等。

寄生性植物都有一定的致病性,致病力因种类而异。半寄生类对寄主的致病力较全寄生要弱。全寄生致病能力强,主要寄生在一年生植物上,可引起寄主植物黄化、生长衰弱,严重时造成大片死亡,对产量影响极大。半寄生主要寄生在多年生木本植物上,寄生初期对寄主无明显影响,后期群体较大时造成寄主生长不良和早衰,最终亦会导致死亡,但树的长势退败速度较慢。此外,有些寄生性植物,如菟丝子还能起桥梁作用,将病毒从病株传播到健康植株上。一些寄生性藻类还可引起寄主植物的藻斑病或红锈病,除影响树的长势外,还会影响果品和观赏植物的商品价值。

全寄生性植物与寄主争夺全部生活物质,对寄主损害很大,半寄生性植物主要是与寄主争夺水分和无机盐,不争夺有机养料,对寄主的影响较小。如果寄生物群体数量很大,为害更明显,轻的引起寄主植物的萎蔫或长势衰退、产量降低等,有的落叶提早,寄主受害严重时,可全部被毁造成绝产。但是一些高等植物,如某些兰花,常依附在一些木本植物上,从这些木本植物表面吸取一些无机盐或可溶性物质,它们对宿主无明显的损害或影响,也未建立寄生关系,这类植物称为附生植物,不属于寄生性植物。

二、繁殖与传播

大多数寄生性植物依靠种子繁殖,如菟丝子、列当、槲寄生。桑寄生和槲寄生的种子大,繁殖量和速度不是很快。菟丝子和列当得籽粒很小,繁殖速度很快。藻类植物的繁殖方式分无性繁殖(孢子囊产生游动孢子)和有性生殖(结合子)两种。不同种类的寄主植物有不同的繁殖方式,繁殖的速度和数量也很不相同。

不同种类的寄生性种子植物,其传播的动力和传播方式也有很大的差异。有些寄生性种子个体较大,在种子外还有果实,成熟后为红色,可以吸引鸟类啄食,然后以鸟类作为介体传播,如桑寄生和槲寄生。有些寄生性种子个体很小,则依靠风力传播,如列当。有的与寄主种子一起随调运而被动传播。还有少数寄生植物种子成熟时,果实吸水膨胀开裂,将种子弹射出去,则为主动传播。

三、分类

寄生性种子植物都是双子叶植物,大约 2500 种,分属于被子植物门的 12 个科,重要的有菟丝子科、樟科、桑寄生科、列当科、玄参科和檀香科,其中以桑寄生科为最多,约占一半左右。鉴定寄生性植物主要依据形态特征和解剖学特征。

第二节　寄生性种子植物的主要类群

一、桑寄生属(*Loranthus*)

桑寄生是木本植物枝梢上营半寄生生活的种子植物,属于桑寄生科。桑寄生的寄主多为阔叶乔木或灌木,包括 29 科阔叶植物,以山茶科和山毛榉科为多。桑寄生种子萌发后产生胚根形成吸盘,黏附于树枝上。由吸盘产生初生吸附根,分泌对树皮有消解作用的酶,并以机械力从伤口、芽部或幼嫩树皮钻入寄主表皮,伸入木质部与导管相连,吸取寄主的水分和养分,同时以自身的绿叶制造所需的有机物。桑寄生的无性繁殖器官是根出条,在寄主体表延伸,与寄主接触处形成新的吸根,再钻入树皮定植,并在一定的条件下发育成新植株。桑寄生是危害林木最重要的病原物之一。受害植物一般表现为落叶早,次年放叶迟,被寄生部位肿胀,木质部纹理紊乱,出现裂隙或空心,严重时枝条枯死或全株枯死。

桑寄生为常绿寄生,枝黄褐色或灰褐色,幼株尖端常有绒毛覆被。叶近对生或互生,革质、卵形、长卵形或椭圆形,长 5~8cm,宽 3~4.5cm,顶端圆钝,基部近圆形,上面无毛,下面被绒毛;侧脉在叶上面明显;叶柄长 6~12mm,无毛。果椭圆状,两端均圆钝,黄绿色,果皮具颗粒状体,外有一层吸水性很强的白色黏液,内含槲寄生碱。花期 6—8 月。桑寄生科植物大多于秋、冬季节形成鲜艳的浆果,招引各种鸟类啄食,种子随粪便排出,黏附在枝条上,在适宜的温度、湿度下 2d 左右即可萌发,长出胚根,钻入树皮,一般需要半个月时间。因此,鸟类活动频繁的树林、灌木林和村庄附近的树木,往往受害较为严重。

二、槲寄生属(*Viscum*)

槲寄生为桑寄生科槲寄生属灌木植物,营半寄生生活,通常寄生于麻栎树、苹果树、白杨树、松树等,可以从寄主植物上吸取水分和无机物,自身绿叶进行光合作用制造养分。茎柔韧呈绿色;叶呈倒披针形、革质、淡绿色,早春,叶间分出小梗,着生小花,淡黄色、单性、雌雄异株,入冬结出各色的浆果,果肉有黏质物。据记载,寄生于榆树的槲寄生果实为橙红色,寄生于杨树和枫杨的果实呈淡黄色,寄生于梨树或山荆子的则呈红色或黄色。

槲寄生主要通过种子繁殖,每年秋冬季节,槲寄生的枝条上结满了鲜艳的浆小果。以槲寄生的果实为食的鸟类,有灰椋鸟、太平鸟、小太平鸟(俗称冬青鸟)、棕头鸦雀等。到了冬天,这些鸟类会聚集在结有果实的槲寄生丛周围,一边嬉戏一边取食果实。由于槲寄生果的果肉富有黏液,它们在吃的过程中会在树枝上蹭嘴巴,这样就会使果核黏在树枝上;有的果核被它们吞进肚子里,就会随着粪便排出来,黏在树枝上。这些种子并不能很快萌发,一般要经过3~5年才会萌发,长出新的小枝。有时槲寄生的种子落在槲寄生身上,也会长出小的槲寄生。

三、菟丝子属(*Cuscuta*)

菟丝子是菟丝子属植物的通称,营全寄生生活,属于被子植物门、双子叶植物纲,是一群生理构造特别的寄生植物。其组成的细胞中没有叶绿体,利用攀缘性的茎攀附在其他植物上,并且从接触宿主的部位发育为特化的吸器,进入宿主直达韧皮部。菟丝子不仅吸收寄主的养料和水分,而且给寄主的输导组织造成机械性障碍。菟丝子对大田作物、牧草、果树、蔬菜、花卉及其他植物都有直接为害。同时还是一些植物病原的中间寄主。菟丝子是一种恶性杂草,植物受到其害后植株生长矮小,结荚少,甚至不能结荚。除了作为药用,其为害对农业及生态的影响亦极重要。

菟丝子属植物是一年生寄生缠绕草本植物,无根,也无叶或叶退化为小的鳞片,茎线形,光滑,无毛。花小,白色或淡红色。无花梗或有极短的梗。花序为穗状花序或簇生成团伞花序。花冠管状、壶状、球状或钟状。蒴果近球形,周裂,附有残存的花冠。种子无毛,没有胚根和子叶。种子2~4个,卵形,淡褐色。菟丝子广泛分布于全世界暖温带,主产美洲。我国有8种,南北均有。

菟丝子主要是以种子进行传播扩散。菟丝子种子小而多,寿命长,易混杂在农作物、商品粮以及种子或饲料中做远距离传播。缠绕在寄主上的菟丝子也能随寄主生长,蔓延繁殖。最好的防治方法是采用清洁种子,严禁从外地调运带有菟丝子种子的种苗。在菟丝子为害初期喷洒寄生菟丝子炭疽病菌制成的生物防治菌剂,可减少菟丝子的数量并减轻危害。

四、列当属(*Orobanche*)

列当是一类在草本(或木本)植物根部营全寄生生活的列当科植物的总称。寄主多为草本,以豆科、菊科、葫芦科植物为主。列当无真正的根,只有吸盘吸附在寄主的根表,以短须状次生吸器与寄主根部的维管束相连。寄主植物的细胞挤压,常处于萎蔫状态,表现为植株细弱矮小,长势差,不能开花或花小而少,瘪粒增加,轻则减产,重则绝产,造成极大危害。

列当为多年生、二年生或一年生肉质寄生草本,植株常被蛛丝状长绵毛、长柔毛或腺毛,极少近无毛。茎常不分枝或有分枝,圆柱状,常在基部稍增粗。叶鳞片状,螺旋状排列,或生于茎基部的叶通常紧密排列成覆瓦状,卵形、卵状披针形或披针形。花多数,排列成穗状或总状花序,极少单生于茎端;蒴果卵球形或椭圆形,2瓣开裂,成熟时纵裂散出种子。种子小,多数长圆形或近球形,种皮表面具网状纹饰。主要分布于北温带,少数种分布到中美洲南部和非洲东部及北部。我国大多数分布于西北部,主要有的种有埃及列当(*O. aegyptica*)和向日葵列当(*O. cumana*)。

列当以种子进行繁殖和传播。种子多,非常微小,易黏附在作物种子上,随作物种子调运进行远距离传播,也能借助风力、水流或随人、畜及农机具传播。列当属种子在土壤中接触到寄主根部分泌物时,便开始萌发。如无寄主,种子可存活5~10年。幼苗以吸器侵入寄主根内,吸器的部分细胞分化成筛管与管状分子,通过筛孔与纹孔与寄主的筛管和管状分子相连,吸取水分和养料,逐渐长大,植株上部由下而上开花结实。每株列当能结籽10万粒以上。

五、独脚金属(*Striga*)

独脚金俗称火草或矮脚子,属于玄参科,为半寄生性一年生草本植物。常寄生在玉米、稻、高粱、小麦、甘蔗、燕麦、黑麦、黍属植物,以及苏丹草等禾本科杂草上,也能寄生在番茄和某些荚豆上,主要寄生在禾本科作物的根上。有些种类还能寄生在双子叶植物的根上。独脚金虽然有叶绿素,能进行光合作用产生碳水化合物,但其根上无根毛,因而不能自行从土壤中吸取水分和无机盐,以根先端小瘤状突出的吸器附在寄生植物根上,夺取寄主的营养物质和水分,造成作物干枯死亡。玉米、高粱、甘蔗、稻等被独脚金寄生后,养料和水分大量被夺取,虽然土壤湿润,但被害作物都表现好似遭遇干旱一样,生长发育受挫,植株纤弱,即使下雨或灌溉也不能改善作物的生长状况,重者枯黄死亡。

独脚金全株粗糙,且被硬毛;茎多呈四方形,有2条纵沟,不分枝或在基部略有分枝。生于下部的叶对生,上部的互生,无柄,叶片线形或狭卵形,但最下部的叶常退化成鳞片状。多生于低海拔荒山草地、田边、沟谷、耕地等处。独脚金广泛分布亚洲、非洲的热带地区,在我国主要分布在南部至东南部的海南、福建、广西、云南、贵州等地。

一株独脚金能产生几万到几十万粒种子,其小而轻,似灰尘,能随风和水传播,也易黏附在寄主的植株、种子和根上,甚至牲畜、鸟类、农机具等也能黏带传播。种子在土中可存活数十年之久,一般种子经1~2年的休眠,受寄主根分泌物刺激后即可萌发产生寄生茎。温暖湿润的环境适合独脚金的生长。

六、无根藤属(*Cassytha*)

无根藤又名长寿藤,樟科,全寄生性缠绕杂草,主要为害丛林、树木。它借盘状吸根附于寄主上,吸收寄主植物的营养,无须营光合作用。茎线状,绿色或绿褐色。叶退化为微小鳞片。花极小,两性,白色,不到2mm,组成长2~5cm的穗状花序。果实小,球形,直径约7mm。无根藤与菟丝子相似,主要区别为菟丝子有黄褐色丝状茎。无根藤广泛分布于热带地区。我国主要分布于云贵、湖广、江西、福建、台湾、浙江等地的灌木丛。

第七章　植物病害的发生发展和诊断

第一节　侵染过程

病原物的侵染过程(infection process)是指从病原物与寄主接触、侵入到寄主发病的连续过程,也是植物个体遭受病原物侵染后的发病过程。病原物的侵染过程受病原物、寄主植物和环境因素的影响,即所谓病害三角关系,而环境因素又包括物理、化学和生物因素。病原物的侵染是一个连续性的过程,为了便于分析,侵染过程通常分为 4 个时期,即接触期、侵入期、潜育期和发病期。病原物的侵染是一个连续的过程,但各个时期的划分并没有绝对的界限。

一、接触期(contact period)

接触期指从病原物与寄主植物直接接触,或达到能够受到寄主外渗物质影响的根围或叶围,向侵入的部位生长或运动,并与寄主可侵染部位接触,然后形成某种侵入结构的一段时间。这段时间有的可能仅几分钟到几个小时,也有的长达数月。在病原物侵入寄主以前,首先必须与寄主植物接触。在自然界存活的病原物,需要依靠一定的动力或介体,例如气流、流水、昆虫等,才能从一个地方转移到另一个地方。病原物必须落在感病的寄主的感病部位上,才可能侵染寄主。接触期分又可为接触前和接触后两个时期。

(一)接触前植物分泌物对病原物的影响

根部分泌物可刺激或诱发土壤中的有些病原菌物、细菌和线虫或其休眠体的萌发,有利于产生侵染结构和进一步侵入,这种影响可达到根部数厘米以外(病原物的趋化性现象)。有些病原物的休眠体(结构)只能在寄主植物根的分泌物刺激下萌发,例如白腐小核菌(*Sclerotium cepivorum*)的菌核只能在洋葱和大蒜属植物的根围萌发,而在同科的其他属植物的根围就不能萌发。又如,植物根部的分泌物可使植物寄生线虫在根部积累,与根产生的二氧化碳和某些氨基酸等有关。一般情况下,寄主和非寄主的根部分泌物都能吸引线虫。因此,我们可以利用这种特性来防治线虫,即播种某些非寄主植物,这些植物根的分泌物能促使线虫的胞囊或卵孵化,使孵化后形成的线虫得不到适当的寄主而死亡,从而达到防治线虫的目的。这类植物称为诱捕(发)植物。

植物种子萌发时的分泌物对某些真菌的孢子萌发有刺激作用。例如,禾谷类作物种子萌发时产生的分泌物,可以刺激附着在种子表面的黑粉菌冬孢子的萌发。又如,腐皮镰刀菌菜豆专化型(*Fusarium solani* f. sp. *phaesoli*)厚垣孢子的萌发均集中在发芽种子的初生根或侧根的根尖附近,实验证明这与种子或幼根所分泌的糖和氨基酸有关。

（二）接触前根围、叶围微生物对病原物的影响

病原物在与寄主接触前，除受到寄主植物分泌物的影响外，还受到根围或叶围中其他微生物的影响。如有些腐生的根围或叶围微生物能产生抗菌物质，可以抑制或杀死病原物。生物防治就是利用这些原理进行的，在土壤中人为施入特定微生物，以增加拮抗微生物的种群数量，达到防治病害的目的。

（三）接触后病原物与寄主的识别活动

病原物与寄主接触后，有的并不马上侵入，先在植物表面或根围腐生生长或运动一段时间，包括真菌的休眠体萌发产生芽管或菌丝的生长、游动孢子的游动、细菌的分裂繁殖、线虫幼虫的蜕皮和生长等。这些生长活动有助于病原物达到侵入植物的部位。在接触期间，病原物与寄主之间有一系列的识别（recognition）活动，包括物理和化学识别。

1. 物理识别　趋触性（contact tropism）是指植物表皮毛、表皮结构等对病原物的刺激作用。如单子叶植物的锈菌的芽管沿纵行叶脉的生长，是物理刺激。真菌的芽管和菌丝向植物气孔分泌的水滴或有水的方向运动，这是趋水性。例如，侵染唐菖蒲的灰菌孢子（*Botrytis cinerea*），通常是通过角质层直接侵入的，但是当叶面的水膜干燥，而气孔产生分泌水时，芽管生长就趋向气孔侵入。又如，也发现菜豆锈病（*Uromyces phaesoli*）和菜豆炭疽病（*Colletotrichum lindermuthianum*）病原菌的侵入与气孔分泌水的关系。某些疫霉菌的游动孢子对植物根围约 0.3～0.6A 的电流强度有趋电性。

2. 化学识别　化学识别就是趋化性，即植物表面（根表、叶表面）的分泌物对病原物有刺激所产生的反应。这个过程涉及病原物与对应的寄主植物一系列的蛋白质、氨基酸和 DNA 的特异性识别。例如梨火疫病菌对植物分泌的天门冬氨酸有很强的趋化性，因为该细菌的受体位点具有高度专化的物质（二磷酸），能与天门冬氨酸发生特异性反应，从而产生特异性识别。

（四）影响病原物生长及孢子萌发的外界因素

寄主表面的营养物质，如蛋白质、氨基酸、DNA 等，这些物质对寄主表面的病原物有吸引力。这方面是当前植物病理学研究的一个热点课题。

湿度对接触期病原物的影响很大，对于绝大部分气流传播的真菌，湿度越高，对侵入越有利。许多真菌孢子，在湿度接近饱和的条件下虽然也能萌发，但不及在水滴中好。如稻瘟病菌（*Pyricularia grisea* 或 *Magnaporthe oryzae*）的分生孢子，在饱和湿度的空气中，萌发率不到 1%，而在水滴中达到 86%。对于萌发时产生游动孢子的根肿门、卵菌门和壶菌门菌物，水滴更是必要的。然而，白粉菌的分生孢子，一般可以在湿度比较低的条件下萌发，有的白粉菌在水滴中萌发反而不好。主要原因是白粉菌细胞液的渗透压很高，可能从干燥的空气中吸收水分；也可能是孢子呼吸作用所产生的水分可以供应萌发的需要。所以白粉病在较干旱的秋冬季节发生较重，在没有雨的温室中也可以发生很重。对于土传真菌或者孢子在土壤中的萌发，除根肿门、卵菌门和壶菌门菌物外，土壤湿度过高对于孢子的萌发和侵入是不利的。

温度会影响病原物的萌发和侵入速度。一般来说，大多数真菌孢子萌发的最适温度在 20～25℃，但不同的真菌存在差异。霜霉目真菌的孢子囊萌发的最适温度要低一些，子囊孢子和分生孢子的最适温度要高些。在适宜温度下，孢子萌发的百分率增加，萌发所需的时间也较短。如葡萄霜霉病菌（*Plasmopara viticola*）（单轴霉）的孢子囊萌发最适温度为 20～

24℃时,萌发时间为 1h,而 4℃时需 12h,28℃则需 6h。

绝大多数真菌孢子的萌发不受光照的影响,只有少数真菌孢子的萌发受到光照的刺激或抑制作用。如禾柄锈菌(*Puccinia graminis*)的夏孢子在没有光照条件下萌发较好。

二、侵入期(*penetration period*)

通常,将从病原物侵入寄主到建立寄生关系的这段时间称为病原物的侵入期。植物病原物几乎都是内寄生的,需要侵入寄主体内才能发生为害。

(一)侵入途径

不同病原物侵入植物的途径和方式是不一样的,但一般来说不外乎直接(穿透)侵入、自然孔口侵入和伤口侵入 3 种。

直接侵入是指病原物通过植物无伤的表皮(角质层和细胞壁)直接侵入植物体内。常见的有白粉菌属、炭疽菌属、黑星菌属。真菌直接侵入的典型过程为:落在植物表面的真菌孢子在适宜的条件下萌发产生芽管,芽管的顶端膨大形成附着胞,附着胞以其分泌的黏液和机械压力将芽管固定在植物表面,然后从附着胞与植物接触的部位产生纤细的侵染丝直接穿过植物的角质层。真菌穿过角质层后或在角质层下扩展,或随即穿过细胞壁进入细胞内,或穿过角质层后先在细胞间扩散,然后穿过细胞壁进入细胞内。真菌直接侵入的机制包括机械作用和化学酶的溶解作用。寄生性种子植物与病原真菌具有相同的侵入方式,形成附着胞和侵染钉。侵染钉在与寄主接触处形成吸根或吸盘,并直接进入寄主植物细胞间或细胞内吸收营养,完成侵染过程。病原线虫的直接侵入是用锋利的口针直接穿破表皮侵入植物细胞。

许多病原菌物从自然孔口侵入。植物表面的气孔、皮孔、水孔、蜜腺、花柱等自然孔口,常常成为病原物侵入的通道。许多真菌和细菌都是可以从自然孔口侵入的,尤以气孔最为重要。如小麦锈菌夏孢子萌发产生的芽管遇到气孔后,顶端形成附着胞,其下方长出侵染丝进入气孔,在气孔下室膨大形成孢囊再长出侵染丝进入寄主细胞。在气孔上室内的细菌通过气孔游入气孔下室,再繁殖侵染。

植物表面的机械伤、电伤、冻伤、自然裂缝、人为创伤等,也可以成为病原物侵入的通道。植物病毒只能从并不引起寄主细胞死亡的极轻微的伤口侵入。许多真菌也可从果树等植物的嫁接口侵入,所以嫁接后保护好嫁接口可预防病害发生。

(二)侵入所需的时间和接种体数量

病原物侵入所需的时间可以是很短的。植物病毒和细菌,一旦与寄主的适当部位接触就随即侵入。虫传病毒,短的几分钟,长的不过几小时。病原真菌孢子落在植物表面,要经过萌发和形成芽管才能侵入,所以需要一定时间,但很少超过 24h。

病原体的侵入还与接种体的数量有关。接种体(inoculum)是病原物的侵染结构,如真菌的孢子、菌核、菌丝体等,细菌的菌体,病毒的粒子和线虫的虫体等。病原物需要有一定的数量,才能成功侵入寄主植物引起侵染和发病。侵入所需的最低数量称为侵染剂量(infection dosage)。侵染剂量因病原物的种类、寄主品种的抗病性和侵入部位而异。有些病原真菌,单个孢子就能引起侵染,如麦类作物锈菌,单个夏孢子接种叶片就可引起侵染,并形成一个夏孢子堆。有些病原真菌,要有一定数量的孢子才能引起侵染。如小麦赤霉病菌,

要用大于 10^4 个孢子/mL 的悬浮液接种麦穗才能引起发病。有些细菌,用单个细菌接种就能侵入而引起发病。而许多细菌,要有一定的菌量的侵入才能引起发病。如用针刺法接种稻白叶枯病,细菌含量应不低于 10^7 CFU/mL。

植物病毒的侵染也要有侵染最低量。用汁液摩擦接种病毒时,各种病毒可以稀释的倍数并不相同,说明需要一定量的病毒才能引起侵染。例如,TMV 要 $10^4 \sim 10^5$ 粒子才能在烟叶上产生一个局部病斑。需要指出的是,真正侵入寄主细胞的只是其中很少的一部分。

(三)影响侵入的条件

病原物能否成功的侵入寄主,除了前面提到的接种数量和接种体的生理活性外,还受病原物侵入时外界环境条件和植物体表状况的影响。外界环境条件中以温度、湿度和光照的影响最大。

湿度决定孢子能否萌发和侵入。大多数真菌孢子的萌发和细菌的繁殖都需要很高的湿度,甚至要在水滴中才能萌发。如小麦叶锈病菌的夏孢子在一定的湿度下才能萌发。芽管需要有水才能侵入,有水可以在植物表皮处造成软化,有利于侵染丝前端的酶发挥作用。

温度影响萌发和侵入的速度。大多数病原接种体萌发的最适温度与侵入寄主的温度一致。在适温条件下,病原物侵入时间短。不同病原物侵入要求的适宜温度不同,如小麦条锈病菌侵入的最适宜温度是 $9 \sim 13 ℃$,而小麦秆锈病菌的最适宜温度是 $19 \sim 22 ℃$。

光照对某些真菌孢子的萌发有刺激或抑制作用。对于气孔侵入的病原真菌,光照可以决定寄主气孔的开闭,因而可以影响其侵入。如稻瘟菌孢子在光照下萌发受抑制。

植物体表状况,如表皮的厚度、机械强度、自然孔口的数量、结构、开启功能,以及表面分泌的化学物质等都可影响病原物的侵入。

三、潜育期(inculation period)

病原物从与寄主建立寄生关系,到表现明显的症状为止,这一时期就是病害的潜育期,是病原物与寄主植物相互作用的时期。病原物要从植物体内取得营养和水分,而植物则要阻止病原物对其营养和水分的掠夺。病原物的侵入并不表示寄生关系的建立,且建立了寄生关系的病原物能否得到进一步的发展而引起病害,还要根据具体条件来定。例如,小麦散黑穗菌(*Ustilago tritici*)在开花期从花柱或子房壁侵入寄主,菌丝体潜伏在种胚内。当种子萌发时,菌丝也生长而侵入胚芽的生长点,以后随植株的发育而形成系统性感染,在穗部产生冬孢子而表现出明显的症状。

有些病害在病原物侵入植物之后,由于受环境条件的影响,或植物体具有较强的抗病力,病原物在很长的时间里处于潜伏状态,植物不表现症状,一旦环境条件改变,植物的抗病力降低,症状就表现出来,这种现象称为潜伏侵染。例如,很多果树果实上的炭疽病,早在开花受粉时炭疽菌就从花柱或子房壁侵入,但一直不表现症状,等到果实成熟时才表现症状,如香蕉、芒果。

病原物的不同特性决定了其扩展范围的不同。病原物的分布,有的局限在侵入点附近,形成局部的或点发性的感染,称为局部侵染(local infection),包括引起萎蔫以外的大部分真菌、细菌病害,如水稻胡麻斑病和棉花细菌性角斑病。另外,有的病原物可以在植物体内几乎所有或主要器官和组织内扩展,即引起全株性的感染称为系统侵染(system infection),如细菌性青枯病、大部分病毒病和类病毒病。

植物病害潜育期的长短不一,主要决定于病害的种类和环境条件。一般潜育时间 10d 左右,短的 2～3d,长的则可达 2～5 年。潜育期的长短受环境的影响,其中以温度的影响最大。例如,稻瘟病在最适宜温度 26～28℃,潜育期为 4.5d,9～11℃时为 13～18d。不同的植物或同一植物的不同生长期,潜育期的长短亦不同。湿度对潜育期的影响并不像侵入期那么重要,因为病原物侵入以后,几乎不受空气湿度影响。

四、发病期(symptom appearance)

植物受到侵染后,经过一定的潜育期即表现症状,从出现症状开始即进入发病期。发病期是病原物扩大为害、许多病原物大量产生繁殖体的时期。这一阶段病原物由营养生长转向生殖生长(繁殖),为进行下一个侵染活动准备接种体。大多数的真菌是在发病后期或在死亡的组织上产生孢子。通常,有性孢子的产生比无性孢子更迟一些,有时要经过休眠期才形成。

营养、温度、湿度、光照对发病都有一定的影响,如水稻体内可溶性氮化合物含量高,空气湿度大,叶片上产生急性病斑,长出大量的分生孢子;而可溶性氮化合物少,空气湿度不够,则形成慢性病斑,分生孢子少。

第二节　病害循环

病害循环(disease cycle)是指病害从前一生长季节开始发病,到下一生长季节再度发病的过程,又称作侵染循环(infection cycle)。

植物病害的循环主要涉及 3 个问题:① 病原物的越冬(overwintering)或越夏(oversummering),即寄主植物收获或休眠以后,病原物用什么方式、在何处存活,以度过寄主的中断期;②病原物的传播途径,涉及病原物通过哪些方式传播到达寄主植物的感病部位;③初次侵染和再次侵染,是指病原物在植物个体上初次侵染发病后,如何在植物群体中进行再次侵染和进一步发展,直到病害停止发展或作物成熟收获为止。

一、病原物的越冬或越夏

所谓病原物的越冬和越夏就是在寄主植物收获或休眠以后病原物以何种存活方式和在何种存活场所度过寄主休眠期或中断期。病原物越冬越夏的场所,一般也就是初次侵染的来源。病原物的越冬和越夏,与某一特定地区的寄主生长的季节性有关。热带和亚热带地区没有四季之分,全年各种植物可以正常生长,因而植物病害不断发生,病原物基本没有越冬和越夏的问题。但我国大多数地区为温带、暖温带和寒温带,存在明显的四季差异,这些地区大部分植物冬季是休眠的,因而越冬问题就显得尤为突出。

寄生、腐生和休眠是病原越冬、越夏的三种方式。活体营养的病原物,如白粉菌、锈菌、黑粉菌等,只能在受害植物的组织内以寄生的方式或在寄主体外休眠的方式进行越冬或越夏。大多数真菌和细菌,通常在病株残体和土壤中以腐生方式或休眠结构越冬和越夏。植物病毒和菌原体大都只能在活的植物体、传播介体和植物种子内存活。病原线虫主要以卵、二龄幼虫或各龄幼虫、成虫和孢囊的形态在植物组织内或土壤中越冬和越夏。

病原物的越冬和越夏的场所有很多,主要有下列几种。

1.田间病株　各种病原物都可以其不同的方式,在田间正在生长的病株体内或体外越冬或越夏。田间病株包括寄主的落地自生苗、杂草寄主、野生寄主、转主寄主、保护地的病株等。如海南的橡胶白粉病,可在落地自生苗上越夏。田间的多年生病株(林木、果树等),如桃缩叶病菌的孢子,可潜伏在芽鳞上越冬。大白菜软腐病可以在田间生长的芜菁属寄主上越夏,冬季在窖藏的种菜上越冬。

2.种子、苗木或其他繁殖材料　有的病原物以它的休眠体和种子混杂在一起得以越冬或越夏(在粮库、种子库中),如小麦线虫病的虫瘿、菟丝子的种子、麦角菌的菌核等。有的病原物潜伏在种子的种胚内,如黑粉菌(*Ustilago*)的冬孢子、禾生指梗霉(*Sclerospora graminicola*)的卵孢子等。病原物也可以菌丝的形式侵入而潜伏在种子、苗木和其他繁殖材料的内部,如小麦散黑穗菌的菌丝体可以潜伏在种子内。

3.土壤　土壤是病原物在植物体外越冬越夏的主要场所,病原物的休眠体(菌核、子囊、卵孢子、黑粉菌的冬孢子)可以在土壤中存活一定的时期。除了休眠体以外,病原物还可以腐生的方式在土壤中存活。根据土壤微生物,尤其是真菌和细菌,对土壤适应性的强弱及其存活时间的长短,可分为两类。一是土壤寄居菌(soil invaders),它们在土壤病株残体上的存活期较长,但是不能单独在土壤中长期存活。当土壤中的病残体分解腐烂后,就不能单独生存而死亡。大部分植物病原真菌和细菌都属于这一类。二是土壤习居菌(soil inhabitants),它们在土壤中的适应性强,能单独在土壤中长期存活,并且能够在土壤有机质上繁殖。这一类病原物的大多数是真菌,如腐霉属(*Pythium*)、疫霉属(*Phytophthora*)、丝核菌属(*Rhizoctonia*)和镰刀菌属(*Fusarium*)的一些种(引起萎蔫)等,也有少部分是细菌,如青枯菌。土壤习居菌一般都是低级的寄生物,它们主要为害植物的幼嫩组织,引起幼苗的死亡,如猝倒病、立枯病。

事实上,病原物并不一定能在土壤中长期存活,主要原因是土壤有自然灭菌的作用。这主要是通过土壤中的拮抗微生物和土壤中的物理和化学因素来灭菌,还有噬菌体(细菌的病毒)的作用。土壤较干燥、透气,病原物存活时间长,反之则短。

4.病株残体　绝大部分的非专性寄生的真菌、细菌和一部分病毒都能在病株残体内存活一定的时间。如稻瘟病菌可以菌丝体在稻草上存活较长时间,成为下一季度的初侵染来源。又如烟草花叶病毒(TMV)可在烟叶上存活30年之久。病原物在病株残体中存活时期较长,主要原因就是受到植物组织的保护,对环境因子的抵抗能力较强,尤其是受到土壤中腐生菌的拮抗作用较小。残体中病原物存活时间的长短,一般决定于残体分解的快慢。

病原真菌多半是以菌丝体或者形成子座在作物的残体中存活,经过越冬或越夏后,它们可以产生分子孢子或子囊孢子,与第二年或第二季度植物病害的发生关系很大。稻梨孢菌(*Pyricularia oryzae*)引起的稻瘟病,其主要初侵染来源就是越冬稻草上产生的分生孢子。因此及时清理病株残体(田间卫生),可杀灭许多病原菌,减少初侵染来源,达到防治病害的目的。

5.肥料　病原物可以随着病株的残体混入肥料内,病菌的休眠体也能单独散落在粪肥中。粪肥如未充分腐熟,其中的病原物可以长期存活而引起感染。玉米瘤黑粉菌(*Ustilago maydis*)是由肥料传播的,它的冬孢子不仅能够在肥料中存活,而且可以不断以芽生的方式产生小孢子。经过动物消化道后,排出的粪便中仍具侵染能力。所以用带病菌休眠体孢子的病株喂牲畜,排除的粪便就可能带菌,如不充分腐熟,就可能传到田间引起发病。

6.昆虫和其他介体　一些由昆虫传播的病毒可以在昆虫体内增殖并越冬或越夏。例如水稻黄矮病病毒和普通黄矮病病毒就可以在传毒的黑尾叶蝉体内越冬。小麦土传花叶病毒在禾谷多黏菌休眠孢子中越夏。

二、病原物的传播

从一个侵染循环结束,病原物的接种体通过一定的动力和媒介到达植物感病点开始另一个侵染循环之前,病原物的这一移动过程被称为病原物的传播。病原物可以依靠自身的运动进行主动传播,但这种传播的范围极有限,如子囊孢子的弹射、线虫的蠕动、菌丝体的生长扩展等。病原物有的也可靠外力的作用进行被动传播,是病原物的主要传播方式,其中有自然因素和人为因素。自然因素中以风、雨水、昆虫和其他动物传播的作用最大;人为因素中以种苗、种子、块茎块根和鳞球茎等调运、农事操作和农业机械的传播最为重要。

总的来说,各种病原物的传播方式和方法不同,且传播方式与病原物的生物学特性相关。真菌主要以气流和雨水传播;细菌多半是雨水和昆虫传播;病毒主要靠生物介体传播;寄生性种子植物可以由鸟类和气流传播;线虫主要由土壤、灌溉水以及水流传播。显然,传播方式与病原物的生物学特性相关。

1.气流传播　也叫风力传播,是一些重要病原真菌的主要传播方式。产生孢子的真菌很容易随气流传播。孢子是真菌繁殖的主要形式,真菌产生孢子的数量很大,而且孢子小而轻。霜霉菌和接合菌的孢子囊、大部分子囊孢子和分生孢子,半知菌的分生孢子,锈菌的各种类型孢子和黑粉菌的孢子均可以随着气流传播。某些细菌,如梨火疫病菌能形成含有细菌的菌脓或菌丝随随气流传播,土壤中的细菌和线虫也可被风吹走。

尽管气流传播距离一般比较远,但可以传播的距离并不就是传播的有效距离,因为部分孢子在传播的途中死去,而且活的孢子还必须遇到感病的寄主和适应环境条件才能引起侵染。气流传播的病原物一般都有梯度效应,距离越远,病原物的密度越小,效率越低。试验证明,桧柏上产生的梨胶锈菌担孢子的传播距离约2.5~5km。因此,为了防治梨锈病,建设梨园与桧柏隔离的距离应为5km左右。借气流远距离传播的病害防治比较困难,因为除要注意消灭当地越冬的病原体以外,更要防止外地传入的病原物的侵染,有时就有必要组织大面积联防,才能得到更好的防治效果。采用抗病品种最为有效。

2.雨水传播　植物的病原细菌(如水稻白叶枯病菌、棉花角斑病菌),真菌的黑盘孢目和球壳孢目的分生孢子(胶质)在寄主表面产生的孢子堆,经雨水冲洗和雨滴的溅落,都可使病原物扩散。尤其是暴风雨,更可以使病原物在田间做较大范围的扩散。如水稻白叶枯病在暴风雨后田间发病范围往往迅速扩大。根肿菌门、卵菌门和壶菌门的游动孢子只能在水滴中产生和保护它们的活动性,一般也是由雨水传播。雨水传播对细菌病害更为重要。

雨水传播的距离一般都比较近,只有几十米远。灌溉水也能传播病害,应当避免串灌和漫灌。一些在土壤中存活的病原物常常靠流水传播。如水稻纹枯病的菌核、烟草黑胫病菌的孢子、青枯细菌、软腐细菌,还有线虫都能随流水而传播。对于这类雨水传播的病害的防治,只要能消灭当地菌源或者防止它们的侵染,就能取得一定的效果。

3.昆虫和其他生物介体传播　植物病毒的主要生物传播介体是昆虫、螨和某些线虫,其中昆虫或螨的传播与病毒病害的关系最大。植原体存在于植物韧皮部的筛管中,所以它的传病介体都是在筛管部位取食的昆虫,如玉米矮化病菌由多种在韧皮部取食的叶蝉传播。昆虫也是一些细菌病害的传播介体,如黄瓜条纹叶甲传播黄瓜萎蔫病菌;玉米啮叶甲传播玉米细菌性萎蔫病。昆虫也是一些线虫病害的传播介体,如松褐天牛传播松材线虫。鸟类除了传播桑寄生和槲寄生的种子以外,还能传播梨树火疫病等细菌。

4.土壤和肥料传播　土壤和肥料既是病原物的越冬和越夏场所,也可以作为病原物传播的载体。实际上是土壤和肥料被动地被携带到异地来实现传播病原物的。土壤能传播在土壤中越冬或越夏的病原物;带土的块茎、苗木等可远距离传播病原物;农具、鞋靴等可做近距离传播。同样,候鸟在迁飞中落地取食时可黏带病土,将危险的病原物传播到远方。肥料混入病原物,如未充分腐熟,其中的病原物可以长期存活,可以由粪肥传播病害。

5.人为因素传播　人为的传播因素中,以带病的种子、苗木和其他繁殖材料的调运最重要。农产品和包装材料的流动与病原生物传播的关系也很大。人为传播可以是远距离传播,不受自然条件和地理条件的限制。而农事操作(切马铃薯块、烟草、棉花打顶、嫁接等)可近距离传播病害,如 TMV 病毒是接触传染的;农机具也可传播病害,如犁地时机具带土传病。人一方面要防治病害,另一方面却又经常自觉或不自觉地在传播病原物,而且可把病原物从一国传至另一国,比气流传播的距离还远。当前在我国普遍分布的甘薯黑斑病,就是1937 年由日本侵入或传入我国的。栗疫病在 20 世纪初由亚洲传入北美后,造成了巨大损失,使美洲栗濒临绝种。植物检疫的作用就是限制这种人为的传播,避免将为害严重的病害带到无病的地区。

三、初次侵染和再次侵染

在作物的生长季节中,越冬或越夏的病原物,在新一代植株开始生长以后引起第一次的侵染称为初次侵染。苹果黑星病菌(*Venturia inaegualis*)主要为害苹果的叶片和果实,秋冬季节,苹果落叶后,病原菌在落叶上越冬,形成成熟的子囊壳,翌年春天,苹果萌芽、抽叶后,随着气温的升高,湿度适宜的条件下,子囊孢子随气流传播到寄主表面(嫩枝、叶),孢子萌发后侵入而引起初次侵染。因此,如果我们能减少初侵染来源,如秋冬季节对苹果树进行修枝整形,清除枯枝落叶,深埋或烧毁,就可以减轻来年苹果黑星病的发生。对于水稻纹枯病,我们在插秧前,如果能把田边角的浪渣打捞出来(含很多菌核),深埋或烧毁,就可减轻纹枯病的为害。

受到初次侵染的植物发病以后,有的可以产生孢子和其他繁殖体,传播后引起的侵染称为再次侵染。全株性感染的病害,除少数例外,如桃缩叶病只有初次侵染而没有再次侵染。许多侵染性病害可以在一个生长季节中,病原物可能有多次再侵染。所有的侵染病害都发生初次侵染,但在同一个生长季节则不一定都发生再侵染,因病害种类不同而异。

根据是否发生再侵染,可以把植物病害区分为以下几种类型:①多循环病害(polycyclic disease),这类植物病害再次侵染频频发生,一般病程较短,几天或十几天就完成一个侵染过程。每一次病程结束,病原物产生大量的繁殖体,在同一生长季节里有足够的时间进行一次又一次的侵染,直到生长季末,外界条件变劣,作物收获才停止。这类病害的特点表现为流行性很强,如锈病、白粉病、霜霉病、稻瘟病等。对这一类病害,情形就比较复杂,除去注意初次侵染以外,还要解决再次侵染的问题,防治效率的差异也较大。②单循环病害(monocyclic disease),这类植物病害不发生再侵染,病程也很长,在每一生长季节里只进行一次侵染,如禾谷类作物的每种黑粉(穗)病、小麦线虫病、桃缩叶病等。对于单循环病害无疑要抓住初侵染的防治。只要防止初次侵染,这些病害几乎就能得到完全控制。③还有一些病害虽然有再侵染,但再侵染的次数少而不重要,例如棉花枯萎病、大麦条纹病等,基本与单循环病害相似。小麦赤霉病虽然以子囊孢子的初侵染为主,但病穗上形成的分生孢子在气候适宜时,还会引起再侵染,而又与循环病害相似。

第三节　植物病害诊断

植物病害诊断(diagnose of plant disease)是对植物发生病害的"诊察"和"判断",是根据病害的症状特点,所处场所和环境条件,经过详细调查、检验和综合分析,最后对植物的发病原因作出准确判断和鉴定的过程。及时准确的诊断及采取合适的防治措施,可以挽救植物的生命和产量。如果诊断不当或失误,就会贻误时机,造成更大损失。

对病植物进行诊断的程序,应该从症状入手,全面检查,仔细分析。先要根据病害的传染性和发生特点,将侵染性病害和非侵染性病害分开;再根据病害的症状特点进行病害的诊断鉴定。在诊断鉴定过程中,尤其是对侵染性病害按病原学特点进行诊断时,尽量按照柯赫氏法则来验证。

柯赫氏法则(Koch's Rule)又称柯赫氏假设(Koch's postulates),通常是用来确定侵染性病害病原物的操作程序。发现一种不熟悉的或新的病害时,必须根据病原的形态、结构及其生理生化特性,鉴定它的病原,诊断时严格按照柯赫氏法则来完成诊断与鉴定。柯赫氏法则即:①在病植物上常伴随有一种病原生物存在;②该微生物可在离体的或人工培养基上分离纯化而得到纯培养物;③将纯培养物接种到相同品种的健健株上,表现出相同症状的病害;④从接种发病的植物上再分离到其纯培养,性状与原来微生物记录相同。如果符合上述四方面内容,就可以确认该微生物即为其病原物。

非专性寄生物(如绝大多数植物病原菌物和细菌)所引起的病害,可以很方便地应用柯赫氏法则来验证。有些专性寄生物,如病毒、菌原体、霜霉菌、白粉菌和一些锈菌等,目前还不能在人工培养基上培养,往往被认为不合适应用柯赫氏法则。但现已证明,这些专性寄生物同样也可以采用科赫氏法则来验证,只是在进行人工接种的时候,直接从病组织上采集孢子、线虫或带病毒或菌原体的汁液、枝条、昆虫等进行接种。因此,从理论上讲,所有侵染性病害的诊断与病原物的鉴定都必须按照柯赫氏法则来验证。

柯赫氏法则同样也适用于非侵染性病害的诊断。只是以某种怀疑因素来代替病原物的作用,例如当判断是缺乏某种元素引起病害时,可以补施某种元素来缓解或消除其症状,即可确认是某元素的作用。柯赫氏法则是病害鉴定过程中的一个重要环节,通过柯赫氏法则确定了病原物,但只有通过对病原物的形态学观察和生理学及分子生物学研究才能鉴定出病原物和病害。

一、菌物病害

植物病原菌物侵染植物后可以引起变色、坏死、腐烂、萎蔫和畸形等五大病状,有的还表现出一些特殊的病症,如霉状物、粉状物、颗粒状物、菌核等。这是病原菌物病害区别于其他病害的主要标志。对于常见的病害,根据田间的分布和症状特点,可以基本确定是哪一类病害。

根肿菌门、壶菌门和卵菌门所致植物病害的主要病状是:①组织增生;②幼苗猝倒;③植物各部门的腐烂;④叶片局部枯斑或枯焦;⑤花序、花梗畸形。在发病后期,叶片、茎秆、果实上能观察到絮状物、霉状物、锈状物等病症。根肿菌门常引起植物组织增生,使得根部和茎部形成肿瘤。

接合菌门引起的植物病害很少,只有根霉等少数几个属,可引起植物花器及果实、块根、块茎等贮藏器官的腐烂。

子囊菌病害与半知菌病害的症状基本相似。它们大多数引起局部坏死性病害,少数引起系统性侵染病害,如萎蔫病(枯萎和黄萎)。这两类菌物所致病害的主要病状为叶斑、炭疽、枝枯、溃疡、腐烂、膨肿、萎蔫、发霉等,主要病症是白粉状物,以黑色为主的点状物与霉状物,颗粒状的菌核、菌索等。有时还可发生黑色刺毛状物、白色棉絮状的菌丝体。子囊菌与半知菌的无性繁殖非常发达,在生长季节产生1次或多次分生孢子,在生长后期进行有性生殖,产生有性孢子,来度过不良环境。

担子菌门菌物所致的植物病害主要有锈病和黑粉病两大类。锈病在叶上引起黑点,主要病症为黄褐色的锈状物。黑粉病可为害植物各个部位,引起叶斑、矮缩、肿胀、畸形、子房破损等,主要病症是黑色的粉状物。

菌物的分类、鉴定基本上是以形态特征为主,并辅之以生理、生化、遗传、生态、超微结构及分子生物学等多方面的特征。

二、原核生物病害

病原原核生物侵染寄主植物后,植物会表现出许多特征性症状,主要为坏死、腐烂、萎蔫、畸形和变色。在温度湿度适宜的情况下,大多数细菌性病害在发病部位会出现菌脓,这是细菌病害的最显著特征。绝大多数的病原原核生物是非专性寄生菌,可以在人工培养基上分离培养,然后用其纯培养物接种证明是否具有侵染性,并完成柯赫氏法则的诊断程序。螺原体和植原体侵染病害的特点是病株通常出现矮化或矮缩、枝叶丛生、叶小和黄化,用光学显微镜不能看到菌体,必须借助电子显微镜才能看清楚。

三、病毒病害

植物病毒病害的识别、诊断和鉴定往往比菌物和病原原核生物病害复杂得多。因为非侵染病害、遗传生理病害、药害引起的病害都与病毒症状相似。植物病毒病害的症状主要为花叶、黄化、矮缩、丛枝等。植物病毒诊断包括对病植株标样做初步检查与判断,确定植物发生病害是否是病毒病;然后对确信是病毒病害的样本做实验诊断,必要时还需做进一步的病原鉴定。因此,植物病毒病害的诊断通常要依据症状、发生条件、寄主范围、植物生境、光学与电子显微镜观察、传染实验、血清学反应和分子生物学鉴定等结果。

首先,要区分病毒病害与非侵染性病害。第一,病毒病害有发病中心或中心植株,早期病株点片分布,而非侵染性病害大多同时大面积发生。第二,病毒病多为系统侵染,症状分布不均一,新叶新梢上症状最明显,而非侵染性病害大多比较均一。第三,病毒病害有传染性,而非侵染性病害没有传染扩散过程。第四,病毒病害症状往往表现为花叶、黄化、矮缩、丛生等,少数有脉带、环斑、斑驳等特征性症状。此外,随着气温的变化,特别是在高温条件下,植物病毒病害时常发生隐症现象。

其次,区分病毒病害与其他病原生物引起的侵染性病害。与其他侵染性病害相比,病毒病害无病症。另外,病毒系统发病的症状多在新长幼叶上严重,而其他病害则大多在老叶上的症状更明显。

四、线虫病害

线虫口针的穿刺吸食对寄主植物有很大的刺激和破坏作用,常常引起植物表现出矮小、叶片黄化、畸形和腐烂等症状。在受害部位或根际土壤中常可分离出线虫虫体和卵。植物根系周围也存在大量的腐生线虫,不要同植物线虫混淆。

五、寄生性种子植物的病害

寄生性种子植物侵染的病害容易识别,在寄主植物上或根际中往往可以看到寄生植物,如菟丝子、列当、独脚金、槲寄生与桑寄生等。

第二篇 昆虫学基础

第八章 昆虫纲的特征及其与人类的关系

第一节 昆虫纲的特征

一、昆虫纲的特征

昆虫纲（Insecta）隶属于动物界（Animalia），节肢动物门（Arthropoda），六足总纲（Hexapoda）。因此，既具有节肢动物的特征，又具有区别于六足总纲中其他纲的特征。

昆虫纲（成虫期）的基本特征如下（图8-1）：

（1）体躯分为头部、胸部及腹部3个体段。

（2）头部常具有一对触角和3对口器附肢，还具有复眼和单眼，是感觉和取食的中心。

（3）胸部有3对足，一般有2对翅，是运动和支撑的中心。

（4）腹部含有大部分内脏系统和生殖系统，是代谢和生殖中心。

（5）一生要经历一系列变态。

图8-1 昆虫基本构造，东亚飞蝗（*Locusta migratoria*（Meyen））（仿彩万志）

二、昆虫纲与近缘纲的关系

按照新的分类系统，动物界可分为42个门，昆虫纲属于节肢动物门。昆虫纲又称为六足纲，以前的分类中包含了原尾目、弹尾目和双尾目，但现在已将此3个目升为3个纲。原尾纲、弹尾纲、双尾纲和昆虫纲合称为六足总纲。现将其他主要节肢动物的各个纲介绍如下，以便与昆虫相区别。

1. 原尾纲　体微型,体长 2mm 以下;体色浅淡,极少深色;上颚和下颚内藏,有下颚须和下唇须;无触角;缺复眼和单眼;无翅;足 5 节,前足很长,向前伸出,相当于触角的功能;腹部 12 节,第 1～3 节上各有一对附肢,生殖孔位于 11、12 节之间;无尾须(图 8-2A)。

2. 弹尾纲　体微型至小型,体长一般 1～3mm,少数可达 12mm;体色多样;上颚和下颚内藏,无下颚须和下唇须;触角 4 节,少数 5～6 节;无复眼,或仅由不多于 8 个小眼松散组成;缺单眼,无翅;足 4 节;腹 6 节,具 3 对附肢,即第 1 节的腹管、第 3 节的握弹器、第 4 节的弹器;生殖孔位于第 5 腹节;无尾须(图 8-2B)。

3. 双尾纲　体型细长而扁平,外骨骼多不发达;多数白色、黄色或褐色;体长一般在 20mm 以内;有毛或刺毛,少数种类有鳞片;头大,前口式,口器咀嚼式,陷入头内,上颚和下颚包在头壳内;无眼;触角丝状,多节;胸部构造原始,侧板不发达,无翅,3 对足的差别不大,跗节 1 节,有 2 个爪,常有 1 个小形中爪;腹部前面数节的腹面常有成对的刺突和可翻出的泡囊;无变态(图 8-2C)。

4. 蛛形纲　身体分成头胸部和腹部 2 个体段;无触角和复眼;无翅;有 4 对分节的行动足。包括蜘蛛、蝎(图 8-2D)、蜱和螨。

5. 甲壳纲　身体分成头胸部和腹部 2 个体段;有 2 对触角;每个体节几乎都有一对附肢,且常保持原始的双枝形。包括虾(图 8-2E)、蟹、鼠妇、潮虫等。

6. 唇足纲　体较扁平;身体分成头部和胴部 2 个体段;头部有一对触角;胴部由多数体节构成,每节有一对步足;第 1 体节的足转化成钩状颚足,又称"毒颚"。常见的有蜈蚣(图 8-2F)、蚰蜒等。

7. 重足纲　体近圆筒形,体躯分为头部和胴部 2 个体段;头部有一对触角但无毒爪;胴部第 1 节无行动足,第 2～4 节有一对行动足,其余各节有 2 对行动足。常见的有马陆(图 8-2G)等。

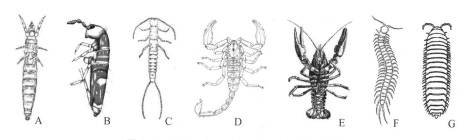

图 8-2　六足总纲其他纲的代表(仿各作者)

A. 原尾纲;B. 弹尾纲;C. 双尾纲;D. 蛛形纲;E. 甲壳纲;F. 唇足纲;G. 重足纲

三、昆虫的多样性

1. 繁盛的特点　总体而言,昆虫的繁盛主要表现在以下 4 个方面。

(1)历史长:人类的出现仅有 100 多万年,而有翅昆虫的出现已有 4 亿年,无翅亚纲的昆虫可能有更长的历史。

(2)种类多:近年的研究表明,地球上的昆虫可能达 1000 万种,约占全球生物多样性的一半以上。目前已定名的昆虫约 100 万种,占动物界已知种类的 2/3,仅鞘翅目就已知 35 万种,比整个植物界的已知种类还多。估计中国有昆虫 60 万～100 万种,但目前记载的约 10

万种。

（3）数量大：同种昆虫个体数量有时很惊人。非洲沙漠蝗（*Schintocera gregaria* (Forskal)）的最大蝗群的个体数量可达 7 亿～20 亿头，面积可达 500～1200hm²，迁飞时遮天蔽日。1 棵树上蚜虫多时可达 10 万头，1 个蚂蚁群的个体数量可达 50 万头。

（4）分布广：昆虫的分布可从赤道到两极的生命极限，几乎分布于地球的各个角落，有些昆虫甚至能分布于原油、盐池等特殊环境中。

2.繁盛的原因　昆虫在漫长的生物进化过程中，发展成为动物界中种类最多、数量最大、分布最广的类群，其繁盛的原因主要有 6 个方面。

（1）有翅能飞：昆虫是动物界中最早获得飞行能力的类群，也是无脊椎动物中唯一具翅的类群。飞行给昆虫在觅食、求偶、避敌和迁移等方面带来极大的好处。

（2）繁殖力强：大多数昆虫具有惊人的生殖能力，加之生命周期短和生殖方式多样，可以很快适应各种变化。有人曾估算，1 头孤雌生殖的蚜虫若后代全部成活并继续繁殖的话，半年后蚜虫个体总数可达 6 亿。

（3）体小优势：大部分昆虫的体较小，少量的食物即能满足其生长与繁殖的营养需求，而且在生存空间、灵活度、避敌、减少损伤、顺风迁飞等方面具有很多优势。

（4）取食器官多样化：不同类群的昆虫具有不同类型的口器，避免了对食物的竞争，同时一定程度地改善了昆虫与取食对象的关系。

（5）具有变态和发育阶段性：绝大部分昆虫为全变态，其中大部分种类的幼期与成虫期个体在生境及食性上差别很大，这样就避免了同种或同类昆虫在空间与食物等方面的需求矛盾。

（6）适应力强：对温度、湿度、饥饿和药剂等具有很强的适应或抵抗能力，并常有迁飞、拟态、隐态、警戒态和各种有效的防御策略，以适应环境的变化，表现出很强的生存能力。

第二节　昆虫与人类的关系

全世界现存昆虫可超过 1000 万种，已知昆虫约 100 万种。我国昆虫约有 60 万～100 万种，目前记载的约 9 万种。昆虫是在地球上最繁盛的类群，对人类的生存和社会的发展起着重大的作用，昆虫与人类的关系是非常复杂而密切的。下面介绍昆虫对人类的有益和有害的方面。

一、有害昆虫

有害昆虫指的是直接或间接危及人类健康或对人类的经济利益造成危害。

1.农林业害虫　真正的害虫种类不会超过昆虫种类的 1%。根据报道，全世界危害作物的害虫约 6000 多种。我国水稻害虫就有 250 多种，仓库害虫 300 多种，果树害虫 1000 多种，玉米害虫 50 多种。这些害虫给农林业生产带来直接和间接的危害。取食作物的根、茎、叶、花、果实、种子等产生直接的经济损失，还可传播植物病毒病、细菌病、真菌病、菌原体病和线虫病，昆虫传播植物病害造成的经济损失常超过其直接危害。每年因昆虫危害造成的作物产量损失就达到作物总产量的 10%，严重危害时损失更大。

全世界每年约有 20％的粮食在生产、运输和储藏中被害虫直接损毁。据联合国粮农组织报道,全世界稻、麦、棉、玉米、甘蔗等 5 种作物每年因虫害造成的经济损失达 2000 亿美元。如水稻螟虫类、柑橘实蝇类等。

2.卫生害虫　人类的传染病约有 4/5 属于虫媒病,包括病毒病、立克次体病、螺旋体病、细菌病、原虫病和蠕虫病等。鼠疫是由鼠疫杆菌引起的烈性细菌传染病,常流行于啮齿动物间。病原体通过跳蚤在啮齿动物间传播,致使出现地方性流行而危及人类,为人畜共患疾病。

二、有益昆虫

有益昆虫指的是直接造福于人类或间接对人类有益。

1.经济昆虫　如蜜蜂可以酿蜜,冬虫夏草可以入药,蚕可以吐丝,黄粉虫可以作为饲料等等,昆虫本身或者其产物可以作为工业原料等。一是绢丝昆虫,如家蚕、柞蚕、天蚕、蓖麻蚕等。这些昆虫能吐丝结茧,为人类所利用。二是产蜡昆虫,如白蜡虫。白蜡是一种天然高分子化合物,是军工、电工、纺织、造纸、医药、食品等行业的重要原料。三是产胶昆虫,如紫胶虫。紫胶虫分泌物的主要成分为紫胶树脂,具有绝缘、防潮、防锈、防腐、黏合等特性。五倍子是制革、印染、金属防蚀、稀有金属提取、医药、食品等行业的常用原料。

2.食用昆虫　一些昆虫本身是可食的,如蝗虫、蜂蛹、蚂蚁、蚕蛹等。特别是在非洲,人们甚至有食昆虫的习惯,平时还做昆虫的买卖。目前,昆虫食品的开发已走上多元化道路,新工艺不断被开发应用,食用昆虫已被制成罐头、饼干、糕点、面包、糖果、蜜饯、饮料、虫酒、虫酱油及氨基酸口服液等各种营养保健食品。其中昆虫蛋白质食品是昆虫食品开发的重点。

3.医用昆虫　昆虫在中药材中占有重要的一席之地。最早记载昆虫药用价值的医学书籍首推《神农本草经》,它是中国古代研究药学时所用的药典。《神农本草经》中昆虫药有 21 种。李时珍的《本草纲目》中昆虫药有 73 种。清代赵学敏在《本草纲目拾遗》中又补充昆虫药 11 种。有些昆虫的药用价值还很高,对人类医病防病、滋补健身以及延年益寿起到了很重要的作用。

4.环保昆虫　主要指占昆虫种类的 17.3％的腐食性昆虫,如苍蝇、粪金龟、埋葬甲、白蚁、蜣螂等。这些昆虫以动植物遗体和排泄物为生,是地球上最大的“清洁工”。对生态系统的物质循环起着重要的作用。澳大利亚为了解决牛、羊等动物粪便对牧草的毁坏,曾从我国引进神龙蜣螂。

5.传粉昆虫　在长期的进化过程中昆虫与植物建立了密切的关系。植物产生的花粉及花蜜为许多昆虫提供了新的食物源,而昆虫在采粉过程中帮助植物传粉授粉。虽然某些大田作物是风媒授粉,但也有相当多的大田作物,特别是蔬菜、果树及观赏植物是虫媒花,即靠蜜蜂等昆虫进行传粉与授粉。全世界的传粉昆虫每年可创造大约数千亿美元的价值。

6.生防昆虫　指能捕食或寄生于害虫的昆虫,如七星瓢虫、螳螂、赤眼蜂、姬蜂、茧蜂、草蛉、食蚜蝇、寄蝇等。美国、英国、荷兰等国可工厂化生产出售天敌昆虫约 40 种,我国采用柞蚕卵或人工卵工厂化生产出售赤眼蜂、平腹小蜂,可用于防治玉米螟、水稻螟虫、松毛虫等。

7.文化昆虫　指能够美化或丰富人们文化生活的昆虫,包括漂亮昆虫、发音昆虫、发光昆虫、争斗昆虫、节日昆虫等。也指可供人们欣赏的昆虫,也代表一定的文化特征,如蝴蝶、大蚕蛾、金龟子、独角仙、吉丁甲、萤火虫、蝈蝈、蟋蟀、蝉、蜻蜓等,它们色彩鲜艳、图案精美、形态奇异、鸣声动人、好斗成性或能发荧光,可供人们观赏和收藏。被加工成的各种标本或工艺品价值昂贵。全世界每年蝴蝶贸易额就达1亿多美元。

8.科研昆虫的作用　指专门被用于科学研究的昆虫。昆虫具有易于饲养、生活史短、价廉易得等优点,是生物学、生态学、仿生学、环境监测、军事高科技等多种学科领域非常理想的科研材料。如果蝇被用于研究染色体和遗传学,吸血蝽象被用来研究唾液腺,蜻蜓和蝗虫被用来研究仿生学等。

第九章 昆虫的外部形态

第一节 昆虫体躯的一般构造

一、昆虫的体躯

昆虫的体躯由许多连续的环节组成,每一个环节称为一个体节(segment 或 somite)。根据胚胎学研究结果,昆虫体躯由 18～20 个体节组成,在有些昆虫的幼虫期,体节和体节间有柔软的节间褶(intersegmental fold);昆虫的成虫期,体壁常硬化成骨片,但体节之间有未骨化的柔软的节间膜(intersegmental membrane)。这些体节分别集合成昆虫的头部、胸部和腹部 3 个体段(tagmata)。一般认为头部由 6 个体节愈合而成,胸部由 3 个体节组成,腹部由 11 个体节组成,但常有减少的现象。

昆虫的体躯和各体节一般呈圆筒形,左右对称,可按附肢着生的位置分为背面、腹面和 2 个侧面共 4 个体面。侧面(lateral region)为两侧肢基着生的部分;背面(dorsal region)为左右肢基上方的部分;腹面(ventral region)为两个肢基间的部分(图 9-1)。

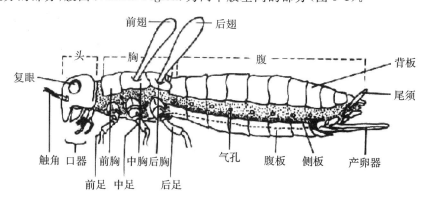

图 9-1 昆虫体躯的分区(仿 Snodgrass)

多数昆虫羽化后体壁大部分常骨化为骨板(sclerotization)。通常按所在体面分别成为背板(tergum 或 notum)、腹板(sternum)和侧板(pleuron)。这些骨板通常被沟缝或膜质部分分成若干骨片(sclerite),分别称为背片(tergite)、腹片(sternite)和侧片(pleurite)。沟(sulcus)是骨板陷褶而在体表留下的狭槽;沟下陷部分成板状或脊状的叫内脊(ridge),而成叉状或刺状的叫内突(apodeme);此内脊和内突构成昆虫的内骨骼(endoskeleton),供肌肉着生。缝(suture)是两骨片拼接所留下的界线(图 9-2)。

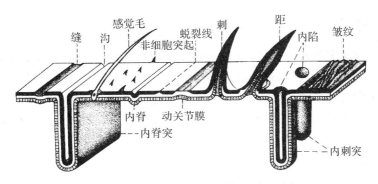

图 9-2 昆虫体壁上的沟与缝（仿彩万志）

二、体形、体向和体色

（一）体形

昆虫的成虫一般呈圆筒形、椭圆形、圆球形、平扁或立扁。不同的昆虫大小差异很大，常用体长和翅展来表示。根据体长将昆虫分为微型（2mm 以下）、小型（3～14mm）、中型（15～39mm）、大型（40～99mm）、巨型（100mm 以上）等 5 类。世界上翅展最宽的是南美洲的强喙夜蛾（*Thysania agrippina*（Cramer）），可达 320mm；体长最长的是婆罗洲刺腿（*Phobaeticus chani* Hennemann et Conle），可达 567mm。

（二）体向

昆虫体躯各部的位置和方向可分为 6 个基本体向（图 9-3）。头向（cephalic，与头部方向一致）和尾向（caudal，与尾部方向一致）、侧向（lateral，向着体躯两侧）和中向（mesal，和侧向方向正相反）、腹向（ventral，向着虫体腹面）和背向（dorsal，向着虫体背面）。

除了上述体向外，在形态描述中也常用基部（proximal）和端部（distal）、前缘（anterior）和后缘（posterior）以及外边（ectal）和内边（intal）。

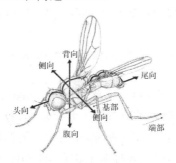

图 9-3 昆虫的体向（仿 McAlpine）

（三）体色

昆虫的体色由其表皮及突起发生折射、散射、衍射或干涉而产生的结构色，和由表皮、真皮与体内组织所含的色素共同构成。昆虫具有多种颜色。多数色暗，呈棕、褐或黑色；有的颜色鲜艳，呈红、黄、蓝、绿等色；有的由几种颜色组成美丽的斑纹；有的还具有金属光泽。

三、昆虫的附肢

昆虫的附肢是由附肢原基形成,成对且分节的结构,位于身体的两侧,与身体连接处有关节构造。昆虫附肢多为6节,最多也不超过7节。附肢各节基部具有控制该节活动的肌肉,能自由活动;但各节的亚节内没有肌肉,一般不能自由活动。昆虫成虫头部的附肢有触角、上颚、下颚和下唇,胸部的附肢有前足、中足和后足,腹部的附肢有外生殖器的部分结构和尾须。

第二节　昆虫的头部

头部(head)是昆虫体躯的第一个体段,着生有复眼、触角、单眼和口器,是感觉、联络和取食的中心。

一、头部的构造

在昆虫形态学研究中,常根据头部的线和沟将昆虫头部分为若干区域,以便进行描述和比较其特征。

（一）头部的线和沟

昆虫头部的线和沟包括蜕裂线1个和颅中沟、额唇基沟、额颊沟、围眼沟、颊下沟、后头沟、次后头沟等7个沟(图9-4)。

1.蜕裂线(ecdysial suture)　位于头部背面,一般呈倒"Y"形,旧称为头盖缝(epicranial suture)。其主干旧称冠缝(coronal suture),常向后延伸至颈部。2条侧臂旧称额缝(frontal suture),常向前伸达触角间。幼虫蜕皮时就沿着此线裂开,故称为蜕裂线。沿蜕裂线里外均无沟,仅外表皮不发达或不含外表皮。昆虫的幼虫(若虫或稚虫)期蜕裂线明显,在表变态、原变态和不完全变态类昆虫的成虫期还保留部分或全部,但在全变态类昆虫的成虫期则完全消失。

2.颅中沟(midcranial sulcus)　有些昆虫的幼虫头部上沿蜕裂线的主干内陷而形成的沟,其颜色较蜕裂线深。

3.额唇基沟(clypeofrontal sulcus)　又称口上沟(epistomal sulcus),位于口器上方,两个上颚基部前关节之间,是额和唇基的分界线。常呈横形,也有上拱成"∧"形,或中断甚至消失。此沟的两端内陷呈臂状突起,称幕骨前臂,外表留下的凹陷称前幕骨陷。

4.额颊沟(frontogenal sulcus)　又称眼下沟(subocular sulcus),位于复眼下方至上颚基部之间的纵沟,是额区和颊区的分界线。常见于直翅目和革翅目昆虫中。

5.围眼沟(ocular sulcus)　环绕复眼的体壁内折形成的沟。

6.颊下沟(subgenal sulcus)　位于头部侧面的下方,是额唇基沟到次后头沟之间的一条横斜沟。此沟仅在少数昆虫如直翅目中才具有。颊下沟在上颚前、后关节间的部分称口侧沟,其余部分称口后沟。

7.后头沟(occipital sulcus)　头后部环绕头孔的第2条拱形沟,其两端伸达上颚的后关节处。

8.次后头沟(postoccipital sulcus)　头后部环绕头孔的第1条拱形沟,其两端头壳内陷成臂状内突,称幕骨后臂,供来自颈部和胸部肌肉的着生,外表留下的凹陷称后幕骨陷。

（二）头部的分区

根据昆虫头部的线和沟,通常可分为以下若干区(图9-4)。

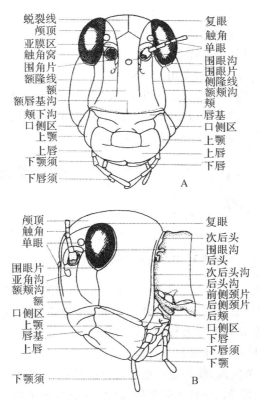

图 9-4　东亚飞蝗的头部(仿虞佩玉和陆近仁)

A.头部正面观;B.头部侧面观

1.头顶区(vertex)　位于头部的前面,是两个复眼、额与后头之间的顶部区域。

2.额(front)　位于头部的前面,是蜕裂线侧臂之下、额唇基沟之上、额颊沟之间的区域,单眼着生于该区。

3.唇基(clypeus)　位于头部的前面,是额与上唇之间的区域。有些昆虫的唇基上常有一条唇基沟,将唇基分为前唇基和后唇基。

4.颊区(gena)　位于头部侧面,是复眼之下、颊下沟之上、额颊沟与后头沟之间的区域。

5.颊下区(subgena)　位于头部的侧面,是颊下沟下面的狭小骨片,分为上颚两个关节间的口侧区和上颚基部后方的口后区。

6.后头区(occiput)　后头与次后头沟间的拱形骨片。通常把颊区后的部分称为后颊,头顶后的部分称为后头,但两者之间无分界线。

7.次后头区(postocciput)　位于头部后面,是后头区之后环绕头孔的拱形狭片。

二、昆虫的感觉器官

昆虫的主要感觉器官大都着生在头部,如触角、复眼和单眼。此外,在头部的口器附肢和舌上也有感觉器。但多数幼虫和部分成虫的触角前移到头部前侧方的上颚前关节附近。

（一）触角（antenna）

一般着生于额区,位于复眼之前或复眼之间。除部分高等双翅目幼虫和部分内寄生膜翅目幼虫的触角退化外,其他种类均有触角。

1.触角的基本构造 昆虫的触角由3节构成（图9-5）。

柄节（scape）是基部的第一节,一般较粗大,或短或长,与触角窝相连。

梗节（pedicel）是触角的第2节,较小,多数昆虫内有江氏器（Johnston's organ）。

鞭节（flagellum）是触角的第3节,常分为若干个亚节。

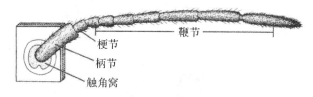

图9-5 触角的基本构造（仿彩万志）

在不同昆虫中鞭节的变化很大。但在同一种内,一般都有固定的数目。有些渐变态昆虫,在每次蜕皮后亚节数目有增多的现象,到了成虫期亚节数目不发生变化。在膜翅目小蜂总科（Chalcidoidea）中,鞭节又可分为环节（ring segment）、索节（funicle）和棒节（club）3部分。环节是鞭节基部的1～3个环状亚节。索节由1～7个亚节组成,稍粗,各亚节大小和形状相同。棒节由1～3亚节组成,膨大且呈棍棒状,位于触角的端部。

2.触角的类型 昆虫触角的形状多种多样。根据常见种类,归纳如下12种类型（图9-6）。

（1）丝状（filiform）：又称线状。触角细长如丝或线,除了基部1～2节稍大外,其余各节大小和形状相似,逐渐向端部缩小,如天牛类、有些雌性蛾类、蝗虫类的触角。

（2）念珠状（moniliform）：鞭节由近似圆柱形的亚节组成,大小一致,形似一串念珠,如白蚁、褐蛉、一些甲虫的触角。

（3）锯齿状（serrate）：鞭节各亚节的端部向一边锯齿状突出,如雄性叩头虫、芫菁、雌性绿豆象等的触角。

（4）刚毛状（setaceous）：短小,基部1～2节较粗,鞭节纤细似刚毛,如蝉、蜻蜓、叶蝉等昆虫的触角。

（5）栉齿状（pectinate）：鞭节各亚节向一侧突出成梳齿,形似梳子,如雄性绿豆象、部分雌性蛾类、部分甲虫等昆虫的触角。

（6）羽状（plumose）：又称双栉齿状。鞭节各亚节向两侧突出成细枝状,形似鸟类或羽毛。如多数雄性蛾类和赤翅甲的触角。

（7）球杆状（clavate）：又称棍棒状。触角细长如杆,但端部数节膨大如棒,整体似一棒球杆,如蝶类和蚁蛉类昆虫的触角。

（8）膝状（geniculate）：又称肘状。柄节较长,梗节短小,鞭节由若干大小相似的亚节组成,基部柄节与鞭节之间呈膝状或肘状弯曲,如胡蜂、蚂蚁、象甲等昆虫的触角。

(9)锤状(capitate):类似球杆状,但鞭节端部数节突然变大,末端平截,形似锤,如郭公虫、瓢虫、露尾甲等昆虫的触角。

(10)具芒状(aristate):触角短,鞭节不分亚节,较柄节和梗节粗大,其上有一刚毛状或芒状触角芒,芒上有时还有许多细毛,如蝇类昆虫的触角。

(11)环毛状(whorled):除触角的柄节和梗节外,鞭节的各亚节环生一圈细毛,越靠近基部的细毛越长,渐渐向端部变短,如雄性蚊类昆虫的触角。

(12)鳃叶状(lamellate):触角鞭节的端部数节扩展成片状,可以开合,形似鱼鳃,如金龟类昆虫的触角。

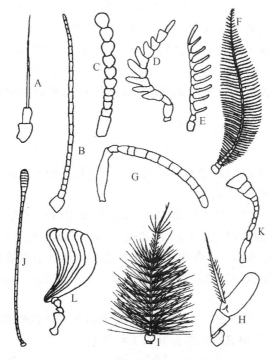

图9-6　触角的类型(仿周尧,管致和等)

A刚毛状;B丝状;C念珠状;D锯齿状;E栉齿状;F羽状;G膝状;H具芒状;I环毛状;J球杆状;K锤状;L鳃叶状

此外,实际上有许多不同类型,如有的昆虫触角已经退化、属于中间类型、形状特殊等,应根据具体情况进行描述。

3.触角的功能　昆虫触角的主要功能是触觉、嗅觉和听觉,其表面具有很多不同类型的感觉器,在昆虫的种间和种内触觉通信、化学通信和声音通信中起着重要的作用,如蚂蚁的触角的触觉作用,雄性蛾类触角的嗅觉作用,雄性蚊类触角的听觉作用。此外,昆虫的触角还有其他作用,如水龟虫在潜水时用触角帮助呼吸,仰泳蝽在游泳时触角能平衡身体,芫菁在交配时雄虫的触角协助抱握雌虫等。

(二)复眼和单眼

复眼和单眼是昆虫的主要视觉器官。

1.复眼(compound eye)　昆虫的复眼一般位于头部的侧上方,大多数为圆形或卵圆形,也有的呈肾形。昆虫的成虫、不全变态的若虫和稚虫通常具有一对复眼。低等昆虫、穴居昆虫和寄生性昆虫的复眼一般退化或消失。在双翅目和膜翅目中,雄性的复眼常较雌性大,甚至2个复眼在背面相接,称为接眼;雌性的复眼则相离,称为离眼。突眼蝇的复眼着生在头部两侧的柄状突起上。

复眼由若干个小眼组成,小眼的表面常呈六角形。在各种昆虫的小眼形状、大小和数目变化很大。家蝇复眼由4000个小眼组成,蝶蛾类复眼由12000~17000个小眼组成,蜻蜓的复眼多达28000个。复眼的每个小眼均能独立成像,且形成镶嵌的物像。

2. 单眼(ocellus) 昆虫的单眼分为背单眼和侧单眼。单眼只能感受光线的强弱与方向而无成像功能。

通常成虫和不完全变态类若虫(稚虫)具有背单眼,位于头部额区或头顶。大多数昆虫具有2~3个背单眼,极少数种类仅有1个背单眼。若背单眼有3个,常排列成倒三角形。背单眼的有无、数目、位置等可用于某些类群分科和亚科的分类特征。

完全变态类幼虫具有侧单眼,位于头部的两侧。侧单眼通常1~7对,排列方式有单行、双行、弧形、线性等。如膜翅目叶蜂幼虫的侧单眼仅有1对;鳞翅目幼虫的侧单眼6对,常弧形排列。

三、昆虫的头式

昆虫的取食方式的不同,其口器在头部的着生位置和方向也不同,根据此特点可将昆虫头部的头式分为3种类型(图9-7)。

1. 前口式(prognathous) 口器向前,头的纵轴与虫体纵轴成一钝角或近于平行,称为前口式。很多捕食性及钻蛀性昆虫,如步甲、潜蛾类幼虫等属于此类型。

2. 下口式(hypognathous) 口器向下,头的纵轴与虫体纵轴大致垂直,称为下口式。大多数取食植物茎和叶的昆虫,如蟋蟀、蝗虫及鳞翅目大多数幼虫属于此类型。下口式昆虫取食方式较原始。

3. 后口式(opisthognathous) 口器向后,头的纵轴与虫体纵轴成一锐角,称为后口式。常见于刺吸式口器昆虫,如蝉、蜡象、蚜虫等属于此类型。

图9-7 昆虫的头式类型
A. 前口式;B. 后口式;C. 下口式

不同的口式,反映昆虫的不同取食方式,是昆虫长期适应环境的结果。利用头式可区分昆虫的类别,故在分类上常用。

四、昆虫的口器

口器(mouthparts)又称取食器(feeding apparatus),各种昆虫因食性和取食方式的不同,形成了不同的口器类型。取食固体食物的为咀嚼式口器,取食液体食物的为吸收式口器,兼食固体和液体两种食物的为嚼吸式口器。吸收式口器根据取食方式又分为两类,吸食暴露在物体表面液体的为虹吸式口器和舐吸式口器,吸食植物内部汁液和动物内部体液或血液的为刺吸式口器、锉吸式口器及捕吸式口器。

1. 咀嚼式口器(chewing mouthparts 或 biting mouthparts) 咀嚼式口器(图 9-8)由上颚、下颚、上唇、下唇和舌组成,其特点是具有发达而坚硬的上颚,用以嚼碎固体食物,是最原始的口器类型。石蛃目、衣鱼目、渍翅目、直翅目、脉翅目、部分鞘翅目、部分膜翅目、很多类群的幼虫或稚虫的口器均属于此种口器类型,其中直翅目昆虫的口器最为典型。现以东亚飞蝗的口器为例叙述咀嚼式口器的构造。

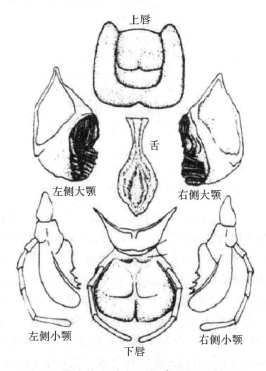

图 9-8 昆虫的咀嚼式口器(虞佩玉和陆近仁)

(1)上唇(labrum):衔接在唇基前缘盖在上颚前面的一个双层薄片。外壁骨化,称为外唇;内壁膜质,具有密毛与感觉器,称为内唇。上唇内部有肌肉,可以前后活动,也可稍做左右活动。

(2)上颚(mandible):位于上唇之后的锥状坚硬的构造。上颚端部具齿的切齿叶(incisor lobe),用以切断和撕裂食物;基部有臼齿叶(molar lobe),用以磨碎食物。上颚具有强大的收肌和较小的展肌,两束肌肉的收缩使上颚可左右活动,一对上颚一般不完全对称。

(3)下颚(maxillae):位于上颚的后方和下唇的前方的 1 对辅助取食的构造。可分为轴节(cardo)、茎节(stipes)、外颚叶(galea)、内颚叶(incinia)、下颚须(maxillary palpus)等 5 个部分。内、外颚叶具有协助上颚刮切食物和握持食物的作用。下颚通过下颚肌肉的收缩和伸展,可以相同或反向以及前后活动。

(4)下唇(labium):位于下颚的后方或下方、后头孔下方的 1 对分节的构造。可分为后颏(postmentum)、前颏(prementum)、侧唇舌(paraglossa)、中唇舌(glossa)、下唇须(labial palpus)等 5 个部分。下唇肌肉可以收缩和伸展,前颏部分可以前后和左右活动。

（5）舌（hypopharynx）：位于头壳腹面中央，是头部颚节区腹面拓展而成的一个囊状构造。舌表面具有浓密的毛和感觉器，具有味觉作用；舌内有骨片和肌肉，能帮助运送和吞咽食物。

2.嚼吸式口器（chewing-lapping mouthparts） 嚼吸式口器（图9-9）是兼有咀嚼和吸食两种功能的口器。其特点是上颚发达，下颚和下唇特化为可以临时组成吸食液体食物的喙，为膜翅目蜜蜂总科成虫所特有。

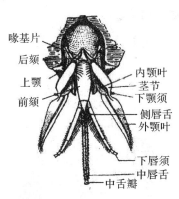

图 9-9　蜜蜂的嚼吸式口器（仿 Snodgrass）

此类口器的上唇和上颚具有咀嚼式口器特色，发达的上颚用于咀嚼花粉和筑巢；下颚的外颚叶发达并形似刀片状；下颚须和内颚叶较退化；下唇细长，下唇须与中唇舌延长；侧唇舌较小。

蜜蜂在吸食花蜜或其他液体食物时，下颚的外颚叶覆盖在中唇舌的背侧面形成食物道，下唇须拼贴在中唇舌腹面的槽沟上形成唾液道，内颚叶和内唇盖在舌基部的侧方和上方，使口前腔闭合，形成临时的喙。中舌瓣有刮吮花蜜的功能，借助抽吸唧筒的作用将花蜜或其他液体食物吸入消化道。有些种类的唧筒还兼有吐出液体的功能，以帮助酿蜜与哺喂。吸食完毕后下颚与下唇分开，弯折于头下，此时上颚就可发挥其咀嚼功能。

3.虹吸式口器（siphoning mouthparts） 虹吸式口器（图9-10）的显著特点是上颚退化或消失，下颚的外颚叶特化成一条能卷曲和伸展的喙，适于吮吸花管底部的花蜜，为绝大多数鳞翅目成虫所特有。

图 9-10　昆虫的虹吸式口器（仿彩万志）

虹吸式口器的上唇仅为一条狭窄的横片。下颚轴节和茎节缩入头内，下颚须不发达，但左右下颚的外颚叶十分发达且嵌合成喙。舌退化。下唇退化成三角形小片，但下唇须发达。

鳞翅目成虫取食时，喙通过肌肉收缩和血压作用而伸展，不取食时喙像发条一样盘卷起来,夹在头部下面两下唇须中间。

4.舐吸式口器(sponging mouthparts)　舐吸式口器(图9-11)的特点是口器由下唇特化成喙,为双翅目环裂亚目蝇类成虫所特有。现以家蝇的口器为例进行说明。

家蝇的上颚消失,下颚除留有1对下颚须外,其余部分也消失。在其头下可见一粗短的喙,喙由基喙、中喙、端喙等3部分构成。

(1)基喙:略呈倒锥状,是头壳的一部分,以膜质为主。其前壁有一个马蹄形的唇基,唇基前有1对棒状不分节的下颚须。

(2)中喙:呈筒形,是真正的喙,主要由下唇的前颏形成。其前壁凹陷成唇槽,后壁骨化为唇鞘;长片状上唇的内壁凹陷成食物道盖合在唇槽上;刀片状舌紧贴在上唇后面以封合食物道,内有唾液道。

(3)端喙:喙前端的2个椭圆形唇瓣;唇瓣膜质,有多条环沟。这些环沟有点像气管,所以常被称为拟气管;在2片唇瓣间有一个开口,称前口,与食物道相通,唾液经此流出。

家蝇取食时,喙伸直,唇瓣展开并平贴在食物表面,在抽吸唧筒的作用下,液体食物经过环沟和纵沟汇集到前口,再经食物道流入消化道。不取食时,喙折叠于头下。

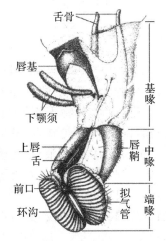

图9-11　家蝇的舐吸式口器(仿 Matheson)

5.刮吸式口器(scratching mouthparts)　刮吸式口器(图9-12)的特点是口器十分退化,外观仅见1对口钩,双翅目蝇类幼虫所特有。

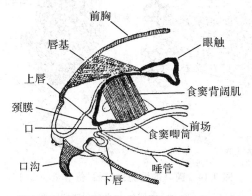

图9-12　昆虫的刮吸式口器(仿 Snodgrass)

刮吸式口器的头全部缩入胸部,体躯前端为颈膜。曾有人认为口钩是上颚,但从食窦扩肌的位置和蜕皮时口钩脱掉等特性来看,只能认为口钩是一个高度骨化的次生构造。

此类昆虫取食时,先用口钩刮食物,然后吸收汁液和固体碎屑。

6.捕吸式口器(grasping-sucking mouthparts)　捕吸式口器(图 9-13)的显著特点是成对的上下颚分别组成一对刺吸构造,故又称双刺吸式口器,为脉翅目、鞘翅目萤科和龙虱科幼虫所特有。

捕吸式口器的上唇、下颚的轴节和茎节都不发达,下颚须消失;下唇也不发达,但下唇须较发达。

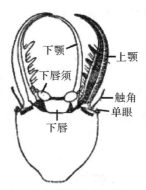

图 9-13　蚁狮幼虫的捕吸式口器(仿 Doflein)

此类昆虫捕食时,成对的捕吸式口器刺入猎物体内,注入消化液进行肠外消化,然后将猎物举起,借助抽吸唧筒的作用将消化后的液体物质经食物道吸入体内。

7.锉吸式口器(rasping-mouthparts)　锉吸式口器(图 9-14)的显著特点是左右上颚不对称,2 根下颚口针构成食物道,舌和下唇间构成唾液道,为缨翅目蓟马所特有。

锉吸式口器的上唇、下颚的一部分和下唇组成喙,右上颚退化或消失,左上颚和下颚的内颚叶特化成 3 条口针,下颚须和下唇须短小。

此类昆虫取食时,先以左上颚口针锉破寄主表皮,然后以喙端贴于寄主表面,借唧筒的抽吸作用将汁液吸入消化道内。

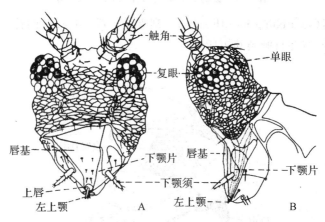

图 9-14　蓟马的锉吸式口器(仿 Matheson)

A.头部口器前面观 B.头部口气侧面观

8.刺舔式口器(piercing-sponging mouthparts) 刺舔式口器(图 9-15)的特点是上唇较长且端部尖,内壁凹陷成槽状,与舌合成食物道。为吸血性双翅目虻类昆虫所特有。

刺舔式口器的上颚呈刀片状并端部尖锐,下颚的外颚叶形成坚硬而细长的口针,下唇肥大柔软,端部有一对肉质的唇瓣,舌变成一根较细弱的口针,唾道从舌的中央穿过。

虻类昆虫刺破动物的皮肤后,唇瓣即贴在伤口处,血液即通过横沟流向前口,由上唇和舌形成的食物进入口中。

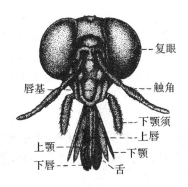

图 9-15　牛虻的刺舔式口器(仿 Matheson)

9.刺吸式口器(piercing-sucking mouthparts) 刺吸式口器(图 9-16)的显著特点是口针和喙,为半翅目、虱目、蚤目和双翅目蚊类昆虫所具有。现以蝉的口器为例来阐述。

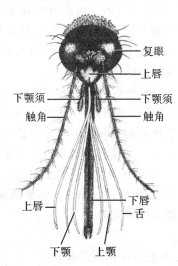

图 9-16　蚊子的刺吸式口器(仿 Elzinga)

蝉的上唇为一个三角形的骨片;上颚和下颚的内颚叶特化为口针;上颚口针较粗,端部有倒刺;下颚口针较细弱,内侧有 2 条纵槽,两下颚口针嵌合时形成 2 条管道,前面稍粗的称食物道,后面较细的称唾液道;舌位于口针基部的口前腔内,为一个突出的舌叶;下唇延长形成 14 节的喙,将口针包藏与其中。

刺吸式口器的昆虫取食时,靠肌肉的作用使口针交替刺入寄主组织,接着分泌含有抗凝物质、消化液等的唾液,再借食窦唧筒的抽吸作用吸食寄主的体液。

不同种类的昆虫,其刺吸式口器的形态构造常有一定的差异。如雌性蚊子的口针有6根,分别由上唇、上颚、下颚及舌特化而成。而蚤类的口器则是内唇与下颚的内颚叶特化而成的,每支下颚口针内各有一条唾液道。

第三节　昆虫的胸部

昆虫胸部(thorax)是体躯的第2体段,由前胸、中胸和后胸3个体节组成。每一胸节具一对胸足,分别称前足、中足和后足。多数有翅亚纲昆虫的成虫在中胸和后胸上有一对翅,分别称前翅和后翅。足和翅都是运动器官,所以胸部是昆虫的运动中心。

一、胸节

无翅昆虫和全变态类的幼虫,胸部各节比较简单,大小和形状相似。有翅昆虫的成虫,胸部承受足和翅的强大肌肉的牵引力,各胸节高度骨化,形成了背板、腹板和侧板。

（一）前胸(prothorax)

昆虫前胸无翅,仅有一对前足,在构造上比中胸和后胸简单,但与中胸链接不紧密,其大小和形状在各类昆虫中变异较大。

1.前胸背板(pronotum)　前胸背板位于前胸的背面,其构造简单,通常为一块完整的骨板。有的上边有沟的发生,但一般未予命名。前胸背板在大小和形状上变异较大。直翅目蝗虫的前胸背板向两侧拓展呈马鞍形,螳螂目昆虫的前胸背板向前扩大,甚至盖住头部;角蝉的前胸背板向后突出呈奇形怪状的角状突;鞘翅目和半翅目昆虫的前胸背板也很发达。但鳞翅目、膜翅目、双翅目等许多昆虫前胸背板不发达。

2.前胸侧板(propleurum)　前胸侧板位于前胸的侧面,多数不发达,构造简单。通常仅有一条侧沟(pleural sulcus),将侧板分成前侧片(episternum)和后侧片(epimeron),侧沟下端形成一个与胸足基节相顶接的侧基突(pleural articulation)。衣鱼目、石蛃目和襀翅目稚虫,甚至没有形成真正的侧板,而依然保持着亚基节的若干分散的骨片。

3.前胸腹板(prosternum)　前胸腹板位于前胸的腹面,一般不发达,多数为一块较小的骨板,但在某些类群总有着重要的分类特征。如一些蝗虫的前胸腹板有锥状突起;叩头虫和吉丁虫的前胸腹板有一个向后伸的楔形突起。

（二）具翅胸节(pterothorax)

具翅胸节简称翅胸,指的是有翅的中胸和后胸。

1.具翅胸节背板(alinotum)　具翅胸节背板(图9-17A)包括中胸和后胸的背板,其构造基本相似,通常由3条次生沟将背板分为几块骨片。由前往后依次称为前脊沟、前盾沟和盾间沟。

（1）前脊沟(antecostal sulcus):由初生分节的节间褶发展而来,其内的前内脊发达,形成悬骨,是背纵肌着生的地方。

（2）前盾沟(prescutal sulcus):位于前脊沟后的一条横沟。

（3）盾间沟(scutoscutellar sulcus):通常呈"Λ"形的沟,位于背板后部,内脊较强大,盾间沟的位置和形状很不固定,有的甚至全部消失。

以上 3 条次生沟将背板分成 4 块骨片,由前往后依次称为端背片、前盾片、盾片和小盾片。

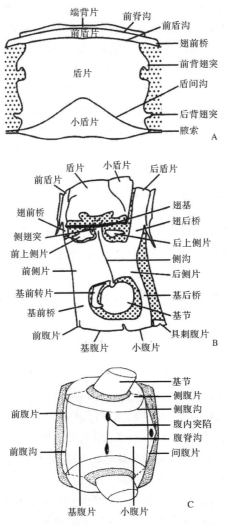

图 9-17　昆虫具翅胸节的基本构造(仿 Snodgrass)
A. 背面观;B. 侧面观;C. 腹面观

(1)端背片(acrotergite):前脊沟前的一块狭长骨片。在翅发达的胸节,其后一节的端背片常向前拓展与前一节的背板紧接,而在前脊沟的后面发生一条窄小的膜质带,这一端背片就形成了前一节的后背片。

(2)前盾片(prescutum):前脊沟与前盾沟间的狭片,其大小和形状变化很大。襀翅目、部分直翅目和鞘翅目昆虫的中胸背板较发达。

(3)盾片(scutum):前盾沟与盾间沟之间的骨片,通常很大。

(4)小盾片(scutellum):盾间沟后的一块小形骨片,呈三角形、蛇形、心形、盾形或半圆形等。

具翅胸节盾片两侧缘前后各有一突起,称为前背翅突和后背翅突,它们分别与翅基第 1

腋片相接,作为翅基的支点。小盾片两侧与翅后缘的腋索相交接,前盾片也常向外或腹面突起,与侧板的前侧片相接,形成翅前桥。后背片与侧板的后侧片相接,形成翅后桥。

2.具翅胸节侧板(alipleuron) 具翅胸节侧板(图9-17B)通常很发达,中间有一条深的纵向侧沟,将侧板分为前面较大的前侧片和后面较小的后侧片。两侧片中部有时还有一条横向的侧基沟把侧板分为4片,分别称上前侧片、下前侧片、上后侧片和下后侧片。侧沟上方形成侧翅突,下方形成侧基突,分别顶接在翅的第2腋片和足的基节上,构成翅与足的运动关节。在侧翅突前后的膜质区内,各有1～2个分离的小骨片,统称为上侧片。在翅侧突前面的小骨片称前上侧片,在侧翅突后面的小骨片称后上侧片。连于上侧片的肌肉控制着翅的转动和倾斜。有些昆虫胸足基节窝的前方有一块游离的小骨片,与基节相顶接,称为基前转片。

3.具翅胸节腹板(alisternum) 具翅胸节的腹板(图9-17C)被节间膜分为膜前的间腹片和膜后的主腹片。间腹片包括前脊沟以前的端腹片和沟后至节间膜之间的狭骨片。间腹片通常比较小,且大多前移,成为前一胸节腹板后面的一部分。由于间腹片的前内脊常退化为刺状的内突起,故间腹片又称具刺腹片。主腹片通常又被前腹沟和腹肌沟分为前腹片、基腹片和小腹片。由于主腹片的腹肌沟的两端常内陷形成发达的叉状内突,即叉突,故主腹片又称叉腹片。

背板、侧板和腹板可在翅的前后与胸足基节前、后相愈合或接触,分别形成翅前桥、翅后桥、基前桥和基后桥。

二、胸足

(一)胸足的基本构造

昆虫的胸足(thoracic leg)是胸部行动的附肢,着生于侧板与腹板之间,基部由膜与体壁相连,形成一个膜质的窝,称基节窝,是足基部可以活动的部分。成虫的胸足一般分为6节,自基部向端部依次分为基节、转节、腿节、胫节、跗节和前跗节。

(1)基节(coxa):胸足的第1节,通常与侧板的侧基突相连接。蝗虫和一些甲虫中,还与基前转片相连接。常较粗短,多呈圆锥形(图9-18)。

(2)转节(taochanter):胸足的第2节,一般较小,基部与基节以前、后关节相连,端部则多固着于腿节上,不能活动。大多昆虫为1节,但蜻蜓类昆虫的转节则由2节组成。

(3)腿节(femur):又称股节,是胸足的第3节,常是足各节中最发达的一节。其基部与转节紧密相连,端部与胫节以前后关节相连。该节的发达程度与胫节活动所需肌肉有关。

(4)胫节(tibia):一般细长,较腿节稍短,边缘常有成排的刺,末端常有可活动的距。在螽斯和蟋蟀等昆虫中,胫节上具听器,能接受声音信息。

(5)跗节(tarsus):通常较短小,成虫跗节分为1～5个亚节,各亚节间以膜相连,可以活动。例如,多数全变态昆虫的幼虫和蜉蝣稚虫的跗节不再分亚节;蝗虫等昆虫跗节腹面有较柔软的垫状物,称为跗垫,可用于辅助行动。

(6)前跗节(pretarsus):胸足最末一节。除多数全变态昆虫的幼虫的前跗节为单一的爪外,其他昆虫的前跗节常有2个侧爪。前跗节基部腹面常有一骨片陷在最后一跗分节内,称擎爪片。从擎爪片端部中央发生单一针状或叶状突起,伸在2个侧爪之间,称为爪间突,通常各侧爪还有各种突起、分叶等。2个侧爪下面有瓣状的称爪垫。在2个侧爪中间有一个膜质圆瓣状的称中垫。

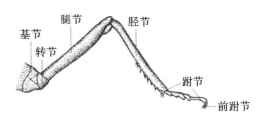

图 9-18　昆虫足的基本结构(仿 Snodgrass)

（二）胸足的类型

昆虫胸足的原始功能为行动的器官,但由于生活环境的不同,足的功能与形态发生了相应变化。根据其结构和功能,可把昆虫的足分为不同的类型,常见的胸足类型有如下 8 种。

(1)步行足(walking legs 或 ambulatorial legs):昆虫中最常见的一类胸足。各节均较细长,宜于行走。这类足在构造上虽无特化现象,但在功能上仍表现出一些差异(图 9-19A)。蜻象、瓢虫、叶甲的胸足适于慢步行走;蜚蠊、步甲的胸足适于疾走或奔跑;蝇类胸足有发达的爪垫和爪间突,可在斜面或光滑的表面走动自如;蝶蛾类胸足用以在静止时抓住物体,很少用于行走。

(2)跳跃足(jumping legs 或 saltatorial legs):一般腿节特别发达,胫节细长,用于跳跃(图 9-19B),如蝗虫、蟋蟀和跳蚤的后足。

(3)捕捉足(grasping legs 或 raptorial legs):一般基节延长,腿节的腹面有槽,胫节可折嵌其内,形似一把折刀,用以捕捉猎物(图 9-19C)。有的腿节和胫节还有刺列,以抓紧猎物,防止逃脱,如螳螂、螳蛉、猎蝽等昆虫的前足。

(4)开掘足(digging legs 或 fossorial legs):一般足短而粗壮,胫节和跗节常宽扁,外缘具齿,适于掘土(图 9-19D),如蝼蛄、金龟子等昆虫的前足。

(5)游泳足(swimming legs 或 natatorial legs):稍扁平,具较密缘毛,形若桨,适于划水(图 9-19E)。水生昆虫的足均有不同程度的适应游泳的形态特化。

(6)抱握足(clasping legs):足的各节较粗短,第 1～3 跗节特别膨大且腹面具吸盘状结构,在交尾时用以抱持雌体(图 9-19F),如雄性龙虱的前足。

(7)携粉足(pollen-carrying legs 或 corniculate legs):胫节宽扁,两侧有长毛,外侧构成携带花粉的花粉篮,基跗节扁长,内侧有 10～12 排硬毛,用以梳集黏附在剃毛上的花粉,称花粉刷(图 9-19G),如蜜蜂科昆虫的后足。

(8)攀握足(clinging legs 或 scansorial legs):各节较短粗,胫节端部具 1 指状突,与跗节及弯爪状的前跗节构成一个钳状构造,能牢牢夹住人、畜的毛发等(图 9-19H),如虱类的足。

三、翅

昆虫的翅(wing)不是附肢,与鸟类的翅不同,它是由背板向两侧拓展而来的。成虫期的昆虫一般有 2 对翅,其中着生在中胸的称前翅,着生在后胸的称后翅。少数种类只有一对翅,或完全无翅。不完全变态昆虫的若虫期,翅在体外发育;完全变态昆虫的幼虫期,翅在体内发育。

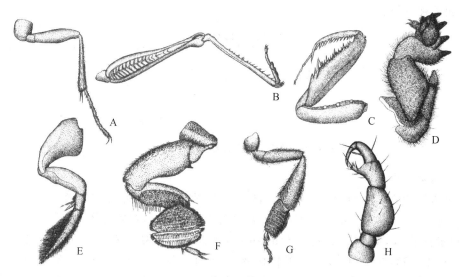

图 9-19　昆虫足的基本类型(仿周尧和彩万志)

(一)翅的基本结构

昆虫的翅(图 9-20)通常呈三角形,具有 3 条缘和 3 个角。

3 条缘如下:

(1)前缘(costal margin):翅展开时,靠近头部的一边称前缘。

(2)内缘(inner margin):翅展开时,靠近尾部的一边称后缘。

(3)外缘(outer margin):在前缘和内缘之间、同翅基部相对的一边,称为外缘。

3 个角如下:

(1)肩角(humeral angle):前缘与内缘间的夹角,称为肩角。

(2)顶角(apical angle):前缘与外缘间的夹角,称为顶角。

(3)臀角(anal angle):外缘与内缘间的夹角,称为臀角。

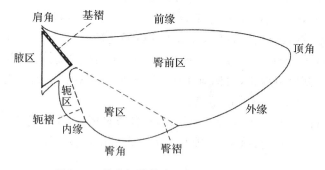

图 9-20　昆虫翅的基本结构(仿 Snodgrass)

翅上常发生一些褶线,将翅分为若干区。基褶(basal fold)位于翅基部,将翅基为一个小三角形的腋区(axillary region);翅后部有臀褶(vannal fold),在臀褶前方区域,称为臀前区(remigium);臀褶后的区域,称为臀区(vannus)。较低等昆虫的臀区常较大,栖息时折叠在臀前区之下。有些昆虫在臀区后还有一条轭褶(jugal fold),其后为轭区(jugal region)。在蝇类中，翅后缘近基部通常有1个叶瓣状构造，盖住平衡棒，称为鳞瓣或称腋瓣(squame)。

(二)翅的类型和连锁

1.翅的类型　昆虫翅的主要作用是飞行，一般为膜质。但不少昆虫长期适应其生活条件，前翅或后翅发生了变异，或具保护作用，或演变为感觉器官，质地也发生了相应变化。翅的类型是昆虫分目的重要依据之一。翅的主要类型有以下几种。

(1)膜翅(membranous wing)：质地为膜质，薄而透明，翅脉明显可见(图9-21A)，如蜂类、蜻蜓等的前后翅，甲虫、蝗虫、蝽等的后翅。

(2)缨翅(fringed wing)：质地也为膜质，翅脉退化，翅狭长，在翅的周缘缀有很长的缨毛(图9-21B)，如蓟马的前、后翅。该类昆虫在分类上称为缨翅目。

(3)鳞翅(lepidotic wing)：质地为膜质，但翅面上覆盖有密集的鳞片(图9-21C)，如蛾、蝶类的前、后翅。该类昆虫在分类上统称为鳞翅目。

(4)鞘翅(elytron)：质地坚硬，角质，无飞翔作用，用以保护体背和后翅(图9-21D)。甲虫类的前翅属此类型，故甲虫类在分类上统称为鞘翅目。

(5)半鞘翅(hemielytron)：基半部为皮革质，端半部为膜质，膜质部的翅脉清晰可见(图9-21E)。蝽类的前翅属此类型，故蝽类昆虫在分类上统称为半翅目。

(6)毛翅(piliferous wing)：质地也为膜质，但翅面上覆盖一层较稀疏的毛(图9-21F)，如石蛾的前、后翅。该类昆虫在分类上称为毛翅目。

(7)覆翅(tegmina)：质地较坚韧，皮革质，翅脉大多可见，但无飞行作用，平时覆盖在体背和后翅上，有保护作用(图9-21G)。蝗虫等直翅目昆虫的前翅属此类型。

(8)平衡棒(halter)：为双翅目昆虫和雄蚧的后翅退化而成，形似小棍棒状，无飞翔作用，但在飞翔时有保持体躯平衡的作用(图9-21H)。捻翅目雄虫的前翅也呈小棍棒状，但无平衡体躯的作用，称为拟平衡棒。

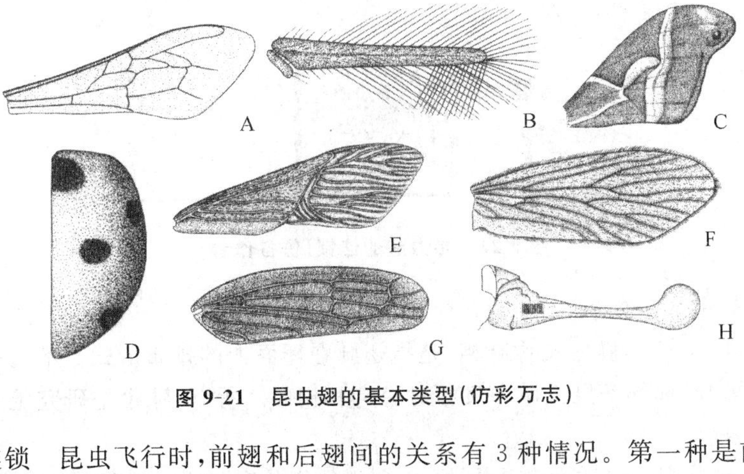

图9-21　昆虫翅的基本类型(仿彩万志)

2.翅的连锁　昆虫飞行时，前翅和后翅间的关系有3种情况。第一种是前翅与后翅不关联，飞行时各自拍动，如蜻蜓目、蜚蠊目、螳螂目、等翅目、直翅目、纺足目、脉翅目和广翅目昆虫。由于这些昆虫飞行时2对翅都在拍动，在分类上叫双动类。第二种是前翅或后翅特化，只有1对翅能拍动，飞行时2对翅之间不需连接，如革翅目、鞘翅目、捻翅目和双翅目昆虫。第三种是2对翅相关联，飞行时前翅带动后翅拍动，如半翅目、毛翅目、鳞翅目和膜翅目昆虫。由于后两种情况昆虫在飞行时只有1对翅在拍动，在分类学上叫单动类。在单动类昆虫中,如果 2 对翅都用于飞行,那么就要借助连锁器或连翅器将前翅与后翅连成一体,使 2 对翅能协调拍动以增强飞翔效能。翅的连锁器主要有以下 6 类。

(1)翅轭型(jugate form):在毛翅目多数种类、鳞翅目的小翅蛾科和蝙蝠蛾科昆虫中,前翅轭区基部有 1 个指状或叶状突起,称为翅轭,飞行时伸在后翅前缘下面以夹住后翅,使前翅与后翅保持连接(图 9-22A)。

(2)翅抱型(amplexi from):蝶类和部分蛾类(枯叶蛾科和天蚕蛾科)昆虫的后翅肩角膨大并有 h 脉,突伸于前翅后缘之下,使前翅与后翅能协调拍动(图 9-22B)。

(3)翅缰型(frenate form):大部分蛾类后翅前缘基部有 1～9 根粗鬃毛,称为翅缰。在前翅基部的反面有一簇毛或鳞片,称为翅缰钩或称系缰钩,飞行时以翅缰插入翅缰钩内连锁前翅与后翅。一般雄蛾的翅缰只有 1 根,翅缰钩位于前翅的亚前缘脉下面;雌蛾的翅缰 2～9 根,翅缰钩位于前翅肘脉的下面(图 9-22C)。

(4)翅褶型(fold form):在半翅目蝉亚目昆虫中,前翅后缘有一段向下卷起的褶,后翅的前缘有一段而向上卷起的褶,飞行时前翅与后翅的卷褶挂连一起协调动作(图 9-22D)。

(5)翅嵌型(mosaic form):在半翅目异翅亚目昆虫中,前翅爪片腹面的端部有一个夹状构造,后翅前缘中部向上弯并加厚似铁轨状,飞行时嵌入前翅的夹状构造中锁定前翅和后翅(图 9-22E)。

(6)翅钩型(haumlate form):在膜翅目昆虫和半翅目蚜虫中,在前翅后缘有一条向下卷起的褶,后翅前缘中部有一排向上后弯的小钩,称为翅钩(hamulus),飞行时翅钩挂在卷褶上连锁前翅与后翅(图 9-22F)。

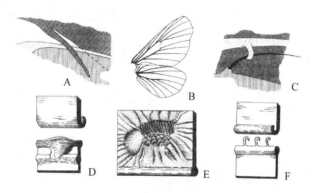

图 9-22　昆虫翅的连锁(仿各作者)

(三)翅脉的命名和脉序

1.脉序(venation)　脉序又称脉相,是指翅脉在翅面上的排布形式。不同类群昆虫的脉序存在着明显差异,而同类昆虫脉序又相对稳定和相似。所以,脉序是研究昆虫分类和系统发育的重要特征。

2.康-尼假想脉序　多数学者认为,昆虫多样化的脉序是由一个原始型的脉序演变而来的。他们根据现存昆虫与化石昆虫的脉序的比较结果,结合不同类群昆虫若虫、稚虫和蛹的翅芽内气管的排布情况,推断出一个原始脉序(primitive venation)或称假想原始脉序(hypothetical primitive venation),并给予命名。目前,在形态学和分类学上较普遍采用的脉序命名基本内容没有多大变动。现以较通用的假想脉序介绍如下。

较通用的假想原始脉序(图 9-23)由 7 条主纵脉和 6 条横脉组成。纵脉的命名是用其英文名称的首字母的大写来表示。横脉的命名是用其英文名称的首字母的小写来表示,但如果横脉连接的两条纵脉是不同主纵脉,即把所连的两条纵脉名称首字母的小写用连字符"-"连起来。7 条纵脉由前往后依次为:

(1)前缘脉(costa,C)位于翅前缘的 1 条不分支的凸脉。一般较强壮,并与翅的前缘合并。在飞行过程中,可起到加强前翅切割气流的作用。

(2)亚前缘脉(subcosta,Sc)位于前缘脉之后,通常分为 2 支,分别称为第 1 亚前缘脉(Sc_1)和第 2 亚前缘脉(Sc_2)。均为凹脉。

(3)径脉(radius,R)通常是最发达的脉,共分 5 支,主干是凸脉,先分成 2 支,第 1 支称为第 1 径脉(R_1),直伸达翅的边缘;后一支称为径分脉(radial sector,Rs),是凹脉,再经 2 次分支,成为 4 支,即第 2、3、4、5 径脉(R_2～R_5)。

(4)中脉(media,M)位于径脉之后,靠近翅的中部。其主干为凹脉,分成前中脉和后中脉 2 支。前中脉是凸脉,又分为 2 支;后中脉是凹脉,分为 4 支。完整的中脉仅存在于化石昆虫及蜉蝣目昆虫中。一般昆虫前中脉已消失,只有 4 支后中脉,所以常单独以 M 表示后中脉,即 M_1～M_4。但蜻蜓目、襀翅目则相反,后中脉消失,仅存在前中脉。

(5)肘脉(cubitus,Cu)主干为凹脉,分成 2 支,即第 1 肘脉(Cu_1)和第 2 肘脉(Cu_2)。第 1 肘脉为凸脉,又分为 2 支,以 Cu_{1a} 和 Cu_{1b} 表示。也有的将 3 支肘脉以 Cu_1、Cu_2、Cu_3 表示。

(6)臀脉(anal veins,A)在臀褶之后的臀区内,通常有 3 条,即 1A、2A、3A,一般都是凸脉。有的昆虫臀脉可多至 10 余支。

(7)轭脉(jugal veins,J)仅存在于具有轭区的昆虫中,在臀脉之后,仅 2 条,较短,分别以 J_1 和 J_2 命名。

在以上纵脉之间出现的 6 条横脉是:

(1)肩横脉(humeral crossvein,h)位于肩角处,连接 C 和 Sc。

(2)径横脉(radial crossvein,r)连接 R_1 脉与 R_2 脉。

(3)分横脉(sectorial crossvein,s)连接 R_3 脉与 R_4 或 R_{2+3} 脉与 R_{4+5} 脉。

(4)径中横脉(radiomedial crossvein,r-m)连接 R_{4+5} 脉与 M_{1+2} 脉。

(5)中横脉(medial crossvein,m)连接 M_2 脉与 M_3 脉。

(6)中肘横脉(mediocubital crossvein,m-cu)连接 M_{3+4} 脉与 Cu_1 脉。

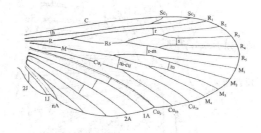

图 9-23　假想模式脉序图(仿 Ross)

3.翅脉的变化　仅少数毛翅目昆虫的脉序与假想脉序近似,而绝大多数种类有或多或少的变化,或增加或减少,或合并或完全消失。翅脉的增加有两种情况,一种是副脉

(accesory veins)作为原有纵脉的分支,副脉的命名是在原有纵脉的简写字母后面顺序附以小写 a、b、c 等;另一种情况是加插脉或闰脉(intercalary veins),是在 2 条相邻的纵脉间加插较细的游离纵脉,或仅以横脉与邻脉相接,通常在其前一纵脉的简写字母前加一大写"I"表示。合并的翅脉以"+"号连接原来纵脉名称表示,如 $Sc+R_1$、M_{1+2} 等。在膜翅目昆虫中,翅脉的愈合情况比较特殊,常 2 条或多条翅脉段连接成 1 条翅脉,称为系脉(serial veins),命名时可于两脉间以"&"或"-"相连,如 m & M_2 或 m-M_2 等。

翅室(cell)是翅面被翅脉划分成的小区。翅室四周完全为翅脉所封闭的,称为闭室(closed cell),有一边不被翅脉封闭而向翅缘开放的,则称为开室(open cell)。翅室的名称以其前缘纵脉的名称表示。

(四)翅的运动

1. 翅的关节(articulation)　翅关节(图 9-24)是翅活动的物质基础,翅关节的产生是翅由滑翔功能向飞行作用的先决条件。昆虫的翅关节包括翅基部膜质区的几组小骨片,统称翅基片(pteralia)或翅关节片。

(1)肩片(humeral plate)紧接前缘脉的一块小骨片。有的昆虫在肩片基部还有一块较大的肩板(tegula),覆盖于翅基部上方。

(2)腋片(axillary plates)位于腋区的小骨片,为有翅昆虫所共有。一般为 3～4 块,腹面凸凹不平,是翅与胸部接连及折叠的重要关节。但在蜉蝣目、蜻蜓目昆虫中,腋区未分化为若干小腋片,故翅不能折叠。只有翅能折叠的昆虫,才具有发达的腋片。第 1 腋片与背板的前翅突相接,前端突出,是亚前缘脉的支点,后部外侧与第 2 腋片相接。第 2 腋片的内缘与第 1 腋片相接,前端顶接径脉基端,外缘与中片相接,腹面的凹陷与侧翅突支接,是翅运动的重要支点。第 3 腋片是 1 块后缘上卷的骨片,后角与背板的后背翅突相接,前角支接在第 2 腋片上。前缘连接中片,外端与臀脉支接。第 3 腋片腹面有 1 束肌肉,这束肌肉收缩,将第 3 腋片的外端伸出部分上举,使翅的臀前区沿臀褶往后收,臀区就折在臀前区下面。第 4 腋片极小,仅在直翅目、膜翅目中存在,位于第 3 腋片与后背翅突之间,可能是由后背翅突分离而成。

(3)中片(median plates)位于腋区的中部,为内、外 2 块近三角形的骨片。前、后翅均有,是翅的重要折叠关节。内中片与第 2 及第 3 腋片相连,外中片外端与中脉和肘脉相接,2 个中片之间是基褶,翅折叠时,2 个中片沿基褶向上凸折。

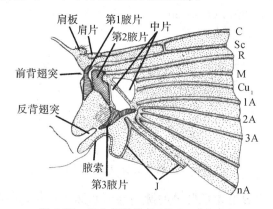

图 9-24　昆虫翅的关节(仿 Snodgrass)

翅基部的关节膜的后缘常加厚而皱褶,具韧带作用,称为腋索(axillary cord)。

2.翅的运动　昆虫翅的运动分为折叠和飞行两类。

(1)翅的折叠:与翅折叠(图 9-25 A～C)有关的骨片是第 3 腋片和中片。第 3 腋片的腹面接近内缘处有一束源于侧内脊的肌肉,当这束肌肉收缩时,将第 3 腋片外端伸出部分上举,牵动 2 个中片间的基褶,使整个腋区沿基褶上拱,轭区与臀区就折在了臀前区下;同时,由于第 3 腋片翘起产生向后的拉力使翅以第 2 腋片与侧翅突的顶接处为支点向后旋转,这样翅就覆盖到背上。昆虫在飞行前,前上侧片肌收缩,前上侧片下陷,前翅就会以侧翅突为支点把翅伸开。

(2)翅的飞行:飞行(图 9-25 D—F)时翅的运动不外乎上下拍动与前后倾斜两类基本动作。上下拍动主要依靠间接翅肌的交替收缩;当背腹肌收缩时,背板下拉,翅基上升,翅上举;当纵肌收缩时,背板上拱,翅肌被上提翅即下拍;而当背纵肌与背腹肌均松弛时,翅平伸。

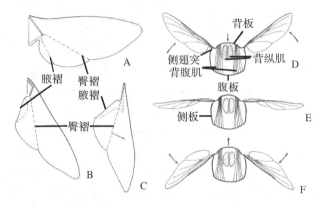

图 9-25　昆虫翅的折叠和上下运动图解(仿 Snodgrass)
A.翅平展;B.沿翅腋基部上拱;C.腋区;D—F.翅的上下运动

翅的前、后倾斜则靠直接翅肌(前上侧肌与后上侧肌)的交替收缩。翅向前方倾斜与翅下拍动作同时进行,翅向后方倾斜和翅上举并进;这样翅上下拍动 1 次,翅尖就沿着翅纵轴扭转 1 次。如果虫体处于固定位置,翅尖运动的行迹为"8"字形。如果虫体前飞,翅尖的行迹则为一系列的开环。

第四节　昆虫的腹部

腹部(abdomen)是昆虫体躯的第 3 个体躯,也是最后一个体段。尽管它与胸部的分界看起来明显,但由于多数有翅昆虫的第 1 腹节的端背片与后胸的悬骨有关,所以胸部与腹部紧密相连。膜翅目细腰亚目的昆虫腹部第 1 节甚至与后胸合并成胸部的一部分,称为并胸腹节(propodeum)。昆虫的消化、排泄、循环、生殖系统等主要内脏器官位于腹部腹腔内,腹部后端还生有生殖附肢,因此腹部是昆虫代谢和生殖的中心。

一、腹部的基本构造

（一）腹部的外部形状

昆虫的腹部多为纺锤形、圆筒形、球形、扁平或细长。虽然腹部的形状可有多种多样的变化，但在构造上比头部和胸部都简单或很少特化。

（二）腹部的节数

昆虫腹部原始的节数应为 12 节，这种情况只有在原尾目成虫及一些半变态类昆虫的胚胎中可见。但在现代昆虫的成虫中，至多具 11 节，一般成虫腹节 10 节，较进化的类群节数有减少的趋势。不完全变态昆虫腹部的节数多于全变态昆虫腹部的节数；一般昆虫的腹节为 9 或 10 节，膜翅目的青蜂科、部分双翅目昆虫的可见腹节仅为 3～5 节。

（三）腹节的分区

昆虫腹节的构造总体而言比较简单；但雌成虫的第 8、第 9 两节和雄成虫的第 9 节与其他各节不相同，这些节特称生殖节，这样腹部就被分成了 3 段。

1. 脏节（visceral segments）　指昆虫腹部在生殖节前的体节，内含大部分的内脏器官，故称为脏节，又称生殖前节（pregenital segments）。在雌虫中，一般包括第 1～7 腹节；在雄虫中，一般包括第 1～8 腹节。有翅昆虫的成虫脏节的附肢完全退化，各节构造简单一致，每节两侧常有一对气门。

2. 生殖节（genital segments）　指外生殖器所在的腹节，雌虫为第 8～9 腹节，雄虫为第 9 腹节，构造复杂。蜉蝣目等少数昆虫有 2 个生殖孔（gonopore），多数昆虫只有 1 个生殖孔。雌虫生殖孔多位于第 8 腹板与第 9 腹板间，少数位于第 7 腹板后或第 8 腹板上，甚至有些位于第 9 腹板上或其后。雄虫的生殖孔多位于第 9 腹板与第 10 腹板间的阳具端部。

3. 生殖后节（postgenital segments）　指昆虫腹部在生殖节后的体节，包括第 10 节或第 10～11 节。在最后一节的末端有肛门开口，故又称肛节。肛节分为 3 块，盖在肛门之上的称肛上板（epiproct），位于肛门两侧的 2 块称肛侧板（paraproct）。部分昆虫的肛节上生有一对附肢，称为尾须（cerci），有的还有一条由背板形成的中尾丝（median caudal filament）。

二、昆虫的外生殖器

昆虫外生殖器（genitalia）是昆虫生殖系统的体外部分，是用以交配、受精和产卵器管的总称，主要由腹部生殖节上的附肢特化而成。雌虫的外生殖器称为产卵器（ovipositor），雄虫的外生殖器称为交配器（copulatory organ）。

（一）雌性外生殖器

1. 基本构造　产卵器（图 9-26）通常为管状构造，由 3 对产卵瓣（valvulae）组成。第 8 腹节上的产卵瓣称为第 1 产卵瓣（first valvulae）或腹产卵瓣（腹瓣）（ventral valvulae），其基部着生第 1 载瓣片（first valvifers）。第 9 腹节上的产卵瓣称为第 2 产卵瓣（second valvulae）或内产卵瓣（内瓣）（inner valvulae），其基部着生第 2 载瓣片（second valvifers）。在第 2 载瓣片上常有向后伸出的瓣状外长物，称为第 3 产卵瓣（third valvulae）或称背产卵瓣（背瓣）（dorsal valvulae）。

2. 产卵器的类型　在有翅类直翅目、半翅目、缨翅目、等翅目、蜻蜓目、膜翅目等昆虫中，产卵器还可演变成其他功能器官，所以在形状、构造和功能上都有所变化。

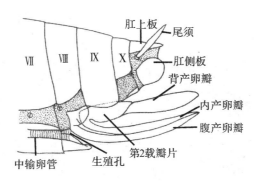

图 9-26　有翅亚纲昆虫产卵器的模式构造(仿 Snodgrass)

直翅目昆虫的产卵器主要特点是背瓣和腹瓣发达,内瓣比较退化,所以产卵器可以说是由背瓣和腹板组成的。但在不同类群中又有所不同。蝗虫类产卵器锥状,插入土壤中产卵;螽斯和蟋蟀类的产卵器为剑状、镰刀状和矛状,用以刺入植物组织中或土壤内产卵。

鞘翅目、鳞翅目和双翅目昆虫的产卵器主要特点是腹部后端若干体节细长而套叠,产卵时可以伸得很长,没有由附肢特化形成的"产卵器",故称为伪产卵器(pseudovipositor 或 oviscapt)或尾器(terminalia)。所以此类昆虫将卵产在缝隙或其他物体内。实蝇类昆虫的腹部末端尖细而骨化,可以刺入果内产卵;一些天牛昆虫的伪产卵器形成坚硬的细管状,可插入土中或树皮下产卵。

半翅目昆虫的产卵器,如叶蝉类、蝉类等昆虫的产卵器与直翅类昆虫不同。主要特点是内瓣和腹瓣互相嵌接组成产卵器,卵由产卵器产出体外。背瓣短而宽,内面凹陷形成产卵器鞘,产卵器藏于其中,产卵时才从内脱出,将卵产于植物组织内。

膜翅目昆虫的产卵器构造上与半翅目一样,主要特点是背瓣特化成为保护产卵器的构造,由腹瓣和内瓣组成产卵器。叶蜂的产卵器锯状,锯开植物组织产卵;树蜂的产卵器鞘管状,刺入植物茎干中产卵;姬蜂的产卵器细而长,卵产于寄主体内或体表,有的长产卵器甚至可插入树干,把卵产在钻蛀在树干中的天牛幼虫体内;胡蜂、蜜蜂等昆虫的产卵器特化成能注射毒液的螫刺(stylet),与毒腺相同,平时藏于体内,遇敌害时,伸出体外并刺入敌害体内,由螫刺排出毒液。

(二)雄性外生殖器

1.基本构造　雄性外生殖器(图 9-27)构造比较复杂,而且在各类昆虫中变化也大。主要包括阳具(phallus)和抱握器(harpagones)。

阳具是第 9 腹节腹板后的节间膜的外长物,生殖孔就开口在它的末端。第 9 腹节的腹板常扩大或向后伸成为下生殖板(subgenital plate),而发生阳具的节间膜本身则向里陷入,在下生殖板之上形成一个生殖腔(genital chamber),阳具不用时就缩在腔内。阳具一般为锥状或管状构造,包括一个较大的阳茎基(phallobase)和一根细长的阳茎(aedeagus)。阳茎基一般比较发达,与阳茎间还可有一甚宽的膜质带,阳茎得以缩入阳茎基内。阳茎基一般为环形或三角形,两侧常具一对阳茎侧叶(parameres)。阳茎端部有射精管的开口处,一般具有可以翻缩的阳茎端(vesica)。在交配时,阳茎可伸缩的部分在肌肉与血液压力的作用下,逐渐膨胀,使阳茎伸出体外,插入雌虫体内,将精子注入雌体。

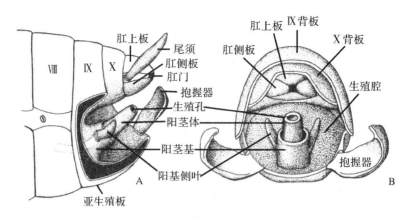

图 9-27　有翅亚纲昆虫雄性外生殖器的模式构造(A. 仿 Weber;B. 仿 Snodgrass)

抱握器是通常一对棒状或叶状的突出物,着生于第 9 腹节上。一般认为是第 9 腹节的附肢。抱握器的主要功能是交配时抱握雌体,以保证正确的交配姿态。抱握器仅见于蜉蝣目、脉翅目、长翅目、半翅目、鳞翅目、双翅目等昆虫中。

2.交配器的类型　各类昆虫的交配器构造复杂,种间差异也很大,但在同一类群或虫种内个体间比较稳定,因而可作为鉴别种类的重要特征。

(1)直翅类昆虫的交配器:直翅目、螳螂目、竹节虫目等统称直翅类昆虫,其雄性外生殖器只有阳具及衍生物,而无抱握器。在生殖孔周围有 3 片阳茎叶。蟋螽科和蟋蟀科昆虫腹面的一片阳茎叶很大,是通常能见到的唯一的阳茎构造。蝗科的阳具明显地分为阳茎基和阳茎两部分,阳茎端部内陷形成明显的内阳茎。

(2)鞘翅目昆虫的交配器:鞘翅目昆虫的雄性外生殖器只有阳具,而没有抱握器。阳茎通常为一管状构造。阳茎基分化较大,有的种类仅为阳茎基部的皱褶膜,有的形成一骨化环,有的形成筒状鞘,以容纳阳茎。多数具有阳茎侧叶。第 9 和 10 腹节一般均退化很小,并缩在第 8 腹节内。

(3)鳞翅目昆虫的交配器:鳞翅目的雄性外生殖器是由第 9 和第 10 腹节演化而来的。第 9 腹节和第 10 腹节的一部分形成一个完整的骨环,作为附着交配器其他部分的骨架。骨环的背面是第 9 腹节的背板,特化成背兜(tegumen);腹面是第 9 腹节的腹板,特化成"U"形的基腹弧(vinculum);基腹弧中部向体内延伸成囊状构造,称为囊形突(saccus)。第 9 腹节的附肢形成一对大型瓣状抱握器。第 10 腹节背板的后端,形成略向下弯曲的爪形突(uncus)。在爪形突的两侧常有一对尾状突的背兜侧突(socii),其下面有 1 对颚形突(gnathos),通常左右合并。肛门位于爪形突和颚形突之间。阳茎位于背兜和基腹弧之间的膜质部分上,其周围的膜质圈腹面近基部常形成一骨片,称为阳茎基环(anellus)。阳茎上常具有骨化的刺、突起等。

(4)膜翅目昆虫的交配器:多数膜翅目昆虫无抱握器,只有发达的阳具。阳具是由第 9 腹节腹板上的生殖腔壁发生的。阳茎基大,分 2 节,并形成阳茎周围的各种突起,形似附肢,分类学上常称为生殖肢。阳茎基的基部第 1 节形成基环,射精管由此通过;第 2 节侧腹面生有一对阳茎侧突,分类学上称为生殖刺突。

三、腹部的其他附肢

昆虫的腹部除外生殖器外,在有些昆虫中的某些腹节上,还保留有由附肢演变而成的其他附属器官,如一些低等昆虫生殖后节上的尾须、鳞翅目幼虫的腹足。

(一)尾须（cerci）

尾须是第 11 腹节的附肢,存在于蜉蝣目、蜻蜓目、直翅类、革翅目等昆虫中。形态变化大,如部分双尾目、革翅目的尾须成铗状;部分双尾目、缨尾目、蜉蝣目的尾须细长如丝;蝗虫类、蜚蠊目的尾须短锥状或棒状。尾须上多具有感觉毛,主要功能为感觉,但铗状的尾须可用于防御,蠼螋的铗状尾须还可以帮助捕获猎物、折叠后翅等。

(二)幼虫的腹足

有翅亚纲昆虫只有在幼期才有与行动有关的附肢。蜉蝣目幼虫在第 1~7 腹节的背板与腹板间,有出自肢基片的鳃,它的肌肉也来自肢基片。广翅目、脉翅目、鞘翅目、鳞翅目、长翅目、膜翅目等幼虫均有发生腹部附肢。鳞翅目幼虫通常有 5 对腹足,着生在第 3~6 和第 10 腹节上;第 10 腹节上的一对常称臀足。腹足端部有能伸缩的趾（planta）,趾的末端有成排的趾钩（crochets）。鳞翅目幼虫的腹足是行动器官,在停息或取食时,也以腹足紧握植物的茎叶等。膜翅目叶蜂类幼虫也有腹足,但从第 2 腹节就开始有腹足,而且一般为 6~8 对,有的可多达 10 对。腹足的末端有趾,但无趾钩。这些都足以与鳞翅目的幼虫相区别。

第十章　昆虫的内部结构及生理

第一节　昆虫的内部器官位置及体壁

一、昆虫的体腔

昆虫与其他节肢动物一样,体躯外面被有一层富含几丁质的外壳,即体壁(integument)。由体壁包围昆虫体内的组织和器官,形成一个纵贯全身的腔,称为体腔(body cavity)。昆虫的背血管是开放式,血液在循环过程中要流经体腔,再回到心脏,因此昆虫的体腔又称血腔(haemocoele)。昆虫的所有内部器官和组织都浸浴在血液中。

昆虫的血腔(图 10-1)由肌纤维和结缔组织构成的隔膜(diaphragm)在纵向分隔成 2 个或 3 个小血腔,称为血窦(sinus)。位于腹部背面、背血管下面的一层隔膜,称为背膈(dorsal diaphragm),它将血腔分隔成背面的背血窦(dorsal sinus)和中央的围脏窦(perivisceral sinus)。背膈中含有的肌纤维,常呈扇形,排列在背血管各心室的两侧和每一腹节的背板之间。在蜉蝣目、蜻蜓目、膜翅目的成虫、幼虫(稚虫)及鳞翅目和双翅目等昆虫的成虫中,腹部腹板两侧之间还有一层腹膈(ventral diaphragm),腹膈下面的血窦,称腹血窦(ventral sinus),腹神经索即纵贯其中。消化道、排泄器官大部分的器官系统和生殖器官以及脂肪体等都位于围脏窦中。

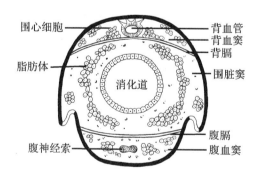

图 10-1　昆虫腹部横切面模式图(仿 Snodgrass)

二、昆虫内部器官的位置

在昆虫血腔中央的围脏窦内,有一条纵贯的管道称为消化道,它的前端开口于头部的口前腔,后端开口于肛门。在消化道的中肠和后肠交界处的 1 至多条细长的盲管是马氏管,它是昆虫的主要排泄器官。在消化道背面,有一根前端开口的细长管,称为背血管,它是血液循环的主要器官。在消化道周围的内脏器官之间,分布着担负呼吸作用的主气管和支气管。主气管以气门开口于体躯两侧与外界进行气体交换,支气管以微气管伸入各组织和器官中进行呼吸代谢,它们构成昆虫的呼吸系统。在消化道的中肠和后肠的背侧面,有一对雌性卵巢与侧输卵管,或雄性睾丸与一对输精管,经后肠腹面的中输卵管或射精管后以外生殖器上的生殖孔开口于体外,它们构成昆虫的生殖系统。在消化道腹面,有纵贯于腹血窦的腹神经索,它与脑组成昆虫的中枢神经系统。在背血窦和围脏窦中,包围在内脏器官周围的组织是起贮存和转化作用的脂肪体。在昆虫体壁的内表面、内脊突上、内脏器官表面、附肢和翅的关节处,着生有牵引作用的肌肉系统。在昆虫的头部有心侧体、咽侧体和唾腺,在昆虫的胸部前气门附件有前胸腺,在昆虫的腹部有生殖附腺等,它们构成昆虫的分泌系统。

三、昆虫的体壁构造及化学成分

昆虫的体壁(integument)是体躯外表的组织构造,有胚胎外胚层的部分未分化细胞形成的真皮细胞及向外分泌形成的表皮组织。昆虫体壁形成昆虫的外骨骼和内骨骼,以保持昆虫的体形和着生体壁肌,从而保护内脏器官和形成昆虫的运动机能。昆虫体壁也是体躯的保护性屏障,既能防止体内水分的蒸发,又能阻止病原菌、寄生物和环境化学物质等外物的侵入。昆虫体壁也是营养物质的贮存体,在新表皮形成过程中或饥饿的情况下,内表皮可被消化和吸收。另外,体壁一些表皮细胞转化成感器或腺体,接受外界的刺激,分泌种间和种内的信息化合物,调节和控制着昆虫的生理和行为反应。

1.体壁的构造　昆虫的体壁(图 10-2)由里向外分为底膜、皮细胞层和表皮层 3 部分,表皮层是皮细胞分泌的产物,而底膜则是由血细胞分泌的。

(1)底膜(basement membrane):是皮细胞基膜下方的双层结缔组织,由含糖蛋白的胶原纤维构成,厚度约 $0.5\mu m$。内层为无定型的致密层,外层为网状层。其中的胶原由浆血细胞分泌。底膜具有选择通透性,能使血液中的部分化学物质和激素进入皮细胞。

(2)皮细胞层(epidermis):位于底膜外侧,排列整齐的单细胞层,各相邻细胞间靠桥粒进行联结。皮细胞的形态结构随变态和脱皮周期而变化。在脱皮过程中,皮细胞多呈柱状,活动活跃。皮细胞层的主要功能是在蜕皮过程中分泌蜕皮腺,消化旧的内表皮并吸收其降解产物合成新表皮,组成昆虫的外骨骼及外长物。在发育过程中,部分皮细胞可特化成腺体、绛色细胞、毛原细胞和感受细胞等。一些昆虫的真皮细胞能修复伤口或内含有橙色或红色的色素颗粒,使体壁呈现色彩,并通过氧化还原作用控制昆虫色彩的变化。

(3)表皮层(cuticle):是昆虫体壁最外面的几层性质很不相同的非细胞性组织,由真皮细胞向外分泌形成,厚 $100\sim300\mu m$。表皮层由内向外可以分为内表皮、外表皮、上表皮等 3 层。

①内表皮(endocuticle)是表皮中靠近皮细胞的一层,也是表皮中最厚、最软的一层,厚 $10\sim200\mu m$。内表皮通常透明,由几丁质和蛋白质组成,呈多层平行薄片状,每一薄片层由很多弯成"C"字形定向规则排列的微纤丝构成,使内表皮具有弯曲和伸展性能。因此,当昆虫的外表皮尚未形成时,虫体可以生长和自由扭动。

②外表皮(exocuticle)是位于内表皮的外方,厚 $3\sim10\mu m$,外表皮通常呈琥珀色,由鞣化蛋白与几丁质组成,呈丝状排列,是表皮中最坚硬的一层。当昆虫的外表皮形成后,体壁就有较强的硬度,虫体的生长和活动就会受到限制。

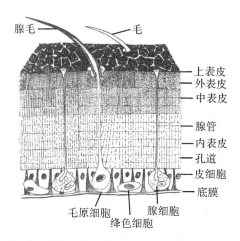

图 10-2　昆虫体壁的模式结构(仿 Hackman)

③上表皮(epicuticle)是表皮的最外层,覆盖于昆虫的体表、气管壁及化学感受器表面。该层不含几丁质,厚度 1～3μm,上表皮的层次依昆虫种类而不同,从内向外一般分为皮质层(角质精层)、蜡层和护蜡层。角质精层(tandded cuticulin)由绛色细胞分泌形成,是上表皮中最先形成的一层。此层含有脂蛋白和鞣化蛋白,常呈琥珀色,脂蛋白被醌鞣化后性质很稳定。其中有孔道与内侧的皮细胞相通。能阻止蜕皮液的内流,有一定抗蛋白酶、几丁酶和有机溶剂的能力。因而对新形成的原表皮有保护作用。蜡层(wax layer)位于护蜡层与表皮层之间,主要成分是长链烃类和其他脂肪酸酯和醇,由皮细胞在蜕皮前分泌,然后扩散到虫体表面。由于鞣化的角质精层对蜡层中长链烃类的极性基团有很强的吸附作用,其结果是在紧靠角质精层上面形成单分子层,长链烃的非极性端整齐朝外,同时长链烃分子间靠范德华力交联在一起。因此,亲脂单分子层不仅可防止外界水分和非脂溶性杀虫剂进入虫体,而且能防止体内水分的散失。护蜡层(cement layer)是上表层的最外层,由皮细胞腺的分泌物覆盖在蜡层上形成,主要成分是蛋白质和脂类,经过多元酚鞣化后,性质相当稳定,具有保护蜡层的功能。

2.体壁化学成分　体壁包括几丁质、蛋白质、脂类、色素、无机盐、多元酚及氧化酶等。

(1)几丁质:昆虫表皮的主要成分之一,占表皮干重的 25%～40%,由 N-乙酰-D-葡萄糖胺通过 β-1,4-糖苷键聚合而成,其分子式为$(C_8H_{13}O_5N)_n$,构造类似纤维素。几丁质为无色无定型的固体,不溶于水、稀酸、稀碱、酒精、乙醚等有机溶剂,以浓碱液在高温下(160℃)处理几丁质,虽然不能溶解,但可使其分子链上乙酰基部分脱离,余下部分为几丁糖,而几丁糖能溶于稀酸中,一般借此法可检测几丁质是否存在。X 衍射分析研究证明,昆虫表皮中的几丁质属于 α-几丁质。昆虫在脱皮期间,表皮中的几丁质受几丁质酶和几丁二糖酶的作用而降解,并被吸回细胞,在沉积新表皮时重新利用。灭幼脲等生长调节能抑制几丁质合成酶的活性,干扰和破坏几丁质的合成,使昆虫在脱皮时不能形成新表皮,造成畸形或直接死亡。

(2)蛋白质:昆虫表皮的主要成分,其含量与几丁质相当。上表皮和外表皮中的蛋白质大都以鞣化蛋白的形式存在,在原表皮中,与几丁质形成糖蛋白。昆虫表皮蛋白的异质性在氨基酸组分的复杂性方面有所表现,能反映出种的特异性,并在不同性别和发育阶段也有很大差异。

（3）脂类：昆虫表皮中的脂类组成非常复杂，其主要组分是蜡质，即长链的烃、醇和脂肪酸，及长链醇和长链脂肪酸形成的酯等组成的混合物。一般在硬度较大的表皮中长链烃占优势，在较软的表皮中，不饱和烃类比例较高。

（4）色素：昆虫体壁中含有各种色素，一部分存在于表皮中，但大多数是在皮细胞中，如蓝色的虾青素、黄色的类胡萝卜素、黑褐色的黑色素和能产生多种色素的嘌呤衍生物等。其主要功能是呈现体色、防卫和调节体温。

3. 蜕皮过程　体壁外表皮的硬化，阻碍了虫体的生长和发育。幼期昆虫只有周期性地脱去旧表皮，产生更大面积的新表皮，才能继续生长发育，这个过程就称为脱皮（molting）。昆虫的脱皮受激素调控。

（1）脱皮过程：昆虫的脱皮过程包括皮层溶离、旧表皮的消化和吸收、新表皮的沉积和鞣化等一系列复杂的生理过程。

在蜕皮开始时，昆虫停止取食，静止不动，皮细胞首先积累必要的物质，皮细胞体积增大或进行有丝分裂，由原来的扁平形变为排列紧密的圆柱状，从而导致皮细胞层与旧内表皮的分离，即皮层溶离。之后皮细胞发生细胞质突起，向皮细胞层与旧内表皮之间的分离间隙分泌含有蛋白酶和几丁酶的蜕皮液，此时酶液不具有活性。

绛色细胞分泌形成角质精层，覆盖于皮细胞层之上，将皮细胞层与旧内表皮分开。当绛色细胞在紧贴皮细胞表面分泌一层角质精层后，蜕皮液开始活化，并消化溶解旧的内表皮，在消化过程中会形成一层极薄的蜕皮膜。旧内表皮消化的同时，皮细胞通过细胞质突起形成孔道，在角质精层之下、皮细胞层之上，形成新的原表皮；皮细胞伸出的原生质丝构成的孔道穿过新原表皮和角质精层，将被溶的旧表皮吸入皮细胞或原表皮层，作为合成新原表皮的部分物质；被消化的旧内表皮中，有90％以上的物质被重新吸收利用，并参与新表皮的合成；在蜕皮之前，皮细胞通过孔道（蜡管）在角质精层上面分泌蜡质，在其上形成蜡层。

新的原表皮开始沉积后，旧表皮逐渐被消化，最后剩下旧上表皮、旧外表皮和少数几层未消化的内表皮，接着，昆虫就开始蜕皮。蜕皮是两个虫龄或虫态间的分界线。脱下的旧表皮就是蜕。昆虫蜕皮时，常大量吞吸空气或水分，并借助肌肉的收缩活动，使蜕裂线处的血压增大，最终导致蜕裂线裂开，于是昆虫从旧表皮中钻出，留下旧外表皮、旧上表皮、未被消化的内表皮片层和蜕皮膜组成的蜕；刚蜕皮的虫体，呈乳白色或无色，体壁柔软多皱。

表皮鞣化蜕皮后，皮腺体在蜡层之上分泌护蜡层；刚蜕皮的虫体，要靠大量吞吸空气或水分，使新表皮扩展，翅与附肢展开，身体迅速长大。皮细胞腺通过孔道开始在蜡层上面分泌，形成护蜡层。蜕皮后皮细胞通过孔道将酚类及氧化酶运输到原表皮外侧部位，到达角质精层上方，沉积为多元酚层；其中醌类向下扩散到角质精层与原表皮的上层，与原表皮上层中的蛋白质结合，成为不溶性物质，从而使表皮硬化或黑化，发生鞣化作用，形成外表皮。未经鞣化和黑化而保持色浅又柔软的原表皮下层，称为内表皮。昆虫虫体变硬、体色加深后，不久即开始活动和取食。在鞣化过程结束后，昆虫内表皮还有一个继续沉淀的过程。昆虫表皮的鞣化剂是促进表皮中蛋白质交联的一类带芳香基团的胺类化合物，最常见的是N-乙酰多巴胺。

（2）脱皮的激素调控：在昆虫体内，目前已知有蜕皮激素和保幼激素直接参与蜕皮过程的调控。蜕皮激素是前胸腺被脑激素激活后分泌的，直接作用于真皮细胞中的染色体，启动真皮细胞的表皮形成过程，以促进蛹或成虫器官的分化和发育。保幼激素是咽侧体被脑激素激活后分泌的,直接作用于真皮细胞的核物质,促使合成幼虫的表皮和结构,抑制成虫器官的分化和发育。两种激素共同作用,决定着蜕皮过程的表现形式。在高浓度保幼激素的情况下,发生从幼期到幼期的生长蜕皮;当保幼激素的浓度降低时,发生从幼虫变蛹或若虫变成虫的蜕皮过程,即变态蜕皮。

蜕皮激素还直接参与表皮的鞣化过程,它调控细胞核合成活化酶并将酪氨酸酶原激活。酪氨酸酶通过孔道输送到多元酚层中,将3,4-二羟基苯酚胺转化为相应的邻位醌,使表皮质层和原表皮上层中的蛋白质发生鞣化作用。另外,大多数昆虫还有由神经分泌细胞产生的鞣化激素。鞣化激素是一种多肽激素,启动脱皮后外表皮的硬化和暗化作用。

4.体壁的色彩 昆虫体壁有不同色彩,根据其形成方式不同,分为色素色、结构色、结合色等3类。

(1)色素色(chemical colour):又称化学色,昆虫体内一定部位含有某些色素化合物,能吸收部分波长的光波而反射其他光波,从而使昆虫相应部位显示特定的颜色,是昆虫体壁色彩的基本形式。这些色素化合物主要是新陈代谢的产物或贮藏排泄物,存在于昆虫的表皮、真皮或真皮下。例如,许多昆虫躯体是黑色或褐色,这是外表皮含有黑色素。黑色素是由酪氨酸和多巴(dopa)经血液中的酪氨酸酶和多巴氧化酶结合催化形成的一类化学性质稳定的化合物,昆虫死亡后也不褪色。一些植食性昆虫幼虫躯体是黄色、绿色或橘红色等,是由于其体壁透明,而真皮、血液或内部器官含有类胡萝卜素、胆色素、花青素、花黄素等来自昆虫食物的表皮或表皮下色素。当昆虫死亡后,真皮色素或真皮下色素就随着组织的躯体而消失。

(2)结构色(physical colour):又称物理色,昆虫体壁上表皮有极薄的蜡层、精细的刻点、沟、脊、鳞片和外表皮的丝状结构,使光波发生折射、散射、衍射或干涉而产生的鲜艳色彩。例如,青蜂、金小蜂、一些甲虫等昆虫体壁的美丽金属闪光就是典型的结构色。结构色稳定,不会被化学药品或热水处理而消失。

(3)结合色(combination colour):又称混合色,由色素色和结构色组成。大多数昆虫的体色是混合色,这在鞘翅目、鳞翅目和膜翅目昆虫中最为突出。如紫闪蛱蝶的翅面黄褐色而有紫色闪光,其中的黄褐色属色素色,紫色闪光属结构色。昆虫的色素色以红色、橙色和黄色等暖色为主,而结构色以绿色、蓝色和紫色等冷色为主,两类色彩的结合,使昆虫色彩更加鲜艳夺目。

昆虫的体色能适应环境而变化。例如,山顶上昆虫的体色常比山脚下的体色深,因为深色可使昆虫吸收更多的阳光以提高虫体温度;冬天枯草中的螽斯为灰色,夏天青草上的螽斯为草绿色,因为昆虫与栖境的颜色相似能保护自己。另外,昆虫体壁的色彩还受昆虫体内咽侧体分泌激素的影响。

5.表皮通透性 体壁是昆虫与环境之间的一个通透性屏障,外源物质在一定条件下可以穿透体壁。体壁的结构特性决定着物质的穿透能力和速率,同时受环境因素和昆虫防御的影响。

(1)水分:昆虫的上表皮含有丰富的蜡质和定向排列的亲脂分子单层,具有抵御虫体水分蒸腾和防止外界水分渗入的作用。但是,当外界温度升高到一定时,可破坏蜡质分子的定向排列,导致蜡质分子间出现缝隙,从而使上表皮的通透性发生改变。另外,用氯仿、乙醚等有机溶剂或矿质惰性粉处理虫体,能溶解或擦除蜡质,提高体壁对水分的通透性,引起昆虫死亡。

(2)气体:在多数昆虫中,除气管和味觉器等器官外,气体很难通过体壁进入虫体内。生产上正是通过气管系统将熏蒸剂引入昆虫体内来杀死昆虫的。但是,生活在水中、寄生在其他昆虫体内或生活在潮湿环境下的昆虫,由于体表常无蜡层或多元酚层,甚至也没有外表皮,它们可以通过柔软的体壁直接与外界进行气体交换。

(3)杀虫剂:大多数触杀性杀虫剂是脂溶性的,比水分易于穿透蜡层。很多农药加工剂型中含有二甲苯等有机溶剂,能够溶解蜡质或破坏蜡质分子的排列,更容易透过上表皮。当药剂进入原表皮时,由于有大量的几丁质、蛋白质和水分,极性物质才容易穿过该层。因此,兼具有脂溶性和水溶性的杀虫剂容易透过体壁,是比较理想的触杀剂。当原表皮上层被鞣化后,亲水性降低和分子结合紧密,不利于触杀剂的穿透,同时大龄幼虫的表皮厚、鞣化程度高,也不利于触杀剂的穿透,所以防治害虫应掌握在低龄阶段刚蜕皮时,特别是初孵幼虫期,以提高药效。

第二节　昆虫的消化系统

昆虫的消化系统(digestive system)包括一根自口到肛门,纵贯于血腔中央的消化道,以及与消化有关的唾腺。主要功能是摄食、吞咽、消化、吸收和排泄,并兼具有调节体内水分和离子平衡的作用。

一、消化道的一般构造和机能

昆虫的消化道(图 10-3)根据其发生的来源和机能的不同,可分为前肠、中肠和后肠 3 部分。在前肠和中肠之间有贲门瓣,用以调节食物进入中肠的量;在中肠和后肠之间有幽门瓣,控制食物残渣排入后肠。一般肉食性种类消化道较短,消化迅速;植食性种类消化道较长,消化较缓慢;腐食性种类消化道最长。前、后肠的表皮也随昆虫体壁的蜕皮而脱落。

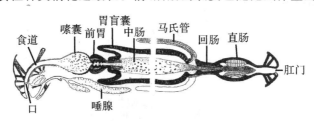

图 10-3　昆虫消化道模式图(仿 Weber)

1. 前肠(foregut)　消化道的前段,由外胚层内陷形成,由内向外分为内膜、肠壁细胞、底膜、纵肌、环肌和围膜等 6 层(图 10-4)。内膜相当于体壁的表皮层,比较厚,其表面生有短毛或小刺,在前胃部分特化成齿状或板状突起。内膜一般对消化产物及消化酶等都表现不渗透性,所以前肠没有吸收作用。前肠由前往后常分为咽喉、食道、嗉囊、前胃和贲门瓣。

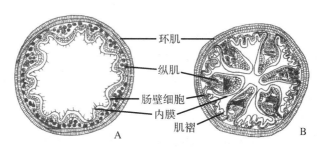

图 10-4　一种蝗虫前肠的横切面(仿 Snodgrass)

A.嗉囊处;B.前胃处

（1）咽喉（pharynx）：前肠的前段部分，位于额神经节后方，背面有起源于额区或后唇基的咽喉背阔肌。在咀嚼式口器中，咽喉仅是食物的通道，但在刺吸式口器昆虫如吸血的雌蚊中，咽喉上附着的强大扩肌特化成咽喉唧筒，吸食时，与食窦唧筒交替伸缩将血液抽吸入食道。

（2）食道（oesophagus）：连接在咽喉后面的食物通道，终止于嗉囊或前胃，但在幼虫中直接通向中肠。

（3）嗉囊（crop）：食道后端的膨大部分，为暂时贮藏食物的场所。直翅目、部分鞘翅目等昆虫取食时，中肠分泌的消化液可倒输入前肠嗉囊内，这样嗉囊就具有初步消化食物的功能。在蜜蜂中，花蜜和唾液分泌的酶在嗉囊中混合转变成蜂蜜，因而嗉囊又称为蜜胃。

（4）前胃（proventriculus）：位于前肠的后端，常特化成多种形状。其原始型仅为狭长的管道，并略微伸入中肠的前端形成贲门瓣。但在取食固体食物的昆虫中，前胃常很发达，并在外面包围有强壮的肌肉层，内壁则有由内膜特化形成的齿状或板状突起（图 10-5）。前胃除有磨碎食物的功能外，还可以作为调节食物进入中肠的活瓣并兼有过滤的作用。

（5）贲门瓣（cardiacvalve）：位于前胃的后端，由前肠末端的肠壁向中肠前端内褶而成，一般呈筒状或漏斗形，主要功能是使食物可以从前肠直接输入到中肠的肠腔，而不与胃盲囊接触，阻止中肠内食物倒流入前肠。

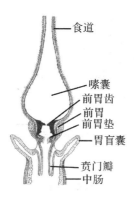

图10-5　东方蜚蠊(*Blatta orientalis* L.)前肠和中肠前端纵切面(仿 Snodgrass)

2.中肠（midgut）　消化道的中段，一般呈管状，前端连接前胃，后端以马氏管着生处与后肠分界。很多昆虫中中肠前端的肠壁，向外突出形成 2～8 个囊状或指状胃盲囊，以增大中肠的消化和吸收面积，或是作为肠道共生物的繁殖场所。中肠主要功能是分泌消化液、消化食物和吸收营养物质,所以中肠也称"胃"。

(1)中肠的组织结构:中肠组织自内向外分为围食膜、肠壁细胞、底膜、环肌、纵肌和围膜6层(图10-6)。其中,围食膜是中肠肠壁细胞分泌形成的厚0.13~4μm的薄膜,由几丁质和蛋白质组成,为纤丝网状结构,不贴附在肠壁细胞表面。它包围食物颗粒,保护肠壁细胞顶膜微绒毛免受食物颗粒的损伤和微生物的侵害,有选择渗透性,对消化酶和已消化的食物成分具有渗透作用,形成围食膜外空隙,提高消化和吸收效率。但是,在半翅目、缨翅目、广翅目等昆虫中,中肠没有围食膜;在一些双翅目昆虫中,围食膜仅出现在中肠前端。中肠组织和前肠组织的区别在于有围食膜,消化酶和营养物质能穿透;肠壁细胞层厚,肠壁细胞大且活跃;肌肉层薄,纵肌排列在环肌的外面。

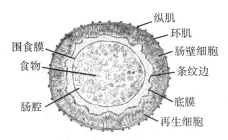

图 10-6　中肠肠壁组织结构(仿 Snodgrass)

(2)肠壁细胞的超微结构:在电子显微镜下观察,昆虫中肠的肠壁细胞常见有柱状细胞、杯状细胞、再生细胞、内分泌细胞等4类(图10-7)。

①柱状细胞(columnar cell)又称消化细胞,是最常见的一类肠壁细胞。柱状细胞顶膜特化成微绒毛,基膜形成深深的内褶,内含线粒体,主要有分泌消化酶和吸收消化产物的功能。质膜的特化增加了细胞的表面积,提高对消化产物的吸收能力;细胞内含有丰富的内质网和高尔基体,能合成消化酶,并通过顶端分泌、部分分泌、全浆分泌等3种方式将消化酶分泌进入肠腔。

②杯状细胞(goblet cell)是与调节血淋巴中 K$^+$ 的含量有关,主要存在于鳞翅目和毛翅目幼虫中,在肠壁上与柱状细胞相间排列。细胞顶部内陷成杯腔和杯颈,细胞质少,核位于杯腔下方。杯腔基部的微绒毛较长,绒毛内有线粒体;中部微绒毛较短,无线粒体;顶端的微绒毛最短,而且多呈分叉状。

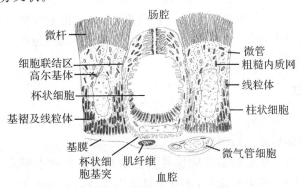

图 10-7　天蚕蛾(*Platysamia cecropia*(L.))幼虫中肠的杯状细胞和柱状细胞(仿 Anderson & Harver)

③再生细胞(regenerative cell)又称原始细胞,主要功能是补充因分泌活动而消耗的细胞,或在蜕皮和化蛹过程中更新旧的肠壁细胞,是一种具有分裂增殖能力的小型细胞,多位于肠壁细胞的基部。

④内分泌细胞(endocrine cell)在许多昆虫的中肠内部都有发现,细胞内有分泌颗粒,形态和染色特性都与神经分泌颗粒相似,但功能尚不十分清楚。

3.后肠(hindgut) 消化道的后端,前端以马氏管着生处于中肠分界,后端终止于肛门。后肠由外胚层内陷形成,其组织结构与前肠相似,只是肌肉的层次排列同中肠相似,即环肌在内,纵肌在外,除直肠垫细胞外,大多数肠壁细胞都比较扁平。内膜比前肠的薄,易被水分和无机盐类渗透。主要功能是排除食物残渣和代谢废物,并从排泄物中吸收水分和无机盐,供昆虫再利用。

后肠一般分为回肠(ileum)、结肠(colon)、直肠(rectum)等 3 个部分。在后肠的前段与中肠的交界处,着生有开口进入肠腔的马氏管,在马氏管开口的前方,常有突入肠腔内的幽门瓣。幽门瓣有控制中肠内消化残渣进入回肠的功能,当幽门瓣关闭时,仅有马氏管的排泄物进入后肠。在回肠与直肠的交界处,有一圈由瓣状物形成的直肠瓣,以调节残渣进入直肠。许多昆虫的直肠常特化成卵圆形或有长形的垫状内壁或圆锥状突起,称直肠垫。垫上的内膜特别薄,主要功能是吸回残渣中的水分和无机盐类。

二、唾腺

唾腺(salivary glands)是以唾管开口于口前腔内、分泌唾液的多细胞腺体的总称。在胚胎发育过程中,唾腺由外胚层细胞内陷而成。按开口的位置可分为上颚腺、下颚腺、咽下腺、下唇腺等 4 类。其中下唇腺最为普遍,但鳞翅目、毛翅目、一些膜翅目的幼虫的下唇腺特化为丝腺上颚腺起唾腺作用;啮虫目昆虫有 2 对下唇腺,其中 1 对用于产丝,1 对用于分泌唾液。

唾液成对位于昆虫的胸部,也有的延伸到腹部,形状多样,有简单管状、分支管状、囊状和葡萄串状等,以 1 根主唾管开口于口前腔内。唾腺的主要功能是分泌唾液。昆虫的唾液通常是无色透明的液体,中性、酸性或强碱性,主要功能是湿润口前腔和溶解固体食物。植食性半翅目昆虫在取食时分泌的唾液有 2 种,鞘唾液(sheath saliva)和水唾液(watery saliva)。鞘唾液是在口针向前推进时分泌的凝胶状的脂蛋白,很快凝固形成包围口针的口针鞘,仅露出口针的尖端,防止植物汁液外流。一些直翅目昆虫的唾液中含有淀粉酶和麦芽糖酶,少数捕食性半翅目昆虫的唾液中含有蛋白酶,能对食物进行初步消化。另外,在吸食动植物汁液的昆虫唾液中,还常含有其他酶类和毒素,如果胶酶、透明质酸酶和抗凝血酶,以确保取食过程的顺利进行。

三、消化与吸收

昆虫的食物种类丰富多样,有很多是大分子的聚合物,需要在消化酶的作用下,水解为小分子的二聚体或单体后才能被吸收和利用。

1.昆虫的营养物质 昆虫的营养物质是指昆虫必须从食物中摄取、用以维持生命活动的物质,主要包括蛋白质、糖类和脂类,还有少量维生素、水、无机盐等。

(1)蛋白质:昆虫身体基本的组成成分,又是昆虫生长发育和生殖所必需的营养物质。

(2)糖类:主要供给昆虫生长、发育所需的能量,以及转化成贮存的脂肪,有些糖则为激食剂。碳水化合物和蛋白质都是昆虫营养上所必需的,但是两者的比例即碳氮比对昆虫生长发育有很大影响。

(3)脂类:脂肪是昆虫贮存能量的主要化合物,还是磷脂的必需成分,而磷脂则是细胞内外各种膜结构的必需成分,因此昆虫体内常有大量的脂肪。

(4)维生素:不是构成虫体的原料,也不是供给能量的物质,昆虫对其所需量甚微,但对维持虫体正常的生理代谢却是必需的,须由食物供给,是一种外源性物质。

(5)水和无机盐:是昆虫生长发育不可缺少的物质。

2.昆虫对食物的肠外消化 昆虫对食物的肠外消化又称口外消化,是指昆虫在取食时,先将唾液和中肠消化液注入寄主或猎物体内,酶解其组织,再将液体状的消化产物吸收回肠内的过程。在肠外进行的消化作用就是肠外消化。常见于刺吸式口器和捕吸式口器的昆虫中。

3.昆虫对食物的肠内消化和吸收 指在昆虫消化道内进行的消化作用,这是大多数昆虫的消化模式。在一些昆虫中,肠内消化需要有肠道共生物的参与。

(1)蛋白质的消化:昆虫食物中的蛋白质经蛋白酶降解为分子质量较小的多肽后,进入中肠肠壁细胞,然后在细胞内肽酶的作用下降解为氨基酸。

(2)糖类的消化:昆虫体内的淀粉和糖原在唾液中的 α-淀粉酶的作用下分解为寡糖,然后在中肠内被 α-葡萄糖苷酶降解为葡萄糖。昆虫血液中的海藻糖被海藻糖酶降解为葡萄糖,其他双糖即被葡萄糖苷酶降解为葡萄糖。

白蚁、天牛、窃蠹、树蜂等昆虫体内有纤维素酶和半纤维素酶,能将纤维素完全裂解为葡萄糖,这些酶由昆虫自身产生或肠内的共生物供给。

(3)脂类的消化:昆虫对脂类的消化吸收因脂类组分而异。三酰甘油酯在中肠分泌的酯酶作用下降解为甘油单酯或游离的脂肪酸后才能被吸收利用,半乳糖二脂酰甘油等膜脂在脂酶水解为半乳糖、甘油单酯和游离的脂肪酸后才能被吸收利用,而甾醇类能被直接吸收利用。

营养物质的吸收是指经过消化的营养物质经中肠进入肠壁细胞的过程,主要发生在中肠前段和胃盲囊中,包括依靠浓度梯度的被动扩散吸收和消耗 ATP 的主动转运吸收。

蛋白质在肠腔内被降解为氨基酸或分子质量较小的短肽后,就可被中肠肠壁细胞吸收。在多数情况下,这是一个被动扩散过程,但在鳞翅目幼虫和蜚蠊目昆虫中,常常需要借助 Na^+ 或 K^+ 的协同转运;在一些昆虫中,后肠对马氏管排泄物中氨基酸的吸收也是借助 Na^+ 依赖的同向转运载体。

葡萄糖的吸收是依浓度梯度经肠腔到肠壁细胞内扩散的简单扩散吸收过程。当食物中的多糖或双糖水解为葡萄糖后,葡萄糖依浓度梯度由肠腔向肠壁细胞内扩散,然后再经肠壁细胞扩散到血腔中。

脂类的吸收通常也是一个被动扩散过程。在中肠前端的肠壁细胞膜上,分布有大量的脂肪酸结合蛋白,帮助肠壁细胞吸收脂肪酸。但在蜚蠊和一些利用纤维素昆虫的后肠内,其肠壁细胞能吸收大量的脂肪酸乙酸酯和丁酸酯。

4.影响消化酶活性的因素 昆虫消化酶活性受到消化液的 pH 和氧化还原电位的影响。

（1）pH：消化酶在一定的 pH 范围内才显示最大的活性。前肠的内含物没有缓冲能力，它的 pH 主要是由食物决定的。多数昆虫的消化液 pH6～8，较稳定，植食性昆虫比肉食性昆虫偏碱性。中肠液能以较强的缓冲力来稳定 pH。但是，有的昆虫中肠的缓冲力较差，如蚊子中肠的 pH 与寄主血液的 pH 相同。后肠由于马氏管的分泌作用，肠液 pH 通常是偏碱性的。

（2）氧化还原电位：在消化和吸收过程中，氧化还原电位决定生化反应的能量和方向，同时还影响消化酶活性和肠壁细胞的吸收。昆虫中肠的氧化还原电位通常是正的，约为 +200mV。

5.营养物质的液流循环　根据美洲蜚蠊的研究结果，Berridge（1969）提出了营养物质和排泄物的液流循环理论（图 10-8）。该理论认为，中肠后段肠壁细胞吸入血液中的无机离子和水等，经中肠后段的柱状细胞或杯状细胞向肠腔内分泌消化液，排回肠腔内，并沿围食膜外空隙逆食物流而向前行，不断消化食物，经消化后的营养物质可被中肠前段的柱状细胞和胃盲囊细胞吸收，由中肠前段流入血腔，而从形成吸收循环液流，其主要功能是增强营养物质的消化和吸收。马氏管吸收血液中的无机离子、水和代谢废物，向后肠内分泌尿液，与中肠排入的食物残渣相混合，由直肠垫或直肠乳突将水和无机离子吸收回血腔中，构成排泄循环液流，主要作用是排泄血液中的代谢废物，同时调节血液的渗透压和离子平衡。

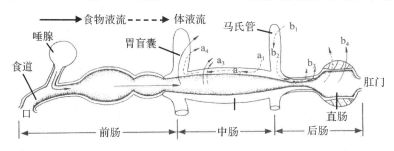

图 10-8　营养物质和排泄物的液流循环（仿 Berridge）

a.吸收循环；b.排泄循环

6.食物的利用效率　能被昆虫利用、进行消化吸收的食物，一部分用来构成虫体和参与物质代谢以及用于能量代谢，另一部分则不能吸收而排出体外。食物通过消化作用后，可消化吸收的部分与消耗食物的比值，称消化系数。昆虫取食不同的食物，其消化系数不同，消化系数大的营养价值高，但食物的营养价值还应以食物的转化率来衡量。一般认为，虫体转化食物为体躯物质及能量的效率，取决于食物中营养物质的含量的比率。如果一种食物中缺乏某些营养物质，则将浪费更多养料，造成转化率降低。通常用昆虫利用食物的综合效率来评估，其中包括消化率、转化率和利用率 3 个指标。昆虫的食物利用效率差异很大，鳞翅目幼虫的食物利用率和转化率大约是直翅目的 2 倍，但消化率是相似的。食物利用率还因昆虫的龄期不同而异。

消化率（AD）的计算公式如下：

$$消化率（AD）=\frac{取食量（mg）-排粪量（mg）}{取食量（mg）}\times100\%$$

转化率（ECD）是指在一定时间内被消化的食物吸收后转化为虫体组织的百分率。

$$转化率(ECD) = \frac{体重增加量(mg)}{取食量(mg) - 粪便量(mg)} \times 100\%$$

利用率(ECI)是指昆虫利用摄取的食物来构成虫体的能力,实为消化率和转化率的乘积。

$$利用率 = \frac{体重增加量(mg)}{取食量(mg)} \times 100\%$$

$$营养比率(NR) = \frac{可被消化的糖类 + 可被消化的脂类 \times 2.25}{可被消化的蛋白质} \times 100\%$$

式中:2.25 是每克糖的热量,为 4000kcal(1cal=4.1840J),每克脂肪的热量为 9000kcal,当两者作为能量时,1g 脂肪=2.25g 糖。

第三节　昆虫的排泄系统

昆虫的排泄系统(excretory system)是指排出体内代谢废物或有害物质的器官总称。马氏管和消化道是主要排泄器官。脂肪体、体壁和围心细胞等也参与昆虫的排泄作用。排泄系统的主要功能是排出体内含氮代谢废物、多余的水分和无机盐类,调节水分和离子的平衡,维持体内环境的稳定。

一、马氏管及排泄作用

马氏管(malpiphian tube)是一些浸浴在昆虫血腔中的细长盲管,其基部着生于中后肠交界处,端部游离或伸入直肠内形成隐肾结构。

1. 马氏管数量与结构

(1)马氏管数量:除蚜虫外,其他昆虫都有马氏管。马氏管的数量在各类昆虫中差异很大。少的如多数介壳虫只有 2 条,缨翅目、虱目、蚤目和双翅目昆虫有 4 条,广翅目、毛翅目和鳞翅目昆虫有 6 条,多的如一些蝗虫和蜻蜓可达 200 条以上。另外,沙漠蝗等一些昆虫的马氏管数量会随着昆虫的发育而不断增多。马氏管的长度 2~100mm,直径 30~100μm。

(2)马氏管结构:由单层真皮细胞组成,外面为基膜,向管腔的一面具有缘纹。缘纹通常在基部呈刷状,在端部呈蜂窝状,真皮细胞的基膜高度内褶,可达整个细胞的 1/3。内质网在细胞的中部形成复杂的网络,和线粒体伸入顶部的微绒毛内(图 10-9)。

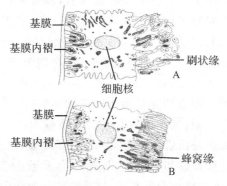

图 10-9　昆虫马氏管的亚显微结构(仿 Wigglesworth & Salpeter)
A. 基段;B. 端段

2.马氏管排泄机制　一些水生昆虫和陆生昆虫的马氏管管液,几乎与血液是等渗的,但其无机盐成分与血液有明显的不同,最特殊的现象是 K^+ 的浓度比血液高,最少高 6 倍,水生种类的昆虫可高达 30 倍。因此,马氏管液的组成绝不是借简单的物理过程由血液滤过管壁形成的,而是靠主动运输系统进行的(图 10-10)。除 K^+ 行主动运输外,竹节虫和丽蝇等 Na^+ 的运输以及吸血蝽管液中 Cl^- 都靠主动运输进行。但马氏管对分子量较小的多数代谢物如氨基酸类、糖类、尿素、尿酸盐等,均表现自由的渗透性,可在浓度梯度的压力下进入管腔。

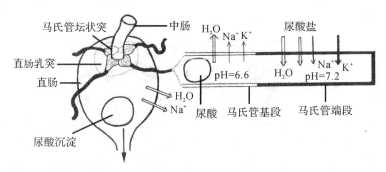

图 10-10　普热猎蝽马氏管内的水分和无机盐类的流动情况及其与尿酸排泄和沉淀的关系(仿 Chapman et al.)

K^+ 等无机盐类的主动运输,是马氏管液产生及流动的基础。血液中的尿素以尿酸氢钾(或尿酸氢钠)形式随管液的流动分泌进入马氏管腔内,当含有尿酸氢钾及尿酸氢钠的尿液通过具刷状的基段时,在 CO_2 的作用下,水及无机钾盐和钠盐被吸回血液,尿液的 pH 由端部的 7.2 下降至 6.6,导致尿酸沉积于马氏管的基段,过量的沉淀进入后肠与肠内的消化残渣混在一起成为粪便排出体外。

尿酸是昆虫尿中重要的含氮废物,尿酸与其他含氮排泄物相比,分子中所含的氢原子最少,有利于水分的保持,加上尿酸不论以游离酸的形式,还是以铵盐的形式都不易溶于水,排出时无需水伴随而不消耗大量的水,这是陆生性昆虫适应性的重要一环,对于没法获得水分的卵期和蛹期来说,其保水作用更为重要。

二、其他排泄器官

1.体壁及排泄作用　体壁也是一种贮存排泄器官,其排泄作用主要体现在如下几个方面。很多昆虫的体壁能贮存蝶呤和尿酸等氮素代谢物;表皮层中的几丁质、蜡质、部分氮素化合物及无极钙盐等随蜕脱去;皮细胞腺分泌的胶质、丝、蜡质、化学防御物质或信息素的排出体外等。例如,一些凤蝶幼虫取食芸香科植物时,将植物中有害的芸香素贮存起来,当受到天敌惊扰时,就释放出来。

2.围心细胞及排泄作用　围心细胞是指排布在背血管、背膈或翼肌表面的一圈大型细胞,来源于中胚层,不随血液流动,其细胞质呈嗜酸性或嗜中性,内含 1～6 个细胞核。围心细胞从血液中选择性吸收那些马氏管难以排泄的大分子物质,包括很多燃料和色素颗粒,特别是胶体颗粒。当它吸入的颗粒饱和后,细胞即破裂,然后被血细胞吞噬移除。如果围心细胞吸收的是蛋白质大分子,则被降解为氨基酸,然后释放回血液中。

3.中肠及排泄作用　昆虫中肠细胞对 K^+、Ca^{2+}、Cu^{2+}、Fe^{2+}、Zn^{2+} 等离子和一些有机分

子具有很强的贮存排泄作用,既能保证离子的正常生理功能,又能避免离子过量对昆虫的毒害作用。例如,吸血昆虫能通过中肠细胞排出食物中的血红蛋白;有些昆虫的中肠细胞含有某些矿物质,在蜕皮时将这些物质排出体外。

4.脂肪体及排泄作用 脂肪体来源于中胚层,主要由圆形或多角形的脂肪细胞和滋养细胞组成,也常含有含菌细胞和尿盐细胞,一般黏附于体壁内表面和内部器官表面,或分散于血腔内,松散排列或片状、网状、叶状、块状或条带状等,为浅黄色、白色、褐色、蓝色或绿色。脂肪体的主要功能是贮存营养物质和代谢废物,进行中间代谢、解毒作用和物质合成等。

脂肪体是昆虫体内重要的贮存排泄器官。在昆虫的胚胎前期或寄生蜂的幼期,贮存排泄是主要的排泄方式,尿酸盐结晶贮存于脂肪细胞内形成尿盐细胞。但是,在多数昆虫的胚后发育中,贮存排泄是辅助的排泄方式。此外,脂肪体还可吸收并贮存脂溶性杀虫剂,并对其进行解毒。

第四节　昆虫的循环系统

一、循环系统的基本构造

昆虫的循环系统主要包括促使血液流动的背血管及辅搏器,血窦中背膈和腹膈也进行有节奏的收缩活动,使血液按着一定方向流动。此外,还有一些与血液组成密切相关的造血器官和肾细胞等,它们大多数来源于胚胎发育时的中胚层。

1.背血管(dorsal vessel) 主要的循环器官,是纵贯于背血窦中央的1条后端封闭、前端开口于脑和食道之间的细长管道,由肌纤维和结缔组织构成,其两侧着生有成对的翼肌,是血液循环的主要搏动器官(图10-11)。可分为心脏和动脉两部分。心脏起源于中胚层,动脉起源于外胚层。

(1)心脏(heart):背血管后段呈连续膨大的部分,每个膨大部分称为心室,其末端为盲端,按节膨大形成9个心室(家蝇有3个心室,蠊有11个心室)。心室的数目与所占的腹节数目一致,一般开始于腹部第2节。心室两侧有1对有瓣膜的心门,当心室收缩时,心门瓣关闭,迫使血液在背血管内向前流动;当心室舒张时,心门瓣打开,血液从体腔流入心室。就这样,心室由后向前依次收缩,促使血液在背血管内由后向前流动。心室两侧有扇状背横肌即翼肌与隔膜相连,它的收缩使心室扩张与紧缩以推动血液的流动。多数昆虫的心脏仅局限于腹部内,少数昆虫如蜚蠊和铗尾虫等的心脏伸达胸部内。它是保持血液在体内循环的主要器官。

(2)动脉(aorta):背血管前段细而不分室的直管部分,没有心门,也没有翼肌与隔膜相连,前端开口入头腔,后端连同第一心室,是引导血液向前流动的管道。动脉位于昆虫头胸部内。主要功能是将吸入心脏的血液导入头内。另外,脑部神经分泌细胞的轴突,经心侧体在动脉上形成释放脑激素的神经器官,因此动脉也是激素进入血液的一个重要部位。

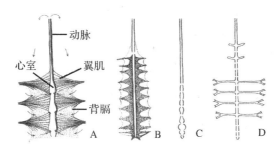

图 10-11　昆虫背血管的基本结构和类型(A. 仿 Snodgrass；B－D. 仿 Romoser)

A. 基本结构；B. 直管形；C. 球茎形；D. 分枝形

2. 背膈(dorsal diaphragm)和腹膈(ventral diaphragm)　分别紧贴于心脏的下方和腹神经索的上方,是昆虫体腔内与血液循环密切相关的结缔膜。背膈的结缔膜中包含有肌纤维排列成的翼肌。隔膜除了有保护和支持器官以及分隔血液的作用外,它们还可以通过自身的搏动使血液向后方和背方流动,促进血液在体腔内的循环。在背膈和腹膈两侧常形成许多窝状细孔,可使各血窦间的血液相通。有的昆虫腹膈发达,有的退化。在退化的种类中,仅在神经节上方残存 1 条肌肉带。

3. 辅助搏动器(accessory pulsatile organ)　指昆虫体内位于触角、胸足或翅等器官基部的一种肌纤维膜状构造,有膜状、瓣状、管状或囊状等多种形状。薄膜的收缩,可驱使血液流入远离体躯的部位,具有辅助心脏促进血液在这些远离的器官内循环的作用,从而保持血腔中各部位的血压平衡。如蝗虫的触角末端、蚜虫的胫节基部,都有辅博器。

4. 造血器官(hemopoietic organ)　指昆虫体内不断分化并释放血细胞的囊状构造,周围有膜包被,膜囊内有相互交织的类胶原纤维和网状细胞。造血器官由一些干细胞聚集形成。各类昆虫造血器官所在位置常有不同。膜翅目幼虫的造血器官在胸腹部脂肪体附近,鳞翅目幼虫的造血器官在翅芽周围,双翅目幼虫的造血器官在大动脉上。造血器官只存在于昆虫幼期,成虫期退化消失。造血器官有补充血细胞的功能外,还有活跃的吞噬功能。昆虫体内的血液量因昆虫种类、发育时期及生理状态的不同而有很大差异。

5. 肾细胞　具有吞噬胶体颗粒进行代谢和贮存的功能,常见的如位于围心窦内心脏两侧的称围心细胞,食管周围的称花环细胞等。这些细胞可通过注射低浓度的胶体燃料,利用它的吞噬性能与其他细胞相区别。

二、血液的组成和功能

昆虫血液是体腔内循环流动的淋巴样液体,包括血细胞和血浆 2 部分,透明或稍浑浊,除少数昆虫(如摇蚊幼虫)因含血红素而呈红色外,大多为黄色、橙色和蓝绿色。昆虫的血液一般占虫体容积的 15%～75%。

1. 血细胞(hemocytes)　悬浮在血浆中的游离细胞,约占血液的 2.5%。血细胞在胚胎发育时由中胚层细胞游离分化而来。在胚后发育的过程中,尤其是在受伤或感染的情况下,可通过有丝分裂进行补充,也可通过造血器官或血组织来补充。昆虫血细胞种类常因观察方法的不同而有较大的差异,但常见的细胞主要有以下 7 种类型。

(1)原血细胞(proheocyte):一类普遍存在的椭圆形小血细胞,细胞核很大,位于中央,几乎充满整个细胞,核质比一般为 0.5～1.9。质膜无突起,胞质均匀(图 10-12A)。原血细胞无吞噬功能,但具有活跃分裂增殖能力,并能转化为浆血细胞,主要功能是通过分裂来补充血细胞。

(2)浆血细胞(plasmatocyte):一类形态多样的吞噬细胞,典型的呈梭形,核较小,位于细胞中央,质膜通常向外形成多种外突(图 10-12B,C)。浆血细胞在各种昆虫体内通常都是优势血细胞,并可转化为粒血细胞,它的主要功能是吞噬异物,同时也参与包被和成瘤作用,因此是重要的防卫血细胞。

(3)粒血细胞(granulocyte):一类普遍存在且含有小型颗粒的圆形或梭形血细胞,核较小,位于细胞中央,质膜通常无外突(图 10-12D,E)。粒血细胞可分化成其他类型的血细胞,它的主要功能是贮存代谢,此外还参与防卫作用。

(4)凝血细胞(coagulocyte):又称囊血细胞。细胞圆形或纺锤形,核较大,常偏离细胞中央,细胞质透明,内含嗜酸性颗粒(图 10-12F)。主要参与凝血作用。

(5)珠血细胞(sphrulocyte):一类含有较多球形膜泡和嗜酸性或嗜碱性颗粒的球形或卵球形血细胞,约占血细胞总量的 4%,核较小,常偏离细胞中央(图 10-12G)。珠血细胞由粒血细胞发育而来,在脂肪形成和中间代谢中起作用。主要功能是贮存和分泌。

(6)类绛色血细胞(oenocytoid):最大型的血细胞,主要存在于鳞翅目幼虫中,核较小,单核,少数双核,常偏离细胞中央,细胞质嗜酸性,内含大量微管和有合成作用的细胞器,有丰富的酚氧化酶、糖蛋白和中性黏多糖(图 10-12H)。主要功能是参与表皮的黑化作用、伤口愈合和包囊作用。

(7)脂血细胞(adipohemocyte):一般为卵球形,大小差别较大,核较小,细胞质内含有较大的脂滴、发达的粗面内质网和高尔基体,有较强的合成和分泌功能。

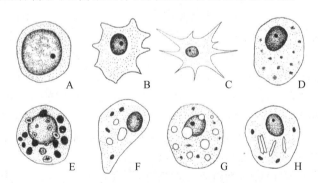

图 10-12　昆虫血细胞的基本类型(仿各作者)

2.血浆(plasma)　血腔内浸浴着内部组织和器官的稍带黏滞性的循环液体,是胚胎时期就充满在血腔内的一种组织液,约占血液总量的 97.5%。其中水分的含量最高,约占 85%。另外还含有无机离子、血糖、血脂、含氮化合物、色素和少许的气体、有机酸和激素等。

(1)水分:血浆中水占虫体总含水量的 20%～25%。在一些鳞翅目幼虫中甚至可达 50%。昆虫血淋巴中的水分是体内代谢的基质。

(2)无机离子:血浆中的无机离子种类很多,主要有 Na^+、K^+、Ca^{2+}、Mg^{2+}、Cl^-、$H_2PO_4^-$、HCO_3^- 等。在不同昆虫中,血浆中无机离子的组成差异很大。低等昆虫的渗透压

主要由 Na^+ 和 Cl^- 构成;有翅类全变态的脉翅目、毛翅目、长翅目和双翅目血淋巴的渗透压有一半由无机离子构成,且以 Na^+ 为主,Cl^- 的作用很小,而全变态的鞘翅目、鳞翅目和膜翅目的血淋巴的 Na^+ 含量低,K^+ 和 Mg^{2+} 含量很高。另外,血淋巴中无机离子的含量和组配比例似与昆虫食性有一定的相关性。一般植食性昆虫血淋巴内含有较高浓度的 K^+ 和 Mg^{2+},Na^+ / K^+ 比例小于 1;肉食性昆虫常含有较高浓度的 Na^+,Na^+ / K^+ 比例大于 1;杂食性昆虫 Na^+ / K^+ 比例介于两者之间。昆虫血浆中无机盐离子的主要作用是参与物质运输,调节神经活动、酶活力、pH 和渗透压。

(3)血糖:血浆中的血糖主要是海藻糖,含量为 $8\sim60mg/ml$,约占血糖总量的 90%,这是昆虫血液的一个重要的生化特征。海藻糖是非还原性双糖,在脂肪体内由 2 个分子的葡萄糖以 α-1,1-糖苷键结合形成,随血浆的流动循环于体内各组织间。各组织内的细胞可通过细胞膜上的海藻糖酶对其进行水解和利用。此外,昆虫的血浆中也含有少量的甘油和山梨醇。这两种血糖可通过溶质效应降低过冷却点,保护细胞和酶蛋白免受冻害。

(4)血脂与有机酸:血浆中的血脂主要包括甘油三酯、甘油一酯、三酰甘油酯、磷脂和胆固醇等,含量为 $0.5\%\sim2.5\%$。其中甘油三酯是血浆中的主要脂类化合物。这些血脂由脂肪体释入血液后,与载脂蛋白进行专一性结合,形成脂蛋白,随血浆的流动到达作用部位,经脂肪酶水解作用,释放出甘油和脂肪酸,作为能源物质参与代谢。

有机酸类主要是三羧酸循环中酶类的基质,如柠檬酸、α-酮戊二酸、琥珀酸、延胡索酸、苹果酸、草酰乙酸等。有研究证明,内翅类幼虫比成虫和外翅类若虫血浆中有机酸的含量高。这些有机酸对血液中的阳离子平衡起着重要的作用。

(5)蛋白质和氨基酸:血浆中蛋白质含量普遍(除少数昆虫外)比脊椎动物血浆中的含量低,但一般比其他无脊椎动物血浆中的蛋白质含量高。例如,膜翅目昆虫血浆中蛋白质平均含量为 $5g/100mL$,鞘翅目为 $3\sim4g/100mL$,鳞翅目为 $2g/100mL$,直翅目为 $1g/100mL$,而人血浆中蛋白质含量为 $7.2g/100mL$,甲壳动物为 $2\sim3g/100mL$。昆虫血浆中蛋白质目前已知的有卵黄蛋白,是卵黄蛋白的前体物;载脂蛋白是与脂类结合参与运输的载体;保幼激素结合蛋白,是一种能与保幼激素结合的载体蛋白,保护保幼激素被非专一性脂酶降解;贮存蛋白为合成氨基酸和产生能量的来源;酶类,包括溶菌酶、非专一性脂酶、保幼激素专一性脂酶、以酶原形式存在的酪氨酸酶和糖酶、磷酸酶,以及其他如蛋白酶、淀粉酶、转化酶等,参与物质的新陈代谢;免疫蛋白在感染病菌时诱导产生,具有免疫功能;血红蛋白是摇蚊幼虫特有的一类贮存蛋白,可与 O_2 结合;温滞蛋白遇低温时可与冰晶表面结合,阻止水分进一步晶化,降低冰点;色素蛋白具有发色基团的血浆蛋白,它们大多来源于食物。

昆虫血浆中氨基酸的含量比蛋白质的含量高,主要是以 L-型游离氨基酸存在,这是昆虫血淋巴的一个主要生化特征。完全变态昆虫血浆中游离氨基酸总量一般比不完全变态昆虫高,其中谷氨酸、谷氨酰胺和脯氨酸含量较高,而不完全变态昆虫含有较多的谷氨酸、谷氨酰胺和脯氨酸。血浆氨基酸的主要功能是为各种组织中细胞合成蛋白质提供原料和调节渗透压。L-谷氨酸是神经肌肉的化学递质。

(6)色素:血浆中含有一些有色化合物,使血糖呈现不同颜色。例如,植食性昆虫血液一般呈绿色、黄色或橙色,这是由于其食物中含有这类色素。

三、血液的功能

昆虫的血液兼有脊椎动物的血液、淋巴液和组织液的特性,是物质运输和昆虫免疫的介质,也是物质代谢和贮存的场所,主要功能是物质运输、代谢、贮存和防御。

1.止血作用 昆虫止血是伤口处形成凝血块,以防血液流出和病菌侵入。根据昆虫形成凝血块的能力和方式,可将止血作用分为4种类型。

(1)在伤口处形成典型的凝血块。主要发生在直翅目、脉翅目、长翅目和毛翅目中。

(2)形成网状凝集物,固定或包囊血液中的固体颗粒,形成凝血块。常见于鳞翅目、鞘翅目金龟甲科和双翅目幼虫中。

(3)不形成网状凝集物,凝血细胞部分破裂与部分血细胞伸出线状伪足相结合,形成凝血块。见于大多数鞘翅目和部分膜翅目昆虫中。

(4)不形成凝血块,血液没有明显的止血功能。常见于大多数半翅目、鞘翅目、鳞翅目、膜翅目和部分双翅目昆虫中。

2.免疫作用 昆虫免疫(immunity)不同于高等动物,没有诱导产生高度专一性抗体的淋巴系统,其免疫机制主要有血细胞的吞噬、成瘤和包被作用及溶菌作用。

(1)吞噬作用:对侵入血液的少量单细胞病原物如细菌、真菌及病毒等进行吞噬。吞噬作用主要由浆血细胞来完成。包括识别、摄入和消化过程。血细胞膜上的受体与病原物表面的特殊基因或附着的异源凝集素相互作用进行识别,刺激血细胞发生细胞质突起。血细胞膜外突起将病原物包围,形成吞噬泡。吞噬泡与溶酶体融合,释放水解酶,分解吞噬物。

(2)成瘤作用:当小型病原物大量进入血腔时,常发生成瘤作用,由凝血细胞、浆血细胞来完成。凝血细胞与病原物接触后破裂,诱导病原物周围的血液凝集形成凝血块,将病原物固定在血块内。同时,血细胞破裂后,释放异源凝集素,诱使浆血细胞附着到凝血块周围。附着于周围的浆血细胞扁平化,并相互以桥粒联结形成外鞘,被包围的病原物在血细胞分泌的酚和酚氧化酶的作用下,逐渐黑化死亡。

(3)包被作用:当较大的病原物侵入血腔时,就会发生包被作用,由凝血细胞或粒血细胞、浆血细胞完成。受到侵害后,凝血细胞或粒血细胞通过膜上的受体对侵入异物进行识别,血细胞破裂,释放异源凝集素,诱使浆血细胞附着在外源物表面,形成由3层细胞构成的被壳。内层细胞溶化释放酚类化合物,杀死被包围的生物。

(4)溶菌作用:由血浆中的溶菌酶溶解病菌的细胞壁,或裂解蛋白溶解细胞膜,直接作用于病原物,使其细胞溶解。

3.解毒作用 各种外源毒物进入血腔后,能与血浆中的凝集素和非专一性酯酶结合,使毒物分解,或被血细胞摄入,通过胞质中的各种酶进行降解,或贮存于脂滴内,减少体内的有效浓度。如用亚致死剂量的"六六六"处理昆虫,血细胞数明显增加。

4.阻止天敌捕食 昆虫利用血液中某些特殊化合物或反射性出血来阻止天敌捕食。如有些带有警戒色的昆虫,其血液中往往含有厌食或有毒的化合物,使天敌厌恶而免遭捕食。这些化合物有的来自食物,有的是自身合成。反射性出血是昆虫受天敌攻击时产生的自动出血行为,这些血液中往往含有能使天敌厌食或催吐的物质,可有效地击退捕食者,因而具有防卫功能。

5.营养贮藏和运输作用 昆虫血液内除了有足够的水分外,还含有丰富的离子、氨基酸和碳水化合物,这些营养物质可通过血液循环输送给各组织、器官。昆虫血液最突出的运输功能是把没有管道组织的内分泌激素输送到各个靶器官或靶细胞,以调节昆虫的生长发育。

6.机械作用 昆虫血液可传递由身体某一部位收缩而产生的机械压力,有助于昆虫蜕皮、羽化、展翅、卵孵化和呼吸通风。如昆虫蜕皮时,蜕裂线靠血液的机械压力而裂开,昆虫羽化后的展翅也靠血液的压力使翅伸展平直。

四、心脏搏动与血液循环

昆虫开放式系统的血液循环是依靠心脏和辅搏器的搏动以及隔膜和肌肉的运动来完成的。循环的主要功能是控制血压、运输物质和调节体温。一般昆虫每分钟的心搏数为50~100次,家蚕幼虫54次,稻绿蝽100次。

1.心脏搏动

(1)心脏搏动:心室相随地收缩和舒张而产生的节律性搏动。昆虫的心脏是肌源性的,多数昆虫能自发收缩和舒张而不受神经的支配,具有高度的规律性。昆虫心脏的搏动周期分为收缩期(phase of systole)、舒张期(phase of diastole)和休止期(phase of diastasis)。

(2)影响心脏搏动的因素:心脏搏动的速率受昆虫种类、发育阶段、环境因子和化学毒物等的影响。

环境因子中的温度对心脏搏动的影响最大。当环境温度降低到1~5℃或上升到40~45℃时,多数昆虫的心脏搏动就停止。在温室静息的条件下,不同种类的昆虫其心脏搏动次数不同,可在14~160次/min变动。同种昆虫的不同虫态或虫龄的心脏搏动速率也不一样。高龄幼虫的次数少于低龄幼虫,变态蜕皮时更低。不同杀虫剂或毒物种类,对心脏搏动的影响程度和规律也不同,可造成心脏搏动加速、减缓或紊乱等。此外,昆虫血浆中Na^+和K^+浓度也影响速率。

2.血液循环

(1)血液循环的途径:昆虫的循环系统虽是开放式的,但血液的流动仍有一定的方向。可以分为背面、侧面和腹面3条主流(图10-13)。

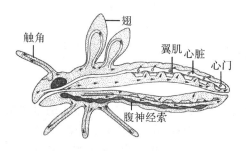

图10-13 昆虫血液的循环途径(仿 Wigglesworth)

在背面循环中,当心脏舒张时,血液由心孔进入心脏;当心室收缩时,由于瓣膜作用,阻止血液倒流入血腔,把血液推向前方。在背血管中,血液是由后向前流动,其中一部分血流经由心孔和各体节侧血管,离开心脏进入体腔。其余部分进入头部体腔,分成两股,一股被触角辅搏器压入触角,从触角腹面进入,背面流出;另一股则在翅内循环,从翅的前缘流入,后缘流出。在侧面循环中,侧面血液流入内脏和附属器官。具腹膈的昆虫,由于腹膈的搏动使血流导入腹血窦,大部分的血液则由前向后流回心脏。在腹面循环中,腹面血流经生殖器官、产卵器、口器等处回到心脏。足部的血液循环通过基部的辅搏器,并借助于足的运动和内部隔膜完成,从腹面流入,背面流出。

在侧面,血液流入内脏和附属器官。具腹膈的昆虫,腹膈的搏动使血流导入腹血窦,大部分的血液则由前向后流回心脏。

在腹面,血流经生殖器官、产卵器、口器等处回到心脏。足部的血液通过基部的辅搏器,并借助足的运动和内部隔膜,从腹面流入,背面流出。

(2)血液循环的速度:昆虫血液循环速度,因种类、虫态和生理状况的不同而异。一般来说,个体小,活动能力强的种类的循环速度快,通常几分钟即可完成 1 次循环,如蜜蜂需约 2min、美洲大蠊 36min。昆虫静止时,血液循环减慢;活动时则通过增加心脏搏动来加快循环速度。此外,昆虫血液在不同部位的流动速度也存在较大差异。一般在背血管中流动最快,在腹血窦内比较缓慢,且可能时流时停,在一些附肢内甚至有时完全停止。

第五节 昆虫的呼吸系统

昆虫的呼吸系统(respiratory system)是由外胚层内陷形成的气门、气管和微气管组成的气管系统(tracheal system)。昆虫通过这一管状系统直接将氧气输送给需氧的组织、气管或细胞,再经过呼吸作用,将体内贮存的化学能以特定形式释放,为生命活动提供所需要的能量。

昆虫的呼吸过程和一般动物相同,包括两个不可分割的环节。一是外呼吸,指昆虫通过呼吸器官与外界环境之间进行气体交换,即吸入氧气和排出二氧化碳,是一个物理过程;二是内呼吸,指利用吸入的氧气,氧化分解体内的能源物质,产生高能化合物——ATP,是一个化学过程。

一、气管系统构造

气管(trachea)是来源于胚胎发育的外胚层的一种管状内陷物。包括一定排列方式的管形气管和管径由大而小的一再分支的支气管(tracheal branches),以及分布在各组织间或细胞间的微气管(tracheales)。气管体壁表面的开口及附属的开闭结构,称为气门。在很多飞行昆虫中,一部分气管还特化成薄壁的气囊(air sac),以加强通风换气作用。昆虫的气管系统包括气门、气管和气囊,以及微气管。

1.气门(spiracle) 气管内陷留在体壁上的开口,通常位于中胸、后胸和腹部 1~8 节两侧。胸部气门位于侧板上,腹部气门多位于背板两侧或侧膜上,每体节最多只有 1 对气门。

(1)气门的数目与位置:根据气门的数目和着生位置,将昆虫气门分为以下 3 种类型。

多气门型(polypneustic)具有 8~10 对以上有效气门。蝗虫、蜻蜓、蟑螂等昆虫有 10 对有效气门,即中后胸各 1 对,腹部 8 对,称全气门式;鳞翅目幼虫有 9 对有效气门,即前胸 1 对和腹部 8 对,呈周气门式;菌蚊幼虫有 8 对有效气门,即前胸 1 对和腹部 7 对,呈半气门式。

寡气门型(oligopneustic)仅具有 1~2 对有效气门。双翅目环裂亚目幼虫有 2 对有效气门,即前胸和腹部后端腹节各有 1 对气门,称两端气门式(amphipneustic);蚊科的蛹有 1 对有效气门,仅在前胸有 1 对气门,称前气门式(propneustic);蚊科和一些水生甲虫幼虫有 1 对有效气门,仅在腹部后端腹节有 1 对有效气门,称后气门式(metapneustic)。

无气门型(apneustic)没有有效气门。许多水生昆虫的幼虫和部分内寄生膜翅目昆虫的幼虫都属于此类型。无气门型并不表示昆虫没有气管系统,而是气管系统没有气门与外界贯通。

(2)气门的结构:原始的气门仅由一个简单的体壁内陷形成管口,没有开闭构造,称气管口(tracheal orifice),如衣鱼的胸部气门(图10-14A)。绝大多数昆虫的原始气管口位于体壁凹陷形成的气门腔(atrium)内,此腔向外的开口称气门腔口(atrial orifice)。气门腔口常围以一块硬化的骨片,称围气门片(peritreme)(图10-14B~D)。有气门腔的气门,常具有控制气体和水分进出的开闭构造。根据开闭构造在气门腔内位置不同,可将昆虫的气门腔气门分为两类。

外闭式气门是一种开闭构造位于气门腔口的气门,包括1对基部相连的唇形活瓣和垂叶(图10-14E),如蝗虫、蟗蟌、蜻类、龙虱、蜜蜂等昆虫的胸部气门。

内闭式气门是开闭式构造位于气管口的气门,主要控制气门腔内气管的大小,包括闭弓、闭带、闭肌和开肌。多数昆虫的气门,特别是腹部气门属于此类型。这类气门的气门腔口没有活瓣,但常在气门腔口内侧有过滤结构(图10-14F),呈筛板,以防止灰尘、细菌和水的侵入。

有些水生昆虫的气门还有由真皮细胞内陷形成的单细胞腺体,称气门腺(spiracular gland)。此气门腺在气门表面分泌一层疏水性物质,使气门腔不致被水侵入。

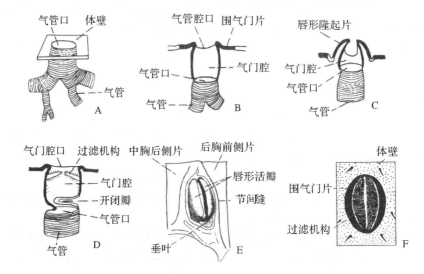

图10-14　昆虫气门的结构(A~E仿Snodrass,F仿管致和等)
A.无气门腔气门;B.具气门腔气门;C.外闭式气门;D.内闭式气门;
E.一种蝗虫的唇形外闭式气门的外面观;F.家蚕幼虫气门外面观

2.气管和气囊

(1)气管(trachea):外胚层沿着体壁内陷形成的具螺旋丝内壁的管道,直径在 $2\mu m$ 以上,包括气管主支和气管分支,多呈银白色,分布于体内各部分。

气管的组织结构与体壁相似,只是层次内外相反,由内向外分为内膜、管壁细胞层和底膜。内膜以内褶加厚形成螺旋状的内脊,呈螺旋丝(taenidium)。螺旋丝可增强气管的强度和弹性,使气管始终保持扩张状态,便于气体交换。在昆虫蜕皮时,旧气管的螺旋丝沿着气门随蜕一起脱去。

昆虫气管的模式分布(图 10-15)是在每个体节均有独立气管系,并通过次生的纵向气管前后连接起来。从气门延伸入体内的小段气管称气门气管(spiracular trachea)。从气门气管分出 3 条主要分支,分别为背气管(dorsal trachea)、内脏气管(visceral trachea)和腹气管(ventral trachea)。背气管的分支分布于背面的体壁肌和背血管。内脏气管的分支分布于消化道、生殖器官和脂肪体等。腹气管的分支分布于腹面体壁肌和腹神经索。这些气管的主支由次生的纵向气管连接起来,形成 4 条纵行的器官主干,分别称背气管主干(背纵干)、侧气管主干(侧纵干)、内脏气管主干(内脏纵干)和腹气管主干(腹纵干)。侧气管主干通常是最粗的气管,连接各体节气门,是气体进入体内的主要通道。背气管主干连接各体节的背气管。内脏气管主干连接所有的内脏气管。腹气管主干连接所有的腹气管。另外,在鳞翅目幼虫中,每一体节的两条侧纵干还有横的连锁相互连接,形成横在背血管背面的背气管连锁(dorsal trachea commissure)和横在腹神经索腹面的腹气管连锁(ventral tracheal commissure)。昆虫器官、系统的发达程度和分布情况常因种类或体节不同而有很大差异。例如,翅和足都发达的昆虫,其胸部气管也常发达且分布复杂;多数昆虫侧气管主干发达,而背气管主干、腹气管主干、内脏气管主干则很少同时存在。

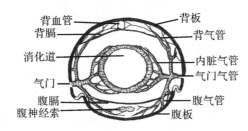

图 10-15　昆虫体躯横切面的气管分布(仿 Snodrass)

(2)气囊(air sac):在直翅目、蜻蜓目、鳞翅目、双翅目和膜翅目昆虫的成虫中,气管主干常局部膨大呈壁薄而柔软的囊状结构,称气囊。气囊可储备气体,加上气囊内膜螺旋丝缺如或不发达,易随血压的变化或体躯的扭动而被压缩或扩张,大大加强气管的通风作用。对飞行昆虫或水生昆虫,气囊还有增加浮力的作用。但是无翅的石蛃目和衣鱼目昆虫及全变态昆虫的幼虫一般都无气囊。

3. 微气管(tracheole)　气管分支由粗到细,以直径 2~5 μm 微细管伸入掌状的端细胞,再以直径在 1 μm 以下、末端封闭的极其细小的气管,伸到组织内或细胞间,称微气管。微气管一般仅分布在组织和细胞间,而不穿入细胞内。这种分布和脊椎动物的毛细血管一样,可直接将 O_2 输送到组织与细胞。微气管的末端充满液体,当肌肉活动时,末端的液体被吸进细胞,以减少 O_2 由液体传递的过程。微气管壁上也有螺旋丝,但不含几丁质,所以微气管在昆虫刚蜕皮时不脱离,在特别需氧的器官中,微气管的分布数量常最多,如飞行肌、卵巢、精巢和神经节表面。

二、昆虫的呼吸方式

昆虫因习性和发育阶段等的不同,其呼吸方式会出现很大的变化。大致可归纳为体壁呼吸、气管鳃呼吸、气泡和气膜呼吸,气门和气管呼吸等几种类型。

1.体壁呼吸(cutaneous respiration) 指通过体壁直接进行气体交换的呼吸方式。对于以气门气管呼吸的昆虫,体壁呼吸只是一种辅助的呼吸方式。但是,对于没有气管系统或具有气管系统但没有气门或气门关闭的昆虫,这是主要的呼吸方式。如很多内寄生的膜翅目昆虫和部分水生昆虫的低龄幼虫,虽然有气管,但是没有气门,只能通过柔软的体壁来吸收溶解于寄主血液或水中的氧气。

2.气管鳃呼吸(tracheal gill respiration) 一些水生昆虫如蜉蝣目和蜻蜓目的稚虫(图10-16),体壁的一部分呈薄片或丝状结构称气管鳃(tracheal gill),其内分布有丰富的气管,昆虫利用气管鳃和水中氧的分压差来摄取氧气。蜻蜓稚虫的气管鳃突出在直肠腔内,形成直肠鳃(rectal gill),蜻蜓稚虫通过腹部的抽吸活动迫使水在直肠鳃内流动,并利用氧的分压差来吸进氧气。

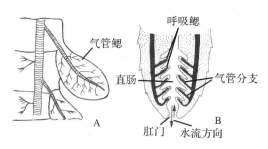

图 10-16　昆虫的气管鳃(A.仿 Vayssiera;B.仿 Wigglesworth)
A.蜻蜓稚虫的气管鳃;B.蜉蝣稚虫的气管鳃

3.气泡和气膜呼吸(plastron and air bubble respiration) 一些水生昆虫的成虫体表或翅下有细密的疏水毛,当它们换气后潜入水中时,在体表或翅下形成一个与气门相通的气盾或气泡等贮气构造。昆虫的呼吸作用,导致贮气构造中氧气分压降低和氮气分压升高,水中的氧气扩散进入贮气构造而氮气扩散到水中,使贮气构造具有气体交换的功能,所以这种气盾呼吸或气膜呼吸也被称为物理鳃呼吸(physical respiration)。如仰泳蝽身体腹面有气盾,进行气盾呼吸;龙虱鞘翅下有气盾、腹部末端有气泡,能进行气盾和气泡呼吸,冬天可在水下生活几个月,才到水面换气。

4.气门和气管呼吸 大多数具有开放式气门气管系统的陆生昆虫具有的主要气体交换方式。氧气的吸入和二氧化碳的呼出都通过气门气管系统来完成。多数昆虫的气门位于身体两侧,但在部分水生昆虫和内寄生昆虫中,气门的开口比较特殊,获取氧气的方式也很特别。例如,蚊科幼虫和蝎蝽的气门开口在腹部末端的呼吸管上,换气时需要将呼吸管伸入水面;多数寄生蝇的幼虫通过后气门连接寄主的气门或穿透寄主的体壁从空气中获取氧气。

三、气管系统的呼吸机制

昆虫的呼吸是在管状的气管系统里进行的,气体在气管里的传送主要靠通风扩散作用,而在微气管与细胞、组织间则依靠扩散作用进行气体交换。

1.气管的通风作用 在体型小或活动迟缓的昆虫中,气体在气管中的传送几乎仅依靠浓度梯度的被动扩散作用(diffusion)就能完成。在体型大或飞翔的昆虫中,单靠扩散作用所获得的氧气满足不了正常的生理代谢,需要气囊在呼吸肌的协助下进行主动的通风作用(ventilation),才能保证氧气的充足供应,并排除体内产生的二氧化碳和过多的水分。但是在气管分支和微气管中,依然仅靠扩散作用进行气体交换。

当昆虫进行通风作用时,通过气门的开闭来调节气体的进出,通过气囊体积的变化实现气体交换。当体躯伸展时,气囊扩大而充满新鲜空气;当体躯收缩时,气管缩短而血压升高,气囊被挤压,将气体排出。昆虫腹部伸缩活动是多数昆虫产生通风作用的主要动力,其动作有4种类型:

(1)仅背板伸缩,如鞘翅目和半翅目的异翅亚目昆虫;

(2)背板和腹板同时伸缩,如直翅目、蜻蜓目、膜翅目和双翅目昆虫;

(3)背板、腹板和侧板同时伸缩,如鳞翅目、脉翅目和毛翅目昆虫;

(4)沿腹部长轴伸缩,如蜜蜂和胡蜂等。

在多数昆虫中,气管的通风作用与前后气门的开闭是协调进行的,以确保气体在纵行的气管主干内自前向后的单向流动。在吸气时,胸部气门打开,腹部气门关闭,气体自胸部气门流入;在排气时,胸部气门关闭,腹部气门打开,气体自腹部气门或最后1对气门流出。

2.微气管中的呼吸机制　昆虫呼吸所需氧气,大都是通过微气管壁扩散进组织和细胞中的。因此凡是大量需氧的组织,如神经节、翅肌、卵巢、睾丸等都布满了微气管。

微气管的末端常充满液体,当组织活动时,产生的代谢物使组织液的渗透压升高,微气管末端的液体进入组织,其液体上面的空气柱也随之扩散到微气管末端和管外,直接与进行氧化作用的细胞接触,进行气体交换。当组织停止活动时,代谢产物在氧的作用下被氧化,组织液的渗透压下降,微气管末端又重新充满液体(图10-17)。

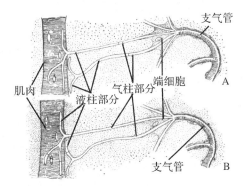

图10-17　微气管与组织间的气体交换(仿 Wigglesworth)

A. 静止状态;B. 运动状态

在正常情况下,昆虫代谢活动产生的二氧化碳通过体壁和气管系统排放。在动物组织中,二氧化碳的扩散速度是氧的35倍,因此二氧化碳容易通过昆虫体壁的薄膜部位扩散出去,如竹节虫25%的二氧化碳是由体壁扩散出去的。在气管系统中,除二氧化碳的扩散速度比氧快外,还由于大气中的二氧化碳的分压比组织中要低得多,因此大部分的二氧化碳将直接进入微气管向外扩散。

第六节　昆虫的生殖系统

昆虫的生殖系统(reproductive system)是产生精子或卵子,进行交配,繁殖种族的器官。因而它们的结构和生理功能,就是为了增殖生殖细胞,使它们在一定时期内达到成熟阶段,经过交配、受精后产出体外。

一、雌性生殖器官

雌性生殖器官包括 1 对卵巢、1 对侧输卵管、1 根中输卵管和生殖腔,多数昆虫还要 13 个接受和贮藏精子的受精囊及 1～2 对雌性附腺(图 10-18)。

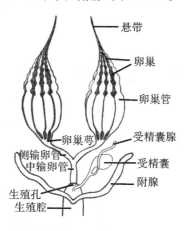

图 10-18　昆虫雌性生殖系统的结构(仿 Snodgrass)

1.卵巢(ovary)　位于消化道的背面,通常是成对出现,各由一组数量不等的卵巢管组成,是卵子发生和发育的场所。

(1)卵巢管的数目:在各类昆虫中的差异很大,一般由 4～8 根卵巢管组成。一般低等的昆虫卵巢管数量较少,高等的昆虫卵巢管数量较多。如,有些蚜虫卵巢只有 1 根,某些白蚁的卵巢管可多达 2400 根以上。

(2)卵巢管的结构:可分为端丝、卵巢管本部和卵巢管柄 3 部分。端丝(terminal filament)是卵巢管本部前端的围鞘延伸成的细丝;卵巢管本部(egg-tube)包括生殖区和生长区,以及卵室和卵泡细胞;卵巢管柄(pedicel)是一个薄壁的管道,连接于卵巢管本部的后端与侧输卵管之间。在整个卵巢管的外面,包围着一层非细胞的管壁膜,有些昆虫的管壁膜外面还有上皮鞘。

(3)卵巢管的类型:根据滋养细胞的有无和排列方式,可将卵巢管分为 3 种类型(图 10-19)。

无滋式(panoistic type)卵巢管内无滋养细胞,卵母细胞主要是依靠卵泡细胞吸收血液中的营养来沉积卵黄。常见于表变态、原变态和不全变态昆虫中;全变态昆虫中,只有蚤目和捻翅目的卵巢管属于此类型。

多滋式(polytrophic type)卵巢管内的滋养细胞与卵母细胞交替排列,以供给卵子发育所需的营养。当卵母细胞成熟后,滋养细胞内的营养物质消耗殆尽。多见于革翅目、脉翅目、鳞翅目、鞘翅目和双翅目昆虫。

端滋式(telotrophic type)卵巢管内滋养细胞都集中在生殖区内,以滋养丝与卵母细胞连接,供给所需营养。多见于半翅目的异翅亚目、鞘翅目的多食亚目、蛇蛉目和广翅目昆虫。

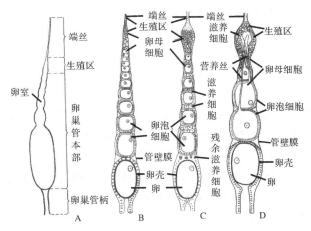

图 10-19　昆虫卵巢管的结构与类型(A. 仿 Snodgrass；B～D. 仿 Weber)

A.基本结构；B.无滋式；C.多滋式；D.端滋式

2.**侧输卵管**(lateral oviduct)　连接卵巢和中输卵管的 1 对管道,由中胚层演变而成。侧输卵管的前端与卵巢管连接处,常膨大呈囊状,呈卵巢萼(calyx)。卵巢萼可暂时贮存卵子,如蝗虫的生殖系统。侧输卵管管面,常包围有一层有环肌和纵肌组成的肌肉鞘,用以伸缩排卵。

3.**中输卵管**(median oviduct)　由外胚层演变而来,前端与 2 根侧输卵管相连接,后端开口于由体壁内陷形成的生殖腔或由生殖腔转变而成的阴道的基端。中输卵管后端的开口,称生殖孔,是排卵的通道。而阴门则是生殖腔或阴道的外端开口,用以交配和产卵。大多数昆虫阴道的原始开口,由第 8 节的后端延伸到第 9 腹节,但很多鳞翅目昆虫的第 8 腹节的原始开口并不封闭,仍保留作为交尾孔,而第 9 腹节的开口则作为产卵孔。

4.**生殖腔**(gential chamber)　中输卵管延伸至第 8 腹节以后,一般不直接开口在体表面,它的后端开口,即生殖孔,是隐藏在第 8 腹板内形成的生殖腔中的。生殖腔是雌虫和雄虫生殖器交尾的部位,称为交尾囊。在很多昆虫中,生殖腔已演变为位于体内的管状通道,称为阴道。

5.**受精囊**(spermatheca)　由第 8 腹节腹板后缘的体壁内陷而成,其形状、大小和结构在各类昆虫中有较大的差异,一般是一个具有细长导管的表皮质囊,并常具有附腺,其附腺的分泌物主要含有黏蛋白和黏多糖,为精子提供养分和能量。有些昆虫精子能在受精囊内存活很长时间了,如蜜蜂的精子能存活 2～3 年。这种长期贮存精子的能力,对一生只有交配 1 次的雌虫来说,可保证在不同时期成熟和排出的卵都能受精。

6.**雌性附腺**(accessory gland)　在雌性生殖道的出口处常有 1～2 对腺体,能分泌卵的保护物,能分泌胶质使虫卵黏着于物体或植物上,还可形成覆盖卵块的卵鞘。

二、雄性生殖器官

雄性生殖器官主要包括中胚层发育而来的 1 对精巢、1 对输精管、1 对储精囊、射精管和雄性附腺(图 10-20)。

1.精巢(testes)　呈椭圆形或分裂成叶状,固定在消化道背面或侧面,由一组精巢管(testicular tube)组成,是精子发生和发育的场所。

精巢管壁由含有细胞的围鞘组成,主要功能是吸收血液中的营养物质,供应精巢管内生殖细胞生长发育之用。根据生殖细胞在精巢中的发育程度,可把精巢管区分为生殖区(zone of germarium)、生长区(zone of growth)、成熟区(zone of maturation)、转化区(zone of transformation)等连续的 4 个区域。

(1)生殖区:位于精巢管的顶部,生殖细胞进行有丝分裂产生精原细胞。

(2)生长区:位于生殖区下方,精原细胞被一群体细胞包围而形成一个包囊,并在其中进行有丝分裂形成精母细胞。

(3)成熟区:位于生长区下方,精母细胞进行减数分裂,成为精细胞。

(4)转化区:位于精巢管的最下方,精细胞转变成具有鞭毛的精子,包围精子的囊壁溶化,使精子成束地聚集在一起。

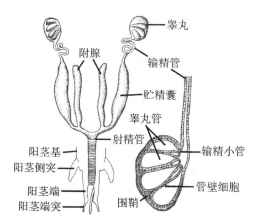

图 10-20　昆虫雄性生殖系统的结构(仿 Weber)

2.输精管(vas deferens)和储精囊(seminal vesicle)　连接精巢和射精管之间的一对侧管,其下段常膨大成贮精囊,以贮藏成熟的精子团。精子从精巢管进入贮精囊后还能继续发育。

3.射精管(ejaculatory duct)　第 9 腹节后端的外胚层部分内陷而形成的管道。管壁外面包围着强壮的肌肉层,射精时用以伸缩射精管。

4.雄性附腺(paragonia gland)　包括输精管、储精囊壁的腺细胞和开口于输精管上的附腺。一般位于射精管和输精管的交界处,常呈长形囊状或管状,多数昆虫仅有一对。附腺分泌的黏液主要功能是浸浴精子和包围精子,或形成包围精子的特殊薄囊-精珠,以保证精子受精。

第七节　昆虫的神经系统

　　昆虫的神经系统(nervous system)来源于外胚层,属于腹神经索型,包括中枢神经系统、周缘神经系统、交感神经系统等3部分。神经系统是昆虫信息处理和传导的中心,协调昆虫的生命活动,调控昆虫归队复杂环境的反应,还能通过神经内分泌调节昆虫的生长和发育。

一、神经系统的基本构造

　　(一)神经细胞(nerve cell)

　　又称神经元(neurone),是神经系统的基本组成单元。

　　1. 神经元的结构　神经细胞包括神经细胞体(soma)和胞外突(神经纤维)。胞外突又分为树状突(dendrites)和轴状突(axon),其顶端分支叫端丛(terminal arborization)。轴状突外面包被的胞质和线粒体的薄膜,称神经围膜(neural lamella)。

　　2. 神经元的类型　从形态角度可分为单极神经元、双极神经元和多极神经元(图 10-21)。单极神经元(monopolar neurone)的细胞体仅有 1 条神经突(neurite),随后神经突分支成轴突和侧支;双极神经元(bipolar neurone)的细胞体有 2 条神经突,1 条长,1 条短;多极神经元(multipolar neurone)的细胞体有 3 条或以上的神经突。从功能角度可分为感觉神经元、运动神经元和联络神经元。感觉神经元(sensory neurone)是传导体表或体内感受器发出的神经冲动到中枢神经组织,一般分布于体躯的外周部位、体壁的内面、消化道壁上和生殖器官表面等,为双极或多极的神经元;运动神经元(motor neurone)是将中枢神经节内的神经冲动传至反应器的神经组织,一般位于神经节内四周边缘,神经鞘下面,常为单极神经元;联络神经元(association neurone)一般位于脑或神经节的周缘,为单极神经元,其树状突和端丛分别联着感觉神经元和运动神经元,起联络作用。

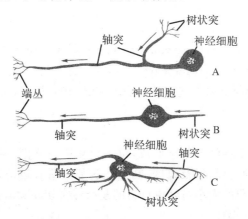

图 10-21　昆虫神经元的类型(仿 Chapman)
A.单极神经元;B.双极神经元;C.多级神经元(箭头示传导方向)

　　(二)神经和神经节

　　1. 神经(nerve)　由成束的神经纤维(轴突)集合而成,一般情况下,同一神经内包含感觉神经纤维。神经是神经纤维传导神经冲动的通道。

2.神经节(ganglion) 由许多神经元,运动神经元的细胞体、神经纤维,以及感觉神经元的神经纤维集合而成结状构造,呈卵圆形或多角形(图 10-22A)。每个神经约由 500～3000个神经元组成,但脑可以含有 300000 以上的神经元。神经节的外面包有由鞘细胞层和神经膜组成的神经鞘;神经鞘外侧有气管分布,内侧是神经细胞体;神经节的中央是神经纤维形成的紧密复杂的神经纤维网络,称神经髓(neuropile)。在神经髓内,各种神经元的神经纤维通过复杂的突触联系,进行信息整合,是信息联系和协调的中心。

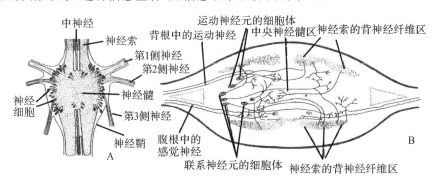

图 10-22　昆虫神经节(仿 Zawarzin)
A.神经节模式图;B.蜻蜓稚虫腹神经节的横切面

昆虫的每个体神经节均由左右两侧的两个神经节合并而成,有时还残留有横连的神经,为神经连锁(commissure);前端、后端各以 2 根神经连锁(connective)与前、后的神经节相连,构成腹神经索(图 10-22B)。每个体神经节的两侧各伸出 2～6 支侧神经(lateral nerve),连接感觉器和效应器。在每一支侧神经内,感觉神经纤维主要位于腹面,向神经节传递信息,称为腹根(ventral root)。运动神经纤维主要位于背面,传递神经节接收到的信息,称为背根(dorsal root)。

二、中枢神经系统

昆虫的中枢神经系统(central nervous system)包括 1 个位于头部的脑(brain)和 1 条位于消化道腹面的腹神经索(ventral nerve cord)。脑和腹神经索之间,以围咽神经索(circumoesophageal connective)相连。连接前后神经节的神经,称为神经索(connective)。横连的神经称神经连锁(commissure)。

(一)脑(brain)

位于昆虫头部,由多个神经节愈合而成,位于消化道的背面,又称咽上神经节。脑联系着头部感觉器官的反角神经元,以及口区、胸部和腹部的所有运动神经元,是昆虫主要的联系和协调中心,其相对体积的大小与昆虫行为的复杂性密切相关。昆虫的脑分为前脑、中脑和后脑 3 部分(图 10-23A,B)。

1.前脑(protocerebrum) 位于脑的前部,最发达。左右两侧有突出的视叶与复眼相连,其背面有突出的 1～3 根单眼柄(ocellar pedicel)与背单眼相连,是视觉的神经中心和主要的联络中心。

视叶包括 3 个神经髓区,从外向内分别为神经节层(lamina ganglionaris)、视外髓

(medulla externa)和视内髓(medulla interna)。其中,视外髓和视内髓外面形成神经的外交叉(external chiasma)和内交叉(internal chiasma)(图 10-23C)。

在前脑的中部有 4 个神经髓区形成的脑体:1 对蕈体(corpus pedunculatum,包括蕈体冠、α 叶和 β 叶)、1 对前脑桥(protocerebral bridge)、1 个中心体(central body)和 1 对附叶(accessory lobe),它们构成了昆虫骨头部的联系中心。在前脑桥的前面有脑间部(pars intercerebralis),分布有大量的神经分泌细胞。

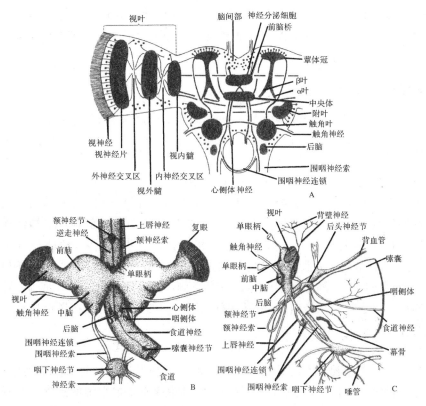

图 10-23　昆虫脑的结构(A. 仿 Chapman;B,C. 仿 Snodgrass)
A.昆虫脑模式图(黑点示神经细胞的位置),背面观;B.蝗虫脑背面观;C.蝗虫脑侧面观

2.中脑(deutocerebrum)　位于前脑的后方,包括 2 个膨大的中脑叶(antennal lobe)及由此发出的触角神经(antennal nerve)。触角神经分布在触角肌上,是触角的神经中心。

3.后脑(tritocerebrum)　由中脑下方的 2 个脑叶组成,是源于第 2 触角节的神经节。后脑以神经连锁与食道上方的额神经节和食道下方的食道下神经节相连接,并发出神经通到上唇和背壁。

(二)腹神经索(ventral nerve cord)

腹神经索位于消化道腹面,包括头部的咽下神经节、胸部和腹部的一系列神经节和神经索。

1.咽下神经节(suboesophageal ganglion)　位于头内咽喉的腹面,是头部体节的第 1 个复合神经节,它发出的神经主要通至上颚、下颚、下唇、唾腺和颈部等处,是口器附肢的神经中心。咽下神经节既是口器附肢活动和协调中心,又能显著地影响虫体的活动,并对胸部神经节的神经中心具有刺激作用。

2.胸神经节(thoracic ganglion)和腹神经节(abdominal ganglion)合称体神经节　位于咽喉、腹面、胸部的神经节至多有3对,分别位于前胸、中胸和后胸,发出神经通至前胸、中后胸以及前翅、后翅,仅在完全变态昆虫的幼虫中可见,多数昆虫的胸部神经节常合并。腹部的神经节最多有8对,分别位于腹部第1～8节,仅在完全变态昆虫的幼虫中可见,多数昆虫的腹部神经节常有不同程度的合并,甚至前移与胸部的神经节合并,其中最后一个神经节常常由第8～11腹节的神经节合并而成;腹部神经节发出神经分布到有关体节,是生殖器官、后肠和尾须等神经中心。有些昆虫的胸部和腹部神经节合并为一个神经节,如半翅目中猎蝽(*Rhodnius*)和双翅目环裂亚目的部分种类。

三、交感神经系统

昆虫的交感神经系统(sympathetic nervous system)又称口道神经系统(stomodeal nervous system)或内脏神经系统(visceral nervous system),包括口道神经系、中神经系和尾神经系。

(一)口道神经系(stomodeal nervous subsystem)

口道神经系主要包括1个额神经节、1个或1对后头神经节和1个或1对嗉囊神经节及其发出的神经纤维。额神经节位于食道的上方、脑的前方,由2根额神经节神经连锁与后脑的两叶连接,由1根回神经向后与后头神经节相接。在一些昆虫中,额神经节前端常发出1～2根神经通到唇基区。后头神经节的后端常伸出1～2根食道神经通到嗉囊神经节。嗉囊神经节的两侧连接着心侧体和咽侧体。每个心侧体有3根神经分别与前脑、后头神经节和咽侧体连接。口道神经系是前肠、中肠和背血管活动的控制中心,在昆虫成长发育的激素调控中也起作用。

(二)中神经系(median nervous subsystem)

中神经系由位于腹神经索前后2个神经节的2条神经连锁之间的一系列中神经组成。中神经常见于昆虫幼虫体内,来源于前一神经节,其中含有2根很细的感觉神经纤维和2根较粗的运动神经纤维。中神经向后延伸至中途,常分出1对侧支分布到附近的气管、气门和气门肌上,是气管系统的控制中心(图10-24)。没有中神经的幼虫或成虫,即由所在体节的神经节发出的侧神经来控制气管系统。

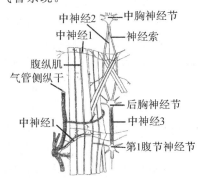

图 10-24　天幕毛虫的中神经(仿 Snodgrass)

（三）尾神经系（caudal nervous subsystem）

尾神经系是指腹末复合神经节发出的所有神经,在结构上也属中枢神经系统,其侧神经分布于后肠、生殖器官和尾须等处,是排泄和生殖的控制中心。另外,它发出的神经通向胸部,联系着尾须的感觉神经元和胸部的运动神经元,可产生快速反应。

四、周缘神经系统

周缘神经系统（peripheral nervous system）位于体壁之下,仅为感觉和运动神经形成的神经网络。该系统包括除去脑和神经节以外的所有感觉神经元和运动神经元所形成的神经传导网络,分布于昆虫体壁底膜下、肌肉组织中,或别的器官表面,连接着中枢神经系统与交感神经系统。

五、神经传导机制

昆虫神经的传导包括轴突传导和突触传递。

（一）轴突传导（axonal transduction）

轴突传导指1个神经元内的信息由轴突传到细胞体或由细胞体传给轴突的过程。轴突传导是以膜电位的变化来传递信息的,所以也称电传导。

1.膜电位（membrance potential）　包括静息电位和动作电位。在昆虫神经的外周血液中,含有高浓度的 Na^+ 和低浓度的 K^+,并有以 Cl^- 为主的有机阴离子;与此相反,神经质膜内含有高浓度的 K^+ 和低浓度的 Na^+,并有 Cl^- 等有机阴离子。当神经处在没有刺激的静息状态时,由于质膜的选择通透性,质膜内的 K^+ 沿浓度梯度扩散到外周血液中,但 Na^+ 不能进入神经质膜内,导致膜外带正电荷、膜内带负电荷的极化状态,并按董南平衡（Donnan equilibrium）原理处于动态平衡,此时膜内外的电位差即为静息电位（resting potential）。当神经受到刺激后,膜的通透性发生改变,外周血液中的 Na^+ 进入膜内,膜内电位上升,膜两边的电位差小,直至膜内电位为正、膜外电位为负的去极化,形成脉冲式动作电位。

2.神经的轴突传导　神经的某一部位接受刺激后,就产生兴奋,膜的通透性改变。膜内、膜外的电解质都是可导的,当 Na^+ 进入膜内时,即可形成回路,产生动作电流;膜质外的动作电流从兴奋区流向未兴奋区,导致兴奋区的去极化,进而产生一定间隔的脉冲式神经冲动;神经冲动向神经的邻近未兴奋区传导后,兴奋区的质膜恢复对 Na^+ 的不透性,而质膜内 Na^+ 则依靠离子泵的作用向外渗透,直至建立膜内、膜外的极化状态,恢复静息电位。这个过程反复进行,兴奋就随脉冲动作电位在整个神经上传导。

（二）突触传递（synaptic transmission）

突触传递指信息在不同神经元的突触之间,或神经元与肌肉或腺体的突触之间进行传递。突触传递是以神经递质来传递信息,所以也称为化学传递（chemical transmission）。

1.突触（synapse）　指神经元之间的神经末梢的相接触部位或神经与肌肉或腺体的连接点,包括突触前膜（presynaptic membrane）、突触间隙（synaptic cleft）和突触后膜（postsynaptic membrane）3部分。突触间隙一般是 $10\sim25\mu m$。1个神经元的轴突、侧支、端丛和树突的任何部位都能形成突触,但主要位于端丛或树突上。在绝大多数突触中,神经末梢端部略为膨大,形成直径 $0.5\sim2\mu m$ 的突触小结,小结内含有许多突触小囊泡（synaptic vesicle）,内含神经递质。

2. 神经递质（neurotransmitter） 动作电位不能直接通过突触间隙进行传导，须借助神经递质传递。神经递质就是神经末梢分泌的化学物质，起着将神经冲动从突触前膜通过突触间隙传递到突触后膜的作用。在兴奋性神经中，乙酰胆碱（acetylcholine，Ach）是神经元之间的主要神经递质，谷氨酸盐（glutamate）是神经与肌肉连接点的主要神经递质。但是，一些弦音神经（chordotonal nerve）和多极感觉神经的神经递质是血清素（serotonin），复眼和单眼视觉神经的神经递质是组胺。在抑制性神经中，γ-氨基丁酸是主要神经递质，少数是单胺或章鱼胺。

3. 突触传递（synapse transmission） 在兴奋性神经传递中，当动作电位传导到突触前膜时，引起前膜去极化，开放前膜的 Ca^{2+} 通道，使 Ca^{2+} 向膜内扩散，促使带有 Ach 突触小囊泡与前膜释放位点结合，并进一步融合形成"Ω"形小囊泡；Ach 从缺口处释出，进入突触间隙；Ach 随机扩散到突触后膜上，与后膜上的 Ach 受体结合，使 Ach 受体的构象发生变化，引起后膜对 Na^+、K^+ 的通透性改变，导致后膜的去极化，产生兴奋性突触后电位（excitatory postsynaptic potential，EPSP），电位的强度与受体被激活的程度成正相关，这样就把神经冲动传到了下一个神经元（图 10-25）。Ach 与受体（AchR）的结合是可逆的，它激发受体发生变构以后，就被释放出来，随即被突触后膜上的乙酰胆碱酯酶（cholinesterase，AchE）水解成胆碱和乙酸，所以兴奋在 1～2ms 迅速消失。胆碱和乙酸再被突触前膜吸收，重新合成 Ach，供下一次传递用。在抑制性神经传递中，Ach 与后膜上的 Ach 受体结合后，引起后膜对 Cl^- 的通透性增加，导致膜的超极化，产生抑制性突触电位（inhabitory postsynapic potential，IPSP），阻碍了神经传递。

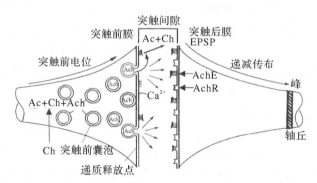

图 10-25　突触化学传导（仿 Shankland et al.）

六、杀虫剂对神经系统的影响

很多高效杀虫剂都是神经毒剂，不同类型的神经毒剂作用于不同的神经靶标。

（一）对轴突传导的影响

滴滴涕是应用最早的有机氯杀虫剂，昆虫中毒以后，表现出过度兴奋和痉挛，随之发生麻痹而死亡。因为滴滴涕的分子结构能嵌入轴突膜上的 Na^+ 通道，从而延缓轴突的去极化及 Na^+ 通道的关闭，出现重复的动作电位，产生中毒症状。拟除虫菊酯药剂的杀虫作用与滴滴涕相似，也是抑制轴突膜的 Na^+ 通道，使膜的渗透性改变，造成传导阻断，但也可能影响突触传导，产生神经痉挛及其他作用，如 ATP 酶的抑制等。

（二）对乙酰胆碱受体的影响

一些杀虫剂如烟碱、箭毒（curare）、沙蚕毒素等能对突触后膜上的乙酰胆碱（Ach）受体产生抑制作用，从而阻断了 Ach 与受体的结合，冲动不能传导，致使昆虫死亡。

（三）对乙酰胆碱酯酶的影响

有机磷和氨基甲酸酯类杀虫剂都是乙酰胆碱酯酶（AchE）的抑制剂，能像乙酰胆碱一样与 AchE 相结合，但结合以后不容易水解，使酶分解乙酰胆碱的作用受阻，造成突触部位乙酰胆碱大量积聚。昆虫中毒以后，表现出过度兴奋，随之行动失调，麻痹而死。还有一些药物如环戊二烯和六六六能增加突触前膜对囊泡的释放，使昆虫过度兴奋而死亡。

第八节　昆虫的感觉器官

昆虫的感觉器官（sensory organ）是感受环境和体内信息的结构，由体壁特化形成的感觉器为基本单元组合而成，简称感器。昆虫的感器多分布于体躯各部位，接受来自体内、体外的物理或化学刺激，通过神经系统和分泌系统的协调作用，调节和控制昆虫的生理和行为反应。

一、感器的基本结构

昆虫的感器由体壁的真皮细胞，以及表皮特化而成的接受部分和由神经细胞构成的感觉部分组成。最简单的结构是一个感觉神经细胞，其树突连接着表皮突起，而轴突则伸入神经节内。由于体壁具有不同形状的表皮突起或内陷，所以感器也有多种类型。

二、昆虫感觉器官的分类

昆虫的感器根据接受刺激的性质可分为听觉器、视觉器、触感器、化感器、温感器和湿感器，分别感受声音、光波、机械力、化学物质、温度和湿度的刺激。

1. 听觉器（phonoreceptor）　感受声波刺激的结构，包括听觉毛、江氏器和鼓膜器，多数分布于昆虫的触角、胸部、腹部、足和尾须上。

（1）听觉毛（auditory hair）：一种长而易动的毛状感受器，内部仅有一个神经细胞与毛窝膜连接，特化程度较低，位于虫体的暴露部位，最适的频率为 400～1500Hz。

（2）江氏器（Johnston's organ）：昆虫触角梗节中较常见的一种弦音感器，最早由 Johnston 于 1855 年在埃及伊蚊雄性触角梗节上发现（图 10-26）。大多数昆虫用它来感觉、控制触角与翅的活动，用于昆虫的定向。但蚊科和摇蚊科雄虫江氏器能感受 350～650Hz 频率，有听觉功能，用于寻找雌蚊，进行交配。

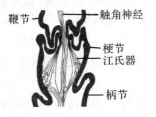

图 10-26　大头丽蝇（*Chrysomya megacephala*）触角基部纵切面，示江氏器（仿刘维德）

（3）鼓膜器（tympanic organ）：由柔软表皮形成的鼓膜、内气囊和含有具橛神经细胞的弦音感器等组成，常见于发音昆虫中，成对存在于昆虫的前足、胸部或腹部上，最适感受频率为20000～80000Hz。昆虫的鼓膜从虫体的表面就能看到。

2. 视觉器（photoreceptor）　感受光波刺激的器官，其感觉细胞中的色素能对一定波长的光谱产生生物电位，传递给中枢神经系统，引起视觉反应。昆虫的视觉器包括复眼和单眼。其视觉中心分别位于视叶和单眼柄顶端内，它们对昆虫的觅食、求偶、避敌、休眠、滞育、决定行为方向等有重要作用。

（1）复眼的结构和视觉：昆虫的主要视觉器，由数目不等的小眼集合而成，小眼四周包围着一层含有暗色素的细胞，使相邻的小眼彼此隔离，不致受折射光的干扰。小眼由角膜、角膜细胞、晶体、视杆组成（图10-27）。

角膜（cornea）是小眼的透明表皮，常为双凸透镜，可允许光波穿透和产生折射，其厚度一般足以避免紫外线的伤害。

角膜细胞（corneagenous cell）位于角膜下面，是分泌角膜的皮细胞，每一小眼一般由2个角膜细胞。在发育完成的小眼中，角膜细胞常缩小或转变成色素细胞，移至晶体两侧。

晶体（crystalline cone）由4个联合在一起的透明细胞组成，位于角膜下方，呈倒圆锥形，其尖端则连接在视杆中心的视小杆上，晶体细胞由角膜细胞特化而成。

视杆（retinula）又称视觉柱，由8个长形视觉细胞及其内缘分泌的视小杆聚合而成，位于晶体和底膜间，是感受光波的重要组成部分。视觉细胞下端的轴突穿过底膜集合成视神经，进入复眼的视叶内。

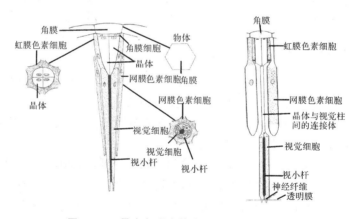

图 10-27　昆虫复眼中的小眼结构（仿 Imms）

（2）单眼的结构和视觉：背单眼位于头部两复眼间。视觉中心位于前脑单眼柄顶端的膨大部分。背单眼的角膜也常是一个单凸或双凸透镜，在角膜细胞层下面包含很多组视杆，而视小杆仅位于视杆的上端，通过角膜的光线可直达视杆上，视杆间以及角膜和角膜细胞层的四周，也有含深色素的色素细胞（图10-28A，B）。通常认为背单眼是一种"激发器官"，可使神经系统保持一定的神经电活动，提高复眼的感光能力，并可改变肌肉的紧张度，从而对昆虫飞行产生定位等功能。

侧单眼是昆虫在幼虫期唯一的感光器，其结构与复眼中的小眼基本相同（图10-28C，D）。鳞翅目幼虫的每一侧单眼含有两个透镜，一个为角膜透镜，另一个为晶体透镜，可以形成比较清楚的倒像。

3.触感器（mechanoreceptor）　指感受环境和体内机械刺激的器官,包括能感觉实体接触、身体张力、空气气压水波振动等机械刺激的毛形触感器、钟形触感器和具橄触感器,分布于触角、口器、翅基、尾须、外生殖器和内脏器官上。

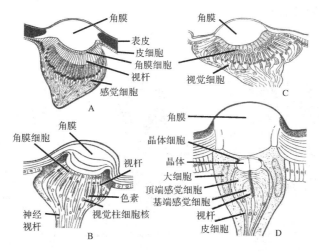

图 10-28　几种昆虫单眼的纵切面(仿各作者)

A.一种蚂蚁 *Formica pratensis* 的背单眼;B.一种沫蝉 *Aphrophora spumaria* 的背单眼;

C.一种叶蜂 *Allantus togatus* 幼虫的侧单眼;D.一种枯叶蛾 *Gastropacha rubi* 幼虫的侧单眼

(1)毛形触感器(hair receptor):感觉器的表皮为毛形突起(图 10-29A)。毛形突的表面除蜕皮孔外,没有其他孔道。感觉神经细胞的端突连接在毛形表皮突的基部,轴突延伸入中枢神经系统内。此类触感器主要分布于昆虫体躯、附肢和翅的表面等处。

(2)钟形触感器(campaniform receptor):感觉器的表皮部分下陷,形成的钟形体或卵形体(图 10-29B)。感觉神经细胞的端突顶端于钟形体或卵形体的下面,轴突延伸入中枢神经系统内。此类主要分布于附肢、平衡棒和翅基部翅脉上。

(3)具橄触感器(scolopophorous receptor):位于较柔软的表皮下,从体表看不到,由感橄、围被细胞和神经细胞组成(图 10-29C)。此类主要分布于昆虫体躯、附肢和翅的表面,或构成昆虫的江氏器和鼓膜器。

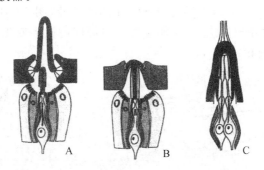

图 10-29　昆虫触感器的模式图(仿 Resh 和 Cardé)

A.毛形触感器;B.钟形触感器;C.具橄触感器

4.化感器(chemoreceptor) 感受体内外化学刺激的感受器(图 10-30),常见有两种类型。

(1)嗅觉器(olfactory receptor):感受气态物质的化感器,呈毛状、锥状、腔锥状和板状等,主要位于触角上,其次是下颚须和下唇须上。嗅觉对昆虫寻找配偶极为重要,同时也是寻找食物或产卵场所必需的。

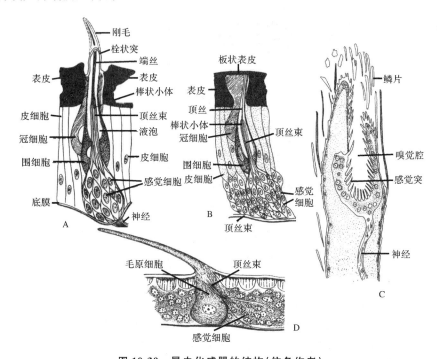

图 10-30　昆虫化感器的结构(仿各作者)
A.锥状化感器的基本结构;B.蜜蜂触角上的板状化感器;
B.菜粉蝶下唇须上的坛状化感器;D.普热猎蝽触角上的毛状化感器

(2)味觉器(gustatory receptor)又称接触化感器,是感受液态或固态物质的化感器,呈毛状、栓状或板状,主要位于下颚须、下唇须、唇瓣、口前腔壁、跗节以及产卵器上。味觉器与昆虫的取食和产卵行为密切相关。

5.温感器(thermoreceptor) 感受温度变化的感觉器(图 10-31A)。昆虫是变温动物,对环境温度的变化及时做出反应,常常能觉察环境温度的微小变化。蜜蜂触角的温感器能感觉到 0.25℃的温度变化。

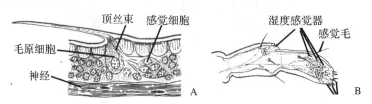

图 10-31　昆虫的温、湿度感觉器(仿 Wigglesworth)
A.普热猎蝽触角上的温度感觉器;B.人虱触角上的湿度感觉器

6.湿感器(hygroreceptor)　感觉湿度变化的感觉器(图 10-31B)。有些昆虫对环境中湿度或水分的变化非常敏感。喜欢高湿的金针虫,即使在 99.5％以上的高湿下,湿度稍微升高也能做出选择。

第九节　昆虫的肌肉系统

昆虫的肌肉系统(muscular system)由来源于中胚层的几十块到几千块肌肉组成,是昆虫的动力系统。肌肉在神经系统的支配下,通过肌纤维的收缩,使昆虫做出各种形式的行为和运动。

一、昆虫肌肉的结构

1.肌纤维(muscle fiber)　昆虫肌肉的基本组成单位是纤维状的肌细胞,又称肌纤维。肌纤维是细长的单核或多核细胞,由肌膜、肌质、肌原纤维、肌核等 4 部分组成。肌膜是肌纤维的细胞膜,肌膜上分布大量的微气管,为肌纤维的收缩活动提供氧气;肌膜上还有与肌纤维纵轴垂直的横管,一般每个肌小节有 2 根,少数 1 根。肌质是肌纤维的细胞质,肌质内含有多条平行的肌原纤维;肌原纤维间有纵向的肌质网,还有纵向整齐排列的大型肌细胞线粒体,即肌粒。肌粒是肌原纤维收缩时 ATP 的直接供应者。在善飞昆虫中,肌粒可占肌纤维体积的 40％。肌核是肌纤维的细胞核,每个肌纤维内有一个至多个细胞核,它控制着肌纤维早期的分裂和分化。

2.肌原纤维(myofibril)　肌纤维中特有的功能性细胞器,由粗肌丝和细肌丝纵向和横向交替聚合而成。

粗肌丝(thick filament)由单一的纤维状肌球蛋白分子聚合而成。肌球蛋白分子直径20nm,呈杆状,由头端、颈部和尾部组成。肌球蛋白分子的头端由 4 根短的肽链组成两个膨突,是两个活性结合中心:一是肌动蛋白结合中心,它与肌动蛋白结合形成以横桥连接的肌动蛋白和肌球蛋白;二是 ATP 酶活性中心,它激活 ATP 酶的活性从而降解 ATP,为横桥处分子变构提供能量。肌球蛋白分子尾部是一对 α-螺旋肽链,多条肽链再聚合成粗肌丝的主干。

细肌丝(thin filament)由两条纤维状的肌动蛋白缠绕形成的肽链镶嵌纤丝状的原肌球蛋白和异三聚体肌钙蛋白组成。肌动蛋白分子直径约 5nm,1 个原肌球蛋白分子可以与 7个肌动蛋白结合,每隔 7 个肌动蛋白就有 1 个肌钙蛋白。原肌球蛋白是一种调节蛋白,能阻止肌动蛋白和肌球蛋白横桥的形成。肌钙蛋白也是一种调节蛋白,由肌动蛋白结合亚基、原肌球蛋白结合亚基和钙结合亚基 3 个亚基组成,能促使肌动蛋白和肌球蛋白横桥的形成。

在肌原纤维中,两种肌丝纵向和横向整齐准确地排列。粗肌丝的肌球蛋白头端向着细肌丝。细肌丝一端向着粗肌丝的肌球蛋白分子头端,另一端固定在肌原纤维中呈 Z 盘的横形结构上。两条 Z 盘之间的部分就是 1 个肌小节,它是肌原纤维收缩的基本单位,常$2\sim10\mu m$。

由于 Z 盘、粗肌丝和细肌丝在肌原纤维中的规则排列,形成一系列纵向排列、明暗相间的带状构造,所以昆虫肌肉又称横纹肌(striated muscle)。对应于肌小节内的粗肌丝排列部位、颜色较暗的,称暗带(anisotropic,A 带);对应于肌小节两端没有粗肌丝排列的 Z 盘附近、只有细肌丝、颜色较浅的,称明带(isotropic,I 带);在 A 带中央,只有粗肌丝,没有细肌丝的,称 H 区。

二、昆虫肌肉的主要类型

根据昆虫肌肉的附着位置,将其分为体壁肌和内脏肌。

1.体壁肌(skeletal muscle) 附着在体壁下或体壁内突上的肌肉,由多核的长条形肌纤维组成,担负着体节、附肢和翅的运动。依据肌纤维中肌原纤维的形状和排列方式,体壁肌又可分为管状肌、束状肌和纤维状肌 3 类。

(1)管状肌(tubular muscle):肌原纤维和线粒体呈放射状相间排列于肌纤维的四周,肌纤维中央是肌核和没有肌原纤维的肌质中心(图 10-32A,B),如蜜蜂成虫的体壁肌。

(2)束状肌(close-packed muscle):肌原纤维和线粒体位于肌纤维的中央,肌核和没有肌原纤维的肌质位于肌纤维的外周。根据外周没有肌原纤维的肌质厚薄,可将束状肌再分为薄肌质束状肌和厚肌质束状肌(图 10-32C—F),如蜜蜂幼虫的体壁肌。

(3)纤维状肌(fibrillar muscle):肌原纤维的直径大,细胞核和大型不规则的线粒体散布于肌原纤维之间,肌膜不明显(图 10-32G),如蜜蜂成虫的间接飞行肌。

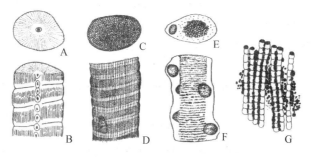

图 10-32 昆虫肌肉的类型(仿 Snodgrass)
A,B.管状肌(横切面和纵切面);C,D.薄肌质束状肌(横切面和纵切面);
E,F.厚肌质束状肌(横切面和纵切面);G.纤维状肌

另外,一些学者根据肌纤维的附着部位和功能,将体壁肌分为节间肌、附肢肌和飞行肌 3 类。

2.内脏肌(visceral muscle) 包围在内脏器官外表面或分布在内脏器官外周的肌肉,由小纺锤形的单核肌纤维组成,负责消化道、马氏管、背血管和卵巢等内脏器官的伸缩和蠕动,如消化道中的纵肌和环肌。

三、昆虫肌肉的收缩机制和调控

1.肌肉收缩的滑动学说 为了解昆虫肌肉的收缩机制,Huxley 等 1954 年提出了昆虫肌肉收缩的滑动学说。在昆虫肌肉收缩过程中,肌小节内的粗肌丝和细肌丝长度保持不变,只是肌小节内两端的细肌丝向粗肌丝中间滑动。由于粗肌丝的长度不变,所以 A 带的宽度也不变。但细肌丝向粗肌丝中间滑动,导致 H 带的宽度变小,甚至出现细肌丝重叠的新带区。随着细肌丝的滑动,粗肌丝两端接近 Z 盘,有时还可穿过 Z 盘,进入相邻的肌小节内,成为超收缩(图 10-33A)。

引起肌丝滑动的动力是粗肌丝和细肌丝中蛋白质的变构作用,导致粗肌丝与细肌丝结合形成横桥摆动。当肌膜的兴奋通过横管传入肌质网时,肌质网便释放出大量 Ca^{2+}。Ca^{2+}与细肌丝上的肌钙蛋白钙亚基结合后,便解除原肌球蛋白对肌球蛋白结合点的抑制,从而与粗肌丝形成肌动蛋白和肌球蛋白横桥(图 10-33B)。与此同时,Ca^{2+}激活了粗肌丝肌球蛋白分子头端 ATP 酶的活性,水解 ATP 产生能量引起肌球蛋白头端构型发生变化,使细肌丝向粗肌丝中部滑动,导致横桥断裂,游离的肌球蛋白头端与下一个肌动蛋白单体结合,如此反复,不断牵引细肌丝滑入粗肌丝中,明带 I 与 H 区变窄,肌小节长度缩短,引起肌肉收缩(图10-33C)。当兴奋消失,肌膜恢复极化状态,肌质网将 Ca^{2+} 重新吸收,细肌丝的肌钙蛋白钙亚基失去 Ca^{2+},恢复构象,原肌球蛋白重新与肌动蛋白结合,从而抑制肌动蛋白和肌球蛋白横桥的形成,使肌肉依靠弹性恢复松弛状态。

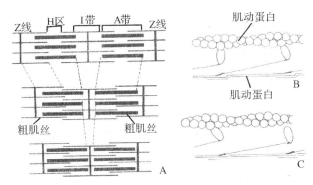

图 10-33　昆虫肌肉收缩时肌小节的变化(A)和肌动球蛋白桥的变化(B,C)(仿 Huxley)

2.肌肉收缩的调控　昆虫肌肉的收缩多数都受神经系统的控制,少数受其他因子的调节。

(1)神经的调控作用:昆虫肌纤维与脊椎动物肌纤维不同,不具有兴奋传导性。昆虫神经在肌纤维上的分布和传导有其特点。

①肌纤维上的神经分布。昆虫的运动神经轴突沿着肌纤维表面形成多个支突,这些支突进行再分支,它们的末梢与肌纤维表面形成很多个突触,从而保证神经兴奋在整个肌纤维上的快速传导,称多点神经支配。控制昆虫肌肉活动的神经有兴奋神经和抑制神经,兴奋神经又分为快神经和慢神经。在昆虫的一条肌肉中,有的只受一条兴奋神经控制,有的可受几条甚至十多条神经控制,包括快神经、慢神经和抑制神经,称为多神经支配。在蝉的鼓膜听器中鼓膜肌只受单一运动神经的多点调控;蝗虫后足的屈肌受 16 条运动神经支配;多数昆虫受 2～4 条运动神经支配。在多神经支配的情况下,中枢神经系统通过调整参与神经的种类和数量来控制昆虫活动的类型和强度。

②神经-肌膜的突轴调控。昆虫的神经末梢伸入肌膜表面凹槽内,与肌膜的突起形成间隙连接,即突触。神经刺激通过递质进行突触传导。兴奋神经释放的递质是 L-谷氨酸,抑制神经释放的递质是 γ-氨基丁酸。神经冲动由中枢神经系统兴奋神经末梢的突触前膜,将化学递质释放到突触间隙,引起突触附近肌膜的跨膜电位去极化,使肌肉收缩。神经冲动经抑制神经末梢的突触前膜将化学递质释放到突触间隙,让肌膜的跨位电位保持稳定或增高,促

使肌肉保持松弛或降低兴奋性。一般来说,快神经1次神经冲动所释放的递质足以引起肌膜的去极化,但慢神经1次神经冲动仅释放少量递质,不足以使肌膜去极化,必须有连续的神经冲动作用,才能释放足够的递质,使肌膜产生兴奋。

(2)其他因子对肌肉收缩的调节作用:除了神经冲动外,其他能导致肌膜去极化的因子都可能引起肌肉收缩,如激素、血液成分和机械张力等。它们不仅影响自发活动的肌肉,也影响受神经支配的肌肉。有些昆虫的心肌没有神经分布,但附近却有大量的神经分泌轴突,这些轴突可以释放神经激素、乙酰胆碱或5-羟色胺等,调节心肌的活动。血液中离子组成的变化,能直接影响肌纤维肌膜外侧离子组成的变化,从而改变肌纤维的电兴奋性。

第十节 昆虫的内激素和外激素

昆虫的激素(insect hormone)是指内分泌器官分泌的、具有高度活性的微量化学物质,经血液运送到作用部位,较长时间地调节和控制着昆虫的生理、发育和行为活动等。

一、昆虫的内分泌器官

昆虫的内分泌器官(endocrine organ)包括神经分泌细胞和内分泌腺体两类。内分泌腺体是产生激素的特殊腺体,激素直接或经贮存组织间接地释入血液,主要包括咽侧体、心侧体和前胸腺(图 10-34)。

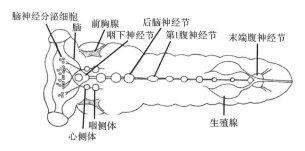

图 10-34 昆虫内分泌系统的模式结构图(仿郭郭)

1.神经分泌细胞(neuroendocrine cell) 又称神经内分泌细胞,是昆虫神经系统中具有内分泌功能的一群神经细胞,主要是单极神经细胞,具有神经细胞和腺体细胞的双重特征。神经分泌细胞分布于脑和神经节内,但以脑内的神经分泌细胞为主。脑神经分泌细胞位于前脑的脑间部,分泌的神经激素通过神经经心侧体传到咽侧体,然后释入血液中,调节咽侧体和前胸腺的分泌活动。

2.咽侧体(corpus allatum) 位于食道背面两侧的1对小椭圆形的内分泌腺体,来源于外胚层,有神经与心侧体和食道下神经节联系。咽侧体的主要功能是产生对昆虫变态和卵黄沉积起调节作用的保幼激素。咽侧体的周期性分泌活动与昆虫生长发育过程密切相关。在分泌活动旺盛期,咽侧体体积增大,腺细胞数量增多,腺细胞内的内质网和核糖体大量积聚,特别是合成保幼激素的光面内质网显著增加。

3.心侧体(corpus cardiacum) 是位于脑后方、食道和背血管背面或两侧的1个或1对神经腺体,来源于外胚层,内含大量神经分泌细胞和贮存细胞。它有神经与脑、咽侧体和后头神经节相连。心侧体除了贮存脑神经分泌细胞分泌的促前胸腺激素外,也能分泌激脂激素、促心搏激素、利尿激素、抗利尿激素和高海藻糖激素等。心侧体可以将这些激素直接排入血液,也可以通过咽侧体释放。

4. 前胸腺(prothoracic gland)　位于昆虫前胸或头部后端两侧,来源于外胚层,是成对透明的、带状或串状的腺体,主要存在于昆虫的幼体和蛹,衣鱼目和石蛃目的成虫中。有翅类成虫无前胸腺。前胸腺的主要功能是产生对昆虫变态起调节作用的蜕皮激素,在衣鱼目和石蛃目昆虫中终生存在,所以此类昆虫的成虫能继续脱皮。有翅类成虫的前胸腺退化,因而就失去脱皮的能力。

二、昆虫内激素

昆虫的激素种类已多达 20 多种,除蜕皮激素和保幼激素外,其他多数是神经肽类激素。

1. 蜕皮激素(molting hormone,MH)　又称蜕皮甾醇或蜕皮酮,分为 α-蜕皮激素和 β-蜕皮激素。α-蜕皮激素是一种"原激素",本身没有活性,必须转化为 β-蜕皮激素才具有活性。β-蜕皮激素与甲壳纲动物的蜕皮激素完全相同。昆虫自身不能合成蜕皮激素的前体物三萜烯化合物,需从植物中取得胆甾醇,并在前胸腺中转化为 α-蜕皮甾醇释入血淋巴,再进入脂肪体或中肠细胞,转化为具有活性的 β-蜕皮激素。

蜕皮激素的作用是在保幼激素的协调下使昆虫脱皮。一般昆虫在进入成虫期以后,不再脱皮,因而前胸腺开始萎缩,蜕皮激素的滴度明显下降,但在一些雌虫的卵巢和血淋巴中,仍有相当高的含量,伊蚊(Aedes aegypti)卵巢中的蜕皮激素能刺激脂肪体合成卵黄原蛋白。蜕皮激素还有增高细胞呼吸代谢作用。当蜕皮激素与细胞发生作用后,呼吸率立刻升高,随后线粒体的数量和体积都增大。当昆虫在停止生长进入滞育状态时,蜕皮激素的滴度下降。

蜕皮激素的合成和释放首先依赖于促前胸腺激素对前胸腺的激活。在烟草天蛾中,还受到一种血淋巴刺激因子的联合作用。嗉囊排空等生理反应和对光周期变化的信息感受,也可能激发前胸腺释放蜕皮激素。高水平的保幼激素,则抑制促前胸腺激素的释放和蜕皮激素的合成。

2. 保幼激素(juvenile hormone,JH)　指由咽侧体分泌的多种半倍萜烯甲基酯类激素,包括 JH0、JHⅠ、JHⅡ、JHⅢ、JHB3、4-甲基 JHⅠ 等,其中,JHⅢ 是最常见的保幼激素,存在于大多数昆虫体内。咽侧体产生的 JH 是亲脂性的,在血淋巴中有较高的溶解度,它与蛋白质载体形成 JH 蛋白质复合体进行运送。与蛋白质载体形成的复合体,可防止非特异性的酯酶的水解。

JH 具有维持幼虫特征、防止变态发生的作用,是保持幼虫特性一种必不可少的激素。在幼虫期,JH 的滴度较高,而最后一龄幼虫(或蛹期)JH 的滴度很低或检测不到。但到成虫生殖器官发育阶段,JH 滴度又趋向上升,刺激雌虫卵巢管的发育和脂肪体合成卵黄原蛋白。迁飞昆虫在 JH 水平低下时,卵巢停止发育,发生迁飞行为。咽侧体产生 JH,受咽侧体活化因子的激活和咽侧体抑制因子的遏制,这是调整 JH 滴度变化的重要因素。

3. 促前胸腺激素(prothoracicotropic hormone,PTTH)　又称脑激素(brain hormone)或促蜕皮激素(ecdysiotropin),是脑内神经分泌细胞产生的一种肽类激素,主要由前脑的神经分泌细胞分泌,激活前胸腺合成和分泌 α-蜕皮激素或 3-脱氢-α-蜕皮激素。目前,已分离纯化了家蚕、烟草天蛾、黑腹果蝇和美洲蜚蠊等几种昆虫的促前胸腺激素,并弄清了家蚕促前胸腺激素的基因和氨基酸序列,发现促前胸腺激素是由两种以上的不同氨基酸序列组成的多肽,不同序列可能存在某些种间专化性。PTTH 的释放是由多种因素决定的,包括昆虫本体感受生活节律、激素水平,以及光照周期和温度等环境条件的刺激。

三、昆虫外激素

外激素(pheromone)又称信息激素(message),是一种昆虫个体分泌腺体分泌到体外的,能影响同种(也可能是异种)其他个体的行为、发育和生殖等的化学物质,具有刺激和抑制两方面的作用。

1. 外激素种类　昆虫信息激素可分为种内信息素和种间信息素两类。

(1)种内信息素:由一种昆虫释放到体外,引起同种昆虫其他个体行为反应的化学物质。主要有性信息素(sex pheromone)、报警信息素(alarm pheromone)、聚集信息素(aggregation pheromone)、标记信息素(marking pheromone)、踪迹信息素(trail pheromone)、疏散信息素(epideictic pheromone)等。

(2)种间信息素:由一种昆虫释放到体外,引起异种昆虫个体行为反应的化学物质。主要有利它素(kairomone)、协同素(synomone)、利己素(allomone)等。种间信息素是昆虫学、化学生态学和行为学研究的一个热点,对于探讨害虫与植物、害虫与天敌、害虫与植物和天敌之间的相互关系有着重要的意义。

2. 外分泌腺体　由真皮细胞特化形成的分泌细胞组成的腺体,其分泌物释放到体外,来源于外胚层。昆虫信息素分泌腺体的部位因昆虫种类不同而异。鳞翅目雌虫分泌性信息素腺体通常位于腹末生殖孔附近,但一些蝶类的在后翅上;鞘翅目昆虫的性信息素,有的在粪便中,有的在后肠,有的在腹部末端;半翅目昆虫的性信息素腺体可在后胸腹板和后足胫节上;双翅目家蝇的性信息素由体壁表皮分泌。鞘翅目小蠹虫分泌聚集信息素的腺体在后肠。白蚁分泌踪迹信息素的腺体在腹部第4或5节背板下。

3. 信息素的化学组成和特点　昆虫信息素是带有挥发油性质的化学物质,具有香味或臭味。通常是多种成分的混合物。有些昆虫是用顺式和反式异构体组成的混合物,有些用乙酸酯和醇或乙酸酯和醛的混合物,有些则用不同双键位置的异构体。有的化学结构很简单,而有的则较为复杂。多数是长链的不饱和醇、乙酸酯或醛类,但也有不少是萜类化合物。

信息素在化学结构上的微小变动,就会引起失去全部或大部分的引诱活性,或者相反。所谓结构改变包括功能团(乙酸酯、醇、醛)的变化,双键位置的改变、构型(顺式或反式)的不同、双键的数目及碳链的长短等。因为立体构型不同,有的改变则可增加活性称增效剂,有的则可降低活性称抑制剂。引诱舞毒蛾的抑制剂,仅与其信息素相差一个氧环;引诱棉红铃虫的抑制剂,就是其信息素的顺式异构体。一般反式构型较顺式构型有较大的抑制作用,醇类较相应的脂类有较大的抑制作用。

第十一章　昆虫生物学与生态学

第一节　昆虫的生殖方法

一、昆虫的性别

1.昆虫的性别类型　在正常情况下,昆虫个体的性别有雌性、雄性、雌雄同体等3种。雌性(female)常用"♀"符号来表示,雄性(male)常用"♂"符号来表示。绝大多数昆虫为雌雄异体,两性的差异主要表现在内部和外部生殖器官的不同。少数积翅目、半翅目和双翅目昆虫中存在雌雄同体(hermaphrodite)。

2.雌雄二型现象(sexual dimorphism)　昆虫雌雄个体间除了内、外生殖器官即第一性征上存在差别外,在个体大小、体型、体色等第二性征方面也存在明显差异的现象为雌雄二型现象。

3.多型现象(polymorphism)　同种昆虫在同一性别个体间在大小、颜色及结构等方面出现两种或两种以上不同类型分化的现象称为多型现象。

二、昆虫的生殖方式

昆虫的生殖方式按照不同的角度可分为不同的类型。根据受精机制分为两性生殖和孤雌生殖;根据参与生殖的个体分为单体生殖和双体生殖;根据产生后代的个体数分为单胚生殖和多胚生殖;根据昆虫生殖的虫态分为成体生殖和幼体生殖;根据生殖产生出后代的虫态分为卵生和胎生。在大多数情况下昆虫为两性、双体、单胚、成体、卵生的生殖方式,主要的生殖方法通常称为两性生殖,其他的方式均为特殊的生殖方法。

1.两性生殖(sexual reproduction)　又称有性生殖,是指昆虫必须经过雌雄两性交配,卵受精后方能发育成新个体的生殖方式。优点是能保持子代有更高的多样性。

2.特殊生殖方式

(1)孤雌生殖(parthenogenesis):指卵不受精也能发育成新个体的现象。从不同的角度出发,可把孤雌生殖分为不同的类型。根据孤雌生殖出现的频率可分为兼性孤雌生殖(facultative parthenogenesis)(又称偶发性孤雌生殖)和专性孤雌生殖(obligate parthenogenesis)。专性孤雌生殖有可分为如下 4 种类型:经常性孤雌生殖(constant parthenogenesis)、周期性孤雌生殖(cyclical parthenogenesis)、幼体生殖(paedogenesis parthenogenesis)和地理性孤雌生殖(geographical parthenogenesis)。如半翅目、缨翅目、鳞翅目、一些膜翅目、鞘翅目昆虫具有经常性孤雌生殖;蚜虫和瘿蜂昆虫中常见周期性孤雌生殖;一种蓑蛾(*Cochliotheca crenulella* Braund)中发现地理性孤雌生殖。孤雌生殖的优点是能将雌虫优良基因型传给所有子代,并在没有雄虫的情况下保持种的延续。

(2)多胚生殖(polyembryony):指一个卵产生两个或以上的胚胎,每个胚胎都能发育成一个新个体的生殖方法。常见于膜翅目的茧蜂科、跳小蜂科、缘腹细蜂科和螯蜂科及捻翅目等寄生性昆虫的少数种类。一些缘腹细蜂的 1 粒卵可产出 18 头幼虫,一些螯蜂的 1 粒卵可产出 60 头幼虫,而一些点缘跳小蜂的 1 粒卵可产出 3000 个子代个体。多胚生殖是对活体寄生的一种适应。寄生性昆虫常难以找到适宜的寄主,多胚生殖可使其一旦有适宜的寄主就能繁殖较多的子代。

(3)胎生生殖(viviparity):指昆虫胚胎发育在母体内完成,由母体产出来的是幼体。根据幼体离开母体前获得营养方式的不同可以分为 4 种类型:卵胎生(ovoviviparity)、血腔胎生(haemocoelous viviparity)、腺养胎生(adenotrophic viviparity)、伪胎盘胎生(pseudoplacental viviparity)。介壳虫、蓟马、家蝇、麻蝇、蜚蠊、寄蝇等昆虫均为卵胎生;舌蝇、虱蝇、蛛蝇和蝠蝇昆虫进行腺养胎生;捻翅目昆虫进行血腔胎生;蚜虫、啮虫、革翅虫和寄螨的一些种类进行伪胎盘胎生。胎生的优点是保护卵,同时保证胚胎发育在卵营养不足的情况下能在母体内得到补偿,以完成发育。

(4)幼体生殖(paedogenesis):指一些昆虫在性未成熟的幼期或蛹期就能进行生殖。幼体生殖的昆虫可以缩短昆虫的生命周期并在较短的时间内迅速增大其种群数量,幼体生殖同时具有孤雌生殖和胎生的优点,有利于昆虫分布和在不利环境条件下保持种群生存的适应。

第二节　昆虫的胚胎发育

一、昆虫的胚前发育

昆虫的个体发育是指从卵发育到成虫的整个过程。昆虫的个体发育包括胚前发育(preembryonic development)、胚胎发育和胚后发育 3 个连续的过程。胚前发育是指生殖细胞在亲本体内形成,以及完成授精和受精的过程。

1.卵(egg 或 ovum)　对于卵生昆虫而言,卵是个体发育的第一个虫态,又是一个表面不活动的虫态。

(1)卵的基本结构:卵是一个大型细胞(图 11-1)。最外面是其保护作用的卵壳(chorion),卵壳里面的一薄层结构为卵黄膜(vitelline membrane),卵黄膜围着原生质、卵黄(yolk)和核。卵黄充塞在原生质内,但紧贴卵黄膜的原生质中无卵黄,这部分原生质称为周质(periplasm),这种卵称中黄式卵(centrolecithal egg)。卵的前端有 1~70 个贯通卵壳的小孔,称卵孔(micropyle)。卵子受精时,精子经卵孔进入卵内,所以卵孔也称精孔或受精孔。卵孔附近区域的卵壳表面常有放射状、菊花状等饰纹。有些昆虫卵的端部有卵盖(egg cap),有些昆虫还有一定数量的呼吸孔(aeropyle),与外界进行气体和水分的交换。卵的基部含有以后形成生殖器官的生殖质。

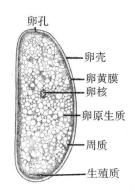

图 11-1　昆虫卵的结构(仿 Johannsen & Butt)

(2)卵的类型:昆虫的卵较小,其大小与昆虫本身的大小及产卵量等有关。昆虫卵的大小相差很大,多数昆虫卵长在 1.5～2.5mm,某些蚜虫的卵长仅为 0.02～0.03mm,较小;一些蝗虫的卵长达 6～7mm,较大。昆虫的卵初产时一般色浅,呈灰白色或浅黄色,以后颜色逐渐变深,呈灰黄色、灰褐色、褐色、暗褐色、绿色或红色等。昆虫卵的形状多种多样(图 11-2),多为卵圆形或肾形,还有球形、半球形、纺锤形、桶形、瓶形、马蹄形等。

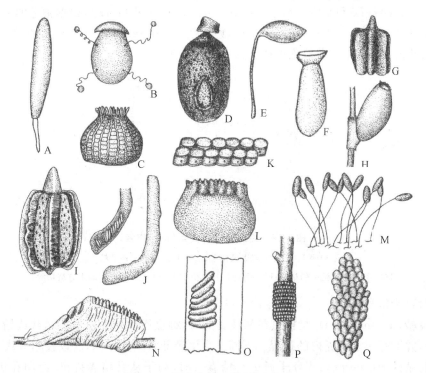

图 11-2　昆虫卵的形状(仿各作者)

A. 高粱瘿蚊(*Contarinia sorghicola*);B. 蜉蝣(*Ephemerella rotunda*);C. 鼎点金刚钻(*Earias cupreoviridis*);D. 一种蜉蝣目昆虫;E. 一种小蜂(*Bruchophagus funebris*);F. 米象(*Sitophilus oryzae*);G. 木叶蝶(*Phyllum ciccifolium*);H. 头虱(*Pediculus humanus capitis*);I. 一种蜉(*Phyllium sicifolum*);J. 东亚飞蝗(*Locusta migratoria manilensis*);K. 一种菜蝽(*Eurydema* sp.);L. 美洲大蠊(*Periplaneta americana*);M. 一种草蛉(*Chrysopa* sp.);N. 中华大刀螳(*Tenodera sinensis*);O. 灰飞虱(*Delphacodes striatella*);P. 天幕毛虫(*Malacosoma neustria*);Q. 亚洲玉米螟(*Ostrinia furnacalis*)

2.精子(sperm)

(1)精子的基本结构:昆虫精子基本组成部分为头部和尾部(图 11-3)。头部包括顶体(acrosome)和核(nucleus)。顶体位于精子顶端,呈锥状或球状,有的昆虫无顶体。核多较长,核质密而均匀。尾部包括中心粒联体(centriole)和鞭毛。中心粒联体连接头和鞭毛,所以又称为颈。鞭毛由轴丝(axial filament)、线粒体衍生物、高尔基体衍生物等组成。轴丝包括副微管(accessory tubule)、双微管(doublet)和中心微管(central tubule),通常为 9+9+2模式,也有其他轴丝模式类型。

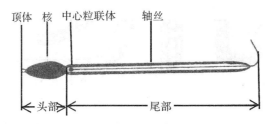

图 11-3　昆虫精子(模式图)(仿 Berland et al)

(2)精子的类型:昆虫精子形态变化多样。根据鞭毛的有无可分为鞭毛精子(flagellate sperm)(图 11-4A～D)和无鞭毛精子(aflagellate sperm)(图 11-4E),根据鞭毛的数量可分为单鞭毛精子(monoflagellate sperm)、双鞭毛精子(biflagellate sperm)和多鞭毛精子(multiflagellate sperm)。多数昆虫精子为单鞭毛精子。

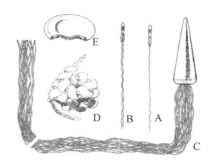

图 11-4　昆虫精子的类型(仿各作者)

A.单鞭毛精子;B.双鞭毛精子;C.一种白蚁的多鞭毛精子;

D.一种原尾目昆虫的精子;E.一种原尾目昆虫的无鞭毛精子(D,E.的下方被切除)

3.授精、受精和产卵

(1)授精(insemination):指昆虫在两性交配时,雄虫通过外生殖器将精液或精包注入雌虫生殖腔,并贮存于受精囊内的过程。不同昆虫生殖器官结构不同,所以授精方式也不同。

(2)受精(fertilization):当卵子通过受精囊口时,精子从受精囊排出,经卵孔进入卵内,精子细胞核与卵子细胞核接合为合子(zygote),这个过程称为受精。

(3)产卵(oviposition):昆虫在完成受精作用后,雌虫便开始为产卵做准备。产卵指在神经系统的控制下,雌虫通过产卵器将卵子产出体外的过程。昆虫的产卵方式有多种类型,有的单产,有的窝产,有的产在寄主、猎物或其他物体的表面,有的产在隐蔽的场所或寄主组织内;有的卵粒裸露,有的有卵鞘或覆盖物等。昆虫产卵方式的多样性与卵的保护和后代的发育是高度适应的。

二、昆虫的胚胎发育

昆虫的胚胎发育(embryonic development)是指受精卵内合子开始卵裂至发育为幼体为止的过程。

1.卵裂和胚盘形成　卵裂(cleavage)是指合子开始分裂并形成多个子核的过程。卵裂可分为完全卵裂和表面卵裂两种类型。完全卵裂(total cleavage)是指昆虫卵内物质一分为二的卵裂方式。表面卵裂(superficial cleavage)是指细胞分裂非均等,而主要在卵的外层进行的卵裂方式(图 11-5)。多数昆虫均进行表面卵裂。

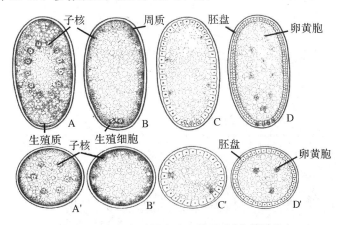

图 11-5　表面卵裂昆虫胚盘的形成(仿管致和)

A,A'. 合子分裂成若干子核;B,B'. 子核向周缘移动至周质;

C,C'. 子核间出现细胞壁;D,D'. 胚盘形成(A~D. 纵切面,A'~D'. 横切面)

合子分裂成若干子核,此子核边分裂边向四周移动,并进入周质,之后子核间开始出现细胞膜,形成一个围绕卵黄的单细胞层,称为胚盘(blastoderm)。卵裂时有一部分子核留在卵黄间称为初生消黄细胞(primary vitellophages)。胚盘形成后,部分子核又从卵的周缘回到卵黄间称为次生消黄细胞(secondary vitellophages)。两者都具有消化卵黄、供给胚胎发育所需营养的作用。在胚盘形成过程中,与卵孔相对的一端就分化出了原始生殖细胞,当发生生殖器官时,这些生殖细胞即转移进生殖器官,最后发育形成卵和精子(图 11-5A~D)。

2.胚带、胚层和胚膜形成　胚盘形成后,位于卵腹面的胚盘细胞逐渐增厚形成胚带(germ band);胚盘的其余部分细胞则变薄,形成胚膜(embryonic envelope);接着胚带自前往后沿中线内陷,其内陷部分称为胚带中板(median plate),两侧的称为胚带侧板(lateral plate);随着胚带中板的不断内陷,胚带侧板则相向延伸而愈合成胚胎的外层(outer layer);同时中板两端也在腹面相遇并接合,使中板成为双层细胞的里层(inner layer)(图 11-6)。里层的形成还有两种,一种是在胚带中板内陷时,侧板相向延伸,最后愈合并覆盖在中板之外,成为长复式胚层分化;另一种是胚带中板向里分裂出一群细胞形成里层,原来的胚带就是外层,成为内裂式胚层分化。外层就是以后的外胚层(ectoderm),里层进一步分化为中带和侧带,分别发育成内胚层(endoderm)和中胚层(mesoderm)。多数昆虫在形成胚层时,胚膜逐渐伸向胚胎的腹面而愈合,在胚胎腹面形成两层胚膜,外面的称为浆膜,里面的称为羊膜。

胚带和羊膜间的腔称为羊膜腔,腔内的液体称为羊水,胚膜和羊膜腔起到保护胚胎的作用。

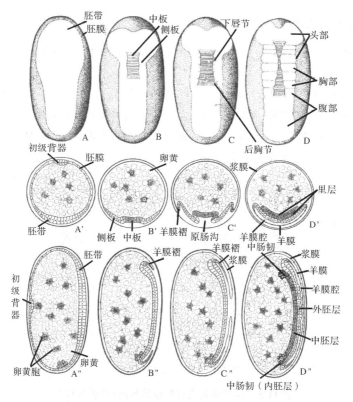

图 11-6　胚带、胚膜及胚层的形成(仿管致和)

A—A". 胚带形成;B—B'. 胚膜和中板形成;C—C". 中板两侧相向伸长,浆膜下包;
D—D". 羊膜形成和胚层发生;A—D. 腹面观;A'—D'. 横切面;A"—D". 纵切面

3.胚胎的分节与附肢的形成　在胚层形成的同时,胚胎开始分节。多数昆虫先是中胚层分节,随后外胚层分节。胚带前端宽大,发育为原头,原头上发生上唇、口、眼和触角。其余各节较窄,称为原躯。原躯上发生颚叶、胸部和腹部。多数昆虫胚胎分节由前向后发生,而一些鞘翅目昆虫则由胸部向前、后两端分节。胚胎分节后,每一节发生 1 对囊状突起,以后发育形成附肢。一些昆虫胚胎发育后期,囊状突起退化,有些昆虫则在胚胎腹部的附肢尚未消失时胚胎发育就结束。按胚胎分节和附肢发生的次序,胚胎发育可分为原足期(protopod phase)、多足期(polypod phase)、寡足期(oligopod phase)等 3 个阶段。例如,一些寄生性膜翅目小蜂的幼虫为原足型幼虫,鳞翅目和膜翅目叶蜂幼虫属于多足型幼虫,不完全变态和全变态类的一些鞘翅目、脉翅目、膜翅目昆虫的幼虫的发育为寡足型幼虫。

4.器官和系统的形成　当胚胎分节后,胚层就分化出昆虫的内部器官和系统。外胚层形成昆虫的体壁、神经系统、呼吸系统、消化道的前肠及后肠、唾腺、丝腺、前胸腺、心侧体、咽侧体、绛色细胞、马氏管、中输卵管、射精管、受精囊、生殖腔、生殖附腺等,中胚层形成昆虫的肌肉、脂肪体、循环系统、卵巢、睾丸、侧输卵管和输精管,内胚层形成昆虫的中肠。

5.胚动、背合和胚膜消失　在胚胎发育过程中,胚胎在卵内改变其位置的运动称为胚动。不同昆虫其胚动方向不同,一般短胚型卵胚动幅度较大,长胚型卵胚动幅度小。胚动可使胚胎更充分地利用卵内的营养物质,并可使胚胎在有限的卵内空间得以充分发育。

随着胚胎发育的进行,胚胎两侧围绕卵黄不断向背面拓展,最后背中线愈合,形成完整的胚胎,这一过程称为背合(dorsal enclosure)。在胚胎发育进入后期时,浆膜和羊膜从各自的愈合处破裂,背合时逐渐被拉到胚胎的背面,陷入卵黄中成为背器;背合末期,背器逐渐被解体并被卵黄吸收,这时胚膜完全消失,胚胎发育即告完成。但是,鳞翅目等少数昆虫的胚膜不消失,并有少量卵黄夹存于两膜之间,初孵幼虫常取食卵壳作为最早的营养。

三、昆虫的胚后发育

昆虫胚后发育(postembryonic development)是指幼体从卵中孵化到成虫性成熟的整个发育过程。

1.昆虫的变态　指昆虫在个体发育过程中,特别是在胚后发育过程中所经历的一系列内部结构和外部形态的阶段性变化。根据虫态的分化、翅的发生过程和幼期对栖境的适应,可将昆虫的变态分为表变态、原变态、不完全变态和全变态 4 大类。

(1)表变态(epimorphosis):又称无变态,是最原始的昆虫变态类型。特点是初孵幼体已具成虫特征;在胚后发育过程中,仅是个体增大、性器官成熟、触角和尾须节数增多、鳞片和刚毛增长等变化等;成虫继续蜕皮。石蛃目和衣鱼目昆虫属于此类型。

(2)原变态(prometamorphosis):有翅类昆虫中最原始的变态类型,仅见于蜉蝣目。特点是从幼期转变为成虫期要经过一个亚成虫期;此期很短,且外形与成虫相似,初具飞翔能力及已达到性成熟。蜉蝣目的幼期虫态称"稚虫"。

(3)不完全变态(incomplete metamorphosis):又称直接变态,特点是个体发育只经过卵、幼期和成虫 3 个阶段。翅在幼体的体外发育,成虫期的特征随着幼期虫态的生长发育逐步显现,为有翅亚纲外翅部(Exopterygota)。不全变态又可分为 3 个亚类,即半变态、渐变态和过渐变态。

①半变态(hemimetamorphosis)(图 11-7)。特点是幼体水生,成虫陆生,两者在体形、取食器官和呼吸器官等方面有明显的分化。蜻蜓目和襀翅目属于此类型,其幼体称为稚虫。

②渐变态(paurometamorphosis)(图 11-8)。特点是幼体和成虫在体形、习性、栖境等方面非常相似。属于此类型昆虫有螳螂目、等翅目、直翅目、蜚蠊目、革翅目、纺足目、啮虫目、虱目、半翅目等。此类昆虫的幼体除了翅和生殖器官发育未完善外,其他特征与成虫非常相似,故称为若虫。

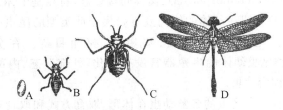

图 11-7　蜻蜓的半变态(仿 Atkins)
A. 卵;B. 低龄若虫;C. 老熟若虫;D. 成虫

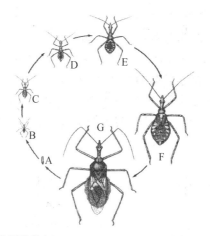

图 11-8 黄带犀猎蝽(*Sycanus croceovittatus*)的渐变态(仿彩万志)
A. 卵；B. 1 龄若虫；C. 2 龄若虫；D. 3 龄若虫；E. 4 龄若虫；F. 5 龄若虫；G. 成虫

③过渐变态(hyperpaurometamorphosis)(图 11-9)。特点是幼体与成虫均陆生,形态相似,但末龄幼体不吃也不太活动,类似全变态的蛹,特称为伪蛹。缨翅目、半翅目粉虱科和雄性介壳虫属于此类型昆虫。

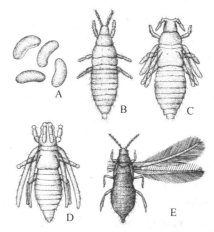

图 11-9 梨蓟马(*Taeniothrips inconsequens*)的过渐变态(仿 Foster & Jones)
A. 卵；B. 1 龄若虫；C. 前蛹期；D. 蛹期；E. 成虫

(4)全变态(complete metamorphosis):又称间接变态,特点是个体发育经卵、幼体、蛹和成虫 4 个阶段(图 11-10)。翅在幼体的体内发育。属于此类型的昆虫有广翅目、蛇蛉目、捻翅目、鞘翅目、长翅目、毛翅目、鳞翅目、双翅目、膜翅目等。在分类上称为内翅部(Endopterygota)。此类昆虫幼体的生殖器官没有分化,外部形态、内部器官及生活习性等与成虫也有明显差异,称为幼虫。

在全变态昆虫中,有一类昆虫的各龄幼虫在体形、取食方式和取食对象上存在很大的差别,这种变态称为复变态(hypermetamorphosis)。如芫菁,其幼虫大多数取食蝗虫卵,1 龄幼虫具有发达的胸足,能搜寻寄主。当找到蝗虫卵取食后蜕皮进入 2 龄,变成行动迟缓、胸足退化的蛴螬型幼虫,此后幼虫下移到较深的土中,变成不食不动的伪蛹越冬,来年再蜕皮化蛹,羽化为成虫。脉翅目螳蛉科、捻翅目、双翅目蜂虻科、膜翅目姬蜂科等昆虫均属于复变态。

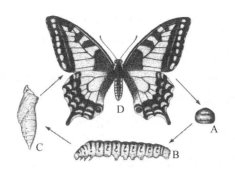

图 11-10 金凤蝶(*Papilio machaon*)的全变态(仿周尧)

A.卵;B.幼虫;C.蛹;D.成虫

2.胚后发育的过程

(1)孵化(hatching):指昆虫胚胎发育完成后,幼虫脱卵而出的过程。昆虫的孵化方式多种,有些昆虫利用破卵器破开卵壳,有些昆虫用上颚咬破卵壳,也有些昆虫通过吸入空气或扭动虫体来脱离卵壳。

(2)生长和蜕皮:昆虫幼体自卵中孵出后,随着虫体的生长,经过一定时间,要重新形成新表皮,而将旧表皮脱去,这个过程称为蜕皮(moulting),脱下的旧表皮称为蜕(exuvium)。昆虫的生长和蜕皮相互伴随,同时又常常是交替进行。在每次蜕皮后,当虫体体壁尚未硬化时,有一个急速生长的过程,随后生长又缓慢,至下次再蜕皮,几乎停滞生长。蜕皮的次数在种间不同,但种内相对稳定。多数昆虫一生蜕皮4~8次,也有高达40次。在正常情况下,从卵至第1次蜕皮之前的幼虫(若虫)称为第1龄幼虫(若虫),以此类推,相邻两次蜕皮间隔的时间称为龄期(stadium)。同一龄幼虫的个体间的体长常有所不同,但其头壳宽度的增长却有一定的规律。根据幼虫的蜕皮的性质,可分为3种类型。幼期伴随着生长的蜕皮称为生长蜕皮;幼虫蜕皮变为蛹或成虫蜕皮称为变态蜕皮;因环境条件改变引起的蜕皮称生态蜕皮。

(3)蛹化(pupating):又称化蛹,指全变态昆虫的末龄幼虫蜕皮变为蛹的过程。末龄幼虫在化蛹前,停止取食,寻找适宜的化蛹场所,身体缩短,颜色变淡,称为前蛹或预蛹。此时幼虫表皮已经部分脱离,成虫翅和附肢等已翻到体外,但仍被表皮所覆盖,蜕皮后,翅和附肢即显露出来。自末龄幼虫脱去表皮其至变为成虫为止所经历的时间称为蛹期。外观上看昆虫蛹期是相对静止的时期,但其体内却在进行着幼虫器官改造为成虫器官的剧烈变化。

(4)羽化(emergence):指昆虫的成虫从它的前一虫态脱皮而出的过程。不完全变态昆虫羽化时,头部和胸部的表皮从背面中部裂开,成虫的头部或胸部先拱出,然后全身脱出,同时翅翻到正常位置。全变态昆虫羽化时,成虫以身体扭动来增加血液的压力,致使蛹壳沿胸部背中线裂开。

(5)性成熟(sex maturation):指成虫体内的生殖细胞——精子和卵子的发育成熟。不同种类或同种的不同性别,其性成熟的时间常有差异。在不同种类的昆虫中,成虫性成熟的早晚主要取决于幼期的营养,但是多数昆虫羽化后需要继续取食一段时间,才能性成熟。在同种昆虫中,一般雄虫性成熟较雌虫早。

3.昆虫幼虫的类型 全变态类昆虫种类繁多,生境、食性、习性等差别大,因此幼虫的形态比稚虫、若虫等复杂。根据足的数量和发育情况可分为4大类型的幼虫(图11-11)。

(1)原足型幼虫(protopod larva):指幼虫在胚胎发育的早期孵化,腹部分节不明显,胸足仅为几个突起,口器发育不全,神经及呼吸系统简单,浸浴在寄主体腔中,通过体壁吸收寄主营养来完成发育。根据幼虫腹部分节情况又可分为寡节原足型(oligosegmented protopod larva)和多节原足型(polysegmented protopod larva)。如一些广腹细蜂的低龄幼虫属于前者,一些小蜂和细蜂的低龄幼虫属于后者。

(2)多足型幼虫(polypod larva):指幼虫在胚胎发育的多足期孵化,除 3 对胸足外,腹部还有多对附肢。根据幼虫的体形和附肢的形态又可分为蛃型(campodeiform larva)和蠋型(erucifoum larva)。部分鞘翅目、广翅目和毛翅目昆虫的幼虫属于蛃型,鳞翅目、膜翅目叶蜂科和长翅目昆虫的幼虫属于蠋型。

(3)寡足型幼虫(oligopod larva):指幼虫在胚胎发育的寡足期孵化,胸足发达,但无腹足。根据体形和胸足的发达程度又可分为步甲型(carabiform larva)、蛴螬型(scarabaeiform larva)、叩甲型(elateriform larva)和扁型(platyform larva)4 种类型。脉翅目、毛翅目、鞘翅目步甲和瓢虫的幼虫等为捕食性种类,属于步甲型幼虫;金龟甲幼虫弯曲成"C"形,属于蛴螬型幼虫;叩甲、拟步甲幼虫属于叩甲型幼虫;一些扁泥甲和花甲幼虫属于扁型幼虫。

(4)无足型幼虫(apodous larva):指足完全退化,既没有胸足也没有腹足。根据头部的发达程度可分为全头无足型(encephalous larva)、半头无足型(hemicephalous larva)和无头无足型(acephalous larva)3 种类型。双翅目、膜翅目细腰亚目和一些鞘翅目中昆虫的幼虫属于全头无足型幼虫;双翅目短角亚目和部分寄生性膜翅目昆虫的幼虫属于半头无足型幼虫;双翅目环裂亚目昆虫的幼虫属于无头无足型幼虫。

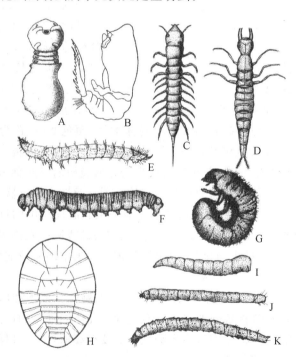

图 11-11　幼虫的类型(仿各作者)

A.寡节原足型;B.多节原足型;C.蛃型;D.步甲型;E.叩甲型;F.蠋型;

G.蛴螬型;H.扁型;I.无头无足型;J.半头无足型;K.全头无足型

4.昆虫蛹的类型　根据蛹的翅、触角、足等附肢与蛹体的连接情况,可分为 3 种主要类型(图 11-12)。

(1)离蛹(exarate pupa):又称裸蛹,翅和附肢不贴附在蛹体上,但可以活动,各腹节也能活动。广翅目、脉翅目、鞘翅目、长翅目、毛翅目、膜翅目等昆虫的蛹为离蛹。其中广翅目、脉翅目和毛翅目昆虫的蛹还能自卫、爬行或游泳。

(2)被蛹(obtect pupa):翅和附肢都紧贴在蛹体上,不能活动,腹节多数或全部不能活动。鳞翅目、鞘翅目隐翅甲科、双翅目长角亚目等昆虫的蛹为被蛹。

(3)围蛹(coarctate pupa):蛹体是离蛹,但被第 3～4 龄幼虫的蜕形成的蛹壳包围。双翅目环裂亚目、介壳虫和捻翅目蜂捻翅虫科的雄蛹为围蛹。

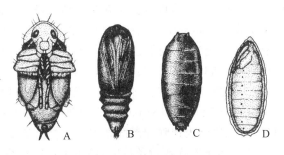

图 11-12　蛹的类型(仿各作者)

A. 离蛹;B. 被蛹;C. 围蛹;D. 围蛹的透视

第三节　昆虫的生活史

一、昆虫的生命周期

1.生命周期(life cycle)　指昆虫的新个体(卵、幼体)自离开母体开始,到成虫性成熟产生后代为止的个体发育过程。

2.寿命(life span)　指在正常情况下,昆虫的新个体从离开母体到死亡所经历的时间。昆虫的寿命要比其生命周期长一些,两者差别的大小取决于成虫生殖后所存活的时间。蜉蝣目的生命周期与寿命基本相同。羽化后性已成熟,羽化当日即交配,随后产卵、死亡,所以蜉蝣有朝生暮死之称。这实际上指的是其成虫阶段。其完成整个个体发育过程常需几个月的时间。有些甲虫成虫性成熟后可存活半年到 1 年。不同种类昆虫寿命差别较大。桃蚜每年可繁殖 20～30 代,其寿命仅有 20～30d;十七年蝉寿命达 17 年;而白蚁蚁后的寿命可达 60～70 年。多数昆虫雄虫在交配结束不久就死去,而雌虫要等到产卵结束后死亡,有些还具有护卵和护幼的习性,所以同种昆虫雌虫寿命往往长于雄虫寿命。

二、昆虫的生活史

1.昆虫的生活史(life history)　指一种昆虫在一定阶段的发育史。生活史常以 1 年或 1 代为时间范围,昆虫在 1 年中的生活史称年生活史或生活年史(annual life history)。而昆虫完成一个生命周期的发育史称代生活史或生活代史(generational life history)。

2.昆虫生活史的多样性

(1)昆虫的化性(voltinism):指昆虫在1年内发生的世代数。1年发生1代的昆虫称为一化性(univoltine)昆虫;1年发生2代的昆虫称为二化性(bivoltine)昆虫;1年发生3代及以上的昆虫称为多化性(polyvoltine)昆虫。两年以上才完成1代的昆虫称为部化性(partvoltine)昆虫或多年性昆虫。

(2)世代重叠(generation overlapping):指二化性和多化性昆虫由于发生期或成虫产卵期较长,或越冬虫态出蛰期不集中,造成不同世代在同一时间段内出现的现象。一化性昆虫的世代重叠现象较少,但有些昆虫由于越冬期、出蛰期的差异也会出现世代重叠的现象。

(3)局部世代(partial generation):指同种昆虫在同一地区具有不同化性的现象。

(4)世代交替(alternation of generations):指一些多化性昆虫在年生活史中出现两性生殖世代与孤雌生殖世代有规律地交替进行的现象,也称异态交替或周期性孤雌生殖。

(5)休眠和滞育(dormancy and diapause):在昆虫生活史的某一阶段,遇到不良环境条件时,生命活动会出现停滞的现象以安全度过不良环境阶段。这一现象常和盛夏的高温及隆冬的低温相关,即所谓的越冬或冬眠(hibernation)和越夏或夏眠(aestivation)。根据引起和解除停滞的条件,可将停滞现象分为休眠和滞育2类。

①休眠(dormancy)是指当遇到不良环境条件时,昆虫生长发育暂时停滞,待不良条件消除后又可恢复生长发育的现象。有些昆虫需要在一定虫态或虫龄休眠,此休眠期的昆虫生理特性不同,休眠期后死亡率就会不同。这就会影响昆虫种群以后的发生基数。

②滞育(diapause)是指昆虫生长发育的暂时停滞是由环境条件引起,但往往不是不良环境条件直接引起,当不良条件消除后昆虫也不能马上恢复生长发育的现象。滞育又可分为兼性滞育(facultative diapause)和专性滞育(obligatory diapause)。兼性滞育又称任意性滞育,滞育可发生在不同的世代。专性滞育又称绝对滞育,滞育发生在固定虫态,这种滞育常为一化性昆虫,无论外界条件如何,到了滞育虫态昆虫马上进入滞育。

滞育是昆虫避开不利环境条件的一种适应,也是昆虫生活周期与季节变化保持一致的一种基本对策。引起和解除滞育的外因是环境条件,内因是激素。外因必须通过内因才能起作用。进入滞育状态的昆虫,体内可溶性的碳水化合物、脂肪含量上升,含水量下降,体液的冰点下降,呼吸率下降,新陈代谢作用降到最低,抗逆性增强。

与滞育相比,休眠对不良环境的抵抗能力较弱,如东亚飞蝗秋天虽然以卵休眠越冬,但如果哪年秋天特别温暖,该越冬卵就可继续孵化,而所孵化出来的若虫往往来不及完成一个生命周期就会遇到寒冬,终至死亡。从不休眠到休眠,从休眠到滞育似乎是昆虫生活史进化的必然。多样的生活史是昆虫长期适应外界环境变化的产物,是昆虫抵御不良环境条件的重要生存对策之一。无论是世代重叠、局部世代,还是世代交替、休眠与滞育等,对昆虫种群的繁盛与延续都起着十分重要的作用。

第四节 昆虫的习性

昆虫的习性(habits)是指昆虫种或种群具有的生物学特性,亲缘关系相近的昆虫往往具有相似的习性。如夜蛾类昆虫一般有夜间出来活动的习性,蜜蜂总科的昆虫具有访花的习性,天牛科幼虫具有蛀干习性等。

一、昆虫活动的昼夜节律

昼夜节律(circadian rhythm)是指昆虫的活动与自然界昼夜变化规律相吻合的节律。昆虫活动的这种时间节律也称为生物钟(biological clock)或昆虫钟(insect clock)。绝大多数昆虫的飞行、取食、交配、产卵等活动均有固定的昼夜节律。白天活动昆虫称为昼出性或日出性昆虫(diurnal insect),如多数蝴蝶类属于此类昆虫;夜间活动的昆虫称为夜出性昆虫(nocturnal insect),如多数蛾类属于此类昆虫;只在弱光下活动的昆虫称为弱光性昆虫(crepuscular insect),如蚊子仅在黎明或黄昏时出来活动。昼夜节律是长期演化的结果,许多昆虫的活动节律还有季节性,多化性昆虫各世代对昼夜变化的反应也会不同,明显地表现在迁移、滞育、生殖等方面。

二、食性与取食行为

1. 食性　食性(feeding habit)是指昆虫的取食习性。不同种类的昆虫,取食食物的种类和范围不同,有些昆虫同一种类的不同虫态食性也不同。

昆虫的食性按食物性质可分为植食性(phytophagous 或 herbivorous)、肉食性(carnivorous)、腐食性(saprophagous)和杂食性(omnivorous)等几种主要类型。植食性和肉食性昆虫以植物或动物的活体为食,植食性昆虫最多,如斜纹夜蛾、大地老虎等许多农业害虫均属于此类。肉食性昆虫又可分为捕食性和寄生性,草蛉、蜻蜓等属于捕食性昆虫;寄生蜂、寄生蝇等属于寄生性,其中很多种类可作为天敌昆虫用于生物防治中。腐食性昆虫以动植物尸体、粪便等为食,如蜣螂等。

植食性昆虫按取食范围可分为单食性(monophagous)、寡食性(oligophagous)和多食性(polyphagous)3 种类型。只取食一种植物的昆虫称为单食性昆虫,如三化螟只取食水稻;以多科植物为食的昆虫称为多食性昆虫,如棉铃虫为害 30 多科 200 多种植物;取食 1 个科内的若干种植物的昆虫称为寡食性昆虫,如小菜蛾只为害十字花科蔬菜。

昆虫的食性相对稳定,但仍具有一定的可塑性,许多昆虫在缺乏正常食物时,可以被迫改变食性。已经人工研制合成了多种昆虫的人工饲料,如已经合成并制作了人工卵,用于工业化生产赤眼蜂。

2. 取食行为　不同昆虫其取食行为不同,但取食步骤基本相似。植食性昆虫取食一般经过兴奋、试探与选择、进食、清洁等过程,捕食性昆虫取食一般经过兴奋、接近、试探和猛扑、麻醉猎物、进食、清洁等过程。有些捕食性昆虫具有将取食后猎物的空壳背在自己体背的习性,如一些草蛉。昆虫对食物具有一定的选择性,可用视觉、嗅觉或味觉等识别和选择食物,但多以化学刺激作为择食的最主要因素。

三、趋性

昆虫的趋性(taxis)是指昆虫对某种刺激所产生的趋向或背向的定向行为活动。按刺激物的性质,趋性可分为趋光性、趋温性、趋化性、趋湿性、趋声性等。其中以趋光性、趋化性和趋温性最普遍和重要。按反应方向分正趋性和负趋性。

1.趋光性(phototaxis)　指昆虫对光的刺激所产生的定向行为活动。趋向光源的反应称为正趋光性,背向光源的反应称为负趋光性。多数昆虫有趋光性,昆虫对光的波长和光的强度也具有选择性。多数夜间活动的昆虫对灯光表现出趋性,特别是对波长365nm的黑光灯的趋性较强,所以这些害虫可用黑光灯诱杀。萤蟆具有负趋光性。

2.趋化性(chemotaxis)　指昆虫对化学物质刺激产生的定向行为活动。趋化性常与昆虫的觅食、求偶、避敌和寻找产卵场所有关。如多数昆虫性成熟后雌性可分泌性外激素以引诱同种雄性前来交尾,一些夜蛾昆虫对糖醋液具有正趋性。

3.趋温性(thermotaxis)　指昆虫对温度刺激产生的定向行为活动。昆虫总是趋向于最适宜的温度。如体虱在正常条件下,表现为正趋温性,但当人发高烧或死亡时,便离开人体,表现为负趋温性。

四、昆虫的群集、扩散和迁飞

1.群集性(aggregation)　指同种昆虫的大量个体高密度地聚集在一起的习性。不同昆虫聚集的方式有所不同,根据群集时间的长短,可将其划分为以下两种类型。

(1)临时性群集(provisional aggregation):指昆虫在某一虫态和一段时间内群集在一起,之后分散开的群集现象。美国白蛾幼虫4龄以前群居网内取食,之后分散生活;榆蓝叶甲等昆虫群集在一起越冬,之后分散生活。

(2)永久性群集(permanent aggregation):指昆虫终生群集在一起的群集现象。进行社会性生活的昆虫为典型的永久性群集,如蜜蜂、蚂蚁、白蚁等。

2.扩散(dispersion)　指昆虫个体在一定时间内发生空间变化的现象。根据其扩散的原因可分成主动扩散和被动扩散两种。前者是取食、求偶、逃避天敌等主动但又相对缓慢地形成小范围的空间变化;后者是水力、风力、动物或人类活动而引起的几乎完全被动地空间变化。扩散常使一种昆虫分布区域扩大,对害虫而言即形成所谓的虫害传播和蔓延。

3.迁飞(migration)　指某种昆虫成群而有规律地从一个发生地长距离地转移到另一发生地的现象。迁飞昆虫与成虫期滞育的非迁飞性昆虫有很多相似性,都具有未发育成熟的卵巢、发达的脂肪和相似的激素控制。从进化的适应性来看,迁飞是从空间上逃避不良环境条件,滞育则是从时间上逃避不良环境条件,当然昆虫迁飞也有主动开拓新栖息场所的含义。可见,昆虫的迁飞和滞育是适应环境变更的两种方式,是不同种类在长期进化过程中形成的两种生存对策。昆虫迁飞有助于其生活史的延续和物种的繁衍。

五、昆虫的防卫

在自然界中有许多昆虫的天敌,包括昆虫病原物、食虫动物甚至食虫植物,昆虫在长期的进化中形成了许多防卫对策以抵御天敌的侵扰。

1.化学防卫(chemical defense)　指昆虫利用化学物质进行的防卫行为。昆虫主要由外分泌腺释放防卫物质。这些物质一般是从食物中获得的,在腺体中通过内源性酶合成的一些化学物质的混合物。这些物质可使捕食者产生烦躁、中毒、呕吐、起疱、麻醉或拒食等效应。具有化学防卫的许多昆虫通过防卫物质使攻击者避而远之。如步甲科气步甲属的肯尼亚炮甲在遇到威胁时把腹部对准进攻对象,并从肛门中释放出爆炸性的防卫性化学物质,似烟雾,并伴随像炮火一样的响声,可以把攻击者吓跑;蜜蜂等膜翅目昆虫通过螫针向攻击者注射毒液;毒蛾等鳞翅目幼虫体毛基部有毒腺,受到威胁时能够分泌毒液。

2.行为防卫(behavioral defense)　指昆虫以各种行为方式进行的防卫。常见的有逃遁、威吓、假死等行为防卫方式。

(1)逃遁(escape):指昆虫受到惊扰时逃离捕食者或危险地的行为。如苍蝇遇到惊扰时会迅速逃离,蟊斯遇到危险时会通过振翅、跳跃等方式逃遁。

(2)威吓(threat):指昆虫受到威胁时摆出特有的姿态或发出恐吓声音从而吓退捕食者的行为方式。如灰目天蛾受到威胁时露出后翅上隐蔽的眼状斑,对其捕食者就有威慑效果。

(3)假死(thanatosis):指昆虫受到某种刺激后,身体蜷缩,静止不动或突然跌落呈死亡状,停息片刻后又恢复常态的现象。一些蛾类幼虫受到突然的刺激时,常会吐丝下垂,过一会儿又爬回原处;许多甲虫、螳螂等均具有假死的习性。

3.物理防卫(physical defense)　指一些昆虫利用自身的特殊结构、分泌物或建造隐蔽物等方式进行的防卫。一些昆虫表皮上的角与刺等可用于恐吓捕食者;一些介壳虫、棉蚜等分泌的蜡、粉或胶等物质可起到阻止天敌捕食的作用。

(1)伪装(camouflaging):指昆虫利用环境中的物体伪装自己的现象。伪装多见于鳞翅目、半翅目、脉翅目等部分类群昆虫的幼虫(若虫)中,伪装物有土粒、沙粒、小石块、植物叶片和花瓣、猎物的空壳等。伪装可进一步发展为一些毛翅目幼虫和鳞翅目蓑蛾科昆虫等的筑巢习性。

(2)警戒色(aposematic coloration):指昆虫具有同背景成鲜明对照的颜色,可以警示天敌以保护自己。这些昆虫通常具有鲜艳的红色、黄色、橙色、白色或黑色。一些有毒的或是不可食的动物常具有警戒色,捕食者误食一个或几个具有警戒色的昆虫后便学会了避开它们。

(3)拟态(mimicry):指昆虫模拟环境中的其他生物或物体的形状、颜色、斑纹或姿态等,而得以保护自己的现象(图11-13)。拟态现象在昆虫十分普遍,可以发生于昆虫的不同虫态。昆虫拟态所模拟的对象可以是周围的物体或生物的形状、颜色、化学成分、声音、发光及行为等。但最常见的拟态是同时模拟被模拟对象的形与色。典型的拟态系统有拟态者、模拟对象和受骗者组成,三者有一定程度的同域性和同时性。

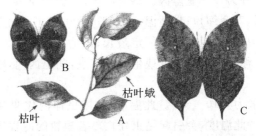

图 11-13　枯叶蛾(*Kalima hyegelii chiness* Swinhoe)的拟态(仿周尧)

A.枯叶蛾静息在枝条上;B.展翅时背面观;C.展翅时腹面观

第五节　昆虫生态学

一、昆虫与环境

环境(environment)是指生物有机体周围一切的总和,包括空间以及其中可以直接或间接影响有机体生活和发展的各种因素,有物理化学环境和生物环境。生态因子(ecological factors)是指环境中对某一特定生物体或生物群体的生长、发育、生殖、分布等有直接或间接影响的环境要素。生态因子通常分为生物因子和非生物因子两大类。捕食性天敌、寄生性昆虫和昆虫病原微生物等属于生物因子;温度、湿度、气流、太阳辐射、pH 等理化因子属于非生物因子。

(一)非生物因子对昆虫的影响

1.气候因子　与昆虫的生命活动联系紧密,主要包括温度、湿度、降水、光、风等因子,这些因子既是昆虫生长发育、繁殖、活动必需的生态因素,也是种群发生发展的自然控制因子。

(1)温度:对昆虫的生命活动起着明显的作用。在适宜的温度范围内,昆虫能进行正常的生命活动,而超出这个范围就会引起昆虫生理异常,甚至导致死亡。另外,温度也可以通过对湿度、土壤等非生物因子,以及对植物或其他动物的活动发生影响,从而间接影响昆虫的生命活动。

昆虫的温区一般可划分为 5 个。

①致死高温区一般在 45℃以上。此温区内,昆虫体内酶系被破坏,部分蛋白质凝固,昆虫经短期兴奋后死亡。高温引起昆虫机体的损害是不可逆的。

②亚致死高温区一般为 40～45℃。此温区内,昆虫体内代谢失调,出现热昏迷状态。如果继续维持在这样的温度,也会引起昆虫死亡。

③适温区一般为 8～40℃。此温区内,昆虫的生命活动正常进行。根据昆虫生长发育与温度的关系,常把该温区分为 3 个亚温区。高适温区,一般为 30～40℃,此温区内,随着温度的升高,昆虫发育加快,但寿命缩短;最适温区,一般为 20～30℃,此温区内,昆虫的能量消耗最少,死亡率最低,生殖力最强,但寿命不一定最长;低适温区,一般为 8～20℃,是昆虫启动生长发育的最低温度,也称发育起点温度或生物学零点,此温区内,随着温度的下降,昆虫的发育变慢,生殖力下降。

④亚致死低温区一般为 -10～8℃。此温区内,昆虫体内代谢缓慢或生理功能失调,出现冷昏迷状态。继续维持此温度,会引起昆虫死亡。若短暂的冷昏迷后恢复正常温度,昆虫一般都能恢复正常生活。

⑤致死低温区一般为 -40～-10℃。此温区内,昆虫因体液冷冻、原生质脱水、机械损伤、胞膜破损、组织坏死而死亡。

在昆虫的适温区内,昆虫的发育速率一般随温度的提高而加快。而发育历期或发育速率是衡量昆虫发育速度的常用生态学指标。发育历期是指完成一定的发育阶段(1 个世代、1 个虫期或 1 个龄期)所经历的时间,通常以"日"为单位;发育速率是指昆虫在单位时间("日")内能完成一定发育阶段的比率,即完成某一发育阶段所需发育时间(发育历期)的倒数。

昆虫在生长发育过程中必须从外界摄取一定的热量,其完成某一发育阶段所摄取的总热量为一个常数,称为热常数或称有效积温。因为昆虫的发育起点温度通常是在0℃以上,在发育起点以上的温度才是有效温度,所以昆虫在生长发育过程中所摄取的总热量是有效温度的累加值,即发育的总积温为日平均温度减去发育起点温度后的累加值。这一规律称为有效积温法则(law of effective temperature)。用公式表示如下:

$$K = D(T - C)$$

式中:K 为有效积温,C 为发育起点温度(℃),T 为该期平均温度,$(T-C)$ 为发育有效平均温度,D 为发育历期。有效积温的单位为"日·度"或"小时·度"。

因为发育速率 $V = 1/D$,所以发育速率与有效积温的关系可用公式表示为:

$$V = \frac{T - C}{K}$$

温度除了影响昆虫的生长发育速率外,还影响昆虫的发育进程。

昆虫的极端温度一般分为两个方面。第一方面是亚致死高温区与致死高温区,涉及高温对昆虫的致死效应或昆虫的耐热性问题;第二方面是亚致死低温区与致死低温区,涉及低温对昆虫的致死效应或昆虫的耐寒性问题。

高温引起昆虫体内蛋白质凝固,蛋白质结构被破坏而变性、酶系统或细胞线粒体破坏、体内水分过量蒸发、神经系统麻醉,使昆虫代谢功能失调,生理过程紊乱,发育抑制,生殖力下降,死亡率升高。多数昆虫在39~54℃时都将被热死,但昆虫的耐热程度常因种类和生活环境而异。还有一些耐热昆虫在遭遇高温时可合成热休克蛋白,参与耐热反应过程。

低温常引起昆虫体液冷冻结晶、机械损伤、原生质脱水,导致昆虫生命活动异常或死亡。此外,低温使昆虫体内代谢速度下降不一致,引起昆虫生理失调,最终也会导致死亡。昆虫对低温的耐受程度因种而异,一些昆虫可以抵抗外界环境较低温度的影响,少数种类甚至可忍受一定程度的冰冻和结晶。昆虫耐寒性的产生主要是因为体内脂肪、甘油、糖等浓度较高,游离水较少,结合水较多,而且低温也会诱导昆虫产生一些抗冻结蛋白,形成了某些耐寒和耐冻机制,使昆虫可以抵抗较低的低温,体液结冰点降至0℃以下。昆虫的体温随着环境温度的降低而下降,当体温降至0℃(N_1)时,体液仍不冻成冰,进入过冷却过程;当体温继续下降至一定温度(T_1)时体温突然跳跃式上升,T_1 称为"过冷却点",表示体液开始结冰,结冰时放热而使体温突然上升;当体温上升接近(绝不达到)0℃(N_2)时,体液开始结冰,昆虫进入冷昏迷状态,N_2 称为体液冰点;体液结冰后体温又下降,至与环境温度相同为止;当体温下降至 T_2(与 T_1 为同一温度)时,体液完全冻结,造成不可恢复的死亡,T_2 称为冻结点或死亡点。图11-14为昆虫体温随环境温度变化曲线。

(2)湿度:对昆虫的存活和繁殖影响较为显著,特别是在卵孵化、幼虫蜕皮与化蛹、成虫羽化与交配时。空气湿度过低会导致发育畸形或大量死亡。昆虫在最适湿度时,代谢最旺盛,生长发育就快,存活率也高。湿度对昆虫发育速度的影响不如温度明显。

(3)降水:能显著提高空气湿度和土壤含水量,从而对昆虫产生影响。降雨影响着昆虫的活动,如暴雨能使昆虫停止飞行,早春降水能解除越冬幼虫的滞育等。另外,降雨可直接杀死蚜虫、粉虱等小型昆虫,明显降低此类昆虫的种群数量。

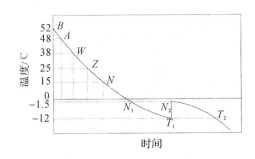

图 11-14　昆虫体温随环境温度变化（仿 Бахматбев）

B. 热致死；B－A. 高温昏迷；A－W. 暂时高温昏迷；W－Z. 高适温区；Z. 最适温；
Z－N. 低温适温区；N－N₁. 低温昏迷；N₁. 开始进入过冷却点；T₁. 过冷却点；N₂. 体液冰点；T₂. 冻结点

（4）光：对昆虫的作用包括太阳光的辐射热、光波长、光强度和光周期。光对昆虫而言不是一种生存条件，但昆虫的习性和行为与光有着直接或间接的密切联系。它能影响有机体的物理和化学变化，产生各种各样的生态学效应。太阳的辐射为昆虫提供热能。在寒带地区或者高寒山区的昆虫往往颜色较深，利于吸收太阳的辐射热；在热带地区的昆虫往往色泽鲜艳且有强烈的金属光泽，利于发射太阳的辐射热，避免体温过高。还有些昆虫通过习性的改变来适应高温或寒冷的天气。光的强度主要影响昆虫的昼夜活动节律，包括迁飞、交尾、觅食等行为和习性。太阳光到达地球表面的波长为 290～2000nm，昆虫复眼能感觉的光谱范围为 250～725nm，但不同昆虫的视觉光区有差异。趋光昆虫对光的波长有一定的选择性。昆虫的滞育和世代交替均与光周期的变化密切相关。许多蚜虫在短日照时产生两性个体。一般认为，高纬度地区的昆虫对光周期反应较明显，低纬度地区昆虫受光周期影响较小。

（5）风：与蒸发量的关系密切，可对环境湿度产生影响，进而影响昆虫。风有助于昆虫体内水分和周围热量的散失而对昆虫体温产生影响。风对昆虫的迁移、传播的作用也相当明显，许多昆虫主动或被动借助风力而扩散或迁飞至远处。暴风雨不但影响昆虫的活动，而且常常引起昆虫死亡。

2. 土壤因子　一个特殊的环境，蝼蛄等昆虫一生都在土壤中度过，蝉和金龟子等昆虫以特定态生活于土壤中，许多昆虫在土壤中越冬。因此，土壤的温度、湿度和理化性质以及土壤生物对昆虫影响较大。

（1）土壤温度：主要取决于太阳辐射。其变化因土壤层次和土壤植被覆盖物不同而异。表层的温度变化比气温大，土层越深则土温变化越小。土壤温度也有日变化和季节变化，还有不同深度层次间的变化。土温也受土壤类型和物理性质的影响。土壤温度直接影响土栖昆虫的生长发育、繁殖与栖息活动。土栖昆虫一般有随土温变化做垂直迁移的习性。

（2）土壤湿度：主要取决于土壤含水量，通常大于空气湿度。因此，许多昆虫的静止虫期，常以土壤为栖息场所，可以避免空气干燥的不良影响，其他虫态也可移栖于湿度适宜的土层。土壤湿度大小对土栖昆虫的分布、生长发育影响很大。

（3）土壤理化性状：主要表现为颗粒结构。沙土、壤土、黏土等不同类型结构的土壤对土栖昆虫的发生有较大的影响。土壤化学特性，对昆虫分布和生存也有影响。有些土栖昆虫常以土中有机物为食料，土壤施用的有机肥料对土壤生物群落的组成影响很大。使用未腐熟的有机肥能使地下害虫危害加剧。

（二）生物因子对昆虫的影响

生物因子主要分为食物和天敌两方面。它们与昆虫有着紧密的联系，对昆虫的生长、发育、生存、繁殖和种群数量动态等有着很大影响。

1. 食物　在长期的进化过程中，昆虫食性发生分化，取食出现差异，不同种类的食物对其生长、发育、生存、繁殖和种群数量动态会产生不同影响。即使同一种植物在其不同发育时期或同一发育时期的不同器官被取食后，对昆虫生长发育和繁殖影响也不同。有些昆虫羽化后需要继续取食以摄取补充营养。补充营养对昆虫性器官继续发育达到性成熟以及卵的形成有重要作用。此外，食物常常影响昆虫的地理分布。特别是单食性昆虫，由于其食性单一，对食物的依赖性强，食物的分布决定了昆虫的分布。

2. 天敌　昆虫在生长发育过程中，常遭受其他生物的捕食或寄生，昆虫的这些敌害称为天敌（natural enemies）。天敌种类很多，大致分为病原生物、天敌昆虫、食虫植物和动物。病原生物是指那些常会引起昆虫感病而大量死亡的生物，包括病毒、真菌、细菌、立克次体、原生动物和线虫等。天敌昆虫是害虫天敌的重要组成部分，是抑制害虫种群数量的重要因素，包括捕食性昆虫和寄生性昆虫。捕食性昆虫种类甚多，分属 18 目 200 科，如螳螂、瓢虫、蜻蜓等。寄生性昆虫主要有寄生蜂和寄生蝇等。食虫植物已知全世界约有 550 种，它们借助特殊的捕虫器官来诱捕昆虫，并将其消化吸收。食虫动物有蛛形纲（蜘蛛和螨）、两栖纲（蛙类）、爬行纲（蜥蜴）、硬骨鱼纲（鱼类）、鸟纲（鸟类）和哺乳纲（蝙蝠等）等。

二、昆虫种群生态学

1. 种群的概念　在生态学中，种群是在同一生境内生活、生殖、繁衍的同种生物个体的集合。但种群不是个体的简单相加，而是通过种内关系组成的一个有机统一整体。种群是一个自动调节的系统，通过自动调节，能在生态系统内维持自身的稳定性。在自然界，种群是物种存在和物种进化的基本单元，也是生物群落和生态系统的基本组成单元。种群具有两个基本特征，一是统计学特征，如出生率、死亡率、存活率、繁殖率、迁移率、平均寿命、性比、年龄组配、种群密度、空间分布等；二是遗传学特征，如适应能力、繁殖适度等。

2. 种群的结构特征　种群的结构特征是指种群内某些生物学特性互不相同的各类个体在总体中所占的比例分配状况。种群结构特征主要有性比、年龄组配、翅型比例、遗传结构等。种群不同的组成结构与种群未来的数量动态有很大的关系。

（1）性比（sex ratio）：指昆虫种群内雌雄个体数量的比例。在多数昆虫的自然种群内，性比常接近 1∶1。昆虫种群的性比因种类不同而不同，即使同一种群的性比也会因环境因子的改变而变化。种群性比的变化常引起种群数量的消长。

（2）年龄组配（age distribution）：也称年龄结构，表示种群内各个年龄或各年龄组在整个种群中所占比例。由于不同年龄的个体对于环境的适应能力有差异，种群内不同年龄群的比例即可决定当时种群的生存生产能力，而且也可预见未来的生产状况。一般快速扩张的种群，常具有高比例的年轻个体；一个稳定的种群，具有均匀的年龄分布结构；而一个衰退的种群，则具有高比例的老年个体。

3. 种群的数量动态特征　有关种群数量变动特征，包括种群密度、出生率、死亡率、增长率、迁移率和种群平均寿命等。

（1）种群密度：指单位空间内同种昆虫的个体数。在实际研究工作中，昆虫种群密度常以单位面积或单位作物上的昆虫个体数表示，如每亩虫数、每株虫数、百丛虫数、百叶虫数等。

（2）种群出生率：指种群数量增长的固有能力。种群出生率有生理出生率与生态出生率之分。生理出生率指种群在理想的条件下种群的最高出生率，这是一个理论常数。生态出生率是指在特定的生态条件下种群的实际出生率。出生率常以单位时间内种群新出生的个体数来表示。此外，种群出生率也有用单位时间内平均每个个体所产生的后代个体数来表示，称为种群的特定出生率。

（3）种群死亡率（或存活率）：描述种群的个体死亡对种群数量的影响。与出生率一样，死亡率也有生理死亡率（或称最低死亡率）与生态死亡率（实际死亡率）之分。前者表示在实际条件下种群的死亡率。对于一个特定的种群，最低死亡率是一个常数，而生态死亡率则依生态条件不同而异。种群死亡率常以单位时间内种群死亡的个体数（或特定时间内种群死亡个体数）与种群总虫数之比来表示。种群存活率是指单位时间内种群存活的个体数（或特定时间内种群存活个体数）与种群总虫体数之比。

（4）种群增长率：昆虫种群动态的重要指标。它综合了种群的繁殖与死亡两个生态过程对种群数量变动的影响，表示在特定时间内，特定的生态条件下，种群的消长状况，又称净增值率。在理想环境条件下，允许种群无限制地增长时的种群出生率称为内禀自然增长率。对于一个年龄结构稳定的种群，内禀自然增长率是一个常数，称为种群的生殖潜能。这个指标在昆虫增长模型的研究中是一个重要的参数。

三、昆虫群落生态学

生物群落（biotic community）是指在一定生境内各种生物种群彼此联系、相互影响而构成的有机集合体。昆虫群落生态学（insect community ecology）是研究昆虫群落与环境相互作用及其规律的学科，是生态学的一个重要分支。其主要包括群落的特征、结构、演替、形成机理和分布规律。

1.群落特征　群落有一些基本特征，这些特征有别于生物个体和种群的水平，能说明群落是种群组合的更高层次上的群体特征。群落的第一特征是群落的生物组成。组成群落的物种及各物种种群数量是衡量群落多样性的基础。

群落的结构是指物种的组成，有时间和空间的区别。

群落的演替是指群落内的生物和环境间反复的相互作用，随着时间的推移使群落由一种类型不可逆转地转变为另一种类型的过程。这种不可恢复的变化是群落特有的属性。

2.群落特性分析　群落的丰富度（richness）常以群落中包含的总物种数来表示，是群落中包含物种多少的量度。物种数越多，丰富度越大，种间的关系愈复杂。

群落的优势度（dominance）是指群落中个体数量最多的一个种群的个体数占群落生物总个体数的比例。优势度越大，群落内物种间个体数差异越大，其优势种突出，种间竞争激烈，群落处于不稳定状态。

群落的物种多样性（species diversity）是利用群落中物种数和各物种个体数来表示群落特征的方法。一个群落中物种越多，且各个物种的个体数量分布越均匀，物种多样性指数越高。物种间相互关系复杂，能保持相对的平衡状态，从而使群落趋于稳定。但有时会出现一个物种数少而均匀度高的群落,其多样性可能与另一物种数多而均匀度低的群落的物种多样性相似。物种多样性可反映群落的丰富度、变异程度或均匀性,是比较群落稳定性的一种指标。

群落的均匀度(evenness)是 1975 年由 Pielou 提出的,用指数来衡量群落的均匀程度。均匀度越大则表示群落内各物种间个体数分布越均匀,物种的多样性就越大,物种间的个体数分布越均匀,物种的多样性就越大,物种间的相互制约关系越密切。

群落的稳定性(community stability)是指群落抑制物种种群波动和从扰动中恢复平衡状态的能力。包括群落系统的抗干扰能力(抵抗力)和群落系统受到干扰后恢复到原平衡态的能力(恢复力)。这是两个相互排斥的能力,一般具有高抵抗力的群落,其恢复力较差;反之亦然。

群落的相似性(community similarity)是指不同群落结构特征的相似程度。常用群落相似性系数(coefficient of similarity)表示,以比较不同地理分布区昆虫群落结构的异同。

四、生态系统

生态系统是指在一定空间内栖息的所有生物与其环境之间由于不断地进行物质循环和能量流动而形成的统一整体。生态系统中的生物按其在系统中的地位和功能可分为生产者、消费者和分解者。生产者指全部绿色植物和藻类,以及某些能进行光合作用或化能合成作用的细菌。消费者指直接或间接利用绿色植物和藻类制造的有机物质作为食物的生物,主要包括各种动物、某些腐生和寄生的微生物。分解者指将死亡的生物残体分解成简单的化合物并最终氧化为 CO_2、H_2O、NH_3 等无机物质放回到环境中,供生产者重新利用的生物。分解者主要包括细菌、真菌、原生动物,也包括腐生性生物(如白蚁和蚯蚓等)。生产者、消费者和分解者之间相互关联、相互依存。

在生态系统中,生物与生物之间是互相联系的,如植食性昆虫取食植物,又被其他捕食或寄生者捕食或寄生,这就构成了几个彼此相连的食物环节。这种各生物以食物为联系建立起来的链锁,就称为食物链(food chain)。食物链环节数目简单的仅 3 个,多的达 5～6 个。把食物链中那些具有相同地位、食性或营养方式的环节归为同一营养层次,即营养级(trophic level)。一个营养层称一个营养级。生产者为第一营养级;食草动物如昆虫称第二营养级;肉食动物如捕食者称第三营养级。食物链根据生物间食物联系方式,可分成捕食性食物链、碎屑食物链(又称腐生性食物链)和寄生性食物链。事实上,一个单纯的食物链在自然界中是不可能存在的。食物链彼此交错连接成网状结构,即称食物网。破坏了食物网的某个环节,特别是起点植物和某些重要的中间环节,就会影响到整个食物网的种类及种群数量变动,并通过食物网之间的间接关系而影响整个生物群落,最终影响整个生态系统,其结果是导致生态平衡的失调。

农业生态系统是在人类干预下,利用社会资源和自然资源来调节生物群落和非生物环境的关系,通过合理的生态结构和高效的机能进行物质循环和能量转化,最终按人类的目的进行生产的综合体系。

在农业生态系统中,人类活动对物质循环和能量流动有着主要影响,人处于主导位置,只有符合人类需要的生物才能得以培养,反之则被抑制。农业生态系统受人为干扰程度较大,造成其物种单一,结构简单,自我调节机能差,稳定性低,易受外界环境影响。常会引起有害生物的大发生,给农业生产带来一定影响。但是,在农业生态系统中,各个因素的相互作用及其作用机理依然具有规律性,探讨和利用这些规律可以更好地改善农业生态系统,使其向着有利于人类的方向发展。

第十二章　昆虫分类学

第一节　昆虫分类学的基本原理

一、分类学概述

(一)物种的概念

物种(species)也称种,既是一个分类单元,又是一个生物学概念。物种是分类的基本阶元,物种定义是分类学的核心问题之一。关于物种的概念,有关判别的标准争议很大。人们普遍接受的生物学物种概念是,物种是自然界能够交配、产生可育后代,并与其种群存在有生殖隔离的群体。例如斜纹夜蛾(*Spodoptera litura*(Fabricius))就是一个物种。

(二)分类阶元

分类单元(taxon)是分类工作中的客观操作单位,有特定的名称和分类特征,如一个具体的属、科、目等。

分类阶元(category)是由各分类单元按等级排列的分类体系(hierarchy)。在分类学中有7个基本的分类阶元,包括界、门、纲、目、科、属、种。昆虫种类繁多,在实践中常常感到上述7个阶元不够用,因此常在此7个阶元下加亚(sub-)、次(infra-)等,如亚目、亚科、亚种等;在其上加总(super-),如夜蛾总科、金龟甲总科等;在科和属之间有时还加族(tribe),如内茧蜂族、裳凤蝶族等。

通过分类阶元或分类单元,可了解某种或某类昆虫的分类地位和进化程度,例如,裳凤蝶(*Troides helena*(Linnaeus))的分类地位是:

界(kingdom):动物界(Animalia)

门(phylum):节肢动物门(Arthropoda)

纲(class):昆虫纲(Insecta)

目(order):鳞翅目(Lepidoptera)

总科(superfamily):凤蝶总科(Papilionoidea)

科(family):凤蝶科(Papilionidae)

亚科(subfamily):凤蝶亚科(Papilioninae Latreille)

族(tribe):裳凤蝶族(Troidini Ford)

属(genus):裳凤蝶属(*Troides* Hübner)

种(species):裳凤蝶(*Troides helena*(Linnaeus))

亚种(subspecies):裳凤蝶污斑亚种(*Troides helena spilotis*(Rothschild))

亚种是指昆虫种内地理分布不同或寄主不同,并具有一定的形态差异的亚群。亚种常是地理隔离形成的,所以又称地理亚种(geographic subspecies)。亚种间不存在生殖隔离或生殖隔离不完整,可以看作一个"未成熟"种。

（三）分类特征

分类特征又称分类性状,是指分类学上所依据的形态学、生物学、生态学、地理学、生理学、细胞学和分子生物学等指标。其中,对于所有分类单元的描述都必须依据形态学特征,有时还会选用生物学、生态学或地理学特征;对于一些外部形态非常相似、生物学和生态学特征也难区分的隐存种,就需要采用生理学、细胞学或分子生物学特征。

1.形态学特征　分类学中最基本和最常用的特征。主要是外部形态特征,有时还会用到内部形态特征。不同的种或类群,其形态上有明显的差异;同种或相同的类群,个体间的形态相同或相似。

2.幼期特征　指胚胎期、卵、幼虫、蛹等成虫期之前各阶段的特征。

3.生态学特征　包括栖境和寄主、食物、季节变异、寄生物、寄主反应、行为学特征、求偶和其他行为隔离机制等。

4.地理学特征　包括生物地理分布格局、种群的同域或异域关系等。同种或相同类群的昆虫都有一定的地理分布范围。

5.生理学特征　包括代谢因子、血清、蛋白质、脂肪、糖和其他生理生化指标。同种雌雄个体间能通过性激素相互吸引而自由交配,并能产出正常后代。

6.细胞学特征　包括精子、细胞核、染色体等。

7.分子生物学特征　包括氨基酸序列和核苷酸序列等。

二、命名法

1.昆虫学名　按照《国际动物命名法规》(1999年修订的第4版,2000年1月1日起实行)给动物命名的拉丁语名称称为学名(scientific names)。昆虫的中文名和英文名都不是昆虫的学名,只能叫作俗名(vernacular names,common names)。

学名由拉丁语单词或拉丁化的单词构成。大多数名称源于拉丁语或希腊语,通常表示命名的动物或类群的某个特征,也可以用人名、地名等名称。

双名法(binomen)即昆虫种的学名由两个拉丁词构成,第一个词为属名,第二个词为种本名。如稻纵卷叶螟(*Cnaphalocrocis medinalis* Guenée)、暗黑鳃金龟(*Holotrichia parallela* Motsch)等。分类学著作中,学名后面还常常加上定名人的姓。但定名人的姓氏不包括在双名法内。

三名法(trinomen)昆虫亚种的学名由3个词组成,属名、种名和亚种名。即在种名之后再加上一个亚种名,亚种名直接放于种名之后,称为三名法。如甘薯肖叶甲指名亚种(*Colasposoma dauricum dauricum* Mannerheim)。

如果一个种只鉴定到属而尚不知道种名时,则用 sp. 来表示,如 *Aphis* sp. 表示蚜虫属一个种;多于一个种时用 ssp. ,如 *Aphis* ssp. 表示蚜虫属的两个或多个种。

种以上的学名是由一个拉丁单词或拉丁化的单词组成,第一个字母要大写。属级以上分类单元的学名均有固定的词尾,总科学名的词尾是-oidea,科的学名词尾是-idae,亚科的学名词尾是-inae,族的学名词尾是-ini,亚族的学名词尾是-ina。例如,燕凤蝶属的学名是*Lamproptera*,眼凤蝶族的学名是 Lampropterini,凤蝶亚科是 Papilioninae,凤蝶科是

Papilionidae,凤蝶总科是 Papilionoidea。

2.模式　昆虫的学名只是具体分类单元的一个代称,为了后人研究方便,每个学名通常有指定的载名模式(name-bearing type)。当一个分类单元作为新种而描述发表时,由作者指定作为载名模式的一个标本称为正模(holotype),除正模标本以外的模式标本称为副模(paratype)。正模标本应附上写有"正模"字样的红色鉴定标签,每个副模标本都应附上写有"副模"字样的黄色鉴定标签。同时,模式标本也都应带有注明采集时间、地点、寄主、海拔高度和采集人等信息的采集标签。模式标本是人类的财富,必须妥善保存,以供后人长期参考使用。

亚属或属的载名模式是一个种,称为模式种(type species)。族、亚科、科和总科的载名模式是一个属,称为模式属(type genus)。目和纲都没有载名模式,它们的命名不受命名法规的严格约束。

3.优先率(priority)　动物命名法规的核心是一个分类单元的有效名称是最早给予它的可用名称。一个种被两个或更多的作者分别多次作为新种来记载发表,这个种可能因此而有好几个名称,这时候就需要用到优先率,即只有 1758 年元月 1 日以后所用的第一个学名才是有效的学名,之后所定的任何其他学名都称为异名。这就保证一种昆虫只对应一个学名。

三、分类检索表

检索表(key)是鉴定昆虫种类的工具,是为了便于分类鉴定而编制的引导式特征区别表。它广泛用于各分类单元的鉴定。检索表的编制用的是对比分析和归纳的方法,从不同分类阶元中选出重要、明显又稳定的特征,根据它们之间的相互绝对性状,按一定的格式排列而成。检索表常用格式有双项式、单项式和包孕式 3 种,其中以前两种最为常见。

双项式检索表格式如下:

```
1 有翅 2 对,后翅正常 ·············································· 2
  有翅 1 对,后翅特化为平衡棒 ····················· 双翅目 Diptera
2 口器为虹吸式,体被鳞片 ························· 鳞翅目 Lepidoptera
  口器为非虹吸式,体不被鳞片 ······························· 3
3 前翅为鞘翅 ································· 鞘翅目 Coleoptera
  前翅为非鞘翅,为覆翅 ····················· 直翅目 Orthoptera
```

单项式检索表格式如下:

```
1(3) 有翅 2 对,后翅正常
2(1) 有翅 1 对,后翅特化为平衡棒 ················· 双翅目 Diptera
3(4) 口器为虹吸式,体被鳞片 ··············· 鳞翅目 Lepidoptera
4(3)口器为非虹吸式,体不被鳞片
5(6) 前翅为鞘翅 ························· 鞘翅目 Coleoptera
6(5)前翅为非鞘翅,为覆翅 ················· 直翅目 Orthoptera
```

第二节　昆虫的分类系统

昆虫属于节肢动物门(Arthropoda),六足总纲(Hexapoda)。根据目前多数分类学者的观点,六足总纲又可分为原尾纲(Protura)、弹尾纲(Collembola)和双尾纲(Diplura)和昆虫纲。昆虫纲可分为无翅亚纲(Apterygota)和有翅亚纲(Pterygota)。石蛃目(Archaeognatha)和衣鱼目(Zygentoma)组成无翅亚纲。有翅亚纲分为古翅次纲(Paleoptera)和新翅次纲(Neoptera)。古翅次纲仅存蜉蝣目(Ephemeroptera)和蜻蜓目(Odonata)2个目。新翅次纲又分为外翅部(Exopterygota)和内翅部(Endopterygota)。内翅部再分为鳞翅目(Lepidoptera)、膜翅目(Hymenoptera)、毛翅目(Trichoptera)、蚤目(Siphonaptera)、长翅目(Mecoptera)、双翅目(Diptera)、捻翅目(Strepsiptera)、鞘翅目(Coleoptera)、蛇蛉目(Rhaphidioptera)、广翅目(Megaloptera)、脉翅目(Neuroptera)等11个目;外翅部再分为襀翅目(Plecoptera)、等翅目(Isoptera)、蜚蠊目(Blattaria)、螳螂目(Mantodea)、蛩蠊目(Grylloblattodea)、螳䗛目(Mantophasmatodea)、䗛目(Phasmatodea)、纺足目(Embioptera)、直翅目(Orthoptera)、革翅目(Dermaptera)、缺翅目(Zoraptera)、啮虫目(Psocoptera)、虱目(Anoplura)、缨翅目(Thysanoptera)、半翅目(Hemiptera)等15个目。昆虫的高级阶元的分类及各类群间的亲缘关系目前尚无完全统一的观点。

第三节　昆虫纲的分类

一、石蛃目(Archaeognatha)

石蛃目昆虫统称为石蛃,简称蛃,英文名为 jumping bristletails。最显著的特征是上颚与头壳之间只有一个后关节,体小到中型,身体近纺锤形;体被鳞片,复眼大,接眼式;触角长,丝状;咀嚼式口器,下颚须7节,长于足的长度;腹部2～9节有成对刺突;尾须长,多节,有长中尾丝(图12-1)。

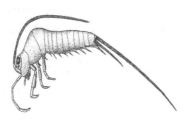

图 12-1　石蛃目的代表　石蛃(*Machilis* sp.)(仿周尧)

表变态,成虫期继续蜕皮。很多种类生活在石头上或石头下,夜间活跃,取食藻类、地衣、苔藓和腐烂有机体。该目包括两个科,即石蛃科(Machilidae)和光角蛃科(Meinertellidae),全世界已知两科约500种,中国已知1科18种。

二、缨翅目(Thysanura)

英文名为 silverfish、firebrats。体型中等,扁平;复眼较小或缺失,除了毛衣鱼科(Lepidothrichidae)具有3个单眼外,其他科没有单眼;触角丝状,有的超过体长;咀嚼式口器;在身体和附肢上分布不同长度和结构的刺突;腹部末端具有缨状尾须及中尾丝(图12-2)。

表变态,蜕皮频繁,最多蜕皮可达 60 次,且成虫期继续蜕皮。衣鱼喜欢温暖的环境,多数夜间活动。野外种类生活在阴湿的土壤、苔藓、朽木、落叶、树皮、砖石的缝隙或蚁巢内,室内种类生活于衣服、书画、谷物、糨糊及橱柜内的物品间。爬行迅速,但不会跳。全世界已知 5 科 500 种,中国已知 20 多种。

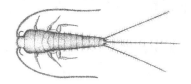

图 12-2　缨翅目的代表 多毛栉衣鱼(*Ctenolepisma villosa*)(仿周尧)

三、蜉蝣目(Ephemeroptera)

英文名 mayflies。成虫体小到中型,长形、纤弱;触角刚毛状;口器退化,复眼大,有 3 个单眼;有 2 对膜翅,前翅有很多横脉,后翅常退化,休息时竖立于体背;腹部末端有 2 个长尾须,通常还有 1 个中尾须(图 12-3)。

原变态。稚虫水生,蜵形,触角短,复眼特别发达,腹部末端有长的尾须及中尾丝,腹部侧面有 4～7 对气管鳃。稚虫 10～55 龄,水生,晚上活动活跃,取食小型水生动物、藻类和腐殖质。多数种类 1 年发生 1～3 代,少数种类 1 年可发生 4～6 代。稚虫通常生活在没有污染的流动的水中。蜉蝣完成稚虫发育以后即离开水环境,迅速蜕皮变成亚成虫,迅速飞到附近树枝或树叶上,经过几个小时后再度蜕皮变成性成熟的成虫。蜉蝣是唯一有翅以后还会继续蜕皮的昆虫。全世界已记载 37 科约 3050 种,中国已知约 360 种。

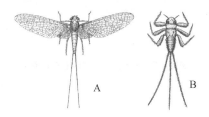

图 12-3　蜉蝣目的代表(仿周尧)
A. 短丝蜉(*Siphlonurus* sp.);B. 扁蜉(*Heptagenia* sp.)的幼虫

四、蜻蜓目(Odonata)

英文名为 dragonflies、damselflies。成虫体中至大型,体长形;触角刚毛状;复眼发达,单眼 3 个;咀嚼式口器;胸部具有 2 对大小和脉序都很接近的膜翅,通常还具有翅痣(图 12-4A)。雄虫交配器在第 2～3 节的腹面,具有特殊的交配方式。稚虫口器为咀嚼式;下唇很长,形成"面罩",能伸缩,适于捕食(图 12-4B);以直肠鳃或尾鳃呼吸。

半变态,蜻蜓目成虫陆生,捕食飞行或静息的昆虫。稚虫生活在水中,生活周期也较长,取食蜉蝣稚虫、蚊子幼虫、小虾和小鱼等水生生物。全世界已记录 31 科约 6000 种,我国已知 780 种。

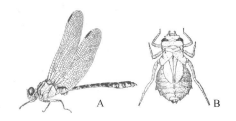

图 12-4　蜻蜓目的代表（仿周尧）

A. 一种春蜓（*Gomphus* sp.）成虫；B. 一种春蜓（*Gomphus* sp.）稚虫

五、襀翅目（Plecoptera）

英文名为 stoneflies。成虫体小至大型，柔软；体色黑色、黄色和绿色；触角线状，复眼特别发达，2～3 个单眼；具不发达的咀嚼式口器；翅膜翅，多数有翅，少数无翅，部分翅变短且不能飞行，2 对翅与腹部等长或长于腹部；尾须线状，多节（图 12-5）。稚虫体平扁，除了具有成虫没有的各种形态的气管鳃外与成虫很相似；尾须分节。

半变态，稚虫喜欢有明显水流的山区溪流，生活在石头上或石头底下，植食性或杂食性，有些肉食性；捕食蜉蝣的稚虫、摇蚊和蚋的幼虫。成虫植食性，取食藻类、苔藓、高等植物或不取食。全世界已知 16 科 3500 种，我国已知约 500 种。

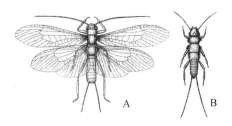

图 12-5　襀翅目的代表（仿周尧）

六、蜚蠊目（Blattaria）

英文名为 cockroaches。成虫体小至大型，扁平，椭圆形；触角长丝状，复眼有或无，单眼两个；口器为发达的咀嚼式口器；翅有长翅、短翅和无翅种类；停息时两对翅平放于体背；腹部 10 节，第 6～7 节背面有臭腺开口；尾须 1 对，1～5 节（图 12-6）。

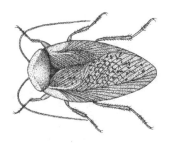

图 12-6　蜚蠊目的代表 中华真地鳖（*Eupolyphaga sinensis*）雄虫（仿冯平章，郭矛元，吴福桢）

渐变态,卵产于卵鞘中,卵期 1 个月;若虫期 6～12 龄,形似成虫;成虫寿命一般 1～4 年。一般为杂食性,极少数为捕食性。野外种类多白天活动,一般生活在石块、树皮、枯枝落叶或垃圾堆底下,朽木、巢穴或洞穴内,树干、花或叶上;室内种类喜欢夜间活动,以各种食品、杂物、粪便和浓痰为食。传播病菌和寄生虫,是重要的卫生害虫。全世界已知 5 科 4570 种,我国已知约 420 种。

七、等翅目(Isoptera)

英文名为 termites 或 white ants。成虫体小至中型,多型性;咀嚼式口器;工蚁白色,无翅,头圆,触角长;兵蚁类似工蚁,但头较大,上颚发达;繁殖蚁(蚁后和雄蚁)有两种类型,一种白色,无翅或仅有短翅芽,另一种头圆,触角长,复眼发达,2 对翅大小、形状都相似且透明;有尾须(图 12-7)。

白蚁营群体生活,是真正的社会性昆虫,有些蚁后寿命很长,是世界上寿命最长的昆虫,可会超过 70 年。白蚁可取食植物、真菌和土壤,又可从活体或死亡的植物体内取食纤维素。白蚁的取食具有很大的破坏性,使房屋的木质结构受损、农作物受害。世界范围内每年要花费数十亿美金来控制和修复由白蚁造成的损害。全世界已知有 7 科约 3000 种,我国已知 4 科 540 种。

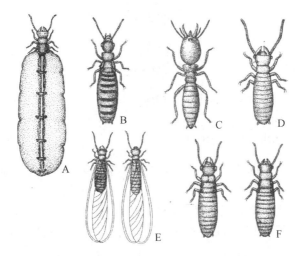

图 12-7　等翅目代表 家白蚁(*Coptotermes formosanus*)(**仿** Watson & Abbey)
A. 蚁后;B. 雄蚁;C. 兵蚁;D. 工蚁;E. 长翅雌、雄生殖蚁;F. 脱翅雌、雄生殖蚁

八、螳螂目(Mantodea)

英文名为 mantids 或 praying mantids。成虫体中至大型,头大,三角形;触角长丝状,复眼发达,向两侧突出,单眼 3 个;口器咀嚼式;前足捕捉式,中足和后足为步行足;前翅覆翅,后翅膜质,臀区发达;尾须线状,多节(图 12-8)。

渐变态,卵产于卵鞘中,每一卵鞘含有 10～400 粒卵,并常附于植物枝叶上;若虫 3～12 龄;一般 1 年完成 1 代;以卵在卵鞘内越冬;成虫和幼虫均为捕食性。螳螂卵鞘在中药中称螵蛸,可治小儿夜尿,以桑螵蛸最好。全世界已知约 2380 种,我国已知近 170 种。

图 12-8　螳螂目代表 中华大刀螳(*Tenodera sinensis*)(仿周尧)

九、蛩蠊目(Grylloblattodea)

英文名为 grylloblattids。成虫体小至大型,头扁平;咀嚼式口器;触角长丝状,复眼退化或缺失,无单眼;无翅;3 对步行足;雌虫有发达的刀剑状产卵器;尾须长,8～9 节(图 12-9)。

渐变态,卵黑色,卵期 1 年;若虫 8 龄;完成 1 个世代需要 5～8 年。主要生活于高山高寒地带的潮湿土壤中、石块下、枯枝落叶下、苔藓中或洞穴内。喜欢隐蔽生活,多夜出。捕食各种昆虫,也可以取食死亡昆虫和植物。全世界已知 1 科 28 种,我国仅知 1 种。

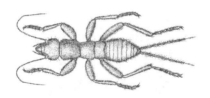

图 12-9　蛩蠊目代表 中华蛩蠊(*Galloisiana sinensis*)(仿王书永)

十、螳䗛目(Mantophasmatodea)

英文名为 gladiators 或 heel walkers。成虫体小至中型,雌雄二型;咀嚼式口器;触角长丝状,复眼两只大小不一,无单眼;无翅;尾须不分节,具有抓捕功能(图 12-10)。

渐变态,捕食性,捕食蜘蛛和其他昆虫;在一定条件下有自相残杀习性。夜间活动,常见于山顶的草丛中。该目于 2002 年 4 月建立,目前全世界已知 2 科 13 种,我国尚未发现。

图 12-10　螳䗛目代表 斗暴螳䗛(*Tyrannophasma gladiator*)(仿 Zompro 等)

十一、䗛目(Phasmatodea)

英文名为 stick insects 或 walking sticks。成虫体中至巨型,杆状或叶状;咀嚼式口器;

触角丝状或念珠状,复眼小,单眼2或3个或缺失;长翅、短翅或无翅;尾须短小,1节。若虫与成虫相似,但无翅,无尾须(图12-11)。

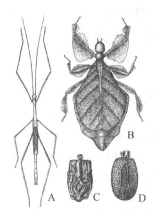

图 12-11　蜡目代表(A,B 仿周尧;C,D 仿 Nanninga)

A. 棉秆蜡(*Sipyloidea sipylus*);B. 蜡叶(*Phyllium siccifolium*);C,D. 澳大利亚两种秆蜡卵

渐变态,有两性生殖和孤雌生殖;以卵或成虫越冬,卵散产在地上;若虫6~7龄,发育缓慢;完成1个世代常需1~1.5年;成虫多不能或不善飞翔,生活于草丛或林木上,喜欢夜间活动;全部植食性。全世界已知6科约2850种,中国已知360种。

十二、纺足目(Embioptera)

英文名为 web spinners。成虫体小至中型,细长且扁平;咀嚼式口器;触角丝状或念珠状,复眼肾形,无单眼;雌性无翅,雄性多数有翅,前后翅很相似;尾须1或2节,产卵器不明显,雄性外生殖器不对称。若虫外形似雌虫(图12-12)。

渐变态,卵带盖;若虫4龄;一年1至数代;若虫与成虫喜欢温暖、潮湿、隐蔽的地方;行动迅速。生活于丝质坑道中,昼伏夜出,植食性。全世界已知8科460多种,我国已知8种。

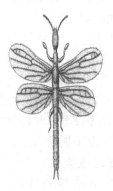

图 12-12　纺足目代表 等尾丝蚁(*Oligotoma saundersii*)(仿 Zimmerman)

十三、直翅目(Orthoptera)

英文名为 grasshoppers、locusts、katydids、crickets、mole crickets。成虫体小至大型,咀

嚼式口器;前胸背板发达,呈马鞍状;翅通常 2 对,前翅覆翅,后翅膜质;雌虫具发达的产卵器,雄虫多数能发声;前足胫节或第 1 腹节常有鼓膜听器;尾须发达。

直翅目可分为 2 个亚目:锥尾亚目(蝗亚目)(Caelifera)和剑尾亚目(螽斯亚目)(Ensifera),有 12 总科 26 科。全世界已知 23600 多种,我国已知 2850 多种。重要亚目和科的介绍如下。

(一)剑尾亚目(Ensifera)

(1) 螽斯科(Tettigoniidae):触角细长,超过体长,产卵器刀状,扁而阔,尾须短(图 12-13A),发音器在前翅基部,听器位于前足胫节基部,跗节 4 节。

渐变态,卵多产于植物组织中,或成列产于叶边缘或茎干上,若虫蜕皮 5～6 次变为成虫;一年一代,成虫通常在 7～9 月为活跃期;成虫植食性或肉食性,也有杂食性种类,多栖息于草丛、矮树、灌木丛中,善于跳跃,不易捕捉。常见种类中华螽斯(*Phyaneroptera sinensis* Uvarov)等。

(2) 蟋蟀科(Gryllidae):体色暗,触角细长,超过体长;产卵器矛状,尾须长;足的跗节 3 节;雄虫发音器在前翅近中部,听器在前足胫节上。

渐变态,多数一年一代,以卵越冬,穴居,常栖息于地表、砖石下、土穴中、草丛间,夜出活动,杂食性,吃各种作物、树苗、菜果等,雄性善鸣,好斗,有些种类具有药用价值。常见种类南方油葫芦(*Gryllus testaceus* Walker)(图 12-13B)、北方油葫芦(*G. mitratus* Burmeister)等。

(3) 蝼蛄科(Gryllotalpidae):体黄褐色,被有短细的毛;触角短于体长;前翅短,发音器不发达,后翅长,伸出腹末如尾状;前足开掘式;产卵器内藏,有尾须;跗节 3 节(图 12-13C)。

渐变态,栖息在温暖潮湿、腐殖质多的壤土或沙壤土内。生活史长,一代 1～3 年;成虫或若虫在土壤深处越冬;春秋两季特别活跃,昼伏夜出;成虫有趋光性。常见种类华北蝼蛄(*Gryllotalpa unispina* Saussure)、东方蝼蛄(*G. orientalis* Bumeister)。

(二)锥尾亚目(Caelifera)

(4) 蚤蝼科(Tridactylidae):体小型,色多暗,触角短,12 节;前翅短,后翅伸出腹部末端;前足开掘足,后足跳跃足;无发音器或听器(图 12-13D);尾须较长。

多生活于近水的场所,善跳,并能游泳;植食性。代表种类台湾蚤蝼(*Tridactylus formosanus* Shiraki)等。

(5) 蝗科(Acrididae):体大型,触角线状或剑状,短于体长;前胸背板发达,马鞍形,盖住前胸和中胸背面;多数种类具有 2 对发达的翅,前翅革质,后翅膜质,少数具有短翅或完全无翅;听器位于第 1 腹节两侧(图 12-13E,F);产卵器短、瓣状。

栖于植物上或地表,产卵于土中。由于繁殖力强,个体数量众多,有时会群集生活,形成群居型,有的种类有迁飞的习性,可迁飞至 6000km 以外。常见种类东亚飞蝗(*Losusta migratoria manilensis*(Meyen))、中华稻蝗(*Oxyza chinensis*(Thunberg))、中华蚱蜢(*Acrida cinerea* Thunberg)等。

(6) 蚱科(Tetrigidae):旧称菱蝗科。体小型,触角短,线状;前胸背板延伸过腹部,使整个身体呈菱形;前翅退化成鳞片状,后翅正常或退化,少数种类无翅;无发音器或听器(图 12-13G)。

喜欢生活在土表枯枝落叶中、路边的碎石和河边的石头上。常见种类日本菱蝗

（*Tetrix japonica*（Bolivar））等。

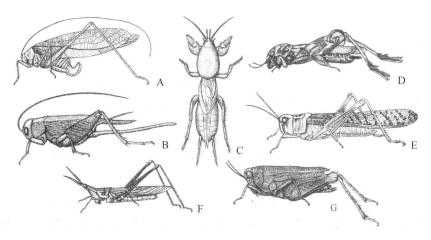

图 12-13　常见直翅目昆虫代表（D. 仿 Lllin. Nat. Hist. ,余仿周尧）

A. 螽斯科代表,日本露螽（*Holochlora japonica*）；B. 蟋蟀科代表,南方油葫芦（*Gryllus testaceus*）；C. 蝼蛄科代表,华北蝼蛄（*Gryllotalpa unispina*）；D. 蚤蝼科代表,一种蚤蝼（*Tridactylus* sp.）；E, F. 蝗科代表,东亚飞蝗（*Locusta migratoria*）和中华蚱蜢（*Acrida cinerea*）；G. 菱蝗科代表,日本菱蝗（*Tetrix japonicus*）

十四、革翅目（Dermaptera）

英文名为 earwigs。成虫体小至中型,表皮坚韧；咀嚼式口器；触角丝状,无单眼；前翅短覆翅或短鞘翅,缺翅脉,后翅半圆形且膜质；尾须 1 节,铗状,称尾铗（图 12-14）。

渐变态,卵呈卵圆形；若虫与成虫相似,若虫 4～5 龄；有翅成虫多数飞翔能力较弱；多数雌虫卵产于土壤中,少数产于树皮下；在温带地区一年一代,常以成虫或卵越冬；喜欢夜间活动,白昼多隐蔽于土中、石头或堆物下、树皮或杂草间,少数为洞栖；大多数种类杂食性,取食动物尸体或腐烂植物,也有的种类取食花被、嫩叶、果实等植物组织。全世界已知 10 科约 2000 种,我国已知约 310 种。

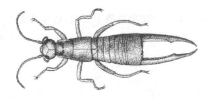

图 12-14　革翅目昆虫代表 欧洲蠼螋 *Forficula auricularia* **成虫**（仿周尧）

十五、缺翅目（Zoraptera）

英文名为 zorapterans 或 angel insects。成虫体微小至小型,柔软；咀嚼式口器；触角长念珠状,有翅型的复眼发达,单眼 3 个,无翅型的缺复眼或单眼；有翅型有 2 对膜质翅,且窄长；尾须 1 节,雌虫无产卵器（图 12-15）。

渐变态,卵椭圆形；若虫似成虫,若虫 4～5 龄；生活于常绿阔叶林地的倒木或折木的树皮下；主要为植食性,取食真菌菌丝和孢子,但有时也取食死的跳虫或螨虫等小动物。全世界仅知 1 科 34 种,我国仅知 3 种。

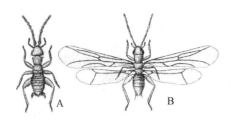

图 12-15　缺翅目昆虫代表(仿黄复生)

A. 中华缺翅虫(*Zorotypus sinensis*);B. 墨脱缺翅虫(*Zorotypus medoensis*)

十六、啮虫目(Psocoptera)

英文名为 booklice 或 psocids。成虫体微小至小型,柔软;咀嚼式口器;触角长丝状,多数种类复眼发达,有翅型有 3 个单眼,无翅型缺单眼;翅膜质,发达,呈屋脊状覆于腹部上;无尾须;雌、雄外生殖器均小而不显著(图 12-16)。

渐变态,卵长椭圆形;若虫形似成虫,4~6 龄;多数为植食性,取食真菌、苔藓和藻类,少数为肉食性,捕食介壳虫和蚜虫等,还有一些为腐食性;室外种类常有翅,1 年 1~3 代,室内种类无翅,1 年可出现多代;多数种类生活在植物上或树皮下,有些生活在落叶中、石头下或洞穴内,少数种类在室内或粮仓内生活。全世界已知 36 科约 5600 种,我国已知约 1700 种。重要的贮藏害虫有嗜卷虱啮(*Liposcelis bostrychophila* Badonnel)。

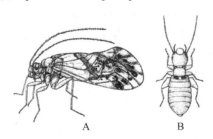

图 12-16　啮虫目昆虫代表(仿李法圣)

A. 皇冠带麻啮(*Trichadenotecnum imperatorium*);B. 嗜卷虱啮(*Liposcelis bostrychophila*)

十七、虱目(Anoplura)

英文名为 bird lice、chewing lice、biting lice、sucking lice 或 true lice。成虫体微小至小型,平扁;口器为咀嚼式或刺吸式;触角短小,复眼退化或消失,无单眼;无翅;攀握足;无尾须(图 12-17)。

渐变态,卵产于寄主羽毛、毛发、皮肤或衣物上;若虫与成虫相似,若虫一般 3 龄;人头虱世代历期约 1 个月;寄主特异性高,终生在寄主上度过,取食寄主羽毛、毛发和皮肤分泌物,或吸食寄主的血液;主要通过寄主直接接触或携播来扩散,离开寄主后会很快死去。

全世界已知 24 科约 500 余种,我国已知 100 余种。其中,不少种类是家畜或家禽的重要害虫。

图 12-17 虱目昆虫代表 体虱（*Pediculus humanus*）（仿周尧）

十八、缨翅目（Thysanoptera）

英文名为 thrips。

（一）形态特征

成虫体微小至小型，细长；触角丝状，触角节上常具叉状、锥状或带状感器，复眼为聚眼式，有3个单眼；锉吸式口器；翅2对，狭长，边缘有长缨毛；足粗壮，前跗节有翻缩性"泡囊"；无尾须。

（二）生物学特征

过渐变态，泛称蓟马，卵肾形或长卵形；若虫4～5龄或5龄；多数种类1年发生5～7代；以蛹或成虫越冬；多数种类进行两性生殖，但少数种类能同时进行孤雌生殖；一般在干旱季节繁殖特别快而形成灾害，耐高温和降雨，暴雨可降低其密度，天敌有花蝽科昆虫、草蛉和食蚜蝇的幼虫及瓢虫。

（三）分类

缨翅目分为2个亚目，即锥尾亚目（Terebrantia）和管尾亚目（Tubulifera）。目前全世界已知9科约6000种，我国已知约580种。

1. 锥尾亚目（Terebrantia）

（1）纹蓟马科（Aeolothripidae）：体粗壮，黑褐色；触角9节，第3～4节上有带状感器；前翅较阔，末端圆形，围有缘脉，有明显的横脉；有产卵器，锯状，从侧面看其尖端向上弯曲。农业上重要的种类有横纹蓟马（*Aeolothrips fasciatus*（L.））（图12-18A，A'）等。

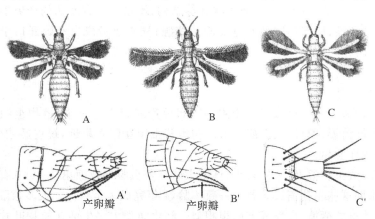

产卵瓣 A'　　　产卵瓣 B'　　　C'

图 12-18 缨翅目目昆虫代表体虱（*Pediculus humanus*）（仿周尧）

A，A'. 横纹蓟马（*Aeolothrips fasiatus*）成虫和腹部末端；B，B'. 烟蓟马（*Thrips tabaci*）成虫和腹部末端；
C，C'. 麦简管蓟马（*Haplothrips tritici*）成虫和腹部末端

（2）蓟马科（Thripidae）：体略扁平；触角6～8节，第3～4节上有细叉状感器；前翅较窄，常有1～2条纵脉，但无横脉或暗色斑纹，末端尖；从侧面看，雌虫产卵器末端向下弯曲。多

数种类为植食性,许多种类是栽培植物的重要害虫,如烟蓟马(*Thrips tabaci* Lindeman)(图 12-18B,B')、稻蓟马(*Stenchaetothrips biformis* (Bagnall))、温室蓟马(*Heliothrips haemorrhoidalis* (Bouche))等。

2. 管尾亚目(Tubulifera) 管蓟马科(Phlaeothripidae)多数种类为暗褐色或褐色;触角 4~8节,有锥状感器;前翅无翅脉。多数取食真菌孢子,有些种类捕食性,少数取食植物;生活于树皮下或枯枝落叶层。农业上重要种类有麦简管蓟马(*Haplothrips tritici* (Kurdjumov))(图 12-18C,C')、稻简管蓟马(*H. aculeatus* (Fabr.))、中华简管蓟马(*H. chinensis* Priesner)等。

十九、半翅目(Hemiptera)

英文名为 bugs 或 true bugs。半翅目包括传统的半翅目和同翅目(Homoptera),如常见的蝽象、蝉、蜡蝉、叶蝉、蚜虫、介壳虫等。此目是不完全变态昆虫中种类数量最多的目。

(一)形态特征

成虫体小至大型,成虫体型多变,体长 1~110mm,翅展 2~150mm。

1. 头部 口器刺吸式,后口式;上颚和下颚特化成 4 根口针;下唇特化成喙;喙 3~4 节,少数 5 节、2 节或 1 节,从前足基节间伸出,或从头部前下方或后下方伸出;触角丝状或刚毛状;复眼大;单眼 2~3 个或缺。

2. 胸部 前胸背板发达;中胸明显,背面可见小盾片;后胸小;有 2 对翅,前翅半鞘翅、覆翅或膜翅,后翅膜翅;停息时 2 对翅平叠或呈屋脊状放置;部分种类只有 1 对前翅或无翅;胸足发达,有步行足、开掘足、捕捉足、跳跃足或游泳足,但雌性介壳虫因固定生活而胸足退化;跗节多数 2~3 节,少数 1 节或缺。

3. 腹部 一般 10 节。雌性介壳虫腹节常有不同程度的愈合,如盾蚧腹部第 4~8 节或 5~8 节高度愈合成臀板;异翅亚目的腹部背板与腹板汇合处形成突出的腹缘称侧接缘;部分种类腹部还有发音器、听器、腹管或管状孔等结构;雌虫一般有发达的产卵器,但介壳虫和蚜虫等无瓣状产卵器;胸部和腹部常有臭腺或蜡腺;异翅亚目成虫臭腺开口于后足基节前,但臭虫的臭腺开口于腹部第 1~3 节背板上;若虫的臭腺都位于腹部第 3~7 节背板上;无尾须。

(二)生物学特性

渐变态,经历卵、若虫、成虫等 3 个虫态。卵单产或聚产在土壤、植物组织内、植物表面或缝隙中,卵为圆筒形、卵形、鼓形或肾形。初孵若虫留在卵壳附近,蜕皮后才分散。只有寄蝽和少数长蝽为卵胎生。

若虫形态与成虫相似,但个体较小,体壁柔软。若虫腹部背面第 4~6 节有 1~3 个显著的臭腺,到成虫期这些腺孔消失。若虫一般 4 龄,1 年完成 1 至数代。大多数陆生,少数种类水生。成虫和若虫的栖境、食性等方面很相似。陆生蝽类大多生活在植物叶片上,可吸食农作物、蔬菜、果树、林木的幼枝、嫩叶汁液,传播植物病害。一部分生活在土壤或植物根部,捕食性种类捕食各种害虫。水生蝽类生活在水塘、稻田、溪流或海水中。生活在水中的负子蝽、蝎蝽等多为流线形,体躯扁平,触角短而隐藏,蝎蝽腹部末端有呼吸管。水生蝽类多为捕食性,捕食小动物、水生蝇蛆、鱼苗和鱼卵,但划蝽科一些种类个体数量多,是鱼类的主要食料之一。许多种类具趋光性。

（三）分类

目前多数分类学家主张将半翅目分为胸喙亚目(Sternorrhyncha)、蜡蝉亚目(Fulgoromorpha)、蝉亚目(Cicadomorpha)、鞘喙亚目(Coleorrhyncha)和异翅亚目(Heteroptera)共 5 个亚目。全世界已知 151 科 92000 多种，我国已知 9000 多种。半翅目常见科简介如下。

1. 胸喙亚目 体微小至小型。喙从前足基节间伸出；触角丝状，单眼 2～3 个，有或无翅；有翅型的前翅覆翅或膜翅，基部无肩片；前翅有不多于 3 条纵脉从基部伸出；停息时 2 对翅呈屋脊状叠放于体背；跗节 1～2 节；植食性。

(1) 粉虱科(Aleyrodidae)：体小型，体和翅上被有白色蜡粉。触角 7 节，单眼 2 个；两性均有 2 对翅，大小相似，前翅脉序简单，R 脉、M 脉和 Cu$_1$ 脉合并在 1 条短的主干上，后翅纵脉 1 条；跗节 2 节；成虫和第 4 龄若虫腹部第 9 节背板有 1 个管状孔(图 12-19A)。

主要在被子植物的叶背产卵和为害，多粒卵排成弧形或环形，若虫共 4 龄。一些种类是非常重要的害虫。重要种类烟粉虱(*Bemisia tabaci* (Gennadius))寄主植物达 74 科 500 多种，并能传播 70 多种植物病毒病；温室粉虱(*Trialeurodes vaporariorum* (Westwood))是温室、大棚和露地蔬菜的重要害虫。

(2) 木虱科(Psyliidae)：体小型，活泼善跳。触角 10 节，末节端部有 2 刺，喙 3 节，单眼 3 个；前翅皮革质或膜质，R 脉、M 脉和 Cu$_1$ 脉基部愈合形成主干，到近翅中部分成 3 支，近翅端部每支各 2 分支，后翅膜质，翅脉简单；跗节 2 节，后足基节有疣状突起，胫节端部有刺(图 12-19B)。

多数种类为害木本植物，有些能传播植物病毒病。两性生殖，卵产于叶片、芽鳞或嫩梢上。若虫 5 龄，群集，善跳，受惊扰时常向后跳。重要种类柑橘木虱(*Diaphorina citri* Kuwayama)为害柑橘，并传播柑橘黄龙病。

(3) 蚜科(Aphididae)：体小型，有时被蜡粉。触角 4～6 节，6 节居多，末端 2 节上有圆形感觉孔，单眼 2 个；前翅有 Rs 脉、M 脉、Cu$_1$ 脉和 Cu$_2$ 脉 4 条斜脉，M 脉分叉 1～2 次；停息时 2 对翅屋脊状叠放于体背；跗节 2 节；腹部第 5 或 6 节背侧有 1 对腹管；腹末尾片形状多样，尾板末端圆。

胎生，营同寄主或营异寄主生活，1 年 10～30 代，若虫 3 龄，多生活在植物的芽或花序上，少数在根部，是最重要的经济植物害虫类群。重要种类桃蚜(*Myzus persicae* (Sulzer))(图 12-19C)广泛分布于世界各地，寄主多达 50 科 400 余种，并能传播百余种植物病毒病。

(4) 根瘤蚜科(Phylloxeridae)：体小型，体上无蜡丝，但少数种类体上有蜡粉。触角 3 节，无翅蚜和若蚜仅有 1 个感觉孔，有翅蚜有 2 个感觉孔；有翅型的前翅具 M 脉、Cu$_1$ 脉和 Cu$_2$ 脉 3 条斜脉，Cu$_1$ 脉和 Cu$_2$ 脉基部共柄，后翅无斜脉；停息时 2 对翅平放于体背；跗节 2 节；无腹管；尾片半月形(图 12-19D)。

卵生，若虫 4 龄，不危害松、杉。一般营同寄主生活，寄主为栎属等阔叶植物。重要种类葡萄根瘤蚜(*Viteus vitifoliae* (Fitch))危害葡萄的叶和根部，是重要的检疫性有害生物。

(5) 瘿绵蚜科(Pemphigidae)：体小型，常有发达蜡腺，体表多有蜡粉或蜡丝；触角 5～6 节，感觉孔横带状；有翅蚜前翅 4 条斜脉，M 脉不分叉，后翅 Cu 脉 1～2 支，静止时翅合拢于体背呈屋脊状。腹管退化或缺失；尾片宽半月形。

若虫 4 龄。多数种类营异寄主生活，第 1 寄主多为阔叶树，第 2 寄主多为草本植物，少数为木本植物。重要种类五倍子蚜是著名的资源昆虫，苹果绵蚜(*Eriosoma lanigerum*

(Hausm)(图 12-19E,F))是重要的检疫性有害生物。

(6)球蚜科(Adelgidae):体小型,常有蜡丝覆于体上。有翅型触角 5 节,有宽带状感觉孔 3~4 个,无翅蚜及若蚜触角 3 节,雌性蚜触角 4 节;有翅型前翅具 M 脉、Cu_1 脉和 Cu_2 脉 3 条斜脉,Cu_1 脉和 Cu_2 脉基部分离,后翅仅 1 条斜脉;停息时 2 对翅屋脊状叠放于体背;跗节 2 节;无腹管;尾片半月形。

卵生,若虫 4 龄,只为害针叶植物。一般营异寄主生活,生命周期有干母、瘿蚜、伪干母、侨蚜、性母、性蚜。重要种类是红松球蚜(*Pineus cembrae pinikoreanus* Zhang et Fang)。

(7)绵蚧科(Margarodidae):蚧总科(Coccoidea)中体型最大的科。雌虫营自由生活,体肥大,身体柔软,背有白色卵囊;腹部分节明显;触角 11 节;无翅 雄虫触角 10 节;前翅膜翅,后翅棒翅;跗节 1 节;腹末有 1 对突起。

生活于植物枝叶的表面,主要为害林木和果树的枝干和根部,其中有许多重要害虫。著名种类吹绵蚧(*Icerya purchasi* Maskell)(图 12-19G,H)为柑橘生产的毁灭性害虫。

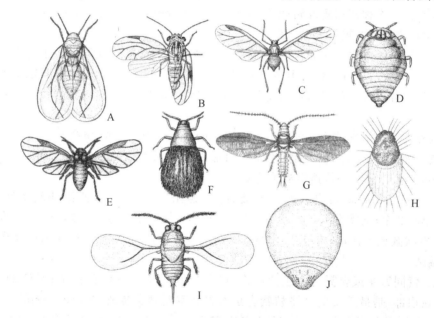

图 12-19 半翅目胸喙亚目昆虫代表(仿周尧)

A. 粉虱科代表 橘绿粉虱(*Dialeurodes citri*)成虫;B. 木虱科代表 梨木虱(*Psylla pyrisuga*)成虫;C. 蚜科代表 桃蚜(*Myzus persicae*);D. 根瘤蚜代表 梨黄粉蚜(*Aphanostigma jakusuiensis*);E,F. 瘿绵蚜科代表 苹果绵蚜(*Eriosoma lanigerum*),有翅胎生雌蚜(E)和无翅雌蚜(F);G,H. 绵蚧科代表 吹绵蚧(*Icerya purchasi*)雄性(G)和雌性(H);I,J. 椰圆盾蚧(*Aspidiotus destructor*)雄性(I)和雌性(J)

(8)蚧科(Coccidae):雌雄异型。雌成虫体型和大小不一,但同种间体型较雄成虫大,无翅;或裸露或被蜡质分泌物;触角 6~8 节;一般有足,但小,跗节 1 节,少数无足;腹末有臀裂,肛门上有 2 块三角形的肛板。雄成虫有翅,触角 10 节,单眼一般 4~10 个;足发达,跗节 1 节;腹末有 2 条长蜡丝。

主要寄生于乔木、灌木和草本植物上,许多种类是重要的林果害虫。重要种类白蜡蚧(*Ericerus pela*(Chavannes))是中国特有的资源昆虫,其雄性若虫分泌的白蜡被国际上誉为"中国蜡"。

（9）粉蚧科（Pseudococcidae）：雌虫被粉状蜡质分泌物，体长卵形，分节明显；触角5～9节；无翅；胸足发达，跗节1节；肛门周围有骨化的肛环和肛环刺毛4～8根，通常6根；自由生活。雄虫常有翅，腹末有1对白色长蜡丝。

卵生或胎生，主要为害林木或果树。重要种类湿地松粉蚧（*Oracella acuta*（Lobdell））来源于美国，现在广东、广西为害严重。

（10）盾蚧科（Diaspididae）：蚧总科（Coccoidea）中数量最多的科。因圆形蜡质介壳形似"盾牌"而得名。雌成虫通常为圆形或长筒形，被盾状介壳；介壳与虫体明显分开；虫体碟状，部分体节愈合；触角1节或无，无复眼或单眼；无翅也无足；腹部第4～8节或第5～8节愈合称臀板。雄成虫有翅；触角10节；足发达，跗节1节；腹末无蜡丝。

两性生殖或孤雌生殖，卵产于介壳下。主要生活于木本植物上，寄主范围广，是林果和花卉常见害虫类群之一。重要种类梨圆蚧（*Quadraspidiotus perniciosus*（Comstock））、松突圆蚧（*Hemiberlesia pitysophila* Takagi）、椰圆盾蚧（*Aspidiotus destructor* Signoret）（图12-19I,J）等。

（11）胶蚧科（Kerridae）：雌雄异型。雌成虫被很厚的介壳；虫体卵圆形，隆起；触角极退化，瘤状；胸部发达，占虫体的绝大部分；足退化；无翅；腹末有肛环和肛环刺毛。雄成虫有翅，少数无翅；触角10节；腹末有2条长蜡丝。

寄生于乔木和灌木的树枝上，其中部分种类可分泌一种树脂——紫胶。紫胶是一种重要的化工原料，广泛应用于多种行业。该科著名种类紫胶虫是世界著名的资源昆虫，我国紫胶产量位居世界第三。

（二）蜡蝉亚目

体小至大型，触角刚毛状，生于复眼下方，喙从头部后下方伸出，单眼2个。前翅质地均一，革质或膜质。前翅基部有肩片，翅脉发达，前翅至少有4条纵脉从翅基伸出，其中2条臀脉相接成"Y"形；静止时翅屋脊状放于体背；跗节3节。植食性。

（12）蜡蝉科（Fulgoridae）：体中至大型，形奇特，体色艳丽，是半翅目中最美丽的类群。单眼2个；翅发达，膜质，前翅肩片明显，后翅带有鲜艳色彩（图12-20A）；中足基节长，着生在体的两侧，互相远离，后足基节短，固定不能活动，并互相接触，能跳跃，后足胫节多刺；腹部常大而扁。

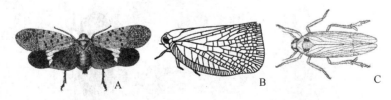

图12-20　半翅目蜡蝉亚目昆虫代表（仿周尧）

A.蜡蝉科代表　斑衣蜡蝉（*Lycorma Delicatula*）成虫；B.蛾蜡蝉科代表　碧蛾蜡蝉（*Geisha distinctissima*）成虫；

C.飞虱科代表　灰飞虱（*Laodelphax striatellus*）成虫

常见种类斑衣蜡蝉（*Lycorma Delicatula*（White））为害椿树等经济植物。

（13）蛾蜡蝉科（Flatidae）：体中至大型，形似蛾，体色多为褐色或淡绿色，个别种类色彩艳丽。单眼2个；前翅宽大，近三角形，翅脉网状，前缘区多横脉，臀区脉纹上有颗粒；后翅宽大，但横脉少，翅脉不呈网状（图12-20B）；多雌雄二型现象。

喜欢群集,主要在藤本和木本植物上为害。若虫常被有长蜡丝。常见种类碧蛾蜡蝉(*Geisha distinctissima*(Walker))为害柑橘等果树。

(14)飞虱科(Delphacidae):体小型,体色多灰白或褐色。触角锥状,通常不长于头与前胸长度之和,单眼2个;前胸常呈衣领状,中胸三角形;翅膜质,静止时合拢成屋脊状,少数种类短翅或无翅型,前翅基部有肩片;后足胫节有2个大刺,端部有1个可活动的距(图12-20C),是本科最显著的鉴别特征。

多数种类为害禾本科植物,并传播多种植物病毒病,是经济植物的重要害虫。常见重要种类褐飞虱(*Nilaparvata lugens*(Stal))、灰飞虱(*Laodelphax striatellus*(Fallen))等是水稻重要害虫。

(三)蝉亚目

体中至大型。触角刚毛状,单眼2~3个,喙从头部后下方伸出。前翅质地均一膜质或革质,基部无肩片;翅脉发达,前翅至少有4条纵脉从翅基部伸出,臀区没有"Y"形脉;静止时翅屋脊状叠放于体背。跗节3节。植食性。

(15)蝉科(Cicadidae):体中至大型。触角短,刚毛状或鬃状,单眼3个;前后翅是膜翅,常透明,翅脉发达;前足开掘足,腿节常具齿或刺;雄虫第1腹板有发达的半圆形瓣状发音器(图12-21A)。

成虫生活于植物地上部分,卵产于嫩枝内。若虫地下生活,吸食植物根部汁液。若虫老熟后钻出地面,爬上枝叶上羽化,脱下的皮称"蝉蜕"或"枯蝉"。若虫被真菌寄生后形成"蝉花"。蝉蜕和蝉花可入药。常见种类蚱蝉(*Cryptotympana atrata*(Fabr.))、鸣鸣蝉(*Oncotympana maculicollis*(Motsulsky))等。

(16)叶蝉科(Cicadellidae):体小型,形态多样。触角刚毛状,单眼2个,少数种类无单眼。前翅革质,后翅膜质;后足胫节有2条以上的棱脊,棱脊上有3~4列刺状毛(图12-21B),该特征为其显著鉴别特征。

多数种类生活在植株上,能飞善跳,刺吸为害植物的叶子,不少种类能传播植物病毒病,是农林业的重要害虫。常见重要种类大青叶蝉(*Cicadella viridis*(Linnaeus))。

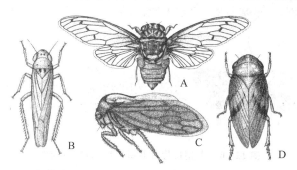

图12-21　半翅目蝉亚目昆虫代表(仿周尧)

A.蝉科代表 鸣鸣蝉(*Oncotympana maculicolis*);B.叶蝉科代表 二星叶蝉(*Erythroneura apicalis*);

C.角蝉科代表 苹果红脊角蝉(*Machaerotypus mali*);D.沫蝉科代表 白带沫蝉(*Aphrophora intermedia*)

(17)角蝉科(Membracidae):体小至大型,形态奇特,多为黑色或褐色,少数艳丽。触角短,鬃状,单眼2个;前胸背板特别发达,向前、后、上或向两侧延伸成角状突出(图12-21C),

故名角蝉;前后翅均为膜质。该科一些种类有很高的观赏价值。

主要生活于灌木或乔木上,喜欢群集,特别是若虫。一般 1 年 1～2 代,以卵在树枝内越冬。珍稀种类周氏角蝉(*Choucentrus sinensis* Yuan)。

(18)沫蝉科(Cercopidae):体小至中型。触角短,刚毛状,单眼 2 个;前胸背板大,常呈六边形;前翅革质,后翅膜质;后足胫节有 1～2 个侧刺,末端有 1～2 圈端刺(图 12-21D)。因若虫常埋藏于泡沫中而得名,俗称吹泡虫。泡沫由若虫第 7～8 腹节表皮腺分泌的黏液从肛门排出时混合空气而形成。

多数种类为害草本植物,少数为害木本植物。常见种类稻赤斑黑沫蝉(*Callitettix versicolor* (Fabr.))。

(四)鞘喙亚目

体小型,扁平。触角 3 节,短,丝状,藏于头下。喙 4 节,基部包于前胸侧板形成的鞘内。前翅质地均匀,有网状纹,不能飞行;后翅退化或无;静止时前翅平叠于体背。足跗节 2 节。

生活于潮湿的环境。植食性,取食苔藓。目前仅知鞘喙蝽科(Peloridiidae)1 个科 13 属 25 种,分布于南美洲、新西兰和澳大利亚等地,我国尚未发现。

(五)异翅亚目

体小至大型。喙从头部前下方伸出,触角丝状,一般生于复眼下方,单眼 2 个或无。前翅半鞘翅,半鞘翅加厚的基部由革片和爪片两部分组成,两者由一爪缝隔开;膜质的端半部是膜片,膜片上常有翅脉和翅室。静止时翅平叠于体背。跗节 1～3 节。植食性或肉食性。

(19)黾蝽科(Gerridae):体小至大型,体细长,腹面有银白色绒毛;触角 4 节,喙 4 节,单眼常退化;前足基节远离中足基节,前足端跗节分裂,爪着生在其末端之前,后足腿节伸过腹部末端;跗节式为 2-2-2;腹部小,有臭腺。

水面群集生活,可生活于急流或静水表面,卵产于水面漂浮物上。肉食性,捕食落水昆虫或其他小动物。常见种类长翅大水黾(*Aquarium elongatus* Uhler)(图 12-22A)、圆臀大水黾(*A. paludum* (Fabr.))等。

(20)负蝽科(Belostomatidae):是异翅亚目中个体最大的科。体中至大型,长卵形,扁平。触角 4 节且短,喙 5 节,无单眼;小盾片三角形;前翅膜片无翅脉或翅脉网状;前足捕捉足,前跗节有爪,中后足游泳足;腹部末端的呼吸管短而扁,或可缩入体内;跗节 2～3 节。

水生,喜欢静水,多生活在浅水域底层或水草间。肉食性,可捕食各种水生昆虫和蝌蚪、田螺、鱼苗和鱼卵等。成虫趋光性强。成虫卵产在泥底或水草上,有些种类雌虫将卵产于雄虫体背,并由其背负至卵孵化,故得名负子蝽。代表种类大田负蝽(*Kirkaldyia deyrollei* (Vuillefroy))(图 12-22B)生活在较深的水中,对鱼苗危害较大。

(21)蝎蝽科(Nepidae):体中至大型,体形多样,有细长如螳螂者称为水螳螂或螳蝎,有体阔呈长卵状者称为水蝎或蝎蝽。触角 3 节且短,喙 3 节;前足捕捉足,跗节 1 节,中后足细长,适于游泳;腹部末端有 1 对长或短的呼吸管。

水生,喜欢静水,在水底或水草间爬行。肉食性,捕食水中小昆虫或鱼卵。常见种类有中华螳螂蝎蝽(*Ranatra chinensis* Mayr)。

(22)划蝽科(Corixidae):体小至大型,体窄长,两侧平行流线型。触角 3～4 节,喙 1 节;头部后缘覆盖前胸前缘;前翅质地均匀,革质;前足一般粗短,跗节匙状,无爪,中足细长,向两侧伸出,后足游泳足;跗节 1～2 节。

生活于静水或缓流的水体中,主要取食藻类,也有一些种类捕食蚊子幼虫或其他小型水生动物。趋光性强。代表种类狄氏夕划蝽(*Hesperocorixa distanti* (Kirkaldy))。

(23)仰蝽科(Notonectidae):体小至大型,体背隆起似船底,游泳时背面向下,腹面朝上。触角4节,喙3~4节;前足和中足短,用以握持物体,后足长桨状,用以划水游泳,休息时伸向前方;跗节2节,后足跗节无爪。

水生,卵产于水中植物组织内。肉食性,常捕食小昆虫、鱼卵或鱼苗等。代表种有中华大仰蝽(*Notonecta chinensis* Fallou)。

(24)猎蝽科(Reduviidae):体小至大型,体形多样,黄、褐或黑色,头部较细长,后端呈颈状。触角4节,喙3节且粗短而弯曲,后端放在前胸腹板沟内,单眼常2个;小盾片小三角形;前翅膜片常有2个翅室,室端伸出2条纵脉;跗节常为3节;腹部中段常膨大。

肉食性,捕食或吸血。多数种类是有益的种类,捕食害虫及害螨,如黑光猎蝽(*Ectrychotes andreae* Thumberg);少数种类吸食哺乳动物或鸟类的血液,传播锥虫病,如广椎猎蝽(*Triatoma rubrofasciata* (DeGeer))(图12-22C)。

(25)盲蝽科(Miridae):异翅亚目中的最大科。体小至中型,体形多样;触角4节,喙4节,无单眼;前翅在中部成钝角弯曲,革区分为革片、楔片和爪片;膜片有2个翅室,无纵脉;跗节常为3节。

植食性或肉食性,植食性种类为害植物花蕾、嫩叶或幼果,并传播病毒病;肉食性种类捕食小昆虫或昆虫卵;还有一些兼有植食性和肉食性。常见害虫种类三点盲蝽(*Adelphocoris fasiaticollis*)(图12-22D)等,益虫黑肩绿盲蝽(*Cyrtorrhinus lividipennis* Reuter)在稻田捕食稻飞虱或叶蝉的卵。

(26)姬蝽科(Nabidae):体小至中型,通常浅褐色至深褐色,头细长,前伸。触角4节,喙4节,单眼2个;小盾片小三角形;前翅膜片上常有纵脉组成的2~3个翅室,并有少数横脉;前足捕捉足,足上多刺;跗节3节,无爪垫。姬蝽科代表类原姬蝽如图12-22E所示。

喜欢在植物的基部或土壤表面活动。肉食性,捕食蚜虫、叶蝉、飞虱、蓟马等小昆虫。常见种类暗色姬蝽(*Nabis stenoferus* Hsiao)。

(27)花蝽科(Anthocoridae):体小型,椭圆形,背面扁平。触角4节,喙4节,单眼2个;前胸背板梯形,小盾片发达;前翅革片分缘片和楔片,膜片常具不明显的纵脉2~4条;跗节3节。代表种微小花蝽如图12-22F所示。

常见于植物花、果、树皮上或落叶间。肉食性,主要捕食小昆虫和昆虫卵,有些取食植物汁液或花粉;常以成虫在枯枝落叶下及其他隐蔽场所越冬。常见种类还有南方小花蝽(*Orius similis* Zheng)。

(28)长蝽科(Lygaeidae):体小至中型,长卵形。触角4节,喙4节,单眼2个;小盾片小三角形;前翅革区无楔片,膜片上有4~5条纵脉,少数端部分支成网状,或有1个宽翅室;跗节3节;腹部气门位于背面,有臭腺。代表种类为红脊长蝽(图12-22G)。

栖息于土表层或植物上。多为植食性,不少种类为害种子;部分种类捕食昆虫和螨类的卵及低龄幼虫;少数种类吸食高等动物的血液。重要种类甘蔗异背长蝽(*Cavalerius saccarivorus* Okajima)为害甘蔗。

(29)红蝽科(Pyrrhocoridae):体中至大型,长椭圆形,多为红色而带有黑斑。触角4节,喙4节,无单眼;小盾片小三角形;前翅膜片有2~3个翅室,每翅室有3~4条纵脉伸出;跗节 3 节,代表种离斑棉红蝽如图 12-22H 所示。

植食性,常栖息于植物表面或地面,常见种类棉二点红蝽(*Dyssercus cingulatus* (Fabr.))为害棉花。

(30)缘蝽科(Coreidae):体中至大型,形态多样,宽扁或狭长。触角和喙各 4 节,单眼 2 个;小盾片小三角形;前翅革区有革片和爪片,膜片有多条平行纵脉,基部常无翅室,代表种红背安缘蝽如图 12-22I 所示;雄性后足腿节常膨大,具瘤或刺状突起;跗节 3 节。

植食性,栖息于植物上,吸食植物幼嫩组织或果实汁液,对农林业均有一定的为害,臭腺特别发达,恶臭。常见害虫稻棘缘蝽(*Cletus punctiger* Dallas)为害水稻和小麦。

(31)网蝽科(Tingidae):体小至中型,多扁平,头、胸背面和前翅上有网状纹。触角 4 节,喙 4 节,无单眼;小盾片小三角形;跗节 2 节。

植食性,主要为害草本植物,多在寄主叶背面或幼嫩枝条群集刺吸为害。常见害虫亮网蝽(*Stephanitis typical* (Distant))危害香蕉,梨网蝽(*S. nashi* Esaki et Takeya)(图 12-22J)为害梨。

(32)臭虫科(Cimicidae):体小型,扁卵圆形,红褐色。触角 4 节,喙 4 节,无单眼;前翅极退化,呈短小的三角片状,向后最多伸达腹部第 2 节;跗节 3 节。

外寄生,吸食人、鸟类、蝙蝠等动物的血液,夜出性,或传播家禽疾病。常见种类温带臭虫(*Cimeix lectularius* L.)。

(33)土蝽科(Cydnidae):体小至中型,长卵形,体表常具刚毛或硬短刺。触角多数 5 节,单眼 2 个;小盾片大三角形或舌形;前足胫节扁平,两侧具坚硬的刺,适于掘土;跗节 3 节。

栖息于地表土壤中或其他隐蔽处,为害植物的根部或茎基部,常造成大片缺苗断垄;少数食动物尸体;多数种类具趋光性。常见害虫根土蝽(*Stibaropus jormosanus* Takado et Yamagihara)在北方为害玉米、小麦和高粱等作物的根部。

(34)蝽科(Pentatomidae):体小至大型,背面一般较平,体色多样。触角 5 节,喙 4 节,单眼 2 个;小盾片大三角形或小舌形;前翅革片伸达翅的臀缘;膜片有多条纵脉,多从基横脉上发出;跗节 3 节;腹部第 2 气门被后胸侧板遮盖。

多数为植食性,栖息于植物上,刺吸为害植物,许多种类为农林害虫;少数为肉食性。若虫喜欢群集,成虫有护卵的习性,臭腺特别发达。重要害虫有稻绿蝽(*Nezara viridula* (L.))、菜蝽(*Eurydema dominulus*)(Scopoli)(图 12-22K)等。

(35)荔蝽科(Tessaratomidae):体大型,外形与蝽科相似,常有金属光泽。触角 4 节,喙 4 节,单眼 2 个;前胸背板宽大,后缘有时向后伸展,小盾片三角形且大;前翅革片伸达翅的臀缘,膜片有多条纵脉,少分支;跗节 2 或 3 节;腹部第 2 气门外露。

栖于植物上,植食性,吸食幼果和嫩梢的汁液。若虫喜欢群集;臭腺特别发达。重要种类荔蝽(*Tessaratoma papillosa* (Drury))(图 12-22L)是荔枝和龙眼的重要害虫。

(36)盾蝽科(Scutelleridae):体小至大型,体背圆隆。触角 5 或 4 节,单眼 2 个;小盾片盾形,盖住翅和整个腹部,故名盾蝽;前翅与体等长,革片不伸达翅的臀缘,膜片不折叠;跗节 3 节。

植食性。多为害农作物、蔬菜、果树和森林,雌虫有护卵和初孵若虫的习性。重要害虫丽盾蝽(*Chrysocoris grandis* (Thunberg))(图 12-22M)能为害柑橘、油桐、柚、板栗等果树和经济林木。

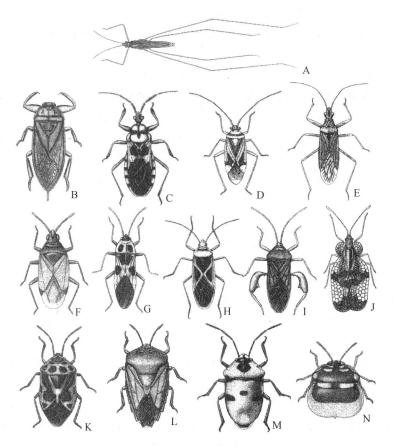

图 12-22 半翅目鞘喙亚目昆虫代表（仿彩万志等）

A. 鼋蝽科代表 长翅大水黾 *Aquarium elongatus*；B. 负蝽科代表 大田负蝽 *Kirkaldyia deyrollei*；C. 猎蝽科代表 广锥猎蝽 *Triatoma rubrofasciata*（DeGeer）；D. 盲蝽科代表 三点盲蝽 *Adelphocoris fasciaticollis*；E. 姬蝽科代表 类原姬蝽 *Nabis punctatus mimoferus*；F. 花蝽科代表 微小花蝽 *Orius minutus*；G. 长蝽科代表 红脊长蝽 *Tropidothorax elegans*；H. 红蝽科代表 离斑棉红蝽 *Dysdercus cingulatus*；I. 缘蝽科代表 红背安缘蝽 *Anoplocnemis phasiana*；J. 网蝽科代表 梨网蝽 *Stephanitis*；K. 蝽科代表 菜蝽 *Eurydema dominulus*；L. 荔蝽科代表 荔蝽 *Tessaratoma papillosa*；M. 盾蝽科代表 丽盾蝽 *Chrysocoris grandis*（Thunberg）；N. 龟蝽科代表 刺盾圆龟蝽 *Coptosoma lasciva*

（37）龟蝽科（Plataspidae）：体小至中型，近圆形或卵圆形，背面隆起。触角 5 节，喙 4 节，单眼 2 个；前胸背板中部前方有横缢，小盾片半圆形，覆盖翅和整个腹部，外形似龟状，故名龟蝽；前翅大部分膜质，可折叠在小盾片之下；跗节 2 节。代表种刺盾圆龟蝽如图 12-22N 所示。

植食性。常群栖于植物枝干上，幼虫期在豆科植物上常见。常见害虫筛豆龟蝽（*Megacopta cribraria*（Fabr.））是大豆、菜豆、绿豆等重要害虫。

二十、脉翅目

英文名为 lacewings、owlflies、antlions、mantispids 或 dustywings。脉翅目统称蛉，主要包括草蛉、螳蛉、蝶角蛉、褐蛉、蚁蛉、粉蛉等。

（一）形态特征

成虫体微型至大型，体壁柔软，有时生毛或覆盖蜡粉；头下口式，很活泼，口器咀嚼式；触角细长,线状、念珠状或棒状,单眼 3 个或无;前胸通常短小,翅 2 对,前后翅均为膜质,大小和形状相似,翅脉密而多,呈网状,在边缘多分叉,少数种类翅脉少而简单;跗节 5 节,爪 1 对;腹部 10 节,无尾须。

幼虫蛃型,头部每侧各有单眼 5～7 个;口器捕吸式,前口式;触角丝状或刚毛状;胸足发达,活泼;腹部 10 节,气门 8 对,无气管鳃。

蛹为离蛹,多包在丝质薄茧内。

卵圆球形或长卵形,有的种类具丝状卵柄。

（二）生物学特征

草蛉、粉蛉、蚁蛉、褐蛉等昆虫,全变态。卵为椭圆形或卵形,单粒或成窝产;幼虫 3～4 龄,老熟幼虫于丝茧内化蛹,蛹是离蛹。一般 1 年发生 2 代,但蚁蛉需 2～3 年才能完成 1 代,多数以前蛹于丝茧内越冬。绝大多数种类的成虫和幼虫均有肉食性,捕食蚜虫、叶蝉、粉虱、蚧、鳞翅目幼虫和卵、蚁及螨等。其中不少种类在害虫的生态控制中起着重要作用。

（三）分类

目前全世界已知 17 科 5500 种,我国已知约 700 种。脉翅目常见科简介如下。

1. 螳蛉科（Mantispidae）　体大型,形似螳螂。前胸特别延长;前足捕捉足,从前胸的前侧缘伸出;前翅和后翅的前缘横脉和 Rs 脉常 2 分叉,翅痣明显。代表种见图 12-23A。

每头雌虫产卵量 200～2000 粒。幼虫寄生于蜘蛛卵囊里或胡蜂的蜂巢内。常见种类为四瘤蜂螳蛉（*Climaciella quadrituberculata*（Westwood））。

2. 草蛉科（Chrysopidae）　体中至大型,多为草绿色,复眼古铜色或金色。触角丝状,约与体等长;前胸梯形或矩形,中胸和后胸粗大;前后翅的形状和脉序非常相似,透明,翅的前缘横脉简单,不分叉。代表种见图 12-23B。

生活于草地、树木或灌木上。成虫捕食其他小昆虫,或取食花粉和花蜜。幼虫主要捕食蚜虫。卵通常产于长的丝柄顶端,黏附于植物枝叶上。通常结丝茧化蛹于叶背面。以成虫越冬。常见种类大草蛉（*Chrysopa pallens*（Rambur））、叶色草蛉（*C. phyllochroma* Wesmael）、中华草蛉（*C. sinica* Tjeder）、丽草蛉（*C. formosa* Braoer）等,可用于生物防治。

3. 褐蛉科（Hemerobiidae）　体小至中型,体多褐色或翅上有褐斑。触角念球状,无单眼;前翅前缘区横脉多分叉,Rs 脉 2～4 分叉如全北褐蛉见图 12-23C,前后翅的形状、大小及脉序相似,有斑纹。常见种类点线脉褐蛉（*Micromus multipunctatus* Matsumura）。

4. 蝶角蛉科（Ascalaphidae）　体大型,外形似蜻蜓,体上多细长毛。触角长,棍棒状;翅痣明显,翅痣下方的翅室短。代表种见图 12-23D。

卵窝产于小树枝上,孵化后常爬到地面生活。低龄幼虫喜欢群集,成虫和幼虫均为肉食性,捕食其他小昆虫。成虫日出性或夜出性,飞行迅速,但大部分时间都倒悬于树枝上休息。常见种类黄脊蝶角蛉（*Hybris subjacens*（Walker））在我国南方常见。

5. 蚁蛉科（Myrmeleontidae）　体大型。触角棍棒状,短于体长之半;前胸不延长;前翅和后翅的前缘横脉和 Rs 脉常 2 分叉;翅痣下方的翅室窄长;腹部细长。代表种见图 12-23E。

卵单产。幼虫在地面或埋伏在沙土中伏击猎物,或设漏斗状陷阱捕获猎物,主要捕食蚂蚁或其他地面活动的昆虫。许多种类的幼虫可迅速向前或向后爬行。常见种类蚁蛉（*Myrmeleon formicarius* L.）,其幼虫称沙牛,可入药。

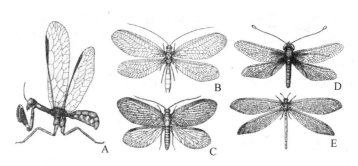

图 12-23　脉翅目昆虫代表(A. C. 仿杨集昆；B. D. E. 仿周尧)

A. 螳蛉科 豫黑矢螳蛉(*Sagittalata yuata*)；B. 草蛉科 叶色草蛉(*Chrysopa phyllochroma*)；C. 褐蛉科 全北褐蛉(*Haemerobius humuii*)；D. 蝶角蛉科 黄花蝶角蛉(*Asculuphus sibericus*)；E. 蚁蛉科 蚁蛉(*Myrmeleon formicarius*)

6. 粉蛉科(Coniopterygidae)　体小型，体翅被有白色蜡粉。触角念珠状；前后翅相似，翅脉简单，纵脉至多不超过 10 条，到翅缘不再分叉，前缘横脉至多 2 条。

完全变态。卵椭圆形略扁，有网状花纹，一端有突起的受精孔。幼虫体扁圆，两端尖削，成虫栖居在果树和林木之间，成虫和幼虫均捕食蚧、螨、蚜和粉虱等。常见种类中华啮粉蛉(*Conwentzia sinica* Yang)。

二十一、广翅目

英文名为 alderflies、hellgrammites、dobsonflies 或 fishflies。统称齿蛉、鱼蛉或泥蛉。

通常个体较大，一些种类翅展可以达到 17cm，复眼非常发达。触角丝状，细长，口器咀嚼式，单眼有或无；各胸节非常发达并能自由活动，3 对足相似；翅膜翅，横脉多，无翅痣；腹节 10 节，无尾须，代表种见图 12-24。

图 12-24　广翅目昆虫代表东方巨齿蛉(*Acanthacorydalis orientalis*)(仿周尧)

幼虫蛃型；单眼 6 对，口器咀嚼式，前口式，触角 4～5 节；前胸方形，比中后胸大，中后胸形状和大小相似，胸足 5 节，爪 1 对；腹部两侧有 7～8 对分节的气管鳃；腹末有成对的臀足或 1 条中尾突。

全变态，成虫陆生，生活在溪流旁，或湿冷的环境中。白天栖息在植物上，通常很少取食，一般寿命较短。卵成窝产于临近水源的石头上或植物上。幼虫水生，捕食性。绝大多数种类为一化性，一些大型种类为多年性昆虫。幼虫 10～12 龄，喜欢水温较低、含氧较高的流水。要化蛹时，钻入到土壤、苔藓内或石头下化蛹；蛹为离蛹，无丝茧包裹，能取食。

全世界已知 340 余种，中国已知 140 多种。

二十二、蛇蛉目

英文名为 snakeflies。中文统称蛇蛉。

　　成虫体小型至中型,细长,多为褐色至褐色。头长又扁,后部缢缩,活动自如;触角长,丝状,口器咀嚼式,单眼 3 个或无;前胸极度延长,呈颈状;2 对翅相似,透明,翅脉是具有很多横脉和 1 个翅痣的原始脉序;停息时 2 对翅折叠于体背呈屋脊状,明显超出腹末;足为行走足,跗节 5 节;腹部柔软,10 节,雌虫有发达的细长产卵器。代表种见图 12-25。

　　幼虫蛃型,细长且扁平;单眼 5～7 个,口器咀嚼式,前口式,触角 3～4 节;前胸气门 1对;腹部 10 节,气门 7 对,无气管鳃。

　　完全变态。卵产于树皮缝隙内。幼虫 10～15 龄,细长,前口式,口器咀嚼式;触角分节;胸足 3 对并发达,腹部无突起或附肢。蛹为离蛹。成虫和幼虫生活于针叶树皮下,日出性,肉食性,捕食软体节肢动物昆虫。以末龄幼虫或蛹越冬。一般 2～3 年才完成 1 代。当成虫受到威胁时,常将头部和胸部举起,极似蛇,故名蛇蛉。

　　蛇蛉目是昆虫纲中一个小目,全世界已记载有蛇蛉科(Raphidiidae)和盲蛇蛉科(Inocelliidae)共 2 科 220 余种,多分布于亚热带和温带,我国已知现生种类 21 种,化石种类20 余种。

图 12-25　蛇蛉目昆虫代表西岳蛇蛉(*Augulla xiyue*)(仿周尧)

二十三、鞘翅目

　　英文名为 beetles 或 weevils,中文统称甲虫。该目是昆虫纲乃至整个动物界种类最多、分布最广的第一大目。全世界已知 35 万种以上,占全球已知昆虫总数的 35%,我国已知 1万余种。其中许多种类是农林业的重要害虫,一些种类具有很高的观赏价值。

　　(一)形态特征

　　1.成虫　体小至大型,体壁坚硬,前翅高度角质化,形成鞘翅,体形多样。

　　头部坚硬,口器咀嚼式,上颚发达,前口式或下口式;触角一般 11 节,有丝状、膝状、锯齿状、棍棒状、念珠状、锤状、鳃叶状、栉齿状等;复眼发达,但穴居或地下生活的种类复眼常退化或消失;很少种类有单眼,少数有 2 个背单眼或 1 个中单眼;有些类群的头部延伸成喙,口器着生于喙的前端,触角着生于喙的中部两侧。

　　胸部前胸背板发达,后缘直、突出或呈波形;前胸腹板在前足基节间向后延伸,当包围前足基节窝时,称前足基节窝闭式,相反即为前足基节窝开式。中胸背板仅露出小盾片,三角形、梯形、方形、圆形或心形;中胸腹板发达,当中足基节窝被中胸腹板包围而不与侧板相接时,称中足基节窝闭式,当它与侧板相接时称为中足基节窝开式。有 2 对翅,前翅鞘翅时,后翅膜翅;停息时,两鞘翅在体背中央相遇成一条直线,称鞘翅缝,后翅折叠于前翅下;部分种类只有 1 对前翅或无翅。胸足发达,特化形式多样,有步行足、开掘足、抱握足、捕捉足、跳跃足或游泳足;跗节 2～5 节,跗节式有 5 节类、伪 4 节类、异跗类、4 节类、伪 3 节类、3 节类和 2

节类。

5节类的跗节式是5-5-5;伪4节类或隐5节类的跗节实为5节,但第三节膨大呈双叶状,把短小的第4节隐藏其中;异跗类的跗节式是5-5-4;4节类的跗节式是4-4-4;伪3节类或隐4节类的跗节实为4节,第2节膨大呈双叶状,把短小的第3节隐藏其中;3节类的跗节式是3-3-3;2节类的跗节式是2-2-2。

腹部10节,但可见腹节只有5～8节,由于腹板常愈合或退化,可见第1腹板的形状是分亚目的重要特征。在肉食亚目(Adephaga)中,后足基节向后延伸,将第1腹板完全分隔开成2块;在多食亚目(Polyphaga)中,后足基节未能将第1腹板完全分开,第1腹板的后端相连。腹部最后1节背板称臀板,它露出鞘翅外或被鞘翅覆盖;雌虫腹部末端几节渐细,形成可伸缩的产卵器;无尾须。

2.幼虫　幼虫前口式或下口式,口器咀嚼式;单眼0～6对;多数有3对胸足,发达或退化;无腹足,属于步甲型、蛃型、蛴螬型、叩甲型、扁型或象虫型幼虫。

(二)生物学特征

完全变态,一生经过卵、幼虫、蛹、成虫等4个虫态。但芫菁、大花蚤等为复变态,其幼虫经历肉食甲型、蛴螬型和拟蛹3个阶段。一般每年1～4代,或数年1代。卵多为圆球形或椭圆形,产卵方式多样;幼虫通常3～5龄,多数为寡足型,少数为无足型;蛹多数为离蛹,少数为被蛹。多数种类为卵生,少数为胎生、卵胎生或幼体生殖。一般以成虫、蛹或幼虫越冬,少数以卵越冬。

栖境有水栖、半水栖和陆栖。食性有植食性、肉食性和腐食性,肉食性包括捕食性和寄生性,腐食性包括尸食性和粪食性。大多数甲虫是植食性,取食植物的根茎叶花果实,或者以真菌为食。部分肉食性,以捕猎其他昆虫或小型动物为生,或寄生于其他昆虫、蜘蛛或其他小动物活体内。部分为腐食性,以动植物制品、尸体、排泄物或储藏物为食。多数鞘翅目为多食性,部分寡食性,少数单食性。多数成虫具有强的趋光性,大部分种类有假死性,可以利用此习性来捕捉和防治此类昆虫。

(三)分类

鞘翅目分为4个亚目,原鞘亚目(Archostemata)、菌食亚目(Myxophaga)、肉食亚目(Adephaga)和多食亚目(Polyphaga)。肉食亚目和多食亚目与人类关系密切。全世界已知约160科36万种,我国已知约28300种。鞘翅目常见科简介如下。

1.原鞘亚目　体小至中型。触角丝状;前胸有或无背侧缝,静止时后翅端部卷成筒状,后翅具小纵室;后足基节不与后胸腹板愈合,可动,不把第1腹板完全分开;跗节5节。幼虫蛃型、蛴螬型、金针虫型或象虫型;上颚具臼齿区;足6节,爪1个。成虫和幼虫均为植食性,陆栖。

该亚目仅1总科——长扁甲总科(Cupedoidea),包括4科:眼甲科(Ommatidae)、克扁甲科(Crowsoniellidae)、长扁甲科(Cupedidae)和复变甲科(Micromalthidae),全世界已知不足30种。

2.菌食亚目　体小型,触角棒状;前胸具背侧缝;后翅具纵室,边缘有长缨毛;后足基节不与后胸腹板愈合,可动,不把第1腹板完全分开;跗节3节。幼虫近蛃型;腹板两侧有气管鳃;上颚具臼齿区;足5节;第9腹板背板有或无尾突。成虫和幼虫均为植食性,取食藻类。岸边半水栖。

该亚目仅 1 总科——球甲总科(Sphaerioidea),包括 4 科:球甲科(Sphaeriidae)、宽趾甲科(Torridincolidae)、单趾甲科(Lepiceridae)和水缨甲科(Hydroscaphidae),全世界已知约 50 种,我国记载种很少。

3.肉食亚目　体小至大型。触角多丝状;前胸有背侧缝;后翅具小纵室;后足基节固定在后胸腹板上,不可动,并把第 1 可见腹板完全分开;跗节 5 节;幼虫蛃型或步甲型;上颚无臼齿区;足 5 节;多数种类第 9 腹节背板有尾突。成虫和幼虫多数为肉食性,仅少数为植食性。陆栖或水栖。

(1)龙虱科(Dytiscidae):体小至大型,体椭圆形,扁平而光滑,背腹两面呈弧形拱出;头缩入前胸内,触角丝状,11 节;后足特化为游泳足,基节发达,左右相接;雄虫前足为抱握足,交配时用以抱握雌虫。幼虫口器捕吸式,前口式,上颚无齿;胸足具 2 爪;第 9 腹节上无气门鳃,腹末有尾突,代表种见图 12-26A。

水生,喜欢静水;肉食性,以水中的鱼卵、鱼苗、蝌蚪和昆虫为食;有趋光性。常见种类黄边厚龙虱(*Cybister limbatus* Fabr.)。

(2)步甲科(Carabidae):体小至大型,通常暗淡,少数鲜艳。前口式,触角 11 节;多数种类成虫后翅退化,左右鞘翅愈合,不能飞行,少数后翅发达,有较强的飞翔能力;后足转节叶状膨大。幼虫前口式,上颚有齿;第 5 腹节无逆钩,第 9 腹节有伪足状突起,代表种见图 12-26B。

多数种类生活于石头、断木、树皮、枯枝落叶下或废墟中,少数种类穴居。成虫喜欢在晚上活动,有趋光性。成幼虫均为捕食性,捕食各种昆虫,部分种类为植食性。通常在地面游走,行动敏捷,受惊扰时也很少飞行,故称步甲。步甲属(*Carabus*)昆虫与环境质量关系密切,在不少国家已被列为重点保护对象。在我国,拉步甲(*Carabus lafossei* Feisthamel)和硕步甲(*C. davidi* Deyrolle et Fairmaire)是国家二级重点保护野生动物。

(3)虎甲科(Cicindelidae):体中型,长圆柱形,常具金属光泽和鲜艳色斑。下口式,触角 11 节;鞘翅上无沟或刻点行,后翅发达,善于飞翔;足细长,胫节有距。幼虫第 5 腹节背面有突起的逆钩,腹末无尾突,代表种见图 12-26C。陆栖,多数种类成虫白天活动,行动敏捷,喜欢在田坎、河边捕食小昆虫,当人走近时,常向前短距离飞翔后停下,故称拦路虎。幼虫在砂地或泥土中挖洞穴,匿居其中,头塞在洞穴入口处,张开上颚,狩猎路过的小虫。常见种类中华虎甲(*Cicindela chinensis* De Geer)。

4.多食亚目　成虫体小至大型。触角类型多样;前胸无背侧缝;后翅无小纵室;后足基节不固定在后胸腹板上,可动,不把第 1 可见腹板完全分开;跗节有 5 节类、伪 4 节类、异趾类、4 节类、伪 3 节类和 3 节类。幼虫有蛃型、步甲型、蛴螬型、象甲型、叩甲型、扁型或象虫型;类型多样;上颚具臼齿区;足 4 节,无跗节,爪 1 个或无;多数第 9 腹节背板有尾突。成幼虫食性杂,有植食性、肉食性和腐食性。陆栖或水栖。

(4)水龟甲科(Hydrophilidae):体小至大型,似龙虱,但体背更隆起,腹面更扁平。触角短,6~9 节,棍棒状;中胸腹板常有 1 个中脊突;后足为游泳足,但不扁平,跗节 5 节。幼虫外形与龙虱幼虫相似,但胸足只有 1 个爪,触角 3~4 节,侧单眼 5~6 对,代表种见图 12-26D。

喜欢生活于水体或潮湿环境,有趋光性。成虫多数腐食性;幼虫多数肉食性,捕食水生动物,有些种类还为害水稻。常见种类长须水龟甲(*Hydrophilus acuminatus* Motschulsky)。

(5)埋葬甲科(Silphidae)：体小至中型，体扁卵圆形或较长，体壁较软，常具鲜艳色彩。触角棍棒状或锤状，10节；鞘翅短，端部平截或圆形；中足基节远离；跗节5节；腹部常露出腹末1~3节背板。幼虫下口式，触角短，1~5节；上唇明显骨化；腹部背板有侧缘。

腐食性，取食腐败尸体，个别种类为植食性或肉食性。常见种类四斑埋葬甲(*Nicrophorus quadripunctatus* Kraatz)。

(6)隐翅虫科(Staphylinidae)：鞘翅目第3大科。体小至中型，细长，两侧平行，黑色、褐色或色彩鲜艳。头前口式，触角丝状或稍呈棍棒状，9~11节；鞘翅常极短，末端平截，露出大部分腹节或至少2~3节；后翅发达或退化，折叠于鞘翅之下；跗节5节，代表种见图12-26E。陆栖。生活于砖头或枯枝落叶下，以腐败物为食，或取食花粉，或捕食其他昆虫和螨类。有些种类生活于蚂蚁、白蚁或鸟巢内，共栖。有些种类有毒，能引起皮肤病。行动活跃，行走时常将腹部末端翘起。常见种类青翅蚁形隐翅虫(*Paederus fuscipes* Curtis)捕食水稻害虫。

(7)锹甲科(Lucanidae)：体中至大型，长椭圆形或卵圆形，较扁平，坚硬，黑色或褐色，有光泽。头大，前口式；触角膝状，11节；前胸背板宽方形；鞘翅覆盖整个腹部；跗节5节。雌雄二型现象显著，雄虫上颚发达呈角状向前伸出，代表种见图12-26F，而雌雄上颚较短小。幼虫蛴螬型，下口式；触角约与头等长；肛门呈"一"或"V"字形。

幼虫腐食性，幼虫喜欢食朽木，在林地的地表或树头易被发现。成虫喜欢夜出，趋光性强。常见种类福运锹甲(*Lucanus fortunei* Saunders)。

(8)丽金龟科(Rutelidae)：体中至大型，卵圆形至椭圆形，粗壮，多色彩艳丽，具金属光泽；触角鳃叶状，10节；中胸小盾片可见；中足基节相互靠近，后足胫节有2枚端距，后足1对爪不等长；跗节5节；腹部3对气门位于侧膜上，部分位于腹板侧端，前后气门呈折线排列，代表种见图12-26G。幼虫蛴螬型，下口式；触角约与头等长；肛门呈"一"或"V"字形。

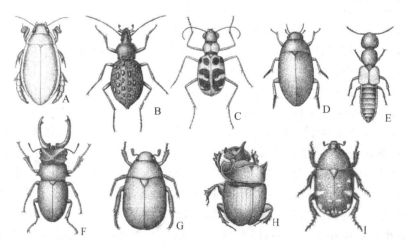

图12-26 鞘翅目的代表(一)(A.仿杨星科；余仿周尧)

A.龙虱科代表 黄边厚龙虱(*Cybister limbatus*)；B.步甲科代表 疱鞘步甲(*Carabus pustulifer*)；C.虎甲科代表 中华虎甲(*Cicindela chinensis*)；D.水龟甲科代表 大水龟甲(*Hydrous acuminatus*)；E.隐翅虫科代表 显隐翅甲(*Xantnorinus* sp.)；F.锹甲科代表 大锹甲(*Odontolabis siva*)；G.丽金龟科代表 铜绿丽金龟(*Anomala corpulenta*)；H.粪金龟科代表 神农洁蜣螂(*Catharsius molossus*)；I.花金龟科代表 小青花金龟(*Oxycetonia jucunda*(Faldermann))

主要为植食性,少数为腐食性。成虫为害植物的叶、花或果,趋光性强。幼虫取食植物根部。重要种类铜绿丽金龟(*Anomala corpulenta* Motschulsky)、日本弧丽金龟(*Popillia japonica* Newman)、中华弧丽金龟(*P. quadriguttata* Fabr.)等。

(9)粪金龟科(Geotrupidae):体小至大型,椭圆形至卵圆形,粗壮。头部铲形或多齿,前口式;触角鳃叶状,11节;前胸背板上有各式突起;前足开掘足,后足着生在身体的后部,中足左右远离;跗节5节;腹部气门全部被鞘翅覆盖;腹部臀板不外露,代表种见图12-26H。幼虫蛴螬型,下口式;触角约与头等长;肛门呈"一"或"V"字形。

腐食性,取食哺乳动物的粪便。成虫常夜间活动,趋光性强。成虫常在粪便底下垂直打洞,到一定深度后再打支洞;然后将粪滚成球,推藏于洞内土室里,再在粪球上产1粒卵,孵化出的幼虫即栖于其中,可以利用这种方法捕捉它。常见种类神农洁蜣螂(*Catharsius molossus*(L.))和戴锤角粪金龟(*Bolbotrypes davidis* Fairmaire)。

(10)花金龟科(Cetoniidae):体小至大型,多色彩艳丽,有花斑,部分具金属光泽,体背平坦;触角鳃叶状,10节;鞘翅外缘在肩后稍凹;中胸腹板有圆形突出物向前延伸;小盾片发达,三角形;足粗短,中足基节相互靠近,后足胫节有2枚端距,后足1对爪等长;跗节5节;腹部气门位于侧膜、部分位于腹板侧端,前后气门呈折线排列。有的种类雌雄二型明显,雄虫的唇基、头部、前胸背板有角状或其他形状的突起,前足胫节较细长。幼虫蛴螬型;下口式;触角约与头等长;肛门呈"一"或"V"字形。

成虫常为害花,取食花粉,故名花金龟。幼虫土栖,取食有机质,有时为害植物根部。常见种类白星花金龟(*Potosia brevitarsis* Lewis)、小青花金龟(*Oxycetonia jucunda*(Faldermann))等(图12-26I)。

(11)犀金龟科(Dynastidae):体大至特大型,粗短,背表面近圆形且明显拱起,雌雄二型现象明显,雄虫头面、前胸背板有强大的角突或其他突起或凹坑,雄虫则无突起或突起不显著;触角鳃叶状,10节;中胸小盾片可见;中足基节靠近,后足胫节有2枚端距,后足1对爪等长;跗节5节;腹部气门位于侧膜、部分位于腹板侧端,前后气门呈折线排列。幼虫蛴螬型;下口式;触角约与头等长;肛门呈"一"或"V"字形。

成虫植食性。幼虫多腐食性,部分植食性,为害植物的地下部分。濒危种类叉犀金龟(*Allomyrina davidis*(Deyrolle *et* Fairmaive))为国家二级重点保护野生动物。著名种类二疣犀甲(*Oryctes rhinoceros* L.)曾给南太平洋国家的椰子和棕榈生产带来严重损失。在20世纪80年代,利用无包涵体杆状病毒防治该虫取得了巨大成功。这是病毒治虫的一个著名例子。

(12)鳃金龟科(Melolonthidae):体小至大型,身体粗壮,椭圆形,多为棕色、褐色到黑色。触角鳃叶状,8~10节;中胸小盾片显著,鞘翅常有4条纵肋;前足开掘足,中足基节相互靠近,后足胫节有2枚端距,后足前跗节1对爪大小相似,均二分叉;跗节5节;腹板5节,腹末2节外露;气门多位于腹板侧端,腹部最后1对气门露出鞘翅边缘。幼虫蛴螬型;下口式;触角与头等长;肛门呈"一"或"V"字形。代表种见图12-27A。

植食性。成虫取食植物的叶、花、果,趋光性强。幼虫取食植物的根部,对牧草或草坪为害相当严重。通常2~3年完成1代。重要种类华北大黑鳃金龟(*Holotrichia oblita*(Feldermann))、暗黑鳃金龟(*H. parallela* Motschulsky)和棕色鳃金龟(*H. titanus* Reitter)是重要的地下害虫。

(13)臂金龟科(Euchiridae):体大型,长椭圆形,背面极隆起,具金绿色、墨绿色、金蓝色艳丽光泽,或黄褐色、栗褐色单一色泽。头部较小,从背面不可见;触角 10 节,末端 3 节鳃片状;前胸背板向两侧强度扩展,侧缘具密齿;中胸小盾片可见;前足强度延长,中足基节相互靠近,跗节 5 节。幼虫蛴螬型;下口式;触角约与头等长;肛门呈"一"或"V"字形。

此类群个体大,色彩鲜艳,数量稀少,属于珍稀种类。濒危种类彩臂金龟(*Cheirotonus gestroib* Pouillaud)和阳彩臂金龟(*C. jansoni* Jordan)属国家二级重点保护野生动物。

(14)吉丁甲科(Buprestidae):体中至大型,条形或舟形,常有铜色、绿色或黑色等金属光泽。头下口式,嵌入前胸;触角 11 节,多为锯齿状;前胸背板宽大于长,腹板突嵌在中胸腹板上;后胸腹板上具横缝;跗节 5 节;可见腹板 5 节。幼虫无足型,前胸扁平且极其膨大,背板成盾状,宽于头部和腹部。

植食性。成虫食叶、嫩枝和树皮,喜阳光,常栖息于向阳面的树枝间。幼虫蛀食茎干、枝条或根部。常见种类柑橘吉丁甲(*Agrilus auriventris* Saunders)(图 12-27B)和苹果吉丁甲(*A. mali* Matsumura)等为害果树。

(15)叩甲科(Elateridae):体中至大型,体狭长而平扁,两侧平行,褐色或黑色。触角 11~12 节,锯齿状、栉齿状或丝状;前胸背板后侧角突出成锐刺状;前胸腹板有一楔形突向后插入中胸腹板沟内,形成弹跳结构;跗节 5 节。幼虫金针虫型,表皮黄褐色且坚硬,统称金针虫,胸足短,4 节;腹部 10 节,有尾突。

植食性。成虫地上生活,成虫被捉时能不断叩头,企图逃跑,故名叩头甲。幼虫生活在土壤中,取食植物的根、块茎、幼苗和播下的种子,是农业的重要害虫,对操场、禾谷类、块茎、块根等危害极大。常见种类细胸叩头甲(*Agriotes fusicollis* Miwa)(图 12-27C)等。

(16)萤科(Lampyridae):体小至中型,长而扁,体壁与前翅较柔软;头小,隐藏在前胸的前胸背板之下;前口式;触角 9~11 节;跗节 5 节。该科成虫雌雄二型现象突出;雌虫常无翅,发光器在腹部第 7 节,触角丝状或栉齿状;雄虫有翅,前翅为软鞘翅,发光器在腹部第6~7 节,触角常为梳状。幼虫头小,前口式,单眼 1 对,触角 3 节,腹部 9 节,各节中央具中纵沟。代表种见图 12-27D。

捕食性。喜欢生活在水边或潮湿环境,夜间活动,成虫一般不取食,幼虫常捕食小昆虫、蜗牛、蛞蝓或蚯蚓等。许多种的卵、幼虫、蛹和成虫体内部含有荧光素,都能发光,以雌成虫发光能力最强。常见种类红胸萤(*Luciola lateralis* Motsch)、中华黄萤(*L. chinensis* L.)等。

(17)花萤科(Cantharidae):体小至中型,体壁和鞘翅与萤科昆虫一样较柔软,蓝色、黑色或黄色。触角 11 节,丝状或锯齿状;前胸背板多为方形,少数半圆或椭圆形,不盖住头部;跗节 5 节;腹部无发光器。雌雄二型现象不显著,代表种见图 12-27E。幼虫头约前胸等宽,上颚细尖,具槽,触角 3 节;腹部 10 节,无尾突。

肉食性。成虫常出现于花草上,故名花萤;幼虫出没于土壤、苔藓或树皮下;个别杂食性种类为害小麦、芹菜及部分葫芦科秧苗。常见种类黑斑黄背花萤(*Themus imperialis* (Gorham))和具条花萤(*Athemus suturellus* Motsch.)。

(18)瓢甲科(Coccinellidae):体小至中型,瓢形或长卵形,成半球形拱起,常有鲜艳色彩和斑纹。头小,紧嵌入前胸背板;触角棒状,端部 3 节膨大;鞘翅有翅缘折;跗节隐 4 节;第 1 腹板上有后基线,代表种见图 12-27F。

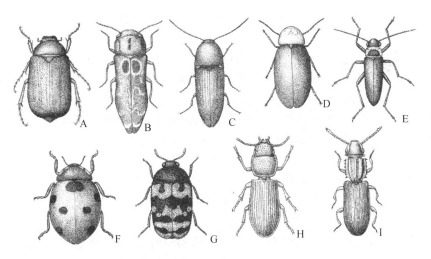

图 12-27　鞘翅目的代表（二）（E．G．仿彩万志；余仿周尧）

A.鳃金龟科代表 棕色鳃金龟（*Holotrichia titanus*）；B.吉丁甲科代表 柑橘吉丁甲（*Agrilus auriventris* Saunders）；C.叩甲科代表 细胸叩头甲（*Agriotes fusicollis* Miwa）；D.萤科代表 窗胸萤（*Pyrococelia analis*）；E．花萤科代表 黑斑黄背花萤（*Themus imperialis*）；F.瓢虫科代表 七星瓢虫（*Coccinella septempuctata*）；G.皮蠹科代表 花斑皮蠹（*Trogoderma persicum*）；H.谷盗科代表 大谷盗（*Tenebroides mauritanicus*（L.））；I.锯谷盗科代表 锯谷盗（*Oryzaephilus surinamensis*（L.））

该科约 80% 种类为肉食性，捕食蚜虫、粉虱、介壳虫和螨类等，在害虫生物防治中起着重要作用。如澳洲瓢虫（*Rodolia cardinalis* Mulsant）1888 年成功引入美国加州柑橘园控制吹绵蚧壳虫的为害，成为害虫生物防治经典的范例。约 20% 种类为植食性，为害多种植物，少数取食真菌。肉食性瓢虫成虫鞘翅表面光滑无毛，触角着生于复眼前，上颚具基齿；幼虫下口式，行动活泼，体上有软肉刺及瘤粒。植食性瓢虫成虫鞘翅上被细毛、无光泽，触角着生于复眼之间，上颚不具基齿；幼虫下口式，爬动缓慢，体背多具硬枝刺。有些种类有群集性。重要益虫种类七星瓢虫（*Coccinella septempuctata* L.）、异色瓢虫（*Harmonia axyridis*（Pallas））等；重要害虫有马铃薯瓢虫（*Henosepilachna vigintiomaculata*（Motsch.））、瓜茄瓢虫（*Epilachna admirabilis* Crotch.）等。

（19）皮蠹科（Dermestidae）：体小型，体卵圆形或长椭圆形，红色或黑褐色，被鳞片及细绒毛，鞘翅上常有斑纹。头下弯；触角 10～11 节，棍棒状；前胸背板背侧部具凹槽可纳入触角；多数种类有翅，少数无翅；前足基节窝开式，5 节；腹部可见 5 节。幼虫体多毛，毛羽状；头部具 3～6 对侧单眼，下口式；上颚具臼，触角短且 3 节，第 9 腹板端部具 1 对小突起，代表种见图 12-27G。

腐食性，主要为害储藏物和多种动植物制品，包括皮毛、毛织品、丝织品、地毯、标本、粮食等，以幼虫为害最为严重。有些种类是重要的检疫性害虫。重要种类谷斑皮蠹（*Trogoderma granarium* Everts）、黑斑皮蠹（*T. glabrum*（Herbst））、花斑皮蠹（*T. variabile* Ballion）、条斑皮蠹（*T. teukton* Beal）是重要检疫害虫。

（20）谷盗科（Trogossitidae）：体小型，体卵圆形或长椭圆形，褐色或黑色。前口式；部分缩入前胸；触角 10～11 节，棍棒状；前胸背板侧缘有边或具齿；鞘翅盖及腹末，被长毛；跗节 5 节；腹板可见 5～6 节。幼虫头大，胸部较腹部小，腹部第 9 背板分为二，具尾突。

多数为肉食性，部分为植食性，少数兼有肉食性和植食性。多栖于树皮下或仓储物内。

大谷盗(*Tenebroides mauritanicus*(L.))(图 12-27H)是常见的仓储害虫,但它也捕食其他仓储害虫。

(21)窃蠹科(Anobiidae):体小型,体椭圆形,覆盖半竖立毛,红色或黑褐色。头部被前胸背板覆盖,从背面不可见;触角 9～11 节,丝状或棍棒状,末端 3 节常明显延长或膨大;前胸背板帽形;鞘翅盖住腹部;前足基节球状,跗节 5 节;腹部可见 5 节。幼虫蛴螬型。

植食性或腐食性,生活于干木头或树枝堆内、树皮下,或植物干制品中。一些是重要的仓储害虫。常见种类烟草甲(*Lasioderma serricorne*(Fabr.))和药材甲(*Stegobium paniceum*(L.))。

(22)锯谷盗科(Silvanidae):体小型,细长,被绒毛;触角 11 节,棍棒状;前胸后端略窄,侧缘有边或锯齿状;鞘翅常覆盖腹部;前足基节窝闭式,跗节 5 节,爪简单;可见腹板 5 节。幼虫蛃型,扁平,细长,被绒毛,第 9 腹节很小,无尾突。

植食性。栖于树皮下、蛀木虫道内,或仓库、竹器等物品中,有些是重要的仓储害虫。常见种类锯谷盗 *Oryzaephilus surinamensis*(L.)(图 12-27I)是世界性仓储害虫。

(23)拟步甲科(Tenebrionidae):体小至大型,黑色或褐色,外形似步甲而得名拟步甲。头小,前口式;触角 10～11 节,丝状或棍棒状;鞘翅常在中部以后愈合,后翅退化;前足基节窝闭式;跗节 5-5-4 式,爪不分叉。幼虫细长,形似金针虫,但腹末无成对骨质突起和伪足,只有一个尾突;上颚具臼。

植食性,常生活于腐朽木、种子、谷类和其他制品中。多夜间活动,成虫具趋光性。在荒漠等干燥地区常成群出现为害作物,也是重要的仓储害虫。常见种类黄粉甲(*Tenebrio molitor* L.)已大量人工繁殖用作养殖鱼类、蝎子、蜈蚣等的饲料;重要害虫种类赤拟谷盗(*Tribolium castaneum* Herbst)和杂拟谷盗(*T. confusum* Jacquelin)(图 12-28A)是重要的仓储害虫。

(24)芫菁科(Meloidae):体中型,体壁和前翅较软,黑色、灰色或褐色。头下口式;触角 11 节,丝状或锯齿状;前翅软鞘翅,两鞘翅末端分离,不合拢;前足基节窝开式;跗节 5-5-4 式,爪裂为两叉,代表种见图 12-28B;可见腹板 6 节。

复变态。幼虫肉食性,寄生或捕食蝗虫卵或蜂巢内蜂卵和幼虫。成虫植食性,取食豆科或瓜类植物的嫩叶和花等,受惊时常从腿节端部分泌含有斑蝥素的液体,对皮肤有强烈的刺激作用,引起水泡。斑蝥素毒性很强,但对肿瘤有一定的抑制作用。药用种类大斑芫菁(*Mylabris phalerata*(Pallas))可治疗痈疽、溃疡或癣疮等。常见种类有豆芫菁(*Epicauta gorhami* Marsenl)、中华豆芫菁(*E. chinensis* Laport)、毛角豆芫菁(*E. hirticornis* Haag-Rutenberg)。

(25)天牛科(Cerambycidae):体中至大型,长圆筒形,背部略扁。触角 11 节,丝状,能向后伸,常长于体长或较体长短;前胸背板侧缘有侧刺突;鞘翅长,臀板不外露;跗节隐 5 节。代表种见图 12-28C。幼虫乳白色,长圆柱形;头部多缩入前胸内,前口式;胸足 2～4 对或退化;腹部第 6 或 7 腹节背面通常有肉质突起,有助于幼虫在坑道内爬行。

植食性,多夜间活动。成虫卵产于树皮缝隙,或以其上颚咬破植物表皮,产卵在组织内。幼虫蛀食树根、树干或树枝的木质部,隧道有孔通向外面,排出粪粒。许多种类为木材和树木的重要害虫,也有一些种类为害棉、麻等作物。重要种类有光肩星天牛(*Anoplophora glabripennis*(Motschulsky))和松褐天牛(*Monochamus alternatus* Hope),常见种类有橘褐天牛(*Nadezhdiella cantori*(Hope))。

　　(26)叶甲科(Chrysomelidae):体小至中型,椭圆形,常有鲜艳色彩和金属光泽,又称金花虫。触角9~11节,丝状或近似念珠状;跗节隐5节,代表种见图12-28D;某些种类后足特化成跳跃足。幼虫蛴螬型、蜗型或步甲型;体表上常有瘤突或毛丛;下口式;触角和足短;腹部第10节末端具1对刺突。

　　植食性,成虫食叶和花,故称叶甲。幼虫为害方式多样,有潜叶、食叶或取食根部的,其中包括许多重要的农林业害虫。重要检疫种类马铃薯甲虫(*Leptinotarsa decemlineata*(Say))严重危害马铃薯,且传播病害;椰心叶甲(*Brontispa longissima*(Gestro))为害棕榈科植物。常见种类黄守爪(*Aulacophora femoralis*(Motschulsky))和黄曲条跳甲(*Phyllotreta atriolatam*(Fabr.))为害蔬菜。

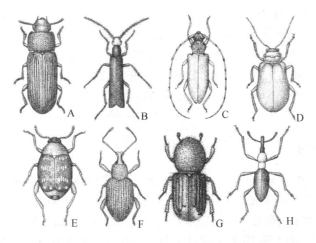

图 12-28　鞘翅目的代表(三)(B. G. 仿彩万志;余仿周尧)

A. 拟步甲科代表 杂拟谷盗(*Tribolium confusum*);B. 芫菁科代表 毛角豆芫菁(*Epicauta hirticornis*);C. 天牛科代表 橘褐天牛(*Nadezhdiella cantori*);D. 叶甲科代表 黄守爪(*Aulacophora femoralis*);E. 豆象科代表 豌豆象(*Bruchus pissorum*);F. 象甲科代表 棉尖象甲(*Phytoscaphus gossypii* Billberg);G. 小蠹科代表 六齿小蠹(*Ips acuminatus*);H. 三锥象科代表 甘薯小象甲(*Cylas formicarius elegantulus*)

　　(27)豆象科(Bruchidae):体小型,卵圆形,前端稍窄,灰色、褐色或黑色。头下口式,头向前伸形成短喙状;触角11节,锯齿状或棍棒状;鞘翅短,末端截形,腹末臀板外露;后足腿节常膨大,腹面有齿;跗节隐5节。幼虫象虫型,触角1节。代表种见图12-28E。

　　复变态。为害豆科植物种子。主要在嫩荚上产卵,幼虫孵化后进入豆粒,当豆子成熟入库时,幼虫还未成熟,继续在豆粒内为害,直至成虫羽化才从豆粒粒爬出。不少种类是检疫对象。重要种类有菜豆象(*Acanthoscelides obtectus*(Say))、灰豆象(*Callosobruchus phaseoli*(Chevrolata))、四纹豆象(*C. maculatus*(Fabr.))、巴西豆象(*Aabrotes subfasciatus*(Boheman))等是我国禁止进境的检疫性有害生物。

　　(28)象甲科(Curculionidae):体小至大型,体表常粗糙或有粉状分泌物。头部下伸成喙状,喙向下弯曲,或长或短,触角膝状,位于喙的中部;跗节伪5节。幼虫象虫型。

　　植食性,取食死树或活树,为害植物根、茎、叶、枝、果等。成虫行动迟缓,假死性强。幼虫体柔软,肥胖而弯曲,无足。一些种类是重要的检疫性害虫或仓储害虫。重要种类有稻水象甲(*Lissorhoptrus oryzophilus* Kuschel)、红棕象甲(*Rhynchophorus ferrugineus*(Oliv.))和剑麻象甲(*Scyphophorus acupunctatus* Gyllenhal)。常见种类米象(*Sitophilus oryzae*(L.))、谷象(*S. granaries*(L.))、玉米象(*S. Zeamais* Motsch.)等是重要的仓储害虫。危害大田作物的有棉尖象甲(*Phytoscaphus gossypii* Billberg)(图 12-28F)等。

(29)小蠹科(Scolytidae):体小至大型,褐色或黑色,被毛鳞。触角短膝状,端部 3～4 节成锤状;头部后半被前胸背板覆盖;鞘翅多短宽,两侧近平行,具刻点,前翅端部多具翅坡,周缘多具齿突,代表种见图 12-28G;足短粗,胫节扁,具齿列。幼虫象虫型。

植食性,主要蛀食死树的韧皮部或木质部,形成非常美丽的隧道图案,是一类非常重要的森林害虫。小蠹虫雌雄关系很特殊,常 1 雌 1 雄制或 1 雌多雄制共同生活,其行为备受昆虫行为学家的关注。重要种类落叶松小蠹(*Scolytus morawitzi* Semenov)、云杉小蠹(*S. sinopiceus* Tsai)和桃小蠹(*S. seulensis* Muray)。

(30)三锥象甲科(Brentidae):体小型,窄长;触角膝状,10 节,末节很长,喙长且直;鞘翅狭长,刻点行列明显;跗节伪 5 节,代表种见图 12-28H。幼虫象虫型。

成虫常为害植物茎叶和嫩芽,幼虫钻蛀为害植物的茎干或种子。常见种类甘薯小象甲(*Cylas formicarius elegantulus*(Summers))为重要的农业害虫,成虫和幼虫能在田间和仓库严重危害薯块。

二十四、捻翅目

英文名为 twisted-wing insects 或 stylopoide。中文统称捻翅虫,简称煽。

成虫体微型至中型。雄性成虫,个体较小,黑色或褐色;头向外突出,口器咀嚼式;触角常为栉状,无单眼;前中胸较小,后胸非常大;前翅棒翅,无翅脉,后翅宽大且扇状,有几条纵脉;足软弱,前中足没有转节,用于交配时抱住雌性昆虫,跗节 2～5 节;腹部 10 节,无尾须。雌性成虫体小至中型,头与胸愈合;触角、复眼、单眼和口器都退化;无翅、无足,一般呈蛆状;腹部长袋形,无产卵器。代表种见图 12-29。

初孵幼虫蚋型,有眼、胸足 3 对和尾突 1 对,但无触角和上颚,爬行迅速,到处寻找寄主。当它进入寄主体内后,蜕皮变成无足型幼虫。

图 12-29 捻翅目的代表拟蚤蝼(*Tridactyloxemos coniferus*)(仿杨集昆)

复变态。卵胎生,幼虫 5 龄,蛹本身是无颚裸蛹,但被末龄幼虫的蜕包裹,属围蛹。雄虫自由生活。雌虫寄生生活(原煽科(Mengenillidae)雌虫是营自由生活),陆栖,肉食性,内寄生;寄主均为昆虫,包括蜚蠊目、螳螂目、直翅目、膜翅目和半翅目,主要是蜂、蚁、叶蝉和飞虱等半翅目和膜翅目昆虫。被寄生的寄主虽然不会马上死亡,但一般不能生殖。全世界已知 8 科约 600 种,我国已知 27 种。

二十五、长翅目

英文名为 scorpion flies 或 hanging flies。中文统称为蝎蛉。

成虫体小型至中型,细长。头下口式,向前延长成喙,口器咀嚼式;触角丝状、多节,有翅型有单眼 3 个,无翅型无单眼;前胸小,中后胸发达,足多细长,适于捕捉,跗节 5 节;2 对翅膜质,狭长,大小、形状和脉序相似;腹部 10 节,尾须短小且不分节;雄虫外生殖器膨大呈球形,并似蝎尾状上举(图 12-30)。

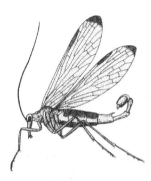

图 12-30 长翅目昆虫代表蝎蛉(*Panorpa* sp.)雄虫(仿周尧)

幼虫多数蠋型。头部骨化,口器咀嚼式,下口式;胸足短,胫节与跗节愈合,具单爪;腹部有 9 对足。小蝎蛉科(Nannochoristidae)幼虫的口器咀嚼式,前口式;胸足短,无腹足。拟蝎蛉科(Panorpodidae)和雪蝎蛉科(Boreidae)幼虫蛴螬型,口器咀嚼式,下口式。胸足短,无腹足。

全变态。卵圆形,单产或窝产于地表或土中。幼虫 4 龄,常以幼虫越冬,在土中化蛹。通常 1 年 2 代。多数陆栖,成幼虫生活于阴湿森林或峡谷等植被被茂密地区的土壤表面,小蝎蛉科幼虫水生。成虫杂食性,主要取食小昆虫,但也取食花蜜、花粉、花瓣、果实和苔藓作为补充食物。拟蝎蛉科主要取食死亡的软体昆虫;蚊蝎蛉科(Bittacidae)捕食各种节肢动物,主要是昆虫,它们可以从植物上或飞行中捕获猎物。幼虫多数肉食性,少数腐食性或植食性,主要捕食蝇类、蚊子、蚜虫和鳞翅目幼虫。全世界已知 9 科约 680 种,我国已知 220 多种。

二十六、双翅目

英文名为 mosquitoes、midges、horse flies、house flies 或 true flies。双翅目昆虫包括蚊、蝇、虻、蠓、蚋等种类。

(一)分类特征

1.成虫 成虫体微至大型。

(1)头部:口器刺吸式或舐吸式,下口式;部分种类口器退化;下唇须无;触角形状多样,长角亚目的触角一般 6~18 节,线状、羽状或环毛状,短角亚目触角 3 节,第 3 节末端常有一端刺或分几个亚节,环裂亚目触角第 3 节常膨大,并着生刚毛状的触角芒(图 12-31)。复眼发达,单眼 3 个,少数种类缺单眼。

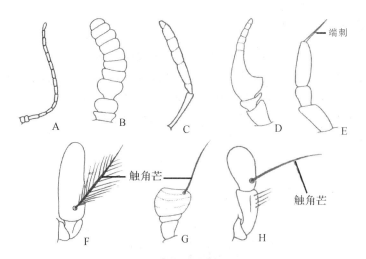

图 12-31　几种双翅目昆虫的触角（仿 Borror）

A. 一种蕈蚊(*Mycomya* sp.)；B. 一种毛蚊(*Bibio* sp.)；C. 一种水虻(*Stratiomys* sp.)；D. 一种牛虻(*Tabanus* sp.)；
E. 一种食虫虻(*Asilus* sp.)；F. 一种水虻(*Ptecticus* sp.)；G. 一种丽蝇(*Calliphora* sp.)；H. 一种寄蝇(*Epalpus* sp.)

（2）胸部：前胸和后胸小，中胸发达；前胸背板后侧部为肩胛(humeral calli)；中胸背板分前盾片、后盾片(postscutum)和小盾片；前盾片的外侧是背侧片(notopleura)；中胸侧板常分为中侧片（mesopleura）、腹侧片（sternopleura）、翅侧片（pteropleura）和下侧片(hypopleura)；有瓣类(Calyptratae)头部和胸部的鬃毛常有固定位置和排列，并给予特定的名称，称鬃序(chaetotaxy)；前翅是膜翅，后翅为棒翅；有瓣类前翅内缘近基部有一个翅瓣(alua)，在翅的最基部、翅瓣的内侧有 1～2 个腋瓣(calypters)，靠近翅瓣的称下腋瓣，另一个称上腋瓣；部分蝇类前缘脉有 1～2 个骨化弱或不骨化的点，使该脉看似被折断，这样的点称缘脉折(costal breaks,cbr)，它可能出现在靠近 Sc 脉或 R_1 脉末端或 h 脉附近（图 12-32）；跗节 5 节；前跗节包括 1 对爪和爪垫，有的还有 1 个爪间突，爪间突刚毛状或垫状。

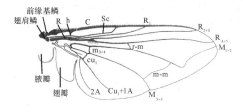

图 12-32　双翅目（蝇类）前翅的脉序（仿范滋德）

（3）腹部：分节明显，可见 4～5 节，侧膜发达；雌虫第 6～8 腹节常缩入体内，能伸展，形成产卵管，无特化的产卵瓣；无尾须。

2.幼虫　无足型，分显头、半头和无头无足型；口器咀嚼式；气门主要有两端气门式、后气门式或无气门式，很少有前气门式；两端气门式幼虫以胸部 1 对气门和腹末 1～2 对气门进行呼吸，后气门式的仅腹部最后 1 对气门有呼吸功能，无气门式的无气门，以体表或气管鳃进行气体交换，前气门式的仅胸部气门有呼吸功能。

（二）生物学特性

完全变态，但少数种类复变态。卵通常长卵形；幼虫无足，蚊类幼虫4龄，虻类5～8龄，蝇类3龄；常化蛹于水底或土壤中，蛹多数是无颚被蛹或围蛹，少数离蛹；成虫羽化时从蛹背面呈"T"字形纵裂或由蛹前端呈环形裂开，成虫寿命从几小时到几个月；通常1年多代，少数几年才完成1代。绝大多数两性繁殖，一般卵生，部分胎生，少数孤雌生殖。发育快，繁殖力强，甚至很惊人。

成虫陆栖，常白天活动。主要取食液体食物，如花蜜和其他植物渗出液，或者经常取食腐烂的有机物。幼虫喜欢潮湿环境，有陆栖和水栖，有植食性、腐食性和肉食性。幼虫生活习性差异很大。许多种类取食腐败的有机质，包括各种腐烂动植物残体或粪便，在降解有机质中起着重要作用；有些为捕食性，如食蚜蝇取食蚜虫；有些为寄生性，如寄蝇寄生在其他昆虫体内，是重要的寄生性天敌；有些取食脊椎动物的血液，引起人类和动物疾病；少数为植食性，如瘿蚊、实蝇、潜蝇等蛀食根、茎、叶、花、果实、种子或引起虫囊，是重要的农林害虫。

（三）分类

双翅目分为3个亚目，长角亚目（Nematocera）、短角亚目（Brachycera）和环裂亚目（Cyclorrhapha）。全世界已知120科15万余种，中国已知约15600余种。常见科简介如下。

1. 长角亚目　成虫体小至大型，多细长；触角细长，呈丝状、羽状或环毛状，一般6节以上；口器刺吸式，下颚须3～5节；足细长。幼虫显头无足型；上颚发达；该亚目昆虫通称蚊、蠓和蚋。

（1）大蚊科（Tipulidae）：成虫小至大型，细长，灰褐色至黑色或黄色具黑斑；头端部延伸成喙状，但喙长度变化大；口器位于喙的末端，较短小，下颚须一般4节；复眼明显分离，无单眼；触角多丝状；前胸背板较发达，中胸盾沟常呈"V"字形；足细长；翅狭长，基部较窄，Sc端部与R_1连接，Rs脉3条，A脉2～3条；腹部长。幼虫长筒形，11节，半头型，表皮粗糙，腹末有4～6个指状突。代表种见图12-33A。

成虫喜欢阴湿环境，飞行一般较缓慢，基本不取食或仅食花蜜。幼虫陆生、水生或半水生。多数种类为腐食性，部分种类为植食性，也有捕食性。常见种类稻根蛆（*Tipula praepotens* Wiedemann）、稻大蚊（*T. aino* Alexander）等。

（2）蚊科（Culicidae）：成虫体小至中型，成体和翅脉上被有鳞片；触角环毛状，雄虫触角毛长又密，雌虫触角毛短又疏；无单眼；翅狭长，顶角圆，有缘毛，Rs脉3分支，M脉2分支。幼虫胸部3节愈合，膨大；第8腹节有圆筒形的呼吸管，第9腹节有4个向后突出的肛鳃及一丛扇状毛刷。代表种见图12-33B。

成虫陆栖，多夜间和黄昏活动，雄蚊食花蜜或植物汁液，雌蚊吸食动物血液。有些种类能传播疟疾、流行性脑炎和黄热病等。卵产于水面或水体附近。幼虫水栖，取食藻类、有机质，少数捕食其他蚊子幼虫。蛹水栖。该科有许多重要的卫生害虫。重要种类中华按蚊（*Anopheles sinensis* Wiedemann）、埃及伊蚊（*Aedes aegypti*（L.））、淡色库蚊（*Culex pipiens pallens* Coquillett）等。

（3）瘿蚊科（Cecidomyiidae）：成虫体小型，足细长；触角长，念珠状，雄虫触角上具环状毛；无单眼；翅脉退化，仅3～5条纵脉，Rs脉不分支，横脉不明显。代表种见图12-33C；足胫节无距。幼虫纺锤形，头小且不发达；老熟幼虫前胸腹板上常有"Y"字形或"T"字形胸骨片，许多幼虫色彩鲜艳，多为红色、橘黄色、粉红色或黄色。

成虫喜欢早晚活动。许多种类取食植物,少数取食腐败的有机质,个别种类捕食蚜虫、介壳虫和其他小虫。植食性幼虫可为害植物的各个部位,常形成虫瘿。重要种类黑森瘿蚊(*Mayetiola destructor* (Say))是重要的植物检疫对象;常见种类麦红吸浆虫(*Sitodiplosis mosellana* (Gehin))和麦黄吸浆虫(*Contarinia tritici* (Kirby))是我国重要的小麦害虫。

(4)摇蚊科(Chironomidae):成虫体小至中型,口器退化;雌蚊触角丝状,有短毛,雄蚊触角环毛状;无单眼;中胸后盾片有一纵沟;翅狭长,无鳞片,C 脉止于翅顶角附近,M 脉 2 分支;前足最长,休息时常向上举起,并不停摇摆。幼虫体细长;部分种类血液中含有血红蛋白而呈红色,故称红丝虫;前胸与第 9 腹节各有 1 对伪足;肛门周围通常有 2 对气管鳃。

成虫羽化后常有婚飞的习性,多数不取食,常在傍晚结群在水体附近飞舞,趋光性很强。多数幼虫水栖,生活于由唾腺分泌物黏附砂粒或植物碎屑等构成的巢筒内;少数陆栖,生活于有机质丰富的阴湿环境中。水栖种类幼虫常扭动身体来游泳。常见种类羽摇蚊(*Chironomus plumosus* (L.))和稻摇蚊(*C. oryzae* Matsumura)。

(5)蚋科(Simuliidae):成虫体小型,体短粗,通常黑色;复眼大,无单眼;触角短粗,9～11 节,多具下垂的短喙,适于刺吸血液;中胸特别发达,背面常隆起如驼背;翅宽阔,膜翅透明,无色斑和鳞片,C 脉、Sc 脉、R 脉特别粗壮,其上着生有毛或刺;足短粗,跗节 5 节,跗节末端有 1 对爪;腹部 9 节,第 1 腹节背板形成脊片,末缘具长缨毛;其余腹节背板小,腹板退化。卵呈圆三角形,成鳞片状或堆状排列。幼虫形状较特殊,中间细,后端明显膨大,前方多具 1 对放射状排列的刚毛,躯干多带灰白色、部分种类颜色较深,胸部腹面具一伪足。

幼虫以前胸足和尾吸盘交替附着在物体上进行活动,幼虫一生共蜕皮 5～6 次;蛹为半裸茧型;成虫飞行力强,白天活动。成虫在晚春和夏季常大量出现在山区、林区、森林草原等有泉水、溪流或河流的地方。雄蚋不吸血,交配后大量出现在人畜周边,侵袭人畜。雌蚋产卵在山泉、溪流、河水及路旁清洁流水沟内的水草、树枝、叶片或石块上。常见种类有斑大蚋(*Titanopteryx maculata* Meigen)、亮胸吉蚋(*Gnus jacuticum* Rubstsov)、褐足维蚋(*Wilhelmia turgaica* Rubz.)、巨特蚋(*Tetisimulium alajensis* Rubz.)等。

(6)蠓科(Ceratopogouidae):成虫体小型,褐色或黑色,头部近球形;喙短;触角丝状,13～15 节;翅短宽,翅面上常具暗斑,M 脉分叉;后翅平衡棒;腹部 10 节;停息时两翅常上下叠放。蛹为裸蛹,分头、胸、腹 3 部,体前方背面有 1 对呼吸管。幼虫呈蠕虫状,上颚和咽发达,在水中做螺旋运动,体壁呼吸。卵呈长纺锤形。

吸血库蠓类多在日出前和日落后出来活动,大量活动时形成群飞,雌雄交配后,雌虫必须吸血才能使卵发育成熟。卵多产于富有有机质的潮湿土壤、水塘、树洞、水洼等处。成虫寿命约 1 个多月,每年发生 1～4 代不等。蠓类成虫平时隐蔽洞穴、杂草等避光和无风的场所,下雨时不活动。有吸血习性的蠓侵袭人畜,传播疾病,作为病原体的宿主,是一类重要的医学昆虫。蠓类吸血可引起皮肤红肿,奇痒难忍,搔破之后可因感染而形成大片溃疡。常见种类为库蠓(*Ceratopogon punctatus* Meigen)。

2.短角亚目　成虫体粗壮;触角 3 节,短于胸部,第 3 节延长,或分亚节,或具 1 端刺;R 脉一般 4 分支。幼虫半头无足型;上颚上下垂直活动;蛹为离蛹,但水虻科是围蛹。成虫羽化时,蛹壳呈"T"形裂开。该亚目昆虫通称虻类。

(7)虻科(Tabanidae):成虫体中至大型,粗壮,头半球形;触角 3 节牛角状,鞭节端部分 3～7 个小环节;中胸发达;翅多膜质,透明,部分种类翅上具斑纹,前翅 C 脉伸达翅的顶角,具长六边形中室,R$_{4+5}$脉端部分叉,分别伸达翅顶角前后方;静止时呈屋脊状或平覆于腹背;爪间突垫状。幼虫纺锤形,各节有轮环状隆起,腹末具呼吸管。

成虫喜水边,飞翔能力强。雄虫只吸取植物汁液,雌虫则可吸食人畜血液,为一些动物和人畜共患病的传播媒介。幼虫生活于湿土中,多为肉食性,虫期较长。常见种类牛虻(*Tabanus amaenus* Walker)(图 12-33D)、华虻(*T. mandarinus* Schiner)。

(8)食虫虻科(Asilidae):也称盗虻科。体中至大型,粗壮,多毛和鬃;复眼分开,较大,头顶明显凹陷;触角柄节和梗节多具毛,鞭节端部多由 1～3 节形成端刺;胸部粗,足粗长;腹部细长,略呈锥状;翅狭长,代表种见图 12-33E;爪间突刺状。

成虫捕食能力很强,喜阳光,常静止在地面或活植物上,伺机攻击各种昆虫。幼虫捕食性,生活于土中或朽木中。常见类型中华盗虻(*Cophinopoda chinensis* Fabr.)和长足食虫虻(*Dasypogon aponicum* Bigot)。

(9)蜂虻科(Bombyliidae):成虫体中至大型,粗壮,多毛,形似蜜蜂;头部半球形或近球形;喙细长;触角鞭节分 1～4 亚节,有端刺或无;雄虫复眼多为接眼,雌虫为离眼;翅上有斑纹,腋瓣发达;足细长,爪间突刚毛状或无。老龄幼虫体白色,较肥胖,呈 C 形。

成虫喜光,常见于花上,飞行迅速,能在空中停留。幼虫肉食性,捕食性或寄生于鳞翅目幼虫、蛴螬、膜翅目幼虫、蝗虫卵等。常见种类大蜂虻(*Bymbylius major* L.)(图 12-33F)。

(10)水虻科(Stratiomyidae):成虫体小至大型,稍扁,头较宽;触角鞭节分 5～8 亚节,有时末端有 1 端刺;雄虫复眼多为接眼,雌虫为离眼;中胸小盾片有时有 1～4 对刺突;前翅 C脉止于 R$_{4+5}$脉,不伸达翅顶角;M$_2$脉存在;臀室近翅缘关闭;足一般无距,爪间突垫状。幼虫背腹较扁平,陆生幼虫身体末端钝圆,水生幼虫末端尖细,肛门前缘无齿突。

成虫有访花习性,喜欢在水边或潮湿地区的植物上活动。多数幼虫腐食性,少数幼虫植食性或肉食性。常见种类有金黄指突水虻(*Ptecticus aurifer*(Walker))。

(三)环裂亚目

成虫体粗壮;触角 3 节,短于胸部,第 3 节具触角芒;口器舐吸式;下颚须 1～2 节。幼虫无头无足型;上颚上下垂直活动。蛹为离蛹。成虫羽化时,由蛹顶端呈环形裂开。该亚目昆虫通称蝇类。

(11)食蚜蝇科(Syrphidae):成虫体中至大型,形似蜂,腹部常有黄黑相间的斑纹;头部无额囊缝;单眼 3 个;中胸盾横沟不明显;前翅无下腋瓣;C脉在 Sc脉端处有 1 个缘脉折;Sc脉端部退化或缺;Cu脉中部略弯折;无小臀室。幼虫体短,前气门位于两侧,小而长。

幼虫多为植食性,常蛀食禾本科植物茎干;少数种类肉食性,捕食半翅目昆虫。常见种类黑带食蚜蝇(*Episyrphus balteata*(De Geer))(图 12-33G)、稻秆蝇(*Chlorops oryzae* Matsumura)、麦秆蝇(*Meromyza saltatrix*(L.))等。

(12)潜蝇科(Agromyzidae):成虫体微小型,黑色或黄色;头部有额囊缝,有鬃,后头鬃分歧;具单眼;触角芒光裸或具毛;前翅无下腋瓣,C脉在 Sc脉端部有一折断,Sc脉末端变弱,或在伸达 C脉之前与 R$_1$脉合并;臀室小;雌虫第 7 腹节长且骨化,不能伸缩。幼虫体侧有很多微小色点;前气门 1 对,着生在前胸近背中线处,互相接近。代表种见图 12-33H。

成虫趋光性强。多数幼虫潜叶为害木本和草本植物,受害叶片的叶肉被食尽,仅留下表皮而成各种形状的蛀道;部分种类蛀茎或取食种子。寄主专一性较强。重要种类美洲斑潜蝇(*Liriomyza sativae* Blanchard)是重要的检疫性害虫。常见种类豆秆蝇(*Agromyza* phaseoli Coquillett)、豆秆黑潜蝇(*Melanagromyza sofae*(Zehut))、豌豆潜叶蝇(*Phytomyza atricornis* Meigen)等。

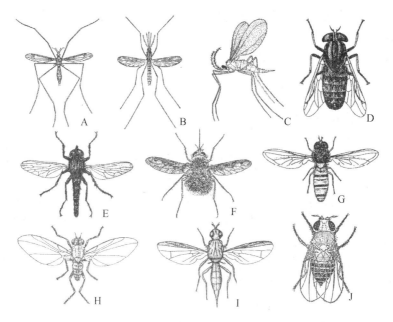

图 12-33 双翅目昆虫的代表(A. 仿高桥;B. 仿李凤荪;余仿周尧)

A. 大蚊科的代表 稻根蛆(*Tipula praepotens*);B. 蚊科的代表 中华按蚊(*Anopheles sinensis*);C. 瘿蚊科的代表 麦红吸浆虫(*Sitodiplosis mosellana*);D. 虻科的代表 牛虻(*Tabanus bivitatus* Matsum);E. 食虫虻科的代表 盗虻(*Antipalus* sp.);F. 蜂虻科的代表 大蜂虻(*Bymbylius major* L.);G. 食蚜蝇科的代表 黑带食蚜蝇(*Episyrphus balteata*(De Geer));H. 潜蝇科的代表 豌豆潜叶蝇(*Phytomyza atricornis*);I. 实蝇科的代表 柑橘大实蝇(*Tetradacus citri*);J. 果蝇科的代表 黑腹果蝇(*Drosophila melanogaster* Meigen)

(13)实蝇科(Tephritidae):成虫体小至中型,色彩鲜艳,翅上有特殊的斑或带纹;头部有额囊缝;前翅无下腋瓣,C 脉有 2 个缘脉折,Sc 脉端部呈直角折向前缘,然后逐渐消失,R 脉 3 分支,M 脉 2 分支;臀室末端成锐角状突出。幼虫蛆形,白色至黄色,长圆筒形,后气门周围无固化的气门板。代表种见图 12-33I。

成虫常见于花、果实或叶间。成虫产卵于果实内或花芽中。幼虫植食性,潜食茎、叶、花托、花或蛀食果实与种子,是坚果类、柑橘类、蔬菜类和菊科等植物的重要害虫。重要种类地中海实蝇(*Ceratitis capitata*(Wiedemann))、苹果实蝇(*Rhagolelis pomonella*(Walsh))、柑橘小实蝇(*Bactrocera dorsalis*(Hendel))、蜜柑大实蝇(*Tetradacus tsuneonis* Miyake)等是我国重要的检疫对象。

(14)果蝇科(Drosophilidae):成虫体小型,黄色;头部有额囊缝,后顶鬃会合,具额框鬃;触角芒羽状;中胸背板有 2~10 列刚毛;前翅无下腋瓣,C 脉在 h 和 R₁ 脉处 2 次折断,Sc 脉退化,臀室小而完整;腹部短。幼虫每节有一圈小钩刺。

多数种类腐食性,成虫和幼虫喜欢在腐败发酵味的果实或植物上生活;部分植食性,以真菌为食;少数为肉食性,捕食粉虱或介壳虫。成虫产卵于腐败果实或植物上。繁殖快,生活史短,易于人工饲养。常见种类黑腹果蝇(*Drosophila melanogaster* Meigen)(图 12-33J)是遗传研究的常用材料。

(15)秆蝇科(Chloropidae)：成虫体微小型，暗色或黄、绿色，具斑纹；头稍突出，呈三角形，单眼三角区很大，头部有额囊缝，髭退化或消失；触角芒状或羽状；中胸盾横沟不明显；前翅无下腋瓣，C脉仅在Sc脉末端折断，Sc脉退化或缺，末端不折转，M脉分2支，第3基室与中室愈合，Cu脉中部略弯曲，无臀室。幼虫体短；前气门位于两侧，小而长。

幼虫多为植食性，常蛀食禾本科植物茎，有些是禾谷类重要害虫。少数种类为寄生性或捕食性。常见种类麦秆蝇(*Meromyza saltotrix* L.)(图12-34A)、稻秆蝇(*Chlorops orzyzae* Matsumura)等。

(16)丽蝇科(Calliphoridae)：成虫体中至大型，常有蓝或绿金属光泽；头部有额囊缝；触角芒长羽状；背侧髭2根；前翅有下腋瓣，M_{1+2}脉呈直角状向前弯折。幼虫体12节，第8～10节有乳状突；前气门有指状突约10个；后气门椭圆形，有3个纵裂的气门口(图12-34B)。

多数为腐食性。成虫常污染食物，传播伤寒、疟疾等传染病；幼虫生活于动物尸体、腐肉或粪便中。少数为肉食性，寄生蜗牛、蚯蚓或蛙类。常见种类红头丽蝇(*Calliphora vicina* Robineall-Desvoidy)、亮绿蝇(*Lucilia illustri* (Meigen))、大头金蝇(*Chrysomya megacephala* (Fabr.))等。

(17)麻蝇科(Sarcophagidae)：与丽蝇极其类似。成虫体中至大型，一般灰色，多毛和髭，胸部背面具灰色纵条纹，无金属光泽；头部有额囊缝；触角芒裸或仅基半部羽毛状；背侧髭4根；前翅有下腋瓣，M_{1+2}脉呈直角状向前弯折。幼虫体12节，体上有许多肉质突起，后气门椭圆形，陷入很深，上有3个气门孔口。

多数卵胎生。几乎全为蛆生型，雌蝇产蛆，多数种类的幼虫食腐败的动植物或粪便，或从伤口侵入体内，引起人畜蝇蛆病，少数种类寄生蜗牛或蚯蚓。常见种类有麻蝇(*Sarcophaga naemorrhoidalis* Fallén)、肥须亚麻蝇(*Parasarcophaga crassipalpis* (Macq.))(图12-34C)等。

(18)寄蝇科(Tachinidae)：成虫体小至中型，多髭毛，有斑纹；头部有额囊缝；触角芒多光裸；中胸后小盾片显著，呈椭圆形突出；下侧髭和翅侧髭发达；前翅有下腋瓣，M_{1+2}脉呈直角状向前弯折；腹部各腹板突出被背板盖住，腹部有许多粗大的髭。幼虫蛆形，分节明显，前气门小，后气门大。

成虫活泼，白天活动。产卵于寄主体内外或寄主取食的植物上。幼虫肉食性，寄主专一性强，是一类重要的天敌，一些种类已应用于害虫生物防治。重要种类松毛虫狭颊寄蝇(*Carcelia matsukarehae* Shima)、日本追寄蝇(*Exorista japonica* Townsend)、黏虫缺须寄蝇(*Cuphocera varia* Fabr.)(图12-34D)等。

(19)蝇科(Muscidae)：成虫体小至大型，粗壮，灰黑色，髭毛少，多灰黑色或具黑色纵条纹；头部有额囊缝；喙肉质，唇瓣发达；触角芒羽状；小盾片的端侧面无细毛；下侧片髭不成行，腹侧片髭1根在前、2根在后；前翅有下腋瓣，M_{1+2}脉端部向前弯曲；Cu_2+2A脉不达到翅缘。幼虫腹面有伪足状突起，前气门有12～14个指状突，后气门1对，半圆形，每气门有3个裂口呈放射状排列。

成虫和幼虫多取食人畜粪便、食物及腐烂的有机物，成虫边吃边吐边排粪，其"吐滴"和粪便可携带病原体而污染食物，许多是重要的卫生害虫。最常见的家蝇(*Musca domestica* L.)(图12-34E)能传播霍乱、伤寒、痢疾等50余种疾病，幼虫生活在粪便或腐烂有机物上。

(20)花蝇科(Anthomyiidae)：与蝇科很类似。成虫体小至大型，色暗，细长，多毛；头部有额囊缝;触角芒裸或有毛;中胸背板被盾间横沟分为前后 2 块;小盾片的端侧面有细毛;下侧片无鬃列,腹侧片鬃 2～4 根;M$_{1+2}$ 脉不向前弯曲,达到后缘;Cu$_2$＋2A 脉达到翅的后缘;可见腹节 4～5 节。幼虫腹部各节有 6～7 个突起,且多呈羽状,后气门裂缝口呈放射形。

成虫多见于花草间,故名花蝇。幼虫通称为地蛆或根蛆,危害植物根、茎、叶或发芽的种子,造成烂种、死苗。少数种类取食腐败的动植物和粪便,常见种类有灰地种蝇(*Delia platura*(Meigen))(图 12-34F)、萝卜地种蝇(*D. floralis*(Fallén))等。

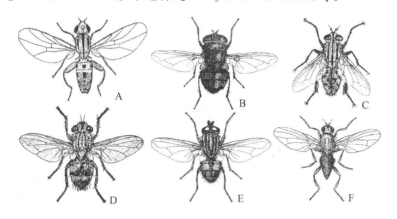

图 12-34 双翅目的代表(二)(A. F. 仿周尧;B. C. E. 仿范滋德;D. 仿赵建铭)

A. 秆蝇科的代表 麦秆蝇(*Meromyza saltotrix*);B. 丽蝇科的代表 大头金蝇(*Chrysomya megacephala*);C. 麻蝇科的代表 肥须亚麻蝇(*Parasarcophaga crassipalpis*(Macq.));D. 寄蝇科的代表 黏虫缺须寄蝇(*Cuphocera varia* Fabr.);E. 蝇科的代表 家蝇(*Musca domestica* L.);F. 花蝇科的代表 灰地种蝇(*Delia platura*(Meigen))

(21)头蝇科(Pipunculidae):成虫体小型,黑色,头红色;头大,呈球形或半球形,无额囊缝;前翅 R 脉与 M 脉间无游离的伪脉,臀室在近翅缘处关闭;第 2 基室与中室几乎等长。幼虫小,分节不明显。

成虫常活动于花草间,飞翔力强。幼虫寄生于叶蝉、飞虱、沫蝉等半翅目若虫体内。常见种类黑尾叶蝉头蝇(*Tomosvaryella oryzaetora*(Koizumi))等。

(22)甲蝇科(Celyphidae):外形似甲虫,成虫体小型,常具金属光泽;头部有额囊缝;触角芒基部粗或扁平,呈叶状;小盾片发达,一般长于中胸,并隆突成半球形或卵形,常遮盖整个腹部;前翅无下腋瓣;前翅静止时折叠在小盾片下,C 脉完整;腹部骨化强,且极弯曲。

成虫常出现于山洞旁茂密植被上。幼虫腐食性,取食腐败植物。常见种类有奇突甲蝇(*Celyphus mirabilis* Yang *et* Liu)、铜绿狭须甲蝇(*Spaniocelyphus cupreus* Yang *et* Liu)等。

(23)突眼蝇科(Diopsidae):成虫体小型,黑褐色或红褐色;头部有额囊缝;头部两侧延伸成长柄,复眼位于柄端,触角着生在柄的前缘;中胸背板有 2～3 对刺突;前翅翅面常具褐斑,无下腋瓣;C 脉无缘脉折;前足腿节膨大;腹部端部膨大,似球状或棒状。

成虫常见于山洞两旁的草本植物上,幼虫腐食性或植食性。常见种类有凹曲突眼蝇(*Cyrtodiopsis concava* Yang *et* Chen)、中国突眼蝇(*Diopsis chinica* Yang *et* Chen)等。

二十七、蚤目

英文名为 fleas。中文俗称跳蚤,简称蚤。

成虫体微型至小型,褐色或黑色,侧扁。触角短,隐藏在触角沟内;刺吸式口器;无翅,身体扁平;跳跃足,基节大,跗节 5 节;腹部 10 节;尾须短,1 节。代表种见图 12-35。幼虫无足型,蛹为离蛹,包围在茧内,是重要的卫生害虫。全世界已知 16 科约 2050 种,我国已知 700 余种(亚种)。

图 12-35　蚤目昆虫代表人蚤(*Pulex irritans*)(仿周尧)

二十八、毛翅目

英文名为 caddisflies 或 caddisworms。中文将成虫统称石蛾,幼虫统称石蚕。

成虫体小至中型,头下口式,口器咀嚼式,但没有咀嚼能力;触角长丝状,单眼有或无;前胸小,中胸发达;翅膜质,被细毛,前翅狭长,后翅阔,静止时呈屋脊状;跗节 5 节;腹部 10 节,常无尾须(图 12-36)。

幼虫蛃型,头部骨化;口器咀嚼式,前或下口式,上颚发达;触角钉状;前胸背板骨化程度较中后胸高;胸足 5 节,爪 1 对;腹部膜质,10 节,常多数甚至全部腹节都有气管鳃,气管鳃可位于腹部的背面、侧面或腹面;腹末有 1 对臀足,其末端具臀钩。

全变态。成虫陆栖,不取食或仅吸食花蜜或露水,多见于幼虫栖息的水域附近,白天隐蔽在草丛或湿度较大的灌木丛中,黄昏或夜间活动,趋光性强。幼虫水栖,5～7 龄,常筑巢或结网生活于清凉洁净的水中石头上,有肉食性、植食性和腐食性。化蛹前,幼虫吐丝结茧,筑巢者先封巢后做茧。蛹是具颚离蛹,包裹于茧内,附于石头上;发育成熟后,借上颚破茧,并爬到水面的石头或枝条上羽化。通常 1 年 1 代,部分 1 年 2 代或 2～3 年 1 代。

全世界已知 45 科约 12800 种,我国已知约 1100 种。

图 12-36　毛翅目昆虫代表　一种石蛾(*Stenopsyche* sp.)(仿周尧)

二十九、鳞翅目

英文名为 butterflies 或 moths,中文俗称蛾或蝶,是昆虫纲中的第 2 大目。全世界已知 20 万多种,我国已知约 8000 种。

(一)分类特征

1.成虫　体微型至巨型,颜色变化很大。

(1)头部:常有毛隆;口器多为虹吸式;下口式;触角,蝶类为棍棒状,蛾类丝状、锯齿状或双栉状等;单眼,蝶类无,蛾类有 2 个;下唇须发达。

(2)胸部:3 节愈合,中胸最发达;翅膜质,翅面上常有由鳞片组成的各色斑纹,并给予特定的名称,如亚基线(subbasal fascia)、内横线(antemedian fascia)、中横线(median fascia)、外横线(postmedian fascia)、亚缘线(subterminal fascia)、外缘线(terminal fascia)、基斑(basal patch)、基纹(basal streak)、楔形斑(claviform stigma)、环形斑(orbicular stigma)、肾形斑(reniform stigma)和亚肾形斑(subreniform stigma)等,有些蝴蝶的翅面上有香鳞或腺鳞;前翅和后翅基部中央有中室,有些前翅 R 脉在中室顶角处形成副室(accessory cell),有的后翅 $Sc+R_1$ 脉在中室基部前缘形成小基室;鳞翅目的脉序相对简单,横脉很少,一般采用康-尼氏命名法或康氏命名法;鳞翅目脉相分两类:即同脉脉序(homoneurounus venation)和异脉脉序(heteroneuronus venation)(图 12-37),前者的前翅、后翅 R 脉各 5 条,后者的前翅 R 脉 5 条,后翅 R 脉只有 2 条,其 R_1 脉常与 Rs 脉合并;蓑蛾科、部分尺蛾科和毒蛾科的雌虫无翅;前足胫节内侧有胫突(tibial epiphyses),与胫节形成净角器;跗节 5 节。

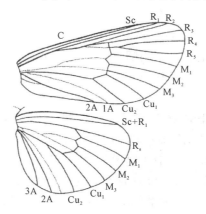

图 12-37　鳞翅目昆虫的异脉类模式脉序(仿彩万志)

(3)腹部:10 节,节间膜发达;外生殖器位于腹部第 8~10 节,并常与附腺相连;有的腹末有毛刷(brush)或毛簇(tuft);雌虫外生殖器有单孔式(monotrysian)、外孔式(exoporian)和双孔式(ditrysian) 3 种基本类型;无尾须。

2.幼虫　多数是蠋型,俗称毛毛虫(caterpillar);头部骨化程度较高,两侧常各有 6 对侧单眼,触角短,3 节;额三角形,两侧有 1 对旁额片(adfrontal sclerites);上唇前缘中部常内凹称缺切;前胸气门 1 对,前胸背板常有一个骨化区,称前胸盾(prothoracic shield);胸足 5 节,单爪;腹部 10 节,第 1~8 节各有 1 对气门,臀节上常有一个骨化区,称臀盾(anal shield);腹足 2~5 对,有趾钩,趾钩排列成一行时称单列(uniserial),两行时称双列(biserial),多行时称多列(multiserial),趾钩高度相等时称单序(uniordinal)(图 12-38A),长度不等时,即相应称双序(biordinal)(图 12-38B)、三序(triordinal)(图 12-38C)和单序多行(multiordinal)(图 12-38D),趾钩排列形状有二横带状(bitransverse bands)(图 12-38E)、单横带状(transverse band)(图 12-38F)、环状(circle)(图 12-38G,H)、缺环(penellipse)(图 12-38I,J)、二纵带(bimesoseries)(图 12-38K)、中带(mesoseries)(图 12-38L 为双序中带状)等。少数幼虫是无足型或蛆型。

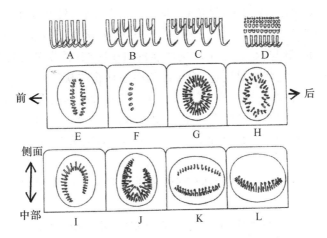

图 12-38　鳞翅目幼虫腹足的趾钩（仿 Peterson）

A. 单序；B. 双序；C. 三序；D. 单序多行；E. 二横带状；F. 单横带状；
G. 双序环状；H. 多行环状；I. 内侧缺环；J. 外侧缺环；K. 二纵带状；L. 双序中带状

幼虫体上有刚毛、毛片、毛突（chalaza）、毛瘤（verruca）、竖毛簇（verricule）和毛刷等。刚毛分为 3 种类型：原生刚毛为第 1 龄幼虫体上具有的刚毛；亚原生刚毛为第 2 龄幼虫出现的刚毛；次生刚毛为第 2 龄以后出现的刚毛。其中，原生刚毛和亚原生刚毛分布排列很有规律，给予特定名称，称毛序（chaetotaxy，setal map）。毛序是幼虫分类的重要特征之一。毒蛾、枯叶蛾和刺蛾等幼虫体毛与毒腺相连，充满毒液，极易折断。

（二）生物学特性

全变态。1 年发生 1 代或数代，以多化性者居多；多以幼虫或蛹越冬，少数以卵或成虫越冬。卵半圆形、扁球形、馒头形、瓶形，卵面常有饰纹，多能吐丝结茧或结网。蛹为被蛹，成虫陆生，取食花蜜，多数不为害，少数为害果实。

主要在幼虫期为害，几乎全部为植食性，为害方式多种多样。在取食叶片的种类中，有自由取食的、卷叶的、缀叶的、潜叶的等类型。许多幼虫为潜叶性，在叶内取食。有些幼虫蛀茎、根、果等，少数造成瘿。少数幼虫取食贮粮或面粉。极少数幼虫捕食其他昆虫。

蛾类成虫多在傍晚或夜间活动，为夜出性。多数有趋光性，幼期偏喜紫外光。蝶类成虫白天活动，为昼出性。成虫取食成熟果实的汁液或其他液体。很多蝶和蛾有远距离迁飞习性，有利于物种的扩散，同时也为防治带来一定的困难。

（三）分类

20 世纪 80 年代末 Nielson 把鳞翅目分为轭翅亚目（Zeugloptera）、无喙亚目（Aglossata）、异蛾亚目（Heterobathmiina）和有喙亚目（Glossata）共 4 个亚目，并得到了普遍承认。其中，前 3 个亚目个只有 1 个科，分别为小翅蛾科（Micropterigidae）、颚蛾科（Agathiphagidae）和异蛾科（Heterobathmiidae）。有喙亚目再分 6 个次目：毛顶次目（Dacnonypha）、新顶次目（Neopseustina）、冠顶次目（Lophocoronina）、外孔次目（Exoporia）、异脉次目（Heteroneura）和双孔次目（Ditrysia）。本书介绍外孔次目和双孔次目常见科。

1. 外孔次目　前翅和后翅脉相相似；雌性外生殖器外孔式，无副腺；喙短小；翅轭连锁。

（1）蝙蝠蛾科（Hepialidae）：被认为是鳞翅目中低等的类群。体小至大型，粗壮，翅上常有银灰色斑纹;头小,缺单眼,喙退化;触角短,雌性触角念珠状,雄性触角梳状;没有翅缰,翅轭小;雌雄二型现象明显,雄性小于雌性;前后翅中室内 M 脉主干分叉。代表种见图 12-39A。后翅 R 脉 4～5 条,R_2 脉与 R_3 脉分别伸达翅顶角的前后缘;胫节完全无距。幼虫圆柱形,有皱褶,毛长在毛瘤上,胸足和腹足发达,腹足趾钩多序环状或缺环。

成虫常在傍晚低飞,在飞翔中产卵,散落地面,产卵量有的很大,有的种类 1 头雌虫可产 29000 粒卵,幼虫主要为害多年生草本植物的根和茎。著名种类虫草蝙蝠蛾(*Hepialus armoricanus* Oberthur)幼虫被虫草菌(*Cordyceps sinensis*(Barkely))所寄生形成一种重要的中药材——冬虫夏草。

2.双孔次目 前翅和后翅脉相不同;雌性外生殖器双孔式,有副腺;喙发达;翅缰或翅抱连锁。

(2)蓑蛾科(Psychidae):体中至大型,雌虫体肥胖,常无翅,幼虫型,少数有翅;无翅个体触角、口器和足极度退化;雄虫有翅,翅中室内有分叉的 M 脉主干,前翅 3 条 A 脉在端部合并;触角栉齿状,少数丝状。幼虫体肥胖,前胸气门卵形,胸足发达,腹足趾钩单序环状。

雌虫生活在幼虫所缀的巢袋内,在袋内交尾产卵,故称袋蛾。幼虫在袋中孵化,吐丝随风分散,然后吐丝叠枝叶结巢袋,负袋行走,主要为害木本植物。幼虫就在巢内化蛹,大多数种类以卵在巢内越冬。常见种类大蓑蛾(*Clania variegata* Snillen)(图 12-39B)等。

(3)谷蛾科(Tineidae):体小至中型,头顶有稀疏的竖毛或鳞片;无单眼和毛隆,下唇须第 2 节常有侧鬃;触角不长过翅长,第 1 节不扩大成眼罩;前翅的前、后缘平行,翅端渐成圆顶状,颜色灰暗,有副室和 M 干,所有脉彼此分离;后翅近长卵形,中室内残存 M 脉,有时亦形成副室。后足胫节被长毛,有距。幼虫小型,腹足趾钩单序,椭圆形,臀足呈不完全的短带。

幼虫取食干的植物、动物材料或真菌,通常造一巢或隧道。许多为衣物和仓库害虫。常见种类谷蛾(*Nemapogon granella*(L.))(图 12-39C)。

(4)细蛾科(Gracillariidae):体小型,无单眼和毛隆;下唇须 3 节,常上弯;触角长丝状;前翅极窄,端部尖锐,具长缨毛,色彩常鲜艳,常有指向外的“V”形横带,中室直长,5 条 R 脉直接从中室伸出;后翅无中室;休息时体前部由前、中足支起,翅端接触物体表面,形成坐势。幼虫低龄时体扁平,胸足和腹足退化或无,3 龄后幼虫体圆柱形,胸足发达,腹足 4 对,位于腹部第 3～5 节和 10 节上。

低龄幼虫常潜入双子叶植物的叶片、花、树皮或果实内为害,3 龄后爬出蛀道,卷叶为害。常见种类有金纹细蛾(*Lithocolletis ringoniella* Matsumura)(图 12-39D)、荔枝细蛾(*Conopomorpha litchiella* Bradley)等。

(5)潜叶蛾科(Lyonetiidae):体小型,细长,头上有直立的鳞毛,下垂;触角细长,第 1 节很宽,下面凹入,盖住部分复眼,呈眼罩,边缘有栉毛;前翅披针形,中室细长,顶角有几条脉合并;后翅带状,有长缘毛,Rs 脉伸达顶角前;前后翅外缘有长缘毛。幼虫体扁平,无单眼,胸足和腹足完整或退化,如有则趾钩单序。

幼虫潜叶为害,在隧道外化蛹。重要种类有柑橘潜叶蛾(*Phyllocnistis citrella* Stainton)。

(6)巢蛾科(Yponomeutidae):体小型,细长,前翅较阔,外缘圆形,白色翅面上有黑点;无单眼;触角丝状;前翅 5 条 R 脉从中室伸出,R_5 通常止于外缘,有 1 个副室,中脉主干的痕迹仍然存在,中室外方翅脉均不呈交叉状,2A 脉和 3A 脉大部分合并;后翅 Rs 脉和 M_1 脉分离,M_1 和 M_2 脉不共柄,A 脉 3～4 条;前后翅后外缘有长缘毛。幼虫细长,体色黑色或白色,上具点;趾钩单序或双序环状。

幼虫一般吐丝做巢,群居为害。幼虫常群居在枝叶上吐丝结网如巢而得名。常见种类苹果巢蛾(*Yponomeuta padellus* L.)(图 12-39E)。

(7)菜蛾科(Plutellidae):体小型,方块状蛾,下唇须向上方,第 2 节生有向前伸的鳞毛呈三角形;触角线状,柄节有栉毛,有单眼;前翅细长,后缘有长缘毛,后翅菜刀形;成虫在休息时触角伸向前方;后翅 M_1 和 M_2 脉在基部愈合成叉状,Rs 脉和 M_1 脉分离。幼虫体细长,通常绿色;腹足细长,发达且行动敏捷;腹足 5 对;趾钩单序或双序环状。

幼虫食叶,并在叶上结薄茧化蛹。成虫有趋光性。常见种类小菜蛾(*Plutella xylostella* L.)(图 12-39F)。

(8)透翅蛾科(Sesiidae):体小,狭长形,黑色或蓝黑色,上有红色或黄色斑,外形似蜂;翅狭长形,除翅脉边缘外,大部分透明;腹部雌 6 节或雄 7 节有尾毛丛;前翅细长,R 脉 5 条,R_1～R_3 脉从中室伸出,R_4 和 R_5 脉基部共柄,无 A 脉;后翅 Sc 和 R_1 脉合并,无 Rs 脉,A 脉 3 条;足上常有长毛簇。幼虫体圆筒形,白色,节间常缢缩,第 8 腹节气门又高又大,趾钩单序二横带。

成虫喜欢在白天飞翔,取食花蜜。幼虫蛀茎、干或根。常见种类苹果透翅蛾(*Conopia hector* Butler)(图 12-39G)、葡萄透翅蛾(*Parathrene regalis* Butler)等;重要种类杨干透翅蛾(*Sphecia siningensis* Hsu)是我国森林检疫对象。

(9)麦蛾科(Gelechiidae):体极小至中型,细长,无毛隆,喙基部被有鳞片;下唇须长,上翻,末节长而尖;触角丝状;前翅狭长,端部变尖,R_4 脉和 R_5 脉在基部共柄,R_5 脉伸达顶角前缘,1A 脉和 2A 脉大部分合并;后翅 Rs 脉和 M_1 脉共柄或在基部靠近,后缘通常内凹,外缘略尖并向后弯曲。幼虫腹足 5 对,趾钩双序缺环或二横带,臀板下常具臀栉。

幼虫通常卷叶、潜叶或蛀茎、蛀干、蛀果为害。常见种类棉红铃虫(*Pectinophora gossypiella* (Saunders))、马铃薯块茎蛾(*Phthorimaea operculella* (Zeller))、麦蛾(*Sitotroga cerealella* (Oliver))(图 12-39H)等。

(10)木蠹蛾科(Cossidae):体大型,头小,无毛隆,喙消失;翅上常有黑色斑点;雄性触角双栉齿状,雌虫触角丝状或锯齿状;前后翅中室内 M 脉主干发达,Cu_2 脉发达;前翅 A 脉 3 条;后翅 Rs 脉和 M_1 脉基部共柄,A 脉 3 条。幼虫前胸气门前毛片上有 3 根毛,趾钩单序、双序或三序环形、缺环或二横带。

成虫卵产于地表或树皮缝隙内,产卵量较大。幼虫钻蛀木本或草本植物的茎干、枝条、根等。常见种类芳香木蠹蛾(*Cossus cossus* L.)(图 12-39I)、咖啡豹蠹蛾(*Zeuzera coffeae* Nietner)等。

(11)卷蛾科(Tortricidae):体小型,黄褐色或棕黑色,上具条纹或云斑,下唇须鳞片厚,呈三角形;触角丝状;前翅略呈长方形,前缘向外突出;前翅 R 脉 5 条,均从中室伸出且不合并,M_2 脉靠近 M_3 脉,Cu_2 从中室下方近中部伸出;后翅 $Sc+R_1$ 脉与 Rs 脉不接近,Rs 脉与 M_1 脉共柄,M_2 脉靠近 M_3 脉,Cu_2 从中室中部伸出。幼虫圆柱形,呈白色、淡绿、粉红色或棕褐色,细长光滑,趾钩为单序、双序或三序环状。

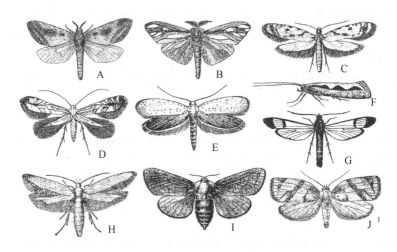

图 12-39　鳞翅目昆虫的代表（一）（A. 仿彩万志；余仿周尧）

A. 蝙蝠蛾科的代表 一点蝙蝠（*Phassus sinifer sinensis*）；B. 蓑蛾科的代表 大蓑蛾（*Clania variegata* Snillen）；C. 谷蛾科的代表 谷蛾（*Nemapogon granella*（L.））；D. 细蛾科的代表 金纹细蛾（*Lithocolletis ringoniella* Matsumura）；E. 巢蛾科的代表 苹果巢蛾（*Yponomeuta padellus* L.）；F. 菜蛾科的代表 小菜蛾（*Plutella xylostella* L.）；G. 透翅蛾科的代表 苹果透翅蛾（*Conopia hector* Butler）；H. 麦蛾科的代表 麦蛾（*Sitotroga cerealella*（Oliver））；I. 木蠹蛾科的代表 芳香木蠹蛾（*Cossus cossus*）；J. 卷蛾科的代表 苹小卷叶蛾（*Adoxophyes orana* Rosterstamm）

　　幼虫主要为害木本植物。有很多种类为害果树，为害作物的种类较少；喜欢隐蔽，多为卷叶种类；多在卷叶的巢中化蛹，或在寄主的树皮下或裂缝中化蛹；有碎屑造成的茧，羽化前，蛹伸出茧外。重要种类苹果蠹蛾（*Laspeyresia pomonilla*（L.））是检疫害虫；常见种类苹小卷叶蛾（*Adoxophyes orana*（Rosterstamm））（图 12-39J）、梨小食心虫（*Grapholitha molesta*（Busck））、苹果小食心虫（*G. inopinata* Heinrich）等。

　　（12）刺蛾科（Limacodidae）：体中型，粗壮多毛，多为黄褐色或绿色，具有红褐色简单斑纹；雄虫触角双栉齿状；喙退化或消失；前翅中室内有 M 脉基部，R_3、R_4、R_5 脉共柄，M_2 发出位置近 M_3，A 脉 3 条，2A 和 3A 脉基部相接；后翅 $Sc+R_1$ 脉与 Rs 脉在中室前端有短距离愈合，Rs 脉与 M_1 脉基部极接近同柄，A 脉 3 条相互分开。幼虫常绿色或黄色，短而肥，蛞蝓型，头小且能缩入前胸内，胸足小或退化，体壁上有瘤或刺，有的有毒毛，色鲜艳。

　　幼虫大多取食阔叶树叶，少数为害竹竿和水稻，是森林、园林、行道树和果园的常见害虫。常见种类褐边绿刺蛾（*Parasa consocia* Walker）、黄刺蛾（*Cnidocampa flavescens*（Walker））（图 12-40A）等。

　　（13）斑蛾科（Zygaenidae）：体小至中型，身体狭长，通常身体光滑，鲜艳；翅面鳞片稀薄，呈半透明状，翅多数有金属光泽，少数暗淡，有些种在后翅上具有燕尾形突出，形如蝴蝶；有单眼和毛隆，喙发达；触角简单，丝状或棍棒状，雄蛾多为栉齿状；前翅中室长，中室内有 M 主干；Cu_2 脉发达；后翅 $Sc+R_1$ 脉与 Rs 脉愈合至中室末端之前或有一横脉与之相连。幼虫头部小，缩入前胸内，体粗短、纺锤形，毛瘤上被稀疏长刚毛，趾钩单序中带式。

　　成虫白天飞翔在花丛间，飞翔力弱。幼虫为害果树和林木，常见种类梨星毛虫（*Illiberis pruni* Dyar）（图 12-40B）等。

　　（14）蛀果蛾科（Carposinidae）：体小至中型，头顶有粗毛，单眼退化，雄蛾的下唇须上举，雌蛾的向前伸;触角柄节无栉毛;前翅较宽,正面有直立鳞片簇,翅脉发达,彼此分离,Cu 脉出自中室下角或接近下角;后翅中等宽,Rs 脉通向翅顶,M_2 脉消失。幼虫趾钩为单序环式。

幼虫蛀食果实、花芽、嫩枝等,以老熟幼虫在土中结圆茧越冬。常见种类桃蛀果蛾(*Carposina sasakii* Matsumura)(图 12-40C)等。

(15)羽蛾科(Pterophoridae):体小、细弱;前翅裂成 2～3 叶,后翅裂成 3 叶;停息时前后翅纵卷或垂直于身体;足极细长,后足胫节长是腿节的 2 倍以上,第 1 对距位于中后方;腹部第 2～3 节明显延长。幼虫细长,前胸侧毛 3 根,腹足细长,趾钩单序中带。

幼虫多暴露取食花和叶片,有时卷叶、蛀茎等。常见种类甘薯羽蛾(*Pterophorus monodactylus*(L.))、刀豆羽蛾(*Pseudophorus vilis* Butler)(图 12-40D)等。

(16)螟蛾科(Pyralidae):体小至中型,细长,下唇须特别长,伸出头部后向上弯曲;触角丝状;前翅三角形,足细长,有单眼;前翅 R 脉 5 条,R_3 与 R_4 脉共柄,Cu_2 脉退化或消失;后翅 Sc＋R_1 脉与 Rs 脉在中室外方极其接近或短距离愈合,M_1 脉基部与 Rs 脉接近,M_2 与 M_3 由中室下方伸出,Cu_2 脉存在,A 脉 3 条。幼虫中至大型,白色、黄绿色、粉红色或紫色毛片上常具色斑;前胸较骨化;头在前胸下,背线色深,趾钩双序、三序环或缺环。

大多数为植食性,隐蔽取食,蛀茎或缀叶;有些为腐食性,取食植物产品。成虫有趋光性。重要种类印度谷斑螟(*Plodia interpunctella*(Hübner))、地中海粉斑螟(*Ephestia kuehniella*(Zeller))等是重要的贮藏害虫;常见种类亚洲玉米螟(*Ostrinia furnacalis* Guenée)、二化螟(*Chilo suppressalis*(Walker))、稻纵卷叶螟(*Cnaphalocrocis medinalis* Guenée)(图 12-40E)等。

(17)尺蛾科(Geometridae):体小至大型,细长,翅宽大而薄,鳞片少,外缘有波状纹,颜色多样,有些种类雄性无翅或退化;无单眼;前翅 R 脉 5 条,R_2 脉、R_3 脉、R_4 脉和 R_5 脉共柄,常有 1 个副室,M_1 与 M_2 接近,M_3 由中室下角发出;后翅 Sc＋R_1 脉与 Rs 脉在基部呈叉状。幼虫中小型,体圆细,腹部第 6 节和 10 节上有腹足,体壁光滑;趾钩双序中带或双序、三序缺环。

幼虫大都是农林业害虫。飞翔力不强,少数种的雌雄翅退化;幼虫体形如树枝。常见种类柿星尺蛾(*Percnia giraffata*(Guenée))、茶小尺蠖(*Ectropis obliqua* Prout)、豹尺蛾(*Obeidia tigrata*(Guenée))(图 12-40F)等。

(18)舟蛾科(Notodontidae):体中至大型,灰色或褐色,粗壮多毛,尤其是足的腿节更显粗壮多毛;喙较退化,下颚须缺,多数无单眼;雌性触角丝状,雄性触角双栉齿状;前翅在 R 脉附近有副室,R_3 脉与 R_4 脉基部共柄,M_2 发自中室中部,与 M_3 平行,少数接近 M_1,Cu 脉似 3 叉式,A 脉 1 条;后翅 Sc＋R_1 脉与 Rs 脉在基部愈合直达中室长的 2/3 处,Rs 脉和 M_1 脉共柄,M_2 脉靠近 M_1,A 脉 2 条;胫节端距常有齿。幼虫圆筒形,或有各种瘤突,多有奇形怪状,色常鲜艳,具淡青色、绿色、紫褐色的斑纹,体多具次生刚毛,足上有许多次生刚毛;臀足经常退化或特化成细突起或刺状构造;趾钩单序中带。

幼虫取食多种乔木和灌木,通常有群集性;主要危害果树、森林和行道树,常见种类苹果舟蛾(*Phalera flavescens*(Bremer et Grey))(图 12-40G)、杨扇舟蛾(*Clostera anachoreta*(Fabr.))等。

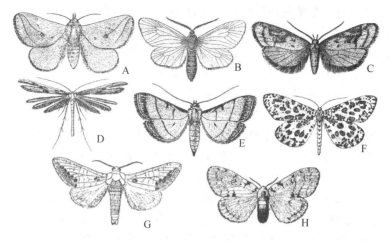

图 12-40　鳞翅目昆虫的代表（二）（C. 仿黄可训；余仿周尧）

A. 刺蛾科的代表 黄刺蛾（*Cnidocampa flavescens*（Walker））；B. 斑蛾科的代表 梨星毛虫（*Illiberis pruni*）；C. 蛀果蛾科的代表 桃蛀果蛾（*Carposina sasakii* Matusumura）；D. 羽蛾科的代表 刀豆羽蛾（*Pseudophorus vilis* Butler）；E. 螟蛾科的代表 稻纵卷叶螟（*Cnaphalocrocis medinalis* Guenée）；F. 尺蛾科的代表 豹尺蛾（*Obeidia tigrata*（Guenée））；G. 舟蛾科的代表 苹果舟蛾（*Phalera flavescens*（Bremer et Grey））；H. 毒蛾科的代表 舞毒蛾（*Lymantria dispar*（L.））

（19）毒蛾科（Lymantriidae）：体中型，体和足腿节多毛；喙和下唇须退化，无单眼；触角双栉齿状；前翅带副室，R_3 脉和 R_4 脉共柄，M_2 脉基部近 M_3 脉；后翅肩角不扩大，有翅缰，$Sc+R_1$ 脉与 Rs 脉在中室 1/3 处愈合或在基部愈合或接近，然后分开，M_1 脉和 Rs 脉在中室外有短距离共柄，M_2 脉基部近 M_3 脉或 M_2 脉消失。幼虫体具毛瘤或毛簇，中后胸有 2~3 个毛瘤，腹部第 6~7 节背中央各有 1 个红色或黄色翻缩腺；趾钩单序中带。

食性很杂，幼虫容易更换寄主植物。多食植物，有时也捕捉寄主植物上的蚜虫和介壳虫；为害多种农林作物。人接触毒毛和毒液能引起皮炎、眼炎；家畜和家蚕误食毒蛾幼虫的饲料也能引起中毒，甚至死亡。重要种类舞毒蛾（*Lymantria dispar*（L.））（图 12-40H）为世界性森林和行道树食叶害虫。

（20）灯蛾科（Arctiidae）：体中至大型，粗壮且色艳。喙退化，有单眼；前翅 M_2 脉基部近 M_3 脉，A 脉 1 条；后翅 $Sc+R_1$ 脉与 Rs 脉愈合至中室中央或更外，M_2 脉基部近 M_3 脉，A 脉 2 条。幼虫体色为黑色或褐色，生有次生刚毛，体上具毛瘤，生有浓密的长毛丛，毛的长短较一致；背面无毒腺；前胸气门上方有 2~3 个毛瘤；趾钩双序环式。

成虫休息时将翅折叠成屋脊状，多在夜间活动，趋光性较强。幼虫有植食性或腐食性，植食性种类的食性广；幼龄有群集性；幼虫白天活动和取食，受到惊扰，蜷缩成环形，把头掩藏在中央。著名种类美国白蛾（*Hyphantria cunea*（Drury））是我国禁止进境的检疫性有害生物，可为害 317 种以上的阔叶果树和行道树；常见种类人纹污灯蛾（*Spilarctia subcarnea*（Walker））、红缘灯蛾（*Amsacta lactinea*（Cramer））（图 12-41A）等。

（21）夜蛾科（Noctuidae）：鳞翅目最大的科。体中型，少数小型，色暗淡，有许多色斑，体节粗壮；有单眼，喙发达，下唇须很长或失踪；前翅狭长，具各色斑，后翅阔；前翅 M_2 脉基部近 M_3 脉，肘脉似 4 叉式；后翅 $Sc+R_1$ 脉与 Rs 脉在基部只有一小段愈合然后马上分开。幼虫常具暗灰色条纹，少数有次生刚毛，趾钩单序中带。

　　成虫均在夜间活动,趋光性强,多数种类对糖、酒、醋混合液表现有强的趋性,少数种类喙端锋利,能刺破成熟的果实。许多种类有迁飞习性。绝大多数幼虫植食性,为害方式多种多样,有得钻入地下为害,咬断植物根茎、幼苗,有的蛀茎或蛀果为害,有的则暴露在寄主表面为害。常见种类棉铃虫(*Helicoverpa armigera*(Hübner))、黄地老虎(*Agrotis segetum*(Denis et Schiffermueller))、小地老虎(*A. ypsilon*(Rottemberg))、黏虫(*Pseudaletia separata*(Walker))(图 12-41B)、斜纹夜蛾(*Spodoptera litura*(Fabr.))等。

　　(22)枯叶蛾科(Lasiocampidae):体中至大型,粗壮,灰色或褐色,体、足、复眼多毛;下唇须发达,前伸,喙退化,无单眼;触角双栉齿状;前翅 R_2 脉与 R_3 脉、M_1 脉与 R_5 脉共柄,M_2 脉靠近 M_3 脉;后翅肩角特别扩大,有基室,无翅缰。幼虫中大型,身体略扁,具鲜明颜色,多具次生刚毛;趾钩双序中带。

　　成虫停歇时似枯叶,故得此名。幼虫化蛹前先织成丝茧,故也有茧蛾科之称。多数夜间活动,雌蛾笨拙,雄蛾活泼有强飞翔力;有强趋光性。幼虫多数取食木本植物叶子,天幕毛虫类为害果树和林木,松毛虫是松树的大害虫。常见种类黄褐天幕毛虫(*Malacosoma neustria testacea* Motsch.)、杏枯叶蛾(*Odonestis pruni* L.)(图 12-41C)、松毛虫(*Dendrolimus* spp.)等。

　　(23)天蚕蛾科(Saturniide):也称大蚕蛾科。体大至极大型,喙和单眼无;触角短,双栉齿状;翅大而宽,基部密生长毛,中室端部具眼状、半月状透明斑;后翅肩角发达,无翅缰;前翅 R 脉 4 条,R_3 与 R_4 脉愈合,R_2、R_{3+4}、R_5 脉共柄,M_2 靠近 M_1 脉,A 脉 1 条;后翅 $Sc+R_1$ 脉与 Rs 脉从中室基部分歧,M_2 从中室中央或之前分出,M_2 靠近 M_1 脉;胫节无距。幼虫体中大型,淡绿、黄色或褐色;粗壮,体上多枝刺;趾钩双序中带;有的第 8 腹节背面有 1 个尾突。

　　多数幼虫食性广,部分成虫白天或黄昏活动。常见种类有柞蚕(*Antheraea pernyi* Guerin-Meneville)、蓖麻蚕(*Samia cynthia ricina*(Donovan))(图 12-41D)、樗蚕(*S. cynthia cynthia*(Drury))等,能产优质的丝,是重要的产丝益虫。

　　(24)蚕蛾科(Bombycidae):体中型,翅阔,前翅顶角常呈钩状;触角羽毛状,单眼、毛隆、喙和下颚须均无;前翅 R 脉 5 条在基部共柄;后翅 $Sc+R_1$ 脉与中室有横脉相连,A 脉 3 条。幼虫各腹节至多分 3 个小环节;左右腹足相互离开;第 8 腹节背面有 1 尾突。

　　幼虫主要取食紫葳科、山矾科、桑科或茶科植物的叶子。著名种类家蚕(*Bombyx mori*(L.))是绢丝昆虫,原产中国,中国真丝年产量已占世界总产量的 89%。常见种类野蚕(*Theophila mandarina*(Moore))(图 12-41E)和桑蟥(*Rondotia menciana* Moore)等。

　　(25)天蛾科(Sphingidae):体大型,呈纺锤形;触角中部加粗,末端带钩,口器较长,无单眼;前翅狭长形,顶角尖,外缘向内倾斜,呈斜三角形;前翅 R_1 与 R_2 脉共柄,R_4 与 R_5 脉共柄,M_1 脉起源于中室上角,M_2 脉位于 M_1 脉和 M_3 脉之间;后翅在 $Sc+R_1$ 脉与 Rs 脉之间在基部有一个粗的小横脉。幼虫肥大,圆柱形,光滑,体表多颗粒,第 8 腹节背面有一向后上方斜伸的尾角,在虫体的侧面经常有条纹,趾钩中带。

　　成虫飞翔力强,经常飞翔于花丛间取蜜,是重要的传粉昆虫。多数种类夜间活动,少数日间活动。幼虫休息时常将身体前端举起,头部缩起向下。常见种类甘薯天蛾(*Herse convolvuli*(L.))、豆天蛾(*Clanis bilineata tsingtauica* Mell.)(图 12-41F)、霜天蛾(*Psilogramma menephron*(Cramer))、蓝目天蛾(*Smerithus planus planus* Walker)等。

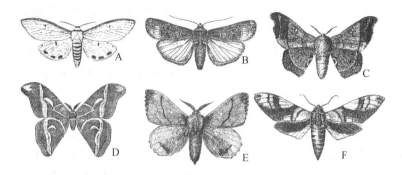

图 12-41 鳞翅目昆虫的代表（三）（B. 仿彩万志，余仿周尧）

A. 灯蛾科的代表 红缘灯蛾（*Amsacta lactinea*（Gramer））；B. 夜蛾科的代表 黏虫（*Pseudaletia separata*（Walker））；C. 枯叶蛾科的代表 杏枯叶蛾（*Odonestis pruni* L.）；D. 天蚕蛾科的代表 蓖麻蚕（*Samia cynthia ricina*（Donovan））；E. 蚕蛾科的代表 野蚕（*Theophila mandarina*（Moore））；F. 天蛾科的代表 豆天蛾（*Clanis bilineata tsingtauica* Mell）

（26）弄蝶科（Hesperiidae）：体小至中型，粗壮，色深，头大，触角棒状，末端偶小钩；前足发达，中足胫节具 1 个距，后足胫节具 2 个距；前后翅脉均分离，放射状，直接由基部或由中室外部发出。幼虫纺锤形，头大，色深，前胸细瘦呈颈状，易识别，腹部趾钩三序环状，腹部末端有臀栉。

成虫多在早晚光线较弱时活动，飞行迅速而带跳跃；幼虫主要为害禾本科植物，常缀叶结苞为害，以幼虫越冬。常见种类直纹稻弄蝶（*Parnara guttata*（Bremer et Grey））（图 12-42A）、曲纹稻弄蝶（*P. ganga* Evans）、隐纹谷弄蝶（*Pelopidas mathias*（Fabr.））等。

（27）凤蝶科（Papilionidae）：体大型，色艳；前翅 R 脉 5 条，R_4 脉与 R_5 脉共柄，M_2 脉靠近 M_3 脉，A 脉 2 条；后翅有尾突或无，入尾突的脉为 M_3 脉，A 脉 1 条；内缘有圆弯，肩部有钩状小脉。幼虫头上有小的次生刚毛，体表光滑，常从后胸后逐渐缩小，前胸有一翻缩性丫形腺，趾钩三序中带。

许多种类成虫有雌雄二型现象。幼虫主要为害芸香科、樟科和马兜铃科等植物。以蛹越冬。常见种类金凤蝶（*Papilio machaon* L.）、玉带凤蝶（*P. polytes* L.）（图 12-42B）和柑橘凤蝶（*P. xuthus* L.）。濒危种类金斑喙凤蝶（*Teinopalpus aureus* Mell）是我国一级重点保护野生动物，三尾褐凤蝶（*Sinonitis thaidina dongchuannensis*（Blanchard））、双尾褐凤蝶（*Bhutanitis mansfieldi*（Riley））和中华虎凤蝶（*Luehdorfia chinensis* Leech）是二级重点保护野生动物。

（28）粉蝶科（Pieridae）：体中型，常白色、黄色或橙色，翅顶角常有黑色或红色斑纹。前翅 R 脉 3～5 条，M_1 脉和 R_{4+5} 脉长距离愈合，A 脉 1 条；后翅 A 脉 2 条；前足正常，内外爪等长。幼虫常为绿色或黄色，体上有短毛和黑色小粒点，各节分 4～6 个小环节，趾钩中带双序或三序。

幼虫主要为害十字花科、豆科和蔷薇科等植物。以蛹越冬。常见种类豆粉蝶（*Colias hyale*（Linnaeus））和菜粉蝶（*Pieris rapae*（L.））（图 12-42C）。

（29）蛱蝶科（Nymphalidae）：蝶类中种类最多的科。体中至大型，鲜艳，翅面常具有美丽色斑，但翅的背面常颜色暗淡；触角上有鳞片，腹面有 3 条纵脊，触角锤状部分特别大；前足多半退化，较小；前翅 R 脉 4～5 条，A 脉 1 条，中室闭室，后翅 A 脉 2 条。幼虫头小，圆形，体表具长短不一的无毒枝刺,或具头角或尾突 1 对,第 8～9 腹节常愈合,趾钩单序、双序中带。

幼虫主要为害大风子科、荨麻科、堇菜科等双子叶植物。成虫飞行迅速,停息时两翅常不停地拍动。以成虫越冬。成虫寿命在蛾类中最长,可以存活 6～11 个月;成虫取食花蜜为主,其他种类可取食流出的植物汁液、腐烂的水果、动物粪便、动物尸体。著名种类枯叶蛱蝶(*Kallina inachus* Doubleday);常见种类大红蛱蝶(*Vanessa indica*(Herbst))(图 12-42D)、孔雀蛱蝶(*Inachis io* L.)等。

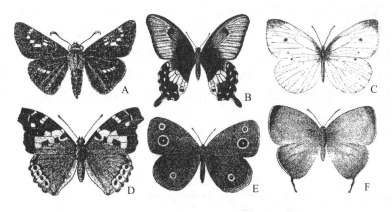

图 12-42　鳞翅目昆虫的代表(四)(仿周尧)

A. 弄蝶科的代表 直纹稻弄蝶(*Parnara guttata*(Bremer et Grey));B. 凤蝶科的代表 玉带凤蝶(*Papilio polytes* L.);C. 粉蝶科的代表 菜粉蝶(*Pieris rapae*(L.));D. 蛱蝶科的代表 大红蛱蝶(*Vanessa indica*(Herbst));E. 眼蝶科的代表 稻黄褐眼蝶(*Mycalesis gotome* Moore);F. 灰蝶科的代表 黄灰蝶(*Zephyrus luteaa*(Hewitson))

(30)眼蝶科(Satyridae):体中小型,翅灰褐色、棕褐色、灰白色,很少有光泽,翅反面有眼状斑纹。头小,复眼四周有长毛,触角腹面有 3 条纵脊,下唇须挺直,侧扁;前翅 R 脉 5 条,前面几条纵脉的基部常膨大,特别是 Sc 脉,后翅具肩横脉;前足退化,无爪或仅具单爪。幼虫纺锤形,头部分两叶或长角,前胸颈状,腹末有 1 对尾突,趾钩中带式,单序、双序或三序。

幼虫主要为害禾本科、莎草科、棕榈科、凤梨科和芭蕉科等单子叶植物。常见种类稻黄褐眼蝶(*Mycalesis gotome* Moore)(图 12-42E)。

(31)灰蝶科(Lycaenidae):体小型,细长,翅颜色鲜明,有时有金属闪光,反面较暗;触角上有白环;复眼周围绕一圈白色鳞片环。前翅 R 脉 3～4 条,M_1 自中室前端发出,后翅无肩脉,后缘常有 1～3 个尾状突;雌性成虫前足正常,但雄性的前足退化、无爪。幼虫蛞蝓型,无腹足,第 7 腹节背面常有 1 个翻缩腺。

多数种类是植食性,常为害豆科等植物。有些幼虫能分泌蜜露,与蚂蚁形成共栖关系。常见种类琉璃灰蝶(*Celastrina argiolus*(L.))、豆灰蝶(*Plebejus argus*(L.))、黄灰蝶(*Japonica lutea*(Hewitson))(图 12-42F)等。

三十、膜翅目

英文名为 sawflies、wood wasps、bees、ants、wasps、parasitoids。膜翅目昆虫俗称叶蜂、树蜂、蜜蜂、蚂蚁和寄生蜂。全世界已知约 14.5 万种,我国已知近 12500 种。

（一）分类特征

1. 成虫　体微型至大型。

（1）头部：口器为咀嚼式或嚼吸式；下口式或前口式；触角变化大，丝状、念珠状、棍棒状、膝状、栉齿状等；复眼发达；单眼3个。

（2）胸部：前胸背板的形状、是否与肩板接触，是重要的分类特征。足用于分类的主要是转节节数、胫节距的数目和形状、跗节的形状等。在广腰亚目和蜜蜂总科中，转节2节。蜜蜂的后足特化为携粉足，第1跗节大而扁，内侧有10～12排横列的硬毛，刷刮附在身上的花粉，称为花粉刷。翅2对，膜质，前翅远比后翅大。后翅前缘的翅钩列钩在前翅后缘下卷的褶上。翅脉高度特化，翅脉和翅室较少，其命名系统比较混乱，其命名主要有Jarine（1920）的系统、Comstock-Needham等系统，目前比较常用的命名系统是Gauld（1988）所提出的（图12-43），但也有一些学者仍然应用较老的命名系统。有的前翅前缘有翅痣，有的翅脉极退化，如小蜂总科等。

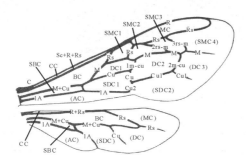

图12-43　膜翅目昆虫的脉序及翅室命名（以蜜蜂的翅为例）（仿Gauld）

AC. 臀室；BC. 基室；CC. 前缘室；DC. 盘室；MC. 缘室；SBC. 亚基室；SDC. 亚盘室；SMC. 亚缘室

（3）腹部：细腰亚目原生第1腹节向前延伸，并入后胸，称为并胸腹节（propodeum），其上有1对气门，故腹部第1可见腹节实际上是原生第2节。细腰亚目第1腹节基部缩小，有的甚至呈细腰状，称为腹柄（petiole），广腰亚目腹部第1节基部不缩小，与后胸等宽。雌虫有发达的产卵器，但着生位置不同。在姬蜂总科、瘿蜂总科和小蜂总科中，产卵器自腹部腹面腹末之前伸出，不用时不缩入体内。而在细腰亚目剩余的多数类群中，产卵器从腹末伸出，不用时缩入体内。叶蜂产卵器锯状；姬蜂管状；胡蜂等为螯刺状，与毒囊相连。

2. 幼虫　可分为原足型、蛃型和无足型。广腰亚目多为蛃型，头部骨化，半球形，常为下口式；胸部各节生有许多皱褶。中胸气门较大，后胸气门较小。胸足3对，发达；腹部10节，1～8节结构相似，背面又分若干小节；第10腹节常有特化，背面无小节。细腰亚目幼虫老熟虫体呈纺锤形或蝇蛆状，表皮白色且光滑；头半圆形，具一定骨化度，常为下口式；头部常缩入胸内；体段特征不明显，一般可见12～13节。寄生性种类中，复变态现象较为普遍。

（二）生物学特性

1. 食性和习性　膜翅目成虫自由生活，几乎所有种类都取食花蜜、花粉或露水，部分种类还取食昆虫分泌的蜜露、寄主、寄主伤口渗出液、植物种子或真菌等。幼虫的食性主要分为两类。广腰亚目幼虫多数为植食性，取食植物叶、茎和干，或取食花粉；细腰亚目幼虫绝大多数是肉食性，捕食或寄生其他昆虫或蜘蛛。多数成虫喜阳光，白天在花丛上活动，是最重要的花粉昆虫;少数种类喜欢阴湿的生境,如叶蜂和细蜂中的部分种类;还有一些种类在夜间活动,有趋光性。

2.变态类型和生殖方法 全变态。一生经过卵、幼虫、蛹和成虫4个阶段。卵多为卵圆形或纺锤形。广腰亚目幼虫多为蠋型,头部高度骨化,触角1~5节,侧单眼1对或无,胸足常发达,腹足无或6~10对;细腰亚目幼虫为原足型或无足型,头部骨化程度弱或中等,触角退化,无侧单眼,头部之后的体段分节不明显,无胸足或腹足。幼虫一般3~5龄。蛹均为裸蛹,化蛹场所包括土中、植物组织内、植物表面上、寄主体内或体外。繁殖方法有两性生殖、孤雌生殖和多胚生殖,其中两性生殖又分为单胚生殖和多胚生殖,孤雌生殖又分为产雄孤雌生殖、产雌孤雌生殖、产雌雄孤雌生殖。膜翅目昆虫多数1年1代。多数种类以老熟幼虫越冬,部分内寄生蜂以低龄幼虫在寄主体内越冬,还有少数种类以成虫在树皮下或草丛中越冬。

3.经济意义 广腰亚目幼虫多为植食性,一些种类是重要的林业害虫。少数膜翅目昆虫对人类有害,但绝大多数膜翅目昆虫是益虫而非害虫。膜翅目昆虫给作物传粉,为我们提供产品,帮助我们消灭害虫等。从人类的观点出发,膜翅目是昆虫纲中对人类最有益的昆虫类群。

（三）分类

膜翅目传统上分为广腰亚目(Symphyta)和细腰亚目(Apocrita)。常见科简介如下。

1.广腰亚目 胸部和腹部广接,腹基部不缢缩;足转节2节;翅脉较多,后翅基室至少3个;产卵器发达。幼虫为植食性。

(1)叶蜂科(Tenthredinidae):体小至中型,粗壮,体色鲜艳,头部横宽;触角丝状,9~16节;前胸背板后缘深凹,两端接触肩板,后胸背板后侧有1对淡膜区;后翅常有5~7个闭室;前足胫节具2个端距;产卵器锯齿状。幼虫伪蠋型,咀嚼式口器,侧单眼1对,触角4~5节;胸足3对;腹足6~9对,无趾钩。

幼虫常在寄主植物表面取食,少数种类可在寄主内部取食,如蛀果、蛀茎或形成虫瘿等。常见种类小麦叶蜂(*Dolerus tritici* Chu)(图12-44A)、落叶松叶蜂(*Pristiphora erichsonii* (Hartig))、黄翅菜叶蜂(*Athalia rosae japanensis* (Rhower))等。

(2)茎蜂科(Cephidae):体小至中型,细长,侧扁,常黑色,头部近球形;触角丝状或棒状,16~35节;前胸背板长宽相等或长稍大于宽,后缘近平直或浅凹缺,后胸背板后侧无淡膜区;前翅前缘室狭窄,翅痣狭长,后翅长具5个闭室;前足胫节具1个端距,中后足各具2个端距;腹部筒形或显著侧扁,第1~2节明显缢缩;产卵器较短。幼虫胸足退化,无腹足,腹部具肛上突。

植食性,幼虫蛀食柳树、浆果植物和草本植物的茎干。常见种类麦茎蜂(*Cephus pygmaeus* L.)(图12-44B)、梨茎蜂(*Janus pyri* Okamoto et Muramatsu)等。

(3)树蜂科(Siricidae):体中至大型,头部方形或半球形;触角丝状,12~30节;前胸背板近哑铃形,宽大于长,后胸背板后侧有1对淡膜区;前翅前缘室狭窄,翅痣狭长,后翅常具5个闭室;前足胫节具1个端距,后足胫节具1~2个端距;腹部圆筒形,无缘脊,末节背板具刺突;产卵器伸出腹末很长。幼虫体黄白色,触角1节,胸足短,无腹足。

植食性,幼虫蛀食乔木的茎干;1代2~8年。常见种类蓝黑树蜂(*Sirex juvencus* (L.))、大树蜂(*Urocerus gigas* (L.))等。

(4)三节叶蜂科(Argidae):体小至中型,黑色或暗褐色,头部横宽;触角3节,鞭节只有1节,棒状、"U"或"Y"字形;中胸侧腹板沟明显,无胸腹侧片,小盾片发达,后胸背板后侧有1

对淡膜区;前足胫节具 2 个端距,各足胫节无端前距,或中后足胫节各具 1 个端前距;后翅有 5～6 个闭室;腹部不扁平,无侧缘脊;产卵器短。幼虫触角 1 节,胸足有爪垫,腹足 6～8 对,常具侧缘瘤突。

幼虫主要为害木本植物叶片,少数为害草本植物。常见类型杜鹃三节叶蜂(*Arge similes* Vollenhoven)、玫瑰三节叶蜂(*A. pagana*(Panzer))等。

2.细腰亚目 腹部基部缢缩,呈细腰状;腹部第 1 节与后胸紧密相连,成为并胸腹节;翅发达,翅面上无关闭的臀室;产卵器常尖锐。幼虫大部分为肉食性。该亚目常分为寄生部和针尾部。寄生部(Parasitica)的腹部末端几节腹板纵裂;产卵器鞘管状,有产卵和刺螫功能,从腹末之前伸出;足转节多数 2 节。针尾部(Aculeata)的腹部末端几节腹板不纵裂;产卵器针状,无产卵功能,特化为注射毒液的螫针,从腹末伸出;足转节 1 节。

(5)姬蜂科(Ichneumonidae):体小至大型,纤弱;触角丝状,较长;前胸背板突伸达翅基片;前翅无前缘室,常有第 2 回脉和 1 个小翅室;后足转节 2 节;腹部细长,圆形或侧扁,第 2 和 3 节不愈合,柔软可动;腹部末端几节腹板纵裂,产卵器自腹末前伸出,有产卵器鞘。

绝大多数为单寄生,产卵于寄主体内外,主要寄生鳞翅目、膜翅目、双翅目、鞘翅目、广翅目、脉翅目等的幼虫或蛹。一些种类有趋光性。常见种类棉铃虫齿唇姬蜂(*Campoletis chlorideae* Uchida)、螟蛉悬茧姬蜂(*Charops bicolor*(Szepligeti))、横带驼姬蜂(*Goryphus basilaris* Holmgren)(图 12-44C)等。

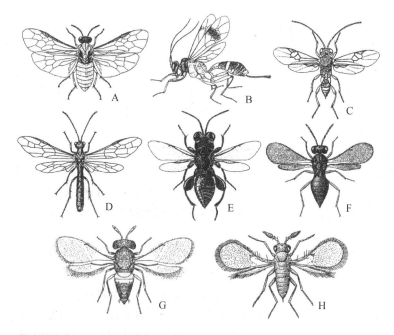

图 12-44 膜翅目昆虫的代表(一)(C.仿赵修复;D.仿何俊华;E.仿侯伯鑫;F.仿王履浙;H.仿庞雄飞;余仿周尧)

A.叶蜂科的代表 小麦叶蜂(*Dolerus tritici* Chu) B.茎蜂科的代表 麦茎蜂(*Cephus pygmaeus* L.);C.姬蜂科的代表 横带驼姬蜂(*Goryphus basilarisi* Holmgren);D.茧蜂科的代表 小菜蛾绒茧蜂(*Apanteles plutellae*);E.小蜂科的代表 黑角洼头小蜂(*Kriechbaumerella nigricoris*);F.金小蜂科的代表 稻苞虫金小蜂(*Trichomalopsis apanteloctena*);G.蚜小蜂科的代表 苹果绵蚜小蜂(*Aphelinus mali*(Haldeman));H.赤眼蜂科的代表 稻螟赤眼蜂(*Trichogramma japonicum* Ashmead)

(6)茧蜂科(Braconidae):体小至中型,较粗壮;触角丝状;前胸背板突伸达翅基片;前翅无前缘室,只有 1 条回脉,无小翅室;后足转节 2 节;腹部长卵形或平扁,第 2 与 3 节愈合,坚硬不可活动;腹部末端几节腹板纵裂,产卵器从腹末前伸出,有产卵器鞘。代表种见图12-44D。

寄生于其他昆虫,产卵于寄主体内或体外,寄主包括鳞翅目、鞘翅目、半翅目、广翅目、双翅目、啮虫目昆虫的卵、幼虫、蛹或成虫,在害虫控制中有重要价值。幼虫老熟时在寄主体外结白色丝茧化蛹。常见种类中华茧蜂(*Myosoma chinensis*(Szepligeti))、麦蚜茧蜂(*Ephedrus plagiator*(Nees))、小菜蛾绒茧蜂(*Apanteles plutellae* Kurdjumov)等。

(7)小蜂科(Chalcididae):体小型,黑色或褐色,无金属光泽,头胸部常具粗糙刻点;触角膝状,11～13 节;前胸背板突不伸达翅基片;翅脉退化,无翅痣,翅不纵褶;休息时翅不能纵向折叠;后足腿节膨大,胫节向内呈弧形弯曲,跗节 5 节;腹部圆卵形或椭圆形,末端几节腹板纵裂,具腹柄;产卵器不外露。代表种见图 12-44E。

肉食性,可寄生于鳞翅目、鞘翅目、双翅目、膜翅目和脉翅目等昆虫的幼虫或蛹,是一类重要的天敌昆虫,少数为重寄生,寄生寄蝇、姬蜂和茧蜂。常见种类有麻蝇大腿小蜂(*Brachymeria minuta*(L.))、广大腿小蜂(*B. lasus*(Walker))、粉蝶大腿小蜂(*B. femorata*(Panzer))等。

(8)金小蜂科(Pteromalidae):体小至中型,常具绿色或蓝色金属光泽,头胸部密布细刻点;触角 8～13 节,具 2～3 个环状节;前胸背板突不伸达翅基片,并胸腹节中部一般具明显刻纹;前翅后缘脉和痣脉发达;后足胫节具 1 个端距,跗节 5 节;腹部末节基节腹板纵裂;产卵器不外露或略露出。代表种见图 12-44F。

肉食性,寄主范围广,能寄生直翅目、半翅目等的多种昆虫,可寄生昆虫卵至成虫的各个虫期。少数种类为捕食性或植食性。常见种类蝶蛹金小蜂(*Pteromalus puparum*(L.))、黑青金小蜂(*Dibrachys cavus*(Walker))、绒茧灿金小蜂(*Trichomalopsis apanteloctena*(Crawford))等。

(9)蚜小蜂科(Aphelinidae):体微小至小型,扁平,黄褐色,无金属光泽;触角 5～8 节;前胸背板突不伸达翅基片,中胸三角片突向前方,明显超过翅基连线;前翅缘脉长,亚缘脉及痣脉短,后缘脉不发达;中足胫节端距发达,跗节 5 节;腹部无柄,末端几节腹板纵裂,产卵器不外露或稍露出。

通常寄生于介壳虫、蚜虫和粉虱,少数种类寄生直翅目、鳞翅目和半翅目昆虫卵。重要种类花角蚜小蜂(*Coccobius azumai* Tachikawa)、苹果绵蚜小蜂(*Aphelinus mali*(Haldeman))(图 12-44G)等。

(10)广肩小蜂科(Eurytomidae):体小至中型,黑色,无光泽,常具明显刻点;触角 11～13 节;前胸背板宽阔、长方形,故名广肩小蜂,并胸腹节一般具网状刻纹;后足胫节具 2 个端距,跗节 5 节;腹部光滑且无柄,末端几节腹板纵裂,产卵器略伸出。

食性较为复杂,主要为寄生性,可寄生鞘翅目、鳞翅目、半翅目等害虫。部分种类为捕食性,也有少数种类为植食性,可为害植物的茎和种子。常见种类刺蛾广肩小蜂(*Eurytoma monemae* Ruschka)、天蛾广肩小蜂(*E. manilensis* Ashimead)等。

(11)跳小蜂科(Encyrtidae):体微小至小型,粗短,黄色、褐色或黑色,常具金属光泽,复眼大,单眼 3 个;触角 5 节以上,柄节有时呈叶状膨大;中胸盾片常大而隆起,盾纵沟无或不完整,小盾片发达;翅常发达,前翅缘脉短,痣脉与后缘脉约等长;中足发达,胫节端距强大,适于跳跃,跗节 5 节;腹部宽且无柄,末端几节腹板纵裂,臀板突具长毛。

成虫善跳,肉食性。寄主主要是半翅目胸喙亚目昆虫卵或若虫,部分寄生于脉翅目、鞘翅目、双翅目和膜翅目昆虫。跳小蜂科是重要的天敌昆虫,在半翅目害虫控制中发挥重要作用。常见种类美丽花翅跳小蜂(*Microterys sepeciosus* Ishii)、红蜡蚧扁角跳小蜂(*Anicetus beneficus* Ishii et Yasumatsu)等。

(12)赤眼蜂科(Trichogrammatidae):体微小至小型,黄色至暗褐色,无金属光泽;触角 5～9 节,柄节长,与梗节呈肘状弯曲;前胸背板突不伸达翅基片;前后翅有长缘毛,前翅无痣后脉,翅面上微毛常排列成行;跗节 3 节;腹部无柄,末端几节腹板纵裂,产卵器内藏或不露出。

卵寄生,寄生于鳞翅目、鞘翅目、膜翅目、双翅目、半翅目、缨翅目、脉翅目、广翅目、直翅目和革翅目昆虫卵,以鳞翅目为主。许多种类已非常成功地进行人工大量繁殖并应用于害虫生物防治。重要种类有松毛虫赤眼蜂(*Trichogramma dendrolimi* Matsumura)、稻螟赤眼蜂(*T. japonicum* Ashmead)(图 12-44H)等。

(13)土蜂科(Scoliidae):体中至大型,黑色,粗壮,多毛;触角弯曲,12～13 节;前胸背板突伸达翅基片,中后胸腹板平坦,中胸和后胸腹板间有 1 条横沟;翅面烟褐色,具绿色或紫色闪光;足短粗,胫节扁平,前足基节靠近,中足胫节具 1～2 个端距,后足胫节具 2 个端距;腹部长,各节后缘有长毛,第 1 和 2 节间常缢缩,雄虫腹部末端具 3 个刺。代表种见图 12-45A。

雌虫在土中挖洞寻找寄主,发现蛴螬时先用螫刺注入毒液,使蛴螬麻醉,再产卵其上,封闭土室。常见种类为白毛长腹土蜂(*Campsomeris annulata* Fabr.)。美国曾从中国和日本引进该蜂来控制日本弧丽金龟(*Popillia japonica* Newman)。

(14)蛛蜂科(Pompilidae):体小至大型,细长,黑色或橙色;触角丝状,12～13 节;前胸背板突不伸达翅基片,中胸侧板被 1 条横缝分为上下两部分;翅半透明,带有颜色或虹彩,翅脉不伸达翅外缘,后翅具臀叶;足长且多刺,基节相互靠近或接触,中后足胫节各具 2 个端距,后足腿节常伸过腹末;腹部较短,前几节间无缢缩,仅少数具柄。

成虫常在花上或地面低飞或爬行,狩猎蜘蛛或昆虫,带回巢内饲育幼虫,故名蛛蜂。常见种类有红尾捷蛛蜂(*Tachypomplius analis* (Fabr.))、强力蛛蜂(*Batozonellus lacerticida* Pallas)(图 12-45B)等。

(15)蚁科(Formicidae):体小至大型,光滑或有毛,复眼常退化;触角膝状,柄节很长,末端 2～3 节膨大;前胸背板发达,前胸背板突伸达或几乎伸达翅基片;有翅或无翅,有翅型的后翅无轭叶;跗节 5 节;腹部第 1 节或第 1～2 节特化成结节状或驼峰状;腹末具螫针,喙螫针退化、以臭腺防御,或具有能喷射蚁酸的喷射结构。

社会性昆虫,多型现象明显。一个巢内至少有蚁后、雄蚁和工蚁。蚁后个体大,寿命长;雄蚁个体小,交配后不久即死亡。有婚飞习性,交配后蚁后脱去翅。有肉食性、植食性或腐食性。常见种类家蚁(*Monomorium pharaonis* L.)和皱红蚁(*Myrmica ruginodis* Nylander)。著名种类红火蚁(*Solenopsis invicta* Buren)和黄柑蚁(*Oecophylla smaragdina* Fabr.)(图 12-45C)。

(16)胡蜂科(Vespidae):体中至大型,黄色或红色,有黑色或褐色的斑和带;触角丝状,12～13 节;前胸背板突伸达翅基片;翅常纵褶,后翅具闭室,多数无臀叶;中足基节相互接触,胫节具 2 个端距,爪不分叉;腹部第 1 和 2 节间有明显缢缩。

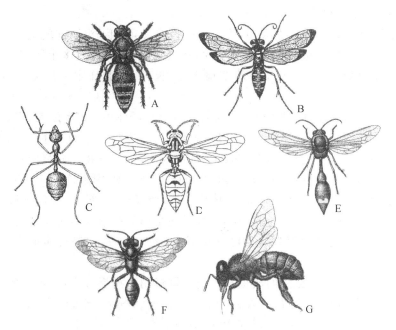

图 12-45 膜翅目昆虫的代表（二）（A. F. 仿彩万志；余仿周尧）

A. 土蜂科的代表 中华土蜂（*Scolia sinensis*）；B. 蛛蜂科的代表 强力蛛蜂（*Batozonellus lacerticida* Pallas）；C. 蚁科的代表 黄柑蚁（*Oecophylla smaragdina* Fabr.）；D. 胡蜂科的代表 普通长足胡蜂（*Polistes olivaceus* De Geer）；E. 蜾蠃的代表 尾带蜾蠃（*Eumenes* sp.）；F. 泥蜂科的代表 黑足泥蜂（*Sphex subtruncatus* Dahlbom）；G. 蜜蜂科的代表 中华蜜蜂（*Apis cerana* Fabr.）

社会性昆虫，在高大的树上、石壁或地下筑吊钟状巢。在一个巢内有雄蜂、雌蜂和工蜂，雌蜂与工蜂外形相似，但雌蜂个体较大。当其巢受惊扰时，会群蜂出动，追蜇侵扰者。肉食性，捕食其他昆虫。常见种类大黄蜂（*Palistes mandarinus* Saussure）、黄胡蜂（*Vespula vulgaris*（L.））、普通长足胡蜂（*Polistes olivaceus* De Geer）（图 12-45D）等。

（17）蜾蠃科（Eumenidae）：体中型，黑色，有黄色或白色斑纹；触角丝状，12～13 节；前胸背板突伸达翅基片；翅常纵褶，后翅有轭叶；中足基节相互接触，胫节具 1～2 个端距，爪 2 叉状；腹部第 1 节多长柄状或粗短，第 1 和 2 节间有明显缢缩。代表种见图 12-45E。

独栖生活，肉食性，常捕食鳞翅目幼虫。利用泥土或黏土在地下、土墙中、植物空洞中筑巢。捕获猎物后，用蜇针注入毒液，后带入巢中，供幼虫取食。常见种类有黄喙蜾蠃（*Rhynchium quinquecinctum*（Fabr.））、中华唇蜾蠃（*Eumenes labiatus sinensis* Giordani et Soika）、北方蜾蠃（*E. coarctatus*（L.））等。

（18）泥蜂科（Sphecidae）：体小至大型，一般黑色，有黄色或红色斑纹，无毛或少毛；触角丝状，12～13 节；前胸背板后缘直，背板突不伸达翅基片；前翅翅脉发达，具翅痣，后翅有闭室，常具轭叶；足细长，前足适于开掘，中足胫节具 1～2 个端距，后足行走足；腹部一般具柄，有时柄很长，呈细杆状，故称细腰蜂。

独栖生活，成虫常在地下筑巢，或以泥土在墙角、屋檐、岩石或土壁上筑土室。肉食性，捕食或寄生直翅目、鞘翅目、鳞翅目、螳螂目、半翅目和膜翅目昆虫以及蜘蛛等。常见种类有黑毛泥蜂（*Sphex haemorrhoidalis* Fabr.）、黑足泥蜂（*S. subtruncatus* Dahlbom）（图 12-

45F)、赤腰泥蜂（*Ammophila clavus* Fabr.）。

（19）蜜蜂科（Apidae）：体小至大型，无绿色金属光泽，多毛，头胸部的毛分支或羽状；触角膝状，12～13节；前胸背板突不伸达翅基片；翅发达，前后翅均有多个闭室，后翅具臀叶；前足基跗节具净角器，后足胫节及基跗节扁平，为携粉足；雌蜂腹部可见6节，雄蜂可见7节。

生活习性复杂，分寄生性、独栖性和社会性。社会性群体中，分蜂王、雄蜂及工蜂。蜂王为发育完全的雌蜂，个体较大，主要负责产卵、繁殖后代；雄蜂个体小于蜂王，与蜂王交配后即死亡；工蜂为发育不完全的雌蜂，个体较小，负责筑巢、采集食物、饲喂幼虫、清洁等工作。常见种类中华蜜蜂（*Apis cerana* Fabr.）（图12-45G）和意大利蜜蜂（*A. millifera* L.）。

（20）螯蜂科（Dryinidae）：体小至中型，体形、行为似蚁类，头部宽；触角丝状，10节；前胸背板突伸达或几乎伸达翅基片；后翅有轭叶；雌蜂前足第5跗节与1爪特化为螯，用以捕捉猎物或抱握寄主，故名螯蜂；腹部具柄，可见腹部6～8节，不能向胸部腹面弯贴；产卵管针状、稍伸出腹末。

寄主为半翅目头喙亚目昆虫的成虫和若虫。雌蜂用螯捕捉寄主，产卵于寄主胸部或腹部的节间。常见种类黄腿螯蜂（*Pseudogonatopus flavifemur*（Esaki et Hashimoto））和黑腹单节螯蜂（*Haplogonatopus oratorius*（Westwood））。

（21）青蜂科（Chrysididae）：体小至中型，体壁高度骨化，常具青、蓝、紫等金属光泽，头与胸等宽；触角丝状，12～13节；前胸背板突接近翅基片，并胸腹节侧缘常有锐利的隆脊或刺；前翅翅脉稍退化，后翅小，有轭叶，无闭室；足纤细，爪2叉状；腹部无柄，可见腹板2～5节，腹板内凹，能向胸部腹面弯曲；产卵器管状，能收缩。

全部寄生性，寄主包括竹节虫卵、膜翅目幼虫和鳞翅目预蛹等。常见种类有上海青蜂（*Chrysis Praestochrysis shanghaiensis* Smith）。

第三篇　植物病虫学基础实验

实验一　根肿菌门、卵菌门、壶菌门、接合菌门以及子囊菌门菌物形态观察

Ⅰ　根肿菌门、卵菌门、壶菌门菌物形态观察

根肿菌门、卵菌门、壶菌门菌物是真菌门中最低等的一类,主要特征是无性繁殖产生带有 1~2 根鞭毛的游动孢子(有的还有游动配子)。根肿菌门、卵菌门、壶菌门是较重要的病原物,划分依据是营养体的形态及鞭毛的特征。

一、实验目的

1.了解根肿菌门、卵菌门、壶菌门菌物的主要形态特征。

2.掌握与植物病害有关的重要属的基本形态特征、分类依据及其所致病害的症状特点。

二、实验材料

芸薹根肿菌(*Plasmodiophora rassicae*)、玉米褐斑病(*Physoderma maydis*)、水稻烂秧绵霉病(*Achlya oryzae*)、辣椒疫霉病菌(*Phytophthora infestans*)、瓜类霜霉病菌(*Pseudoperonospora cubensis*)、苋菜白锈病(*Albugo candida*)等病菌的玻片标本。

三、内容和方法

(一)根肿菌门(Plasmodiophoromycota)

根肿菌:取根肿菌玻片,镜检病原菌。有的寄主细胞内可见到许多堆积在一起的鱼子状颗粒,是病菌的休眠孢子。休眠孢子近球形。

(二)壶菌门(Chytridiomycota)

玉蜀黍节壶菌:观察由玉蜀黍壶菌引起的玉米褐斑病标本。镜检可见到许多扁球状的休眠孢子。休眠孢子椭圆形,一面扁平有盖。

(三)卵菌门(Oomycota)

1.水霉目(Saprolegniales)

水稻烂秧绵霉菌:孢子囊圆形或棍棒状,合轴分枝,新的孢子从老孢子囊基部的外侧长出,呈聚伞形排列。游动孢子第一个活动时期很短,休止在孢子囊顶部孔口处聚集成团。

2.霜霉目(Peronosporales)　霜霉目真菌与水霉目真菌的主要区别是藏卵器中只形成一个卵孢子;游动孢子没有两游现象,孢子囊一般是产生在特殊分化的孢囊梗上;孢子囊较易从孢囊梗上脱落。

根据孢囊梗的形态特点,霜霉目分为腐霉菌科(Pythiaceae)、白锈菌科(Albuginaceae)和霜霉菌科(Peronosporaceae),该目与植病关系密切的有以下几个属。

(1)疫霉属(Phytophthora):观察辣椒疫霉病玻片标本。孢子梗2～3枝丛生,自气孔伸出,假轴状分枝,小梗基部膨大,多次产生孢子囊,使孢子囊梗上部呈节状;孢子囊近球状、卵状或梨形等,有乳突。

(2)霜霉属(Peronospora):观察白菜霜霉病菌玻片标本。孢囊梗二叉状锐角分枝,末端尖锐。

(3)白锈菌属(Albugo):镜检苋菜白锈病玻片标本。孢囊梗平行排列在寄主表皮下,短棍棒形,孢子囊串生。

Ⅱ　接合菌门菌物形态观察

接合菌门的菌物叫接合菌,也是真菌中比较低等的一类,这类真菌的营养体为无隔菌丝体,无性繁殖产生孢囊孢子,有性繁殖产生接合孢子。大多数是腐生的,少数可以引起农产品的腐烂。孢子囊的形态、孢囊孢子释放以及寄生性等是重要的分类依据。接合菌分两个纲:接合菌纲(Zygomycetes)和毛菌纲(Trichomycetes)。与农业病害关系较大的是接合菌纲中的毛霉目(Mucorales)真菌,重要的有两个属:根霉属(Rhizopus)和毛霉属(Mucor)。

一、实验目的

通过实验掌握接合菌的一般形态及其所致病害的病状类型。

二、实验材料

甘薯软腐病菌 Rhizopus nigricans。

三、内容和方法

取甘薯软腐病菌玻片观察孢子囊、孢囊孢子、孢囊梗、假根的形态。

Ⅲ　子囊菌门菌物形态观察

子囊菌门菌物称子囊菌,子囊菌有15000多种,其中大多数是陆生的。它们的形态,生活史、寄生性及所致病害症状千差万别。营养体除少数种类是单细胞的外,大多数是发达、有隔膜、能分枝的菌丝体,而且很多种类可形成菌组织,因而有子座和菌核等结构,无性繁殖产生分生孢子,有性繁殖产生子囊孢子。子囊菌亚门分纲的主要依据是子囊果及子实体及子实层的有无、子囊果的类型、子囊的特征等。据此分为 6 个纲:半子囊菌纲

(Hemiascomycetes)、不整囊菌纲（Plectomycetes）、核菌纲（Pyrenomycetes）、腔菌纲（Loculoascomycetes）、盘菌纲（Discomycetes）和虫囊菌纲（Laboulbeniomycetes）。

一、实验目的

通过本实验了解子囊菌亚门各个纲病原菌的主要形态特征,掌握子囊菌中与植物病害相关的重要属的形态特征、分类依据及所致病害的病状特点。

二、实验材料

向日葵白粉病菌（*Erysiphe cichoracearum*）、玉蜀黍赤霉病菌（*Gibberella zeae*）、苹果树腐烂病菌（有性）（*Valsa mali*）、苹果树腐烂病菌（无性）（*Valsa mali*）、小麦全蚀病菌（*Gaeumannomyces graminis*）、竹多腔菌（*Myriangium hareanum*）、葱叶枯病菌（*Mycosphaerella* sp.）油菜菌核病菌（*Slerotnia scleroliorum*）等病菌的玻片标本。

三、内容和方法

（一）核菌纲（Pyrenomycetes）

核菌纲真菌十分庞杂,其特征是有性生殖产生子囊壳,子囊壳有固定的孔口,孔口的内侧有一层菌丝状的缘丝,子囊在子囊壳中的排列是有规则的,子囊壁单层。有些子囊是成束着生在闭囊壳的基部,子囊壁也不易消解,子囊孢子成熟后可从子囊中弹出,因此仍放在核菌纲中。

核菌纲有四个目,其中与植物病害关系密切的有白粉菌目（Erysiphales）和球壳目（Sphaeriales）。

1. 白粉菌目（Erysiphales） 白粉菌都是专性寄生菌,菌丝、无性和有性繁殖体多表生,以吸器伸入寄主表皮细胞吸取养分,子囊果为闭囊壳,其上生有各种形状的附属丝,根据附属丝的性状和闭囊壳内子囊的数目进行分类。

取向日葵白粉病材料,在显微镜下观察。注意闭囊壳的形状、孔口、闭囊壳表面附属丝的形状和着生部位。

2. 球壳目（Sphaeriales） 球壳目真菌的子囊果为真正的子囊壳,有真正的孔口,孔口乳突状或长筒状,子囊有圆形、棍棒形、纺锤形,一般排列成子实层,子囊间大都有侧丝,也有的早期消解或没有,球壳菌一般都有很发达的分生孢子阶段。

有些分类系统将形成子囊壳的真菌,分为许多目,但究竟分为几个目意见很不一致。考虑到有些分目的特征难于掌握,界线并不很清楚,还有属于末定的中间类型,所以不如化繁为简都归纳入球壳目。球壳目真菌大多是腐生的,其中也有不少是寄生的。

（1）赤霉属（*Gibberella*）:取玉蜀黍赤霉病菌子囊壳玻片标本在显微镜下观察。子囊壳蓝色或紫色,散生或聚生。子囊孢子多个细胞,梭形。

（2）黑腐皮壳属（*Valsa*）:取苹果树腐烂病菌玻片观察。子囊壳埋在子座内,有长颈伸出子座。子囊孢子单细胞,香蕉形。

（3）顶囊壳属（*Gaeumannomyces*）:观察小麦全蚀病菌的玻片标本。子囊壳顶端有短喙。子囊孢子细线状,多细胞。

（二）腔菌纲（Loculoascomycetes）

腔菌纲真菌的主要特征是子囊果为子座性质,是由子座组织溶解而形成的,许多单个子囊散生,或成束,或成排着生在子座组织溶解而成的腔内。这种形式的子囊果称为子囊座或子囊腔,子囊腔没有真正的腔壁(包被)与子座组织的其他部分分开,也没有真正的侧丝和固定的口孔。另一个重要的特征是子囊双层壁。

（1）多腔菌属（Myriangium）:取竹多腔菌玻片在显微镜下观察。子囊座组织很发达,子囊球形,单生,子囊孢子有纵横隔膜,砖隔状。

（2）球座菌属（Guignardia）:取葱叶枯病菌玻片标本,在显微镜下观察。单腔多囊,子囊圆柱形至棍棒形,有双层壁。子囊初期束生,后平行排列,子囊孢子椭圆形,双孢。

（三）盘菌纲（Doscomycetes）

盘菌纲真菌的营养体特别发达,有的甚至能形成菌核,无性繁殖可产生分生孢子,但不像其他子囊菌那样发达,多数不产生分生孢子。盘菌纲主要特征是子囊果为子囊盘,子囊平行排列形成子实层,盘菌大多是腐生的,不少种类可以食用。

核盘菌属（Sclerotinia）:取油菜菌核病菌玻片,置显微镜下观察。子囊盘具有柄,子囊孢子椭圆形或纺锤形。

▷ 作业

1.绘玉米褐斑病菌的休眠孢子囊图。

2.绘辣椒疫霉病菌或十字花科蔬菜白秀病菌的孢子囊。

3.绘苋菜白锈病菌孢子梗、孢子囊图。

4.绘赤霉属、球腔菌属孢子囊形态图。

实验二 担子菌门和半知菌类菌物形态观察

Ⅰ 担子菌门菌物形态观察

担子菌门菌物一般被称作担子菌,是真菌中最高等的。其共同特征是有性生殖产生担孢子。根据担子菌是否形成担子果,以及担子果是裸果型还是被果型等性状特点,可将担子菌门分为冬孢菌纲(Teliomycotes)、层菌纲(Hymenomycetes)和腹菌纲(Gasteromycetes)三个纲。其中寄生性较强,与植物病害关系密切的是冬孢菌纲的锈菌目和黑粉菌目。一般认为冬孢菌纲真菌是低等担子菌,没有担子果,形成分散或成堆的冬孢子。锈菌的分类主要依据是冬孢子的形态、排列和萌发的方式。而黑粉菌主要分类依据是冬孢子的萌发方式,孢子的分隔,孢子的分离、排列及其大小、开关及是否有不孕细胞等进行分类。

一、实验目的

通过本实验了解担子菌冬孢纲主要病原的形态特征,掌握锈菌目和黑粉菌目中与植物病害有关的重要属的形态特征、分类依据以及所致病害的症状特点。

二、实验材料

菜豆锈病(*Uromyces appendiculatus*)、小麦锈病(*Puccinia graminis*)、小麦散黑穗病(*Ustilago tritici*)、小麦腥黑穗病(*Tilletia tritici*)、水稻叶黑粉病(*Entyloma oryzae*)、小麦秆黑粉病(*Urocystis tritici*)等病菌的玻片标本。

三、内容和方法

(一)锈菌目(Uredinales)

锈菌的特征是冬孢子从双核菌丝的顶端细胞形成,担子(上担子或后担子)是由外生型的冬孢子(下担子或原担子)萌发而成的。担子多产生三个横隔分为四个细胞,每个细胞上产生一个担孢子。锈菌的生活史可以产生几种形态学和细胞学性状不同的孢子器,并有转主寄生现象,锈菌目根据冬孢子有柄或无柄分为两个科:无柄的层锈菌科(Melampsoraceae)和有柄的柄锈菌科(Pucciniaceae)。锈菌都是专性寄生的。

1.单胞锈菌属(Uromyces) 观察菜豆锈病玻片标本的冬孢子,具柄、单细胞。

2.柄锈菌属(Puccinia) 观察小麦锈病玻片标本,冬孢子有短柄,双细胞,壁厚。观察冬孢子堆颜色。

（二）黑粉菌目（Ustilaginales）

1.黑粉菌属（*Ustilago*）　取小麦散黑穗病玻片标本，在显微镜下观察。冬孢子堆粉状，彼此分离，孢子堆外没有由菌丝构成的假膜包围，冬孢子表面光滑或有纹饰，呈球形或近球形。

2.腥黑粉菌属（*Tilletia*）　取小麦腥黑穗病玻片标本，置于显微镜下观察。冬孢子单生，孢子堆成熟时呈粉末状，冬孢子较小。孢子堆生于子房内，外包果皮，内部充满黑紫色粉状孢子，有腥味。

3.叶黑粉菌属（*Entyloma*）　取水稻叶黑粉病玻片标本，置于显微镜下观察。冬孢子堆成熟后长期埋生在叶片、叶柄和茎组织内，不呈粉状。孢子多呈角形，结合紧密。担孢子顶生于担子上，纺锤形。注意堆生在叶组织中的冬孢子堆。

4.条黑粉菌属（秆黑粉菌属 *Urocystis*）　取小麦秆黑粉病玻片标本，置于显微镜下观察。冬孢子聚集成团，坚固而不易分离，冬孢子团外有无色不孕细胞包围褐色冬孢子。注意不孕细胞。

Ⅱ　半知菌类菌物形态观察

半知菌门菌物称半知菌，是一类尚未发现，或者没有有性阶段的真菌，半知菌无性阶段非常发达，主要依靠无性阶段产生各种各样的分生孢子来延续其种群，半知菌的形态差异很大，它引起的植物病害种类也很多，症状十分复杂。半知菌的分类主要是根据无性阶段（分生孢子阶段）的形态特征，分为三个纲：芽孢纲（Blastomycetes）、丝孢纲（Hyphomycetes）和腔孢纲（Coelomycetes）。芽孢纲营养体为单细胞或发育程度不同的菌丝体或假菌丝，通过产生芽孢子繁殖。丝孢纲营养体是发达的菌丝体，分生孢子产生在分生孢子盘或分生孢子器内。腔孢纲分生孢子产生在分生孢子盘或分生孢子器内。与植物病害关系比较密切的是丝孢纲和腔孢纲。

一、实验目的

通过本实验了解半知菌子实体的类型及重要致病菌属的形态特征，掌握一些植物病原半知菌属的鉴别特征。

二、实验材料

玉米小斑病（*Bipolaris maydis*）、玉米大斑病（*Exserohilum turcicum*）、棉花黄萎病（*Verticillium dahliae*）、柑橘青霉病（*Penicilium italicum*）、苹果炭疽病（*Colletotrichum gloesporioides*）、芹菜斑枯病（*Septoria apiiicola*）等病菌的玻片标本。

三、内容和方法

（一）丝孢纲（Hyphomycetes）

丝孢纲真菌的特点是分生孢子不产生在分生孢子盘或分生孢子器内。

1.平脐蠕孢属（离蠕孢属 *Bipolaris*）　取玉米小斑病菌玻片标本，置于显微镜下观察。

分生孢子梗单生或丛生,上部呈屈膝状弯曲;分生孢子蠕虫形或长椭圆形,多孢,脐点稍微突出,平截状。

2.突脐蠕孢属(*Exserohilum*)　取玉米大斑病菌玻片标本置于显微镜下观察。其分生孢子梗暗色,具分隔,一般少枝,上部呈屈膝状。分生孢子梭形,多孢,脐点明显突起,称足胞。

3.轮枝孢属(*Verticillium*)　取棉花黄萎病菌玻片标本置于显微镜下观察。其分生孢子梗细长,直立,具分隔,呈轮枝分枝。分生孢子梗呈直角分枝。分生孢子单孢子,生于分枝顶端。

4.青霉属(*Penicillium*)　取柑橘青霉病玻片标本置于显微镜下观察。分生孢子集结成束,"扫帚状"分枝,分枝末端为瓶状小梗,分生孢子着生在瓶状小梗上。

(二)腔孢纲(Coelomycetes)

腔孢纲真菌也是一类很重要的植物病原物。这类真菌的特征是分生孢子产生在分生孢子盘或分生孢子器内。

1.炭疽菌属(刺盘孢属 Colletotrichum)　取苹果炭疽病玻片标本置于显微镜下观察。分生孢子盘埋生于寄主表皮下,垫状无刚毛,成熟后突破表皮,分生孢子梗平行排列成一层。分生孢子单细胞。

2.壳针孢属(*Septoria*)　取芹菜斑枯病玻片标本置于显微镜下观察。分生孢子器球形。分生孢子无色,针状,多孢。

作业

1.绘黑粉菌属和叶黑粉菌属冬孢子形态图。

2.绘柄锈菌属和单孢锈菌属冬孢子形态图。

3.绘炭疽菌属的分生孢子盘和分生孢子形态图。

4.绘壳针孢属的分生孢子器和分生孢子形态图。

实验三　植物病原细菌及其所致病害症状观察

Ⅰ　植物细菌病害的症状观察

　　植物细菌病害的症状常作为鉴定属的一种辅助性状,即症状类型和病原属之间有一定的相关性,如棒杆菌属的细菌主要引起萎蔫症状;假单胞杆菌属主要引起叶斑、腐烂和萎蔫症状;黄单胞杆菌属主要引起叶斑和叶枯症状;野杆菌属引起肿瘤等增生性症状;欧氏菌属一般引起软腐,有时也引起萎蔫。此外,多数细菌病害在发病初期,特别在潮湿的自然条件下常呈水浸状或油渍状;在饱和湿度下病斑上常有菌脓形成,干后成为菌痂。掌握症状类型及其形成的生态条件,对细菌病害的正确诊断是十分重要的。

一、实验目的

　　通过本次实验,掌握植物细菌病害症状类型,为以后植物细菌病害的正确诊断和病原细菌的分类鉴定打下良好的基础。

二、实验材料

　　水稻白叶枯病(*Xanthomonas oryzae*)、棉花细菌角斑病(*X. malvacearum*)、马铃薯环腐病(*Clavibacter sepedonicum*)、白菜软腐病(*Erwinia carotovora*)、黄瓜细菌角斑病(*Pseudomonas lachrymans*)、苹果根癌病(*Agrobacterium tumefaciens*)、大豆细菌性斑点病(*P. glycinea*)、菜豆细菌性叶烧病(*X. phaseoli*)、水稻条斑病(*X. oryzicola*)等病菌的玻片标本。

三、内容和方法

　　肉眼观察并借助放大镜等简单的显微仪器,完整描述上面各个标本的性状特征,包括寄主名称、发病部位、症状。

Ⅱ　植物细菌病害的简易诊断

　　植物细菌病害的诊断和病原鉴定是比较复杂的,初步诊断是根据症状特点和显微镜检查病组织中的细菌来完成的。细菌病害,除少数(如苹果根癌病)外,绝大多数能在受害部位的维管束或薄壁细胞组织中产生大量的细菌,并且吸水后形成菌溢。因此,镜检病组织中有无细菌的大量存在(菌溢的出现)是诊断细菌病害简单易行的方法。

一、实验目的

通过本次实验,掌握植物细菌病害简易诊断方法,为以后植物细菌病害的正确诊断和病原细菌的分类鉴定打下良好的基础。

二、实验材料

水稻叶枯病新病叶和健康叶片。

三、内容和方法

取水稻白叶枯病新病叶,在病斑病部交界处剪取 2mm×2mm 的小块病组织,放在载玻片上,滴加一滴蒸馏水,盖好盖玻片后,立即在显微镜下观察。注意叶组织维管束剪断处是否有大量的细菌,呈云雾状溢出,如将视野调暗观察更易见到,按同样方法用健康组织做镜检反证。

Ⅲ　植物病原细菌形态观察

细菌个体很小,无论形态观察还是种类鉴定,都须经染色后才能在显微镜下观察清楚,植物病原细菌目前发现的只有五个属。属的鉴定主要根据革兰氏染色反应,鞭毛数目和着生位置,菌落颜色及所致病害症状等进行。

一、实验目的

通过本次实验,熟悉植物病原细菌的基本形态,掌握植物病原细菌初步鉴定的程序和技术,为以后植物细菌病害的正确诊断和病原细菌的分类鉴定打下良好的基础。

二、实验材料

水稻白叶枯病菌(*X. oyzae*)、马铃薯环腐病菌(*C. sepedonicum*)、茄青枯病菌(*Burkholderia solanacearum*)、白菜软腐病菌(*E. carotovora*)等病菌的玻片标本。

三、内容和方法

1.培养性状观察　取培养皿中培养的水稻白叶枯病菌(*X. oyzae*)、马铃薯环腐病菌(*C. sepedonicum*),茄青枯病菌(*Burkholderia solanacearum*)和白菜软腐病菌(*E. carotovora*)等,注意观察菌落颜色、大小、质地,是否产生荧光色素等,比较其和植物病原真菌培养菌落有什么根本性的不同。

2.革兰氏染色反应　供试菌种:马铃薯环腐病菌(*C. sepedonicum*)和白菜软腐病菌(*E. carotovora*)。

(1)取洁净的载玻片,加一滴无菌水;用移菌环按无菌操作要求取一环菌苔,在水滴中制成菌悬液;

（2）另取一洁净载玻片，在中央加滴无菌水，取一环上述配制的菌悬液至水滴中，均匀涂布成薄层后，自然晾干；

（3）将涂片在灯焰上缓慢通过2～3次进行固定；

（4）滴草酸铵结晶紫液于涂片上，染色1min；

（5）倾去染液，水洗（亦可不用水洗）；

（6）加碘液处理1min；

（7）倾去碘液，水洗；

（8）用95%酒精洗脱染液，时间约30s；

（9）吸干后，滴加复染剂藏红复染10～30s；

（10）水洗、吸干镜检。

阳性反应的细菌染成紫色，阴性反应的染成红色，注意涂片菌液不能太浓，褪色要彻底。否则是红是紫不易区分。

3. 鞭毛染色　细菌鞭毛很细（只有0.02～0.03μm）。不做特殊处理，一般光学显微镜是看不见的，鞭毛上沉积了染剂或银盐后才能看到，这是所有鞭毛染色的根据。但是染剂也可以在载玻片上沉积，如果载玻上沉积染剂太多，就会影响鞭毛染色效果。为此所用载玻片一定要用特殊方法严格洗涤（方法这里从略），此外染剂处理时间一定要严格掌握，处理时间太短，鞭毛上没有足够的沉积物看不清楚；处理时间太长，玻片上沉积物太多，也看不清楚。另外，菌龄十分重要，培养时间不足，或培养时间太长都不易染色成功。不同种类的细菌培养时间差异较大，白菜软腐病菌以在26～28℃恒温箱中培养16～18h为宜。总之，鞭毛染色比较困难，必须严格掌握每个操作环节。

供试菌株：白菜软腐病菌（*E. carotovora*）。

（1）载玻片准备：用新的载玻片，经过系列清洁处理后，进行检验，合格者用于实验。

（2）细菌悬液的配制：供染色用的菌种，用前每隔1～2d转移一次，连续转移几次进行活化，增强细菌的活性。在已活化并在16～28℃恒温箱中培养16～18h的白菜软腐病菌斜面上加3～5mL先在恒温箱中预热的无菌水，静置10～20min，使细菌游出配成稀薄的菌悬液，注意静置的时间不能太长，因为时间长了鞭毛可能脱落、染色固定前可在镜下观察其游动性。

（3）涂片：用移置环取配好的菌悬液2～3环于洁净的载玻片上，立即将玻片直立，使菌液流下展开，在玻片上遗留并形成菌悬液膜，在空气中自然干燥固定，勿用火焰固定。

（4）染色：鞭毛染色的方法很多，大致可分为两类，第一类是碱性品红染色法；第二类是银盐沉积法。本次实验用银盐沉积法或碱性品红染色法。

银盐沉积法：滴甲液3～5min，用蒸馏水轻轻冲洗甲液，再加乙液，处理30～60s，立即用蒸馏水轻轻冲洗乙液，空气中自然干燥后，镜检（有人在加乙液后，在灯焰上微加热，再用水洗）菌体染成深褐色，鞭毛染成褐色，注意鞭毛数目及着生方式。

碱性品红染色法（Leifson赖夫生染色法）：在洁净载玻片上用尖蜡笔划4个1.3cm×2.0cm的长方形小格，将载玻片斜放，用移植环在每小格顶端加一滴菌悬液，流下的菌悬液用纸吸去，干燥后，在第一个小格加5滴染剂，经过5s、10s、15s后，分别在第二、三、四3个格中加滴染剂，仔细观察染剂中有很细的沉淀物（铁锈色云雾状物）产生，当第一、第二小格已产生沉淀时，立即用水洗去染剂，室温下使载玻片干燥，然后直接在油镜下镜检。

附1　植物细菌病害症状类型

(1)叶斑:是常见的细菌病害症状,如棉花角斑病、芝麻角斑病等,多数叶斑发展受叶脉的限制而呈多角形,初期为半透明水浸状,后期色泽深,许多病斑周围还常有黄色的晕圈出现,细菌菌脓溢出多在叶背发生。

(2)条斑、条纹:在具平行叶脉的寄主植物上,局部病斑常表现为条斑、条纹、如高粱细菌性条纹病、水稻白叶枯病。

(3)穿孔:受病的坏死组织脱落形成孔洞,这类病害应在病部脱落前进行诊断,如核果类细菌性穿孔病。

(4)焦枯、疫病:是指植物叶、茎等器官大部或全部患病干枯的症状,如大豆细菌性斑疹病,在盛发时,造成明显的焦枯症状。

(5)腐烂:寄主组织染病后坏死、崩解。如白菜软腐病,萝卜黑腐病等,此类菌脓最为明显。

(6)萎蔫:病害为害寄主的输导组织引起萎蔫。如茄科作物青枯病等出现全株性萎蔫。

(7)肿瘤及其他畸形:如植物根癌病,苹果毛根病等,这类病害的深部病组织中很少有细菌存在,病原细菌主要在肿瘤组织的皮层细胞中,而且数量很少。

附2　植物病原细菌分属检索表

1 革兰氏反应阳性 ·························· 棒杆菌属(*Clavibacter*)

如马铃薯环腐病菌(*C. michiganensis*)

1 革兰氏反应阴性

2 鞭毛极生

 3 鞭毛1根,菌落黄色 ·························· 黄单胞杆菌属(*Xanthomonas*)

 如水稻白叶枯病菌(*X. oryzae*)

 3 鞭毛1~2根,菌落灰白色 ·························· 布科氏菌属(*Burkholderia*)

 如茄科青枯病菌(*B. solanacearum*)

 3 鞭毛数根,菌落白色,可发荧光 ·········· 假单胞杆菌属(*Pseudomonas*)

 如黄瓜细菌性角斑病菌(*P. lachrymas*)

2 鞭毛周生

 3 引起组织肿大或畸形 ·························· 土壤杆菌属(*Agrobacterium*)

 如苹果根癌病菌(*A. tumefaciens*)

 3 引起腐烂 ·························· 欧文氏杆菌属(*Erwinia*)

 如白菜软腐病菌(*E. carotovora*)

附3　革兰氏染色剂及鞭毛染色剂

(一)革兰氏染色剂

1.草酸铵结晶紫

甲液:结晶紫2g,95%酒精20mL。

乙液:草酸铵0.8g,蒸馏水80mL。

两液分别配成后混合。

2. 鲁戈尔(Lugol)碘液　碘 1g,碘化钾 2g,蒸馏水 300mL。碘和碘化钾在研钵中充分研磨,溶于水中,贮放在茶色磨口玻璃瓶中。

3. 复染剂(藏红)　藏红(2.5％的 95％酒精溶液) 10mL,蒸馏水 100mL。

(二)鞭毛染色剂

1. 银盐"染色"法

甲液:单宁酸 5g,氯化铁(FeCl$_3$·6H$_2$O) 1.5g,蒸馏水 100mL。混合溶解后,加 15％福尔马林 2mL,1％ NaOH 1mL(15％福尔马林的配法是;40％福尔马林 4mL,加蒸馏水 6mL),溶液酸度 pH 为 1.5～1.8。

乙液:硝酸银 2g,蒸馏水 100mL。留 10mL 做回滴定,在 90mL 硝酸银溶液中一滴一滴加入浓氢氧化铵,就产生很浓的沉淀,继续滴入氢氧化铵,使沉淀消失为止,然后滴入备用的硝酸银溶液,使出现少量云雾状沉淀为止,将酸度调节到 pH 为 9.8～10。乙液不耐贮存,必须在 4h 内染色,以防 pH 改变。

2. 赖夫生染色法　染剂有两种配方。

配方 1:单宁酸 10g,氯化钠 5g,碱性品红 4g,取以上混合物 1.9g,溶解在 33mL 升的 95％酒精中,加蒸馏水使最后定容为 100mL,酸度调节到 pH 5.0。

配方 2:单宁酸 3％的水溶液加 0.2％苯酚,氯化钠 1.5％的水溶液,碱性品红 1.2％的 95％酒精(pH 5.0)溶液。将相等容量的三种溶液,在使用前 1d 混合。

两种配方都可以,依个人偏好而定。

🖐> 作业

1. 将提供的细菌病害标本的症状观察结果填入下表:

病害名称	病原菌学名	症状描述	备注

2. 植物细菌病害的在症状鉴定方法和防治方面与植物菌物病害有什么不同? 为什么?

3. 根据革兰氏染色反应和鞭毛性状,回答白菜软腐病菌属于哪个属。

4. 试分析鞭毛染色成功与失败的主要技术环节。

实验四　病毒的传染性观察

病毒甚为微小,在普通显微镜下看不到,也不能在一般培养基上培养,所以通常只能靠病状的表现及病毒的属性,进行诊断和鉴定。传染途径是病毒的鉴定性状,也是防治的重要依据。植物病毒可以通过多种途径进行传染,植物病毒的接种方法与它的传染途径有关。

一、实验目的

掌握机械传毒的方法、原理及病毒侵染后造成的局部症状与系统症状的区别;了解并掌握介体昆虫传毒的过程、方法和原理。

二、实验材料

普通烟苗、花叶烟苗、蚜虫等。

三、内容和方法

1.机械传染　机械传染是指病毒从植物表面的机械损伤侵入,引起植物的发病。机械传染病毒的接种方法,一般是将病株汁液在叶面摩擦,所以又称"汁液传染"或"汁液摩擦传染"。但这种传染只限于大部分引致花叶型症状的病毒,因为这些病毒在寄主细胞中的浓度较高,同时在寄主体外的存活力也较长,通过汁液接种便可证实病毒是由机械传染的,具体操作步骤如下:

用肥皂将手彻底洗净,取烟草花叶病的病叶,用清水洗净,放入研钵中,加入少量 PBS 缓冲液,磨碎挤出汁液,接种于无病烟草。选择生长健壮具有 4～5 个叶片的烟草植株,作为接种寄主,每株接 2～3 个叶片,接种时先用清水冲洗待接种的叶片,晾干后再撒上少许金刚砂(600 目)或硅藻土,以左手托着叶片,用右手食指蘸取少量病毒汁液。在接种叶片上轻轻摩擦,要求仅使叶片表皮细胞造成微伤口而不死亡,接种后用清水洗去接种叶片上的残留汁液,将接种的植株放在防虫的温室或纱笼中,在 20～25℃条件下培养,7～14d 随时注意观察其发病情况。

2.昆虫传染　昆虫传染是自然条件下植物病毒的一种主要传染方式。它是以昆虫为媒介,将病毒从病株到健株体内。蚜虫是植物病毒最主要的虫媒,蚜虫传毒实验步骤如下:

(1)蚜虫准备:接种前到田间无病的十字花科蔬菜上,用毛笔轻轻采集蚜虫,经过饲养证实蚜虫不带毒后方能用于实验。

(2)饿蚜:为保证接种效果,接种前蚜虫必须使其饥饿一定时间。饿蚜方法如下:取培养皿一个,用玻璃纸封好,并用橡皮筋缚紧,在玻璃纸中间开一小洞,用柔软毛笔取蚜虫从小洞放入培养皿(取蚜虫时可将带蚜虫的叶片,轻轻敲打或稍加热烘一下,使蚜虫自己掉下,必须不使蚜虫的口器受伤),每个培养皿放入 50 头左右,然后用玻璃纸重新将小洞封闭,将培养皿放在温暖处,使蚜虫饥饿 2～4h。

(3)饲毒:将经过饥饿的蚜虫重新用笔从玻璃小洞中取出,挑到有病毒的病叶上喂饲 10min。

(4)接种:蚜虫饲养达到所要求时间后,用毛笔触动蚜虫,将其移到无病接种植物上,每株接种蚜虫 10～15 只,将接种后的植株放养虫笼内或玻璃罩内培养,接种 24h 后,用药杀死蚜虫,继续培养至症状表现。

同样将饥饿后的蚜虫放在无病毒的植株上吸食 10min,然后用毛笔移到另一株无病接种株上作为对照,其他方法同上。

作业

1.进行病毒试验的观察记录。

2.病毒和细菌、真菌的鉴定方法有什么不同,为什么?

实验五　昆虫纲的基本特征和头部的基本构造

一、实验目的

1.掌握昆虫纲的基本特征以及其与近缘纲的区别。

2.了解昆虫头部基本构造,包括头部的沟、线、分区、复眼、单眼和头式。

3.掌握触角的基本构造和常见类型。

4.了解昆虫口器的基本构造和主要类型。

二、实验材料

(1)浸渍标本:蝗虫、蟋、蝉、虾、鼠妇、家蚕和叶蜂的幼虫。

(2)针插标本:虎甲、步甲、蜻蜓、粉蝶、蜜蜂、丽蝇、金龟、瓢甲、天牛、天蛾、象甲、摇蚊、夜蛾、草蛉。

(3)玻片标本:昆虫各类触角和口器玻片。

(4)示范标本:蝗虫模型标本。

(5)盒装标本:蜈蚣、蜘蛛、马陆、蝎子。

三、实验内容和方法

1.昆虫纲的基本特征　用镊子夹取液浸蝗虫1头,将其平放在蜡盘上,用大头针从后胸垂直插入固定于蜡盘上,另取一大头针插入腹部末端将虫体轻轻拉直后固定在蜡盘上。用镊子将虫体背侧片的前翅和后翅水平拉开,使之向两侧伸展而不遮盖躯干,并用大头针将两对翅固定在蜡盘上。观察蝗虫整体的外部基本构造。

体躯分为头部、胸部和腹部3个体段,注意观察胸部和腹部的节数。

头部各节愈合成1个整体——坚硬的头壳,观察触角、口器、复眼和单眼的相对位置。

胸部由前胸、中胸和后胸3节构成,各胸节由背板、侧板和腹板组成。背板特别发达,前方盖及颈部,后方盖住中胸前部,呈马鞍形。在前胸、中胸和后胸两侧的侧板和腹板间分别着生有前足、中足和后足。中胸和后胸的背板着生1对前翅、中胸和后胸侧板间着生1对后翅。

腹部11个体节,第1腹节两侧有1对听器,第1~8腹节各具1对气门,其中第1腹节的气门位于听器前。

2.昆虫纲与近缘纲动物的区别

(1)甲壳纲:体躯分为头胸部和腹部两个体段;有2对触角;至少有5对行动足,附肢大多为2支式。常见的如虾、蟹等。

(2)蛛形纲:体躯分为头胸、腹2个体段;头部不明显,无触角;具有4对行动足。常见的有蜘蛛、蝎子、蜱、螨等。

（3）多足纲：体躯分为头部和胸腹部 2 个体段；每个体节有 1 对行动足，有些种类体节除前部 3~4 节及末端 1~2 节外，其余各节均由两节合并而成，所以多数体节具两对行动足，常见的有蜈蚣、马陆等。

认真观察虾、蜘蛛、蜈蚣等的外部形态特征，并与蝗虫进行比较。

3. 昆虫头部的基本构造　取液浸蝗虫 1 头，从头部的正面、侧面和腹面观察头壳上的沟、缝以及由此形成的几个区域。

（1）正面：观察蜕裂线、额唇基沟、额和唇基。

取蝗虫平放在蜡盘中，从上方观察头部蜕裂线，呈倒"Y"形。两复眼间区域为额，下方为唇基，唇基连着上唇，用镊子轻轻拉动上唇，观察额和唇基之间的额唇基沟。

（2）侧面：观察额颊沟、颊下沟、颊和颊下区。

从侧面观察蝗虫的头，中缝向下两侧区域为颊，额和颊之间以额颊沟为界。颊下方有一狭小的颊下区，中间以颊下沟为界。

（3）后面：观察后头沟、次后头沟、后头区和次后头区。

用镊子轻轻摘下蝗虫头部，放在显微镜下观察。头顶的后方为后头，下方两侧为后颊；后头的正中有 1 个大的后头孔；环绕后头孔之后依次有 2 条沟缝，第 1 条沟是次后头沟，第 2 条沟是后头沟。次后头沟后的骨片称为次后头。再取 1 头蝗虫，用镊子将头拉出，可以看到有颈膜与胸相连。

4. 昆虫的触角　昆虫触角常见类型有丝状、刚毛状、环毛状、锯齿状、锤状、双栉齿状、膝状、具芒状、念珠状、棍棒状、鳃叶状和栉齿状。

观察蝗虫、蝉、蜻蜓、象甲、蚕蛾、蜜蜂、丽蝇、摇蚊、粉蝶、瓢甲等成虫触角的基本构造，认识其触角类型。

仔细观察触角的玻片标本，了解各种触角类型的特征。

5. 昆虫的口器　昆虫口器主要类型有咀嚼式口器、刺吸式口器、嚼吸式口器、舐吸式口器、虹吸式口器、捕吸式口器、锉吸式口器。

（1）咀嚼式口器：取蝗虫 1 头，用镊子轻轻拨动口器各部分，先用镊子夹住上唇基部，沿上下方向取下上唇，放在镜下观察。上唇为表面坚硬的片状结构，内面为一层薄膜，中央有一棕色纤毛状突起物称内唇；取下之后露出的部分为上颚，坚硬，内侧端部为切齿叶，基部为臼齿叶；然后将头反转，沿后头孔按上下方向依次取下下唇，观察后颏、前颏、中唇舌、侧唇舌、下唇须；下颚分为轴节、茎节、内颚叶、外颚叶和下颚须；剩余部位居中的为囊状的舌，镜下可见表面生有许多毛，为味觉感受器。

观察家蚕与叶蜂幼虫的口器构造与蝗虫有哪些不同。

（2）刺吸式口器：取液浸蝉 1 头，轻轻将头取下，头部呈倒圆锥形，喙很长，3 节，由下唇演化形成。头部正面的隆起是唇基，唇基沟将其分为前唇基和后唇基，盖在喙基部前面的是三角形的上唇。喙的前壁内陷成唇槽，内藏上颚口针和下颚口针。用镊子轻挑槽内的 4 根口针，最先分开的 2 根是上颚口针，余下的 2 根下颚口针紧密嵌合，形成两条管道，前面较粗的为食物道，后面较细的为唾道。舌位于口针基部口前腔内，下颚须和下唇须均消失。

观察蚊和蝽的口器构造，并与蝉比较。

（3）嚼吸式口器：取蜜蜂 1 头，摘下头部，先用镊子从头部的背面仔细地沿上唇基将上唇取下，放在显微镜下仔细观察。上唇为横长方形的骨片，它盖于上颚的基部。然后再用镊子取下上颚,可见上颚长而大,基部与端部较粗,中部较细,端部内侧凹成一沟。再将头部后面朝上,可见1个三角形后颏,正中央可见1条多毛、扁管状的中唇舌,中唇舌基部有1对短小的侧唇舌。挑起下唇,可见1条匙状的下颚。在前颏前面的膜质构造是舌。再用镊子轻挑下颚,观察各节构成;其中,轴节极小,棒状,茎节宽大,外颚叶刀片状,内侧有一比较退化的内颚叶,外侧可见分2节的下颚须。

比较蜜蜂口器构造与蝉和蝗虫口器构造的异同。

(4)舐吸式口器:取1头家蝇,从头下观察,可见1短粗的喙,分为基喙、中喙和端喙3部分。基喙最大,略呈倒锥状,其前壁有一马蹄形的唇基,唇基前生有1对棒状不分节的下颚须。中喙略呈筒状,由下唇前颏形成,前壁凹陷成唇槽,上方盖有长片状上唇,后壁骨化为唇槽鞘。端喙是中喙末端的两个大型的椭圆形瓣,即唇瓣、腹面膜质。舌贴在上唇下方,呈片状。上颚和下颚的其他部分均已退化。

在显微镜下观察家蝇口器玻片标本,注意观察舐吸式口器的基喙、中喙和端喙的构造特点。

(5)虹吸式口器:取新捕捉天蛾成虫1头,观察其头部下方的下唇须之间有1个细长而卷曲似发条状的喙管,它是由1对下颚的外颚叶嵌合而成的。首先用镊子将其拉直,再用解剖针将喙管分开,然后用剪刀将其剪下一段,用刀片切下很薄的一个横切面放在载玻片上,在解剖镜下观察其构造特点。

(6)捕吸式口器:取1头草蛉幼虫,从头部背面观察,可见上颚和下颚组成的伸向前方的镰刀状的捕吸构造1对。上颚长而宽,末端尖锐,呈镰刀状,内缘有一深沟。下颚的轴节、茎节均很小,下颚须消失,外颚叶紧贴在上颚的下侧面,组成1个食物道。下唇退化,只可见1对细长的下唇须。

(7)锉吸式口器:观察蓟马的玻片标本,喙短小,内藏有舌和由左上颚及1对下颚形成的3根口针,右上颚已消失或极度退化,左上颚发达,形成粗壮的口针,是主要的穿刺工具。下颚口针由内颚叶形成。下颚的叶状茎节上有短小且分节的下颚须。

6.昆虫的眼

(1)复眼:观察蜻蜓、蝗虫、天牛、家蝇和天蛾的形状和小眼的组成。观察叶蜂幼虫和家蚕幼虫是否有复眼。

(2)单眼:观察蝗虫的背单眼、家蚕幼虫和叶蜂幼虫侧单眼,注意观察其数量和着生位置。

7.昆虫的头式 昆虫的头式主要分为前口式、后口式和下口式3类。观察蝗虫、步甲、虎甲、蜻、草蛉幼虫各属于哪种头式类型。

⟲ 作业

1.绘制蝗虫头部正面观的线条图,分别注明各个沟和区的位置和名称。

2.绘制昆虫触角的基本构造图,注明各部分名称。

3.从所提供针插标本中选出不同头式类型。

4.描述刺吸式口器由咀嚼式口器特化的部位。

5.昆虫纲与甲壳纲、蛛形纲、多足纲有何不同?

实验六 昆虫的胸部和腹部

一、实验目的

1. 了解昆虫胸部和腹部的基本构造。
2. 掌握胸足的基本构造和类型。
3. 认识翅的基本构造和类型，以及脉序和翅的连锁方式。
4. 了解昆虫的外生殖器的基本构造。

二、实验材料

1. 浸渍标本 蝗虫(雌雄)、粉蝶和叶蜂幼虫。
2. 针插标本 蝼蛄、螳螂、龙虱(雌雄)、水龟虫、步甲、夜蛾、蛱蝶、粉蝶、天蛾(雌雄)、蝙蝠蛾、大蚕蛾、犀金龟、蝉、角蝉、石蛾、蜜蜂、家蝇、蜻蜓、蜉、蜚蠊、蚁蛉、姬蜂、蜉蝣、螽斯(雌)、蟋蟀(雌)。
3. 玻片标本 蓟马、蜜蜂、家蝇翅;褐石蛾翅;蜜蜂携粉足、体虱的攀握足;蜜蜂后翅玻片。
4. 示范标本 昆虫的足和翅的类型、常见几种翅连锁方式。

三、内容和方法

1. 胸节 先剪去蝗虫的翅，胸节最前面由膜质的颈与头部连接，后接腹部。胸部分前胸、中胸和后胸，每节可分背板、腹板和两侧板四个面，每胸节两侧下方生 1 对足，中、后胸两侧上方各着生 1 对翅，在中胸与后胸两侧各有 1 对气门。

(1)前胸:将蝗虫的前胸取下，观察和区分前胸背板、侧板和腹板。

①背板。马鞍形，不分区，向前盖过颈部，向后盖住中胸前端，向两侧盖住侧板。用镊子轻敲，坚硬光滑。

②侧板。用镊子将背板掀开，才能观察到全部侧板，侧板不发达，大部分被前胸背板盖住，并与背板前下方内壁相贴，仅外露三角形小骨片。

③腹板。不太发达，由基腹片及具刺腹片组成，翻转蝗虫，背面朝下，观察腹板构造。观察角蝉、犀金龟、螳螂、蜉及蜚蠊的前胸背板特化情况。

(2)翅胸

①背板。将液浸的蝗虫背面向上，头向前，固定于蜡盘中，再把前、后翅展开固定，然后观察中胸背板的构造。

中、后胸背板构造相似，由端背片、前盾片、盾片、小盾片组成。端背片是背板最前端的狭长骨片，前脊沟和前盾沟在中央一段靠得很近;在端背片之后有一块中间狭窄、两侧膨大的骨片即前盾片。中央最大的1片为盾片,盾片的两侧缘骨化较强,前端向外突出,形成前背翅突,是翅在背面的主要支点。在盾片之后略呈三角形的骨片是小盾片,小盾片在近中后部处中央隆起,其后有"V"形沟,将小盾片分为前、后、左、右几小块。盾间沟不太明显,大部分已消失。

后胸背板的端背片已被中胸盖住,由第1腹节端背片向前拓展而成,与后胸小盾片接合很紧,形成后胸背板最后的一部分。

②侧板。中胸侧板和后胸侧板中央各有1条深的侧沟将每节侧板分为前侧片和后侧片。侧沟上方连接侧翅突,下方连接侧基突。在侧翅突前、后膜质区内,各有1~2个分离的小骨片,即前上侧片和后上侧片,统称为上侧片。在侧翅突前面的称前上侧片,侧翅突后面的称为后上侧片。

③腹板。将蝗虫的腹板向上,可见中胸腹板合并形成一大块甲状腹板,腹板的沟缝将腹板划成倒"凹"字形,腹板前缘有一条前腹沟将基腹片划分出一块狭长的骨片,即前腹片;其后面一块大的骨片为基腹片,基腹片中央有一条横沟即腹脊沟,其两端的陷口是中胸腹内突陷,腹基沟的中间或中下部有1个凹陷,即内刺突,小腹片位于其下,左右两侧各1片。

后胸腹板的沟缝将腹板划成"凸"字形,无前腹片,基腹片的前端突伸到中胸的2个小腹片之间,腹脊沟的两端内陷成后胸腹内突陷;后胸腹板的后面没有具刺腹片。第1腹板前移与后胸基腹片合并,节间膜消失。

2. 胸足

(1)胸足的基本构造:观察并比较蝗虫和蜻蜓的胸足。

①蝗虫。观察蝗虫的后足,辨别基节、转节、腿节、胫节、跗节和前跗节,注意观察跗节下面的跗垫和前跗节侧爪之间的中垫。

②蜻蜓。观察蜻蜓的后足,注意转节的节数和前跗节侧爪之间的爪间突。

(2)胸足的类型:昆虫胸足的常见类型有步行足、跳跃足、捕捉足、开掘足、游泳足、抱握足、攀握足和携粉足。

(3)幼虫的胸足:昆虫幼虫胸足比较简单,5节,节与节之间常只有1个背关节,跗节不分亚节,前跗节只有爪。

观察鳞翅目幼虫的胸足。

3. 翅

(1)翅的基本结构:取蝗虫1头,将其后翅展开,用镊子将其自基部扯下,观察翅的形状并区分翅的三缘(前缘、外缘、内缘或后缘)、三角(肩角、顶角和臀角)、三褶(基褶、臀褶、轭褶)和四区(腋区、臀前区、臀区和轭区)的位置。观察翅的薄厚程度和翅脉分布,并注意翅脉在翅的前缘和后缘、翅基和翅顶的稀密程度差异,分析这与昆虫的飞行功能有何关系。

(2)翅的常见类型:认真观察蝴蝶的前后翅、蜜蜂的前后翅、蝗虫的前后翅、蟪的前后翅、龙虱的前后翅、石蛾的前后翅、家蝇的前后翅、蓟马的玻片标本等,了解不同翅的类型特征。

(3)脉序及翅脉的变化:认真观察石蛾的前后翅标本,仔细辨认各条横脉与纵脉的位置,并与"较通用的假想脉序"比较,牢记各脉序名称及相应位置。

比较姬蜂、粉蝶、蜻蜓和浮蝣翅脉的增多和减少情况,同时观察蜻蜓的翅痣、三角室以及粉蝶的翅中室。

(4)翅的连锁方式:观察粉蝶、蝙蝠蛾、天蛾(雌、雄)、夜蛾、大蚕蛾、蝉、蟪、蜜蜂的前后翅连锁方式,注意雌、雄蛾的翅缰数目区别,观察蚁蛉和蜻蜓前后翅是否有连锁。

取 1 头蝉,仔细观察,前翅后缘有一向下的卷褶,后翅前缘有一段短而向上的卷褶。起飞时,前翅向前平展,与后翅钩连在一起形成翅褶连锁。

取蜜蜂前后翅玻片镜下观察,可见前翅后缘有向下的卷褶;后翅前缘中后部有 1 列向上弯的小钩,称翅钩列。小钩挂在前翅的卷褶上形成翅钩列连锁。观察蜜蜂的前后翅玻片,了解翅钩列的构造。

显微镜下观察天蛾翅上的翅缰和翅缰钩,注意比较雄蛾与雌蛾翅缰的数目、粗细、长短及翅缰钩的位置。

4.腹部发音器和听器

(1)蝗虫:听器位于第 1 腹节两侧,发音主要是以后足腿节内侧突起刮擦前翅基部。

(2)蝉:雌蝉第 1 腹节腹面两侧有骨膜发音器,上面盖有盾形音盖,音盖常向后延伸到 2～6 腹节。雌蝉没有发音器,但雌蝉和雄蝉的腹基部都有听器。雄蝉的听器位于发音器侧腹面,掀开雄蝉音盖,可见听膜,听膜下有气囊。雌蝉听器的结构也与雄蝉基本相同,只是音盖短且窄,掀开音盖,可见两块狭长的听膜。

仔细观察螽斯和蟋蟀的发音器和听器的位置。

5.外生殖器

(1)产卵器:取雌蝗 1 头,观察其产卵器所在腹节,用镊子打开凿状产卵器十分坚硬的腹瓣(第 1 产卵瓣)和背瓣(第 3 产卵瓣),可见到位于背瓣基部退化的内瓣和位于腹瓣基部的导卵器,在导卵器的基部有产卵孔和交配孔。

取雌性蝉 1 头,从腹面观察,在腹部端部几节的中央,可见到 1 根深色的刺状产卵器。

取姬蜂 1 头,观察其产卵器构造,与蝉、蝗虫仔细比较。

(2)交配器:取活的雄性蝗虫 1 头,观察腹部末端呈船形的下生殖板,用镊子夹住下生殖板向下拉,并轻轻挤压腹部,交配器从生殖腔中伸出,在解剖镜下观察其结构。

6.幼虫的腹足

(1)鳞翅目幼虫:观察粉蝶科幼虫腹部第 3～6 节和第 10 节上的腹足;腹足端部有趾,趾的末端有成排的趾钩,是幼虫分类常用的鉴定特征。

(2)叶蜂的幼虫:观察腹足的着生位置、构造和数量,并与粉蝶科幼虫进行对比。

🔖 作业

1.昆虫的胸部和腹部构造具有哪些特点?

2.如何区分鳞翅目幼虫和膜翅目幼虫?

3.举例说明几种针插昆虫翅连锁的类型及其特点。

4.绘制胸足的基本构造图,并注明各部位名称。

5.绘制石蛾前翅翅脉,标明各脉名称。

实验七　昆虫的内部结构和生理系统

一、实验目的

1. 了解昆虫体壁和肌肉结构、内部器官的位置。
2. 掌握消化、排泄系统的构造和内部生理及解剖方法与过程。
3. 掌握循环、呼吸、神经、生殖和内分泌系统的主要构造和功能。

二、实验材料

1. 浸渍标本　蝗虫(雌雄)、蜚蠊、家蚕和枯叶蛾幼虫,蜻蜓、豆娘和蜉蝣稚虫。
2. 活体标本　粉蝶幼虫、毒蛾幼虫、家蚕幼虫、柞蚕幼虫。
3. 玻片标本　蝗虫、夜蛾消化道的横切玻片。
4. 模型标本　蝗虫。

三、内容和方法

1. 内部器官的位置

(1)取蝗虫1头,先剪掉足、翅等,用剪刀从腹部末端的肛上板侧角处插入,沿亚背线一直剪到颈部,剪时剪刀尖略向上,以免损坏内脏,再沿腹中线的旁边剪开,然后把左半边放入生理盐水中浸没虫体,用镊子轻轻除去游离物后观察。

体壁:体躯外表的坚硬构造。

肌肉系统:注意观察具翅胸节内连接背板和腹板的背腹肌及悬骨间着生的背肌。

消化道:位于体中央,是一粗细不等的长管,它始于口终于肛门。

马氏管:位于消化道的中肠和后肠交界处,是游离在体腔内的淡黄色细丝状长管,是昆虫的排泄气管。

背血管:消化道背面背血窦中的1条细管,紧贴在背面体壁上。用镊子轻轻除去体壁上的肌肉即可见到,是昆虫的循环气管。

腹神经索:位于消化道腹面的腹血窦中,是1条白色细带,其前端绕向消化道背方与脑相连,后端止于第8腹节。

气管系统:由气门通入体内粗细分支的银白色气管。

生殖器官:位于消化道的背侧面,雌虫包括1对卵巢、1对侧输卵管、中输卵管,雄虫包括精巢和输精管;注意最后开口处是生殖孔。

(2)取家蚕或柞蚕幼虫1头,用解剖剪沿背中线偏左剪开,接着用大头针自剪开处沿体壁两侧向内斜插,将其固定于蜡盘内,加入生理盐水浸渍虫体,观察消化道的分段、马氏管的着生位置以及两侧长而弯曲的白色丝腺,并与蝗虫内部器官比较。

2.消化系统

(1)消化道的构造:用镊子把已解剖蝗虫的消化道从头部位置开始摘下,小心取下放在蜡盘上,观察以下各部分。

①消化道的分段,口、咽喉、食道、嗉囊、前胃(上有胃盲囊)、中肠、回肠(中肠与回肠的交界处生有马氏管)、结肠、直肠、肛门。

②用剪刀把消化道自口一直剪到肛门。注意观察:嗉囊中的嗉囊刺,前胃中的前胃齿;前肠与中肠的交界处的贲门瓣和胃盲囊开口;中肠与后肠的交界处的幽门瓣;直肠中的直肠垫等。

(2)消化道组织结构:在生物显微镜下观察蝗虫和夜蛾幼虫的前肠、中肠和后肠横切片标本,比较其组织层次结构的排列差异。

3.循环系统 取活鳞翅目粉蝶科幼虫1头,腹面朝上,将头、尾两端固定在蜡盘上,快速用解剖剪沿腹部中线剪开,轻轻剥去消化道,在体视显微镜下观察,可见背板的背中线下方有1条黄白色管状结构,即背血管,前面一段较短的细直管为动脉,后面是由11个心室构成的心脏,每个心室略膨大,两侧附有三角形翼肌。

(1)背血管:将剪下的蝗虫背壁置于蜡盘中,加水淹没,放在解剖镜下小心地去掉其上的肌肉,观察其内壁上的1条黄白色直管,即背血管。

(2)心脏搏动与血液循环:在体视显微镜下观察刚刚解剖的粉蝶科幼虫的体背,可见1条浅色的背血管。加1滴生理盐水配置的亚甲基蓝染色液,仔细观察心脏搏动和血流方向。

4.排泄系统 在体视显微镜下观察前面解剖的蝗虫和家蚕幼虫的马氏管着生位置、长短和数目,仔细观察游离的马氏管和肠壁粘连形成隐肾结构的马氏管。

5.气管系统 取蝗虫和家蚕幼虫各1头,观察并比较其胸部和腹部气门的位置和数目,并了解其形态。

将前面解剖的家蚕幼虫放入盛有5%～10%KOH溶液的烧杯中,加热煮沸后,再用微火维持数分钟,待体内肌肉全部溶解后,取出虫体用自来水冲洗,直到虫体全部透明为止,将标本放在盛有清水的培养皿中,置于解剖镜下观察。注意体壁两侧气门分出的褐色成丛、分支气管束及其在体内的分布情况。仔细辨认气门气管、背气管、围脏气管和腹气管。用同样方法观察蝗虫体内的气管系统。

6.神经系统

中枢神经系统包括脑和腹神经索。

(1)脑:取蝗虫1头,将头部从背面剪开,沿眼周缘轻轻剪掉体壁,并小心去除一边的上颚及头壳,用解剖针及镊子剔除肌肉,露出消化道背面的脑,前脑位于脑的背上方,隐约成1对小球状,由此分出单眼神经与单眼相连,呈单眼柄;视叶位于前脑的两侧,与前脑相连,为半球形;中脑位于前脑的下方,左右1对球体,小于前脑,向侧前方分出1对触角神经;后脑位于中脑的下方,左右成对,向侧下方分出若干对神经,主要是围眼神经连锁。另外,后脑又分出神经至额神经节。

(2)腹神经索:取枯叶蛾幼虫1头,将头尾分别用大头针固定在蜡盘上,从腹末沿背中线剪至前胸前缘,用大头针拨开体壁并固定于蜡盘上,加入生理盐水,将生殖器和消化道的嗉囊至肛门段移开或剪去。观察咽下神经节、胸神经节和腹神经节,并了解其所在相对位置。

7.生殖系统

(1)雌性内生殖器:取 1 头雌性蝗虫,先剪去翅和足,再用剪刀自背中线剪开,用大头针斜插将两侧体壁固定于蜡盘上,加入生理盐水浸渍虫体。在体视显微镜下观察,首先看见的是位于体腔中央消化道背侧面有 1 对卵巢和 1 对弯曲消化道的侧输卵管。卵巢由卵巢管组成,每个卵巢管包括端丝、卵巢管本部及卵巢柄 3 部分。每一侧的端丝汇集成 1 条悬带。

剪断后肠的中部,小心地将消化道从两侧输卵管间抽出,然后进行解剖观察。卵巢管的基部以卵巢管柄与卵巢萼相连。与卵巢相连的是两条较粗的侧输卵管,并汇合为中输卵管。中输卵管的开口是雌虫的生殖孔。生殖孔与导卵器相连。在中输卵管的背面有 1 条端部膨大、细长的管子,即受精囊及其导管。在左右卵巢的前端各有 1 根管状、曲折的附腺,它是由侧输卵管前端延伸而成的,其分泌液可使产下的卵黏结成块。

(2)雄性内生殖器:取雄性蝗虫 1 头,按雌性蝗虫解剖方法进行解剖并观察。观察雄蝗精巢与雌蝗的卵巢形状和位置是否一样,观察精巢是否成对,精巢管是否成对,精巢管是否也很多,以及精巢有无悬带。

腹部消化道背侧面有 1 对白色精巢。精巢由精巢小管组成,每个精巢小管由 1 条细小输精管连通到射精管基部。仔细寻找输精管,它是与精巢相连弯向消化道的腹面的 1 对很细的小管。在输精管与射精管连接处有 1 个贮精囊和 1 对附腺。两根侧输精管与射精管连接,射精管开口,即生殖孔。它位于雄性外生殖器的生殖器中,观察时须将雄性蝗虫腹部末端的外生殖器剪破并掰开,才能见到短小的白色射精管。

8.内分泌器管　主要观察心侧体、咽侧体和前胸腺等内分泌腺体。

将经固定液处理过的家蚕老龄幼虫沿背中线剪开,仔细用解剖剪平剪头部,然后用大头针斜插将虫体固定于蜡盘内,在体视显微镜下仔细地移除消化道两侧的丝腺、脂肪体和肌肉等,再用生理盐水漂洗干净,然后加入生理盐水浸渍。

在体视显微镜下观察,在脑后方消化道两侧仔细寻找,可见到两对近似于球状的腺体,前方 1 对略膨大、呈透明球体状的是心侧体,后方的 1 对乳白色、小球形的为咽侧体。在前胸气门的位置,可见到由前胸气门向体内伸出的气管丛,用镊子小心地除去气管丛,在前胸气门气管基部,靠近体壁处,有 1 对透明串状,呈"人"字形分枝的膜状腺体即为前胸腺。前胸腺可能有分支,前胸神经节、咽下神经节和中胸神经所发出的神经均通至前胸腺。

⟹ 作业

1.简述昆虫内部器官系统的相对位置。

2.描述蝗虫消化系统的内外部构造。

3.绘菜青虫背血管构造图,简述昆虫血液循环的过程和特点。

4.绘枯叶蛾中枢神经系统图。

5.绘蝗虫雌雄性内生殖器构造图,并注明各部分的名称。

实验八　昆虫纲的分目

一、实验目的

1.掌握昆虫纲各目的主要形态特征和生物学特性。

2.学会初步区分不同目的代表昆虫。

二、实验材料

1.浸渍标本　蜉蝣、蜻蜓稚虫,实蝇的成虫和稚虫,蜚蠊和螳螂的卵鞘,蚁狮、蛴螬、蝇蛆、石蚕、粉蝶和叶蜂幼虫。

2.玻片标本　蓟马、体虱、蚜虫。

3.针插标本　蜉蝣、蝗虫、螽蟀、蝉、蟓、蝼蛄、金龟子、蜻蜓、螳螂、蜚蠊、竹节虫、白蚁的蚁王和蚁后、草蛉、蝶角蛉、粉蛉、褐蛉、虻、蝇、石蛾、蝴蝶、蜜蜂、蝎蛉。

4.示范标本　各目不同类群的幼虫及成虫示范标本。

三、内容与方法

昆虫纲分目的主要特征包括翅的有无和类型、口器的类型、足的类型、跗节的特征、变态的类型、触角的类型和节数、尾须的有无和节数等。

根据昆虫形态特征鉴定所给标本所属的目,按照教材的相应章节,仔细观察各目的形态特征,重点观察各目的分类特征。

(1)石蛃目:无翅,与衣鱼相似,但复眼大,两复眼在内面相接、胸部背面拱起、中尾丝明显长于尾须,这三个特征可以作为此目与衣鱼目区别的主要依据。

(2)衣鱼目:无翅,复眼背面不相接、胸部背面扁平、中尾丝与尾须几乎等长。将采集到的衣鱼在试管内饲养,观察其发育蜕皮情况。

(3)蜉蝣目:具中尾丝,与前两目不同的是具翅,前翅大三角形,后翅小,近圆形。注意观察蜉蝣稚虫,并与蜻蜓目与襀翅目稚虫进行比较。

(4)蜻蜓目:观察蜻蜓成虫复眼和触角、外生殖器和副生殖器形状以及着生位置。观察稚虫的尾鳃和下唇罩,并比较豆娘与蜻蜓成虫与稚虫形态、停留时翅的停放位置等的异同。

(5)襀翅目:比较其前胸背板、中胸背板和后胸背板的大小与形状,注意观察前翅中脉与肘脉间的横脉;展开后翅,观察后翅臀区发达程度。

(6)等翅目:比较白蚁的蚁王、蚁后、工蚁和兵蚁的头部形状、上颚发达程度、口向、触角节数和形状、单眼的个数、复眼的有无与形状、翅的有无和长短,并注意有翅型和无翅型复眼的有无。

(7)蜚蠊目:观察蜚蠊的长翅、短翅和无翅种类,辨别它们在单眼的有无及数目、复眼的有无与大小、前胸背板形状与大小、臭腺位置等方面有何差异,雌雄性之间主要区别在哪里,卵鞘结构与螳螂的有哪些异同,注意观察其尾须形态构造。

(8)螳螂目:观察头部形状、复眼和单眼位置、前胸和前足形状与结构,注意其前胸背板有何特征。在野外捕捉一活虫,观察其头的活动情况。

(9)蛩蠊目:观察单眼的有无、尾须节数,比较该目与蜚蠊目、蟋蟀目和缺翅目昆虫的异同。

(10)螳蛉目:比较该目与螳螂目和蛉目的异同。

(11)蛉目:比较竹节虫的长翅、短翅与无翅种类在前胸、中胸和后胸形状与大小以及单眼的有无和复眼大小等方面的异同。观察其后胸与腹部特征,比较其尾须与蜚蠊目昆虫的差别。

(12)纺足目:比较雌雄两性的异同,观察前足第1跗节的形状与结构。

(13)直翅目:观察单眼数目、前胸背板形状和大小,比较前翅与后翅形状、质地,注意各科昆虫的听器和发音器的有无以及位置、产卵器发育情况和形状、跗节形式等。

(14)革翅目:观察翅的有无,以及有翅种类后翅展开的形状和脉相,尾须形状,是否分节。

(15)缺翅目:比较有翅型与无翅型的不同,注意翅的有无和眼的有无有何关系。比较其与蜚蠊目的差别。

(16)啮虫目:注意后唇基的发达程度、形状以及前胸的大小,比较有翅型和无翅型的不同。

(17)虱目:比较咀嚼式口器与刺吸式口器类群在外部形态特征上的异同。

(18)缨翅目:观察翅的类型、口器构造和胸足末端泡状的中垫。比较其复眼构造与捻翅目及其他昆虫复眼的区别,注意锥尾亚目和管尾亚目形态上的差异。

(19)半翅目:观察成虫与若虫臭腺和蜡腺的位置、小盾片的有无、形状和大小。

(20)脉翅目:比较该目与广翅目、长翅目和蛇蛉目成虫和幼虫的形态特征,并注意该目幼虫口器的特征。

(21)广翅目:比较雌雄形态的差异、幼虫和蛹与毛翅目幼虫和蛹的形态异同。注意观察其复眼和前胸背板特征以及雄性成虫的上颚。

(22)蛇蛉目:比较雌雄个体形态的差异,注意观察其复眼和前胸特征。观察其幼虫与脉翅目幼虫和步甲幼虫形态的异同。

(23)鞘翅目:观察不同甲虫的触角类型、后翅类型、体型、跗节形式和隐节、中胸小盾片形状以及雌雄形态的差异。

(24)捻翅目:观察复眼中小眼的形状、雄性触角的形状、足的转节与腿节合并情况。比较雌雄的不同之处。注意观察雄虫与双翅目昆虫的异同。

(25)双翅目:观察不同双翅目昆虫的口器类型、触角节数和类型、有无额囊缝、翅瓣或腋瓣、爪间突形状和毛序等。

(26)长翅目:比较其成虫和幼虫与脉翅目、广翅目和蛇蛉目成虫和幼虫形态的不同。注意观察雄虫的外生殖器。

(27)蚤目:比较其与虱目的不同,注意观察其口器、后足类型以及体表的鬃毛。

(28)毛翅目:观察口器和翅,比较毛翅目与鳞翅目成虫和幼虫形态的差异。

(29)鳞翅目:观察翅的连锁方式、体型、触角、体色等,比较蝴蝶和蛾的不同。比较鳞翅目幼虫与膜翅目叶蜂总科幼虫的不同。

(30)膜翅目:比较膜翅目不同类群的触角类型与节数、中胸盾片和小盾片的特征、并胸腹节的有无、翅脉的连锁方式、净角器的构造、雌性产卵器的形状。观察膜翅目幼虫与双翅目、毛翅目和鳞翅目幼虫的差异。

作业

1.列表比较蜉蝣稚虫、蜻蜓目稚虫与襀翅目稚虫的异同。

2.列表比较鳞翅目幼虫、毛翅目幼虫和膜翅目叶蜂总科幼虫的异同。

3.在昆虫纲的30个目中,哪些目具有典型的雌雄二型现象?哪些成虫完全无翅?

4.列表比较半翅目、蚤目、虱目和双翅目中的刺吸式口器类群的口器构造的异同。

5.列表区分蜚蠊、螳螂、蝼蛄、蜻蜓、草蛉和石蛾,并编制蜚蠊目、螳螂目、革翅目、蜻蜓目、脉翅目和毛翅目成虫的二项式检索表。

实验九　昆虫的生物学

一、实验目的

1.掌握昆虫的不同变态类型的特点。

2.了解昆虫卵的外部形态、产卵方式。

3.认识昆虫的雌雄二型现象、多型现象、拟态和警戒色。

4.了解幼虫的类型和蛹的类型。

二、实验材料

1.液浸标本　蝗虫、草蛉、蝽象、瓢虫、枯叶蛾、螳螂、粉蝶卵；蛱蝶、天牛、叩甲、叶蜂、龙虱、步甲、金龟子、蜜蜂、家蝇幼虫；拟步甲、粉蝶、蛱蝶和家蝇蛹。

2.示范标本

生活史标本——菜粉蝶、蜜蜂、蝗虫、天牛、衣鱼、蜉蝣、蜻蜓、芫菁、天幕毛虫。

雌雄二型——锹甲、犀金龟、菜粉蝶、舞毒蛾。

多型现象——白蚁、褐飞虱。

警戒色——蓝目天蛾、胡蜂。

拟态——食蚜蝇、竹节虫、枯叶蛾、螽斯、螳螂。

三、内容与方法

1.变态类型

(1)表变态：从卵孵化的幼虫基本具备了成虫的特征，在胚胎发育中仅在个体大小、性器官的成熟度、触角和尾须的节数、鳞片和刚毛的密度、长度等方面有所变化。另外一个特点就是成虫期还继续蜕皮。观察衣鱼的生活史标本，比较其幼体和成虫形态的异同。

(2)原变态：特点是幼虫转变为成虫之前要经历一个亚成虫期。亚成虫期在外形上与成虫期相似，性已成熟，翅已展开，但体色浅，足较短，多呈静止状。这个时期很短，可以看作成虫期的继续蜕皮。观察蜉蝣生活史标本，比较其稚虫、亚成虫和成虫形态的异同。

(3)不完全变态：不完全变态昆虫经历卵、幼期和成虫3个虫态，观察如下几种类型。

①半变态。蜻蜓目昆虫的成虫和幼虫有明显的形态分化，在体型、呼吸、取食、行动器官等方面都有不同程度的特化。观察蜻蜓的生活史标本，比较其稚虫与成虫形态的异同。

②渐变态。直翅目、半翅目大部分昆虫，幼虫期和成虫期在外部形态、取食器官、运动器官、栖境和生活习性等方面都很相似，所不同的是幼虫的翅没有发育完全，生殖器官未发育成熟。观察蝗虫生活史标本，比较其若虫与成虫形态的异同。

③过渐变态。缨翅目、半翅目中的粉虱科和雄性介壳虫，其幼虫与成虫形态相似，均为

陆生。但末龄幼虫不吃不动,类似于全变态的蛹(拟蛹或伪蛹),幼虫翅芽在体外发育,与完全变态幼虫翅在体内发生有着根本差别,发生了向全变态过渡的阶段。观察蓟马生活史标本,比较其各龄若虫的差异。

(4)全变态:全变态昆虫经历卵、幼虫、蛹和成虫 4 个虫态。观察粉蝶和天牛生活史标本,比较其幼虫、蛹和成虫形态的差异。

(5)复变态:一种特殊的全变态类型,在幼虫营寄生生活的捻翅目、脉翅目螳蛉科、鳞翅目寄蛾科和鞘翅目芫菁科等昆虫中,各龄幼虫因生活方式不同而出现外部形态的分化,其发育过程中的变化比一般全变态更加复杂。观察芫菁生活史标本,仔细比较其幼虫、蛹与成虫以及各龄幼虫间的形态差异。

2.卵的外部形态及产卵方式

(1)卵的外部形态:卵的外部形态包括卵的大小、形状、颜色和卵壳上的饰纹等。

不同昆虫卵的形状和产卵的方式都有所不同,常常依据其卵的形状将其分为不同的类型,如球形、半球形、柄形、桶形、瓶形、顶针形、肾形等。

(2)产卵方式:有单产和集中产;有的产在寄主、猎物或者其他物体的表面,有的产在隐蔽场所或寄主组织内或土中;有的卵粒裸露,有的有卵鞘或覆盖物。

观察蝗虫、草蛉、瓢虫、枯叶蛾、粉蝶、天幕毛虫的卵以及螳螂的卵鞘。

3.全变态昆虫的幼虫类型

(1)原足型:在胚胎发育的原足期就孵化,体胚胎形,胸足只是简单的芽状突起,腹部分节不明显,神经系统和呼吸系统简单,其他器官发育不完全。观察小茧蜂、草蛉、瓢虫、枯叶蛾、粉蝶、天幕毛虫的卵以及螳螂的卵鞘。

(2)多足型

①蠋型幼虫。体近圆柱形,口器向下,触角无或很短,胸足和腹足粗短。观察鳞翅目幼虫和叶蜂科幼虫。

②蛞型幼虫。体型似石蛞,长形略扁,口器向下或向前,触角和胸足细长,腹部有多对细长的腹足或其他附肢。观察毛翅目和部分水生鞘翅目的幼虫。

(3)寡足型

①步甲型。体型略扁,口器向前,触角和胸足发达,无腹足。观察步甲和草蛉的幼虫。

②蛴螬型。体肥胖,常呈"C"形或者"J"形弯曲,胸足较短。观察金龟子幼虫。

③叩甲型。体细长,体壁坚硬,胸部和腹部粗细相仿,胸足较短。观察叩甲幼虫。

④扁型幼虫。体扁平,胸足有或退化。

(4)无足型

①无足无头型。头部缩入胸部,无头壳。观察家蝇的幼虫,注意其口钩。

②半头无足型。头部部分退化,仅前半部可见,后半部缩入胸内。观察天牛的幼虫。

③显头无足无型。头壳全部外露。观察蜜蜂幼虫。

4.蛹的类型

(1)离蛹:特点是附肢和翅都可以活动,腹部各节也能扭动。观察黄粉虫的蛹,辨认触角、复眼、足、翅,以及气门的位置和排列情况。

(2)被蛹:特点是附肢和翅紧贴蛹体,不能活动,多数腹节或全部腹节不能扭动。观察粉蝶蛹,注意触角、复眼、足、翅以及气门的位置和排列、附肢和翅与体躯的附着情况。

（3）围蛹：蛹体是离蛹，但是被第 3～4 龄幼虫的蜕皮形成的蛹壳包围。观察家蝇的蛹，然后剪开蛹壳，观察内部蛹体。

5.雌雄二型与多型现象

（1）雌雄二型：观察犀金龟、锹甲、舞毒蛾、菜粉蝶标本，比较两性除生殖器外在个体大小、体型和体色等方面存在的差异。

（2）多型现象：观察白蚁和褐飞虱的标本，比较白蚁的蚁后以及长翅型、短翅型和无翅型繁殖蚁、兵蚁和工蚁，以及褐飞虱短翅型和长翅型个体的形态差异。

6.昆虫的防御行为

（1）拟态：观察草地上绿色的蚱蜢、枯枝上灰暗的夜蛾图片，竹节虫和枯叶蛾标本、食蚜蝇和蜜蜂标本，了解昆虫在色彩、外形、斑纹或姿态方面对生活背景和其他生物模仿的相似程度。

（2）警戒色：观察蓝目天蛾、胡蜂的标本，并联系实践指出警戒色的实际应用。

▷ 作业

1.昆虫变态的类型有哪些？各有哪些特点？

2.如何区别离蛹、围蛹和被蛹？

3.举例说明不同幼虫足的类型。

4.举例说明雌雄二型、多型现象、警戒色和拟态。

主要参考文献

北京农业大学.昆虫学通论上下册.2版.北京:农业出版社,1993.

彩万志,庞雄飞,花保祯等.普通昆虫学.北京:中国农业大学出版社,2001.

彩万志,庞雄飞,花保祯等.普通昆虫学.2版.北京:中国农业大学出版社,2011.

陈世骧,陈受谊.生物的界级分类.动物分类学报,1979,4(1):1-2.

樊东.普通昆虫学及实验.北京:化学工业出版社,2012.

方中达.中国农业百科全书:植物病理学卷.北京:中国农业出版社,1996.

洪健,周雪平.植物病毒分类图谱.北京:科学出版社,2001.

康振生.植物病原真菌的超微结构.北京:中国科学技术出版社,1995.

雷朝亮,戎秀兰.普通昆虫学.北京:中国农业出版社,2003.

刘大群,董金皋.植物病理学导论.北京:科学出版社,2007.

刘慧霞,李新岗,吴文君.昆虫生物化学.西安:陕西科学技术出版社,1998.

刘维志.植物病原线虫学.北京:中国农业出版社,2000.

陆家云.植物病原真菌学.北京:中国农业出版社,2001.

马修斯.植物病毒学.第四版.范在丰,李怀方,韩成贵等译.北京:科学出版社,2007.

牟吉元,徐洪福,荣秀兰.普通昆虫学.北京:中国农业出版社,1996.

南开大学,中山大学,北京大学等.昆虫学(上下册).北京:高等教育出版社,1980.

庞雄飞,尤民生.昆虫种群生态学.北京:中国农业出版社,1996.

裘维蕃.植物病毒学.北京:农业出版社,1984.

陶天申等.原核生物系统学.北京:化学工业出版社,2007.

王荫长.昆虫生理生化学.北京:中国农业出版社,1994.

谢联辉.普通植物病理学.北京:科学出版社,2006.

邢来君,李春明.普通真菌学.北京:高等教育出版社,1999.

徐汝梅,成新跃.昆虫种群生态学——基础与前沿.北京:科学出版社,2005.

许再福.普通昆虫学.北京:科学出版社,2009.

许再福.普通昆虫学实验与实习指导.北京:科学出版社,2010.

许志刚.普通植物病理学.三版.北京:中国农业出版社,2003.

许志刚.普通植物病理学.四版.北京:高等教育出版社,2009.

叶恭银.植物保护学.杭州:浙江大学出版社,2006.

张绍升.植物线虫病害诊断与治理.福州:福建科学技术出版社,1999.

郑乐怡,归鸿.昆虫分类上下册.南京:南京师范大学出版社,1999.

Agrios GN. Plant pathology. 5th ed. Burlington, MA, USA: Academic press, 2005.

Ainsworth GC., Sparrow FK., Sussman AS. The fungi and advanced treatise. Vol.

ⅣA. New York，USA：Academic Press，1973.

Brunt AA，et al. Viruses of plants. CAB International，1996.

Cavalier-Smith T. Only six Kingdoms of life. Pro. R. Soc. London B，271：1251-1262，2003.

Chapman RF. The Insects：Structure and Function. 4th ed. Cambridge：Cambridge University Press，1998.

Chown SL.，Nicolson SW. Insect Physiological Ecology：Mechanisms and Patterns. London：Oxford University Press，2004.

Gilott C. Entomology. 3rd. Dordrecht：Springer Publishing Company，2005.

Gullan PJ，Cranston PS. The Insects：An Outline of Entomology. 3th ed. London：Blackwell Publishing，2005.

Gullan PJ，Cranston PS. The Insects：An Outline of Entomology. 4th ed. London：Blackwell Publishing，2010.

Hawksworth DL，Kirk PM，Sutton BC，et al. Ainsworth & Bisby's Dictionary of the Fungi. 9th ed. Oxon UK：CABI Publishing，2001.

Holt JG. Bergey's Manual of Determinative Bacteriology. 9th ed. USA ：Wilkins，1994.

Klowden MJ. Physiological Syatems in Insects（昆虫生理系统）. 北京：科学出版社，2008.

Murray PR，Drew WL，Robayashi GS，et al. Medical microbiology. St Rouis，Mosby，1990.

Nation JL. Insect Physiology and Biochemistry. 2nd ed. Washington ：CRC Press，2008.

Roy DN.，Brown AWA. Entomology. New Delhi：Biotech Books，2003.

Schauff M E. Colleting and Preserving Insects and Mites：Techniques and Tools. Systematic Entomology Entomology，USDA，National Museum of Natural History，NHB-168，Washington，D. C. 20560，2003.

Whitehead AG. Plant nematode control，London：CBA International，1998.